清华电脑学堂

WPS 表格数据处理与图表制作标准教程

实战微课版

张运明 ◎ 编著

清华大学出版社
北京

内 容 简 介

本书立足于实际工作业务场景，从解决问题出发，遵循数据处理与分析内在逻辑，以大量实际案例为依托，全面系统地介绍WPS表格在数据处理与图表制作中涉及的各项实用技巧，包括工作簿、工作表、行/列和单元格的基本操作，表格设计的基本理念、普通填充、智能填充，数据有效性，普通分列、智能分列、高级分列、选择性粘贴、查找替换定位，自定义格式、条件格式，行/列转换，排序筛选，合并计算、分类汇总，数据透视表，可视化图表，函数公式，窗口操作、输出打印，手机版操作等等诸多方面，基本可以满足日常办公数据处理与分析所需，兼顾系统学习与即用即查。

本书既可作为初学者的入门指南，又可作为中、高级用户的参考手册。书中大量来源于职场实战的案例，可作为读者在工作中的模板载体，直接应用到实际工作中。

图书在版编目（CIP）数据

WPS表格数据处理与图表制作标准教程：实战微课版/张运明编著. —北京：清华大学出版社，2023.5
（清华电脑学堂）
ISBN 978-7-302-63036-4

Ⅰ. ①W… Ⅱ. ①张… Ⅲ. ①表处理软件—教材 Ⅳ. ①TP391.13

中国国家版本馆CIP数据核字（2023）第043989号

责任编辑：袁金敏
封面设计：杨玉兰
责任校对：徐俊伟
责任印制：朱雨萌

出版发行：清华大学出版社
网　　址：http://www.tup.com.cn，http://www.wqbook.com
地　　址：北京清华大学学研大厦A座　　**邮　　编：**100084
社 总 机：010-83470000　　**邮　　购：**010-62786544
投稿与读者服务：010-62776969，c-service@tup.tsinghua.edu.cn
质 量 反 馈：010-62772015，zhiliang@tup.tsinghua.edu.cn
课 件 下 载：http://www.tup.com.cn，010-83470236
印 装 者：三河市天利华印刷装订有限公司
经　　销：全国新华书店
开　　本：185mm×260mm　　**印　　张：**14.5　　**字　　数：**373千字
版　　次：2023年6月第1版　　**印　　次：**2023年6月第1次印刷
定　　价：59.80元

产品编号：099556-01

前 言

现代职场办公人员，少不了与各类数据打交道。“用数据说话”不仅彰显了数据的重要价值，还包含了科学的工作方法和务实的工作态度。大部分数据都会通过计算机进行处理和分析。显然，一款良好的电子表格办公软件是人们重要的办公助手。电子表格可以帮助人们快速绘制表格、管理数据、统计分析、展现数据。

选用什么电子表格好呢？WPS表格和Excel都很优秀。WPS表格是中国金山公司办公软件WPS Office的三大组件之一，Excel是美国微软公司办公软件Microsoft Office的三大组件之一。

WPS Office基础功能免费，软件小巧、安装快、占用内存小、启动速度快，包含WPS文字、WPS表格、WPS演示三大功能模块，对应兼容Microsoft Office的Word、Excel、PPT三大办公组件。

如今，电子表格众多资深用户形成这样的共识：如果是重度办公，有比较专业和有深度的用途，应首选Microsoft Office；如果是轻办公，仅仅作为日常办公，则大部分用户应首选WPS Office；即便是重度办公，如果熟悉WPS表格，运用WPS表格特有的数据录入、整理技术和其他独特技术，也会收到意想不到的效果。WPS Office崛起势头迅猛，用户与日俱增，越来越多的人离不开WPS表格。

WPS表格设有专门的“智能工具箱”和“财务工具箱”，在插入数据、填充数据、删除数据、格式设置、文本处理、数据对比、合并表格、拆分表格等方面都有一些非常体贴入微的简便操作。在功能区一些选项卡中，也集成了一些很贴心的用法。在Excel中不少颇费周章的操作，例如身份证号码的输入与信息提取、文本数字转数值、合并相同内容单元格及逆反操作、带角分的人民币大写等，这些操作在WPS表格中却是轻而易举的事情。

本书立足于实际工作业务场景，系统地介绍了WPS表格在数据管理工作中涉及的各项技巧，以期实现办公效率的提升。本书具有如下特色。

脉络分明。全书从软件下载安装、工作界面开始介绍，从最基础的工作簿/表操作入手，大体沿着数据录入、数据整理、格式设置、表格转换、数据处理、计算分析、图表展示、环境优化、排版打印的脉络组织内容，从解决问题出发，遵循学习和工作流程，环环相扣，体系完整。

内容丰富。本书涉及工作簿、工作表、行/列和单元格的基本操作，表格设计的基本理念、普通填充、智能填充，数据有效性，普通分列、智能分列、高级分列、选择性粘贴、查找替换定位，自定义格式、条件格式，行/列转换，排序筛选，合并计算、分类汇总，数据透视表，可视化图表，函数公式，窗口操作、输出打印、手机版操作等方面的内容、方法与技巧，基本可以满足日常工作数据处理与分析所需，兼顾了系统学习与即用即查。

案例经典。本书案例大都来源于实际工作场景，是实际工作问题的高度浓缩，非常经典实用。一些用法巧思妙想，让人如饮甘饴。即便依样画葫芦，也能真正提高桌面生产力，大大提高工作效率，提升职场竞争力。

注重技巧。本书没有过多的理论，更多的是操作技巧。对少量的理论，尽量使用通俗易懂、生动风趣的语言进行介绍。对于操作技巧，注重图示化、步骤化，以思路引路，做到图文并茂、动作分解、多图合一。精讲多练，技能容易“过手”。

为便于读者学习、理解和练习，案例文件会以初始状态、中间状态或结果状态中的一种状态呈现，基本上是以节为单位组织。读者可以扫描封底二维码下载本书案例文件。书中案例文件配有微课视频，可扫描书中二维码观看。

书中介绍了少量的WPS Office的会员功能，读者可以跳过，也可以尝试了解。需要说明的是，有一些会员功能暂时可以“限免”，会员和非会员功能也不是绝对的，随着软件版本的升级，也有可能调整。

除了封面署名的人员之外，参与本书编写的人员还有邢俊、夏洁、翟辉芳、吕晓雯、李丹、吴长福、张集、代利。其中，邢俊编写了第2章，录制了第1、2、4、7章微课；夏洁编写了第5章，录制了第5、6、8、11章微课；翟辉芳编写了第3章，录制了第3、9、10、12、13章微课；吕晓雯编写了第1章。

在编写过程中，借鉴了一些网上资料，无法一一标示出处，在此表示感谢。本书难免会有疏漏，欢迎读者批评指正。

丘山积卑而为高，江河合水而为大。每天学习一点，每天进步一点，希望读者朋友学有所得。

张运明
2022年10月

目录

第1章 程序与表格基本操作

第2章 快速输入数据

第3章 设置数据的有效性

第4章 高效整理数据

第5章 格式化数据

第6章 表格转换、拆并与对比

第7章 排序与筛选

第8章 合并计算与汇总

第9章 数据透视表

第10章 可视化图表

第11章 公式与函数

第12章 工作环境、窗口与打印

第13章 在手机上玩转WPS表格

第1章 程序与表格基本操作

WPS表格程序与表格基本操作往往不是独门绝技，熟练掌握后便能达到得心应手的程度，打下高效办公的坚实基础。

1.1 WPS Office的安装与修复

1.1.1 安装WPS Office

WPS表格是WPS Office的重要组件，最好通过金山公司的官方网站下载程序进行安装，如图1-1所示。

图 1-1 进入金山公司官方网站选择办公软件

也可以直接进入WPS Office官方网站，在“所有产品”下拉列表中选择对应计算机操作系统的WPS Office版本（例如Windows），如图1-2所示。

图 1-2 进入 WPS 官方网站下载 WPS Office

1.1.1

1.1.2

下载完成后，双击安装程序包，启动安装过程。在安装界面可以自定义安装项，也可以单击“浏览”按钮选择安装路径，单击“立即安装”按钮，进入安装过程，如图1-3所示。

1.2.1

图 1-3 进行 WPS Office 的安装设置

1.1.2 修复WPS Office

执行“首页”|“全局设置”|“配置和修复中心”命令，可以打开“WPS Office综合修复/配置工具”对话框，单击“开始修复”按钮，一般问题都能修复。如果不能修复，则可以单击“高级”按钮，在打开的“WPS Office配置工具”对话框中，可以使用“重置插件”“重新注册组件”“重置工具栏”3个按钮进行相应的修复操作，如图1-4所示。

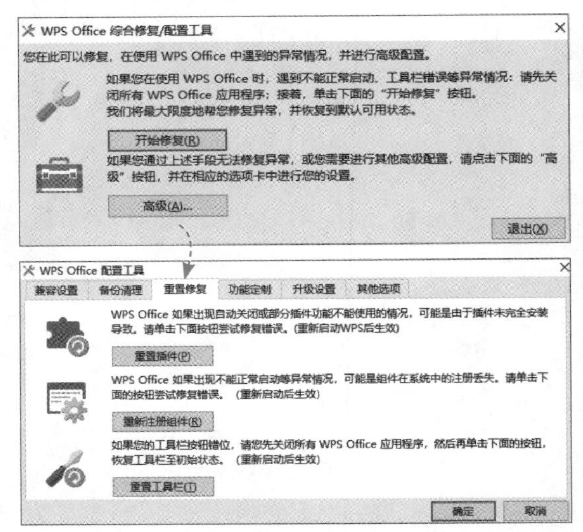

图 1-4 修复 WPS Office

1.2 WPS表格程序的启动与退出

1.2.1 WPS表格程序的启动

程序与文件是两回事。程序是具有特定功能的软件，文件是利用程序或软件编写的文档。

要使用WPS表格编辑与管理数据，就必须启动WPS Office（整合模式下）或WPS表格（多组件模式下）。通过以下4种方式可以启动程序。

一是双击桌面快捷方式图标。

二是在桌面快捷方式图标的右键快捷菜单中执行“打开”命令。

三是选择任务栏“开始”菜单中的WPS Office或WPS表格程序。

四是打开保存为“.et”“.xls”或“.xlsx”（兼容模式下）的文件时，自动启动程序。或者把这些类型的文件拖放到WPS桌面快捷方式的图标上。

1.2.2 WPS表格程序的退出

通过以下3种方式可以退出程序。有未保存的文件时，会出现操作提示。

一是在工作窗口标题栏右侧单击“关闭”按钮×。

二是使用Ctrl+F4组合键。

三是在任务栏图标的右键快捷菜单中执行“关闭所有窗口”命令。

1.3 WPS表格工作窗口

在开始WPS表格入门进阶修炼之旅前，需要对WPS表格的工作窗口、基本元素有一定的了解。WPS表格工作窗口主要由标题栏、功能区、工作区和状态栏4部分组成，如图1-5所示。

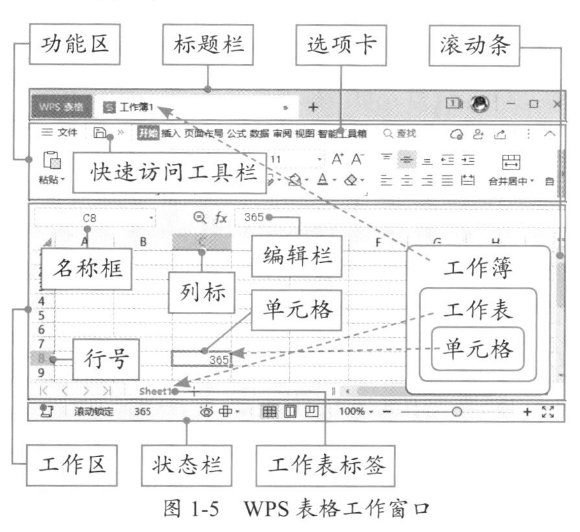

图 1-5 WPS 表格工作窗口

1.3.1 认识标题栏

标题栏在WPS表格窗口顶部。

在WPS Office整合模式下，标题栏左侧显示“首页”二字，单击，可以显示“首页”界面。在多组件模式下，标题栏左侧显示“WPS表格”徽标，单击，可以打开徽标界面。切换窗口管理模式可以执行“首页”|“设置”命令。

标题栏中间为工作簿名称或文件名称。如果直接启动WPS表格程序，工作簿名称默认为“工作簿1”；新增工作簿，其名称的序号递增；文件保存后，将显示保存后的文件名称；如果打开一个文件，文件名称就是工作簿名称。标题栏中的文件，可以通过拖动鼠标调整左右位置，还可以拖出去成为一个独立的工作窗口（可以再拖回去）。

标题栏右侧有“工作区/标签列表”、账户登录信息、“最小化”“最大化（向下还原）”“关闭”等窗口控制按钮。

1.3.2 认识功能区

WPS表格功能区由快速访问工具栏、选项卡、组和按钮组成，这些都可以在WPS表格“选项”对话框中自定义。

（1）快速访问工具栏。在下拉菜单中可以增加或减少命令按钮的数量。该工具栏可以设置为“放置在功能区之下”“作为浮动工具栏显示”或“在功能区下方显示”。

1.2.2

（2）选项卡。选项卡位于功能区最上面一排。当选择不同的选项卡时，会出现不同的功能命令。选项卡分为主选项卡和工具选项卡。主选项卡集成了WPS表格的常规操作。“文件”标签与选项卡共用空间，却不属于选项卡。单击“文件”标签，可以打开一个主要与文件操作和设置有关的“文件”界面。再次单击“文件”标签，可以退出文件界面。工具选项卡集成了对某一特定对象的操作，随着对特定对象的选择会自动弹出。特定对象包括形状、图片、艺术字、表格、图表、数据透视表、数据透视图、公式、页眉和页脚等对象。选项卡右侧还有“同步到云端”“协作”“分享”“更多操作”等功能按钮。

1.3.1

1.3.2

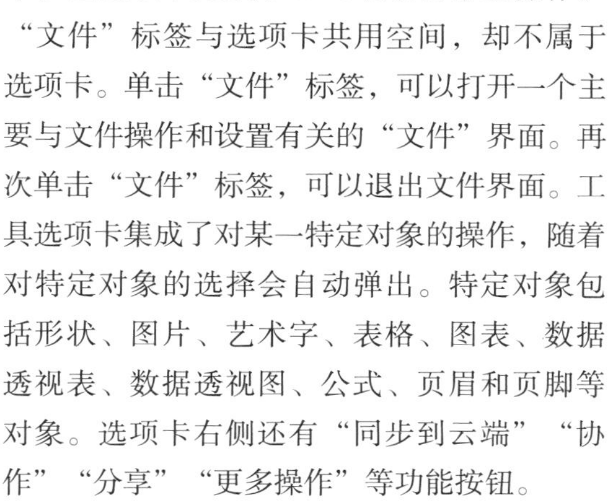

（3）组。根据功能归类，各种命令用竖线被分割成若干组。例如，“开始”选项卡包括“剪贴板”“字体”“对齐方式”“数字”“编辑”“单元格”“窗格”“工具箱”“其他”等

组。对于某些组，WPS表格提供了“对话框启动器”按钮，如图1-6所示。

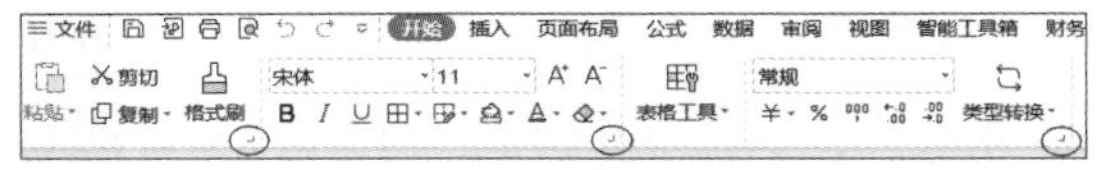

图 1-6　WPS 表格功能区各组及“对话框启动器”按钮

（4）按钮。命令按钮简称命令或按钮，每一个按钮都能实现一定的功能。按钮主要分为4类。一是单一按钮，如“增大字号”按钮。二是切换按钮，如字体“加粗”按钮。三是只有下拉菜单的按钮，如“条件格式”按钮。四是带下拉菜单的按钮，如“字体颜色”按钮，这种按钮要看仔细、看清楚，其上部或左部为单一功能的按钮，其下部或右部的下拉按钮会提供多个选项。4类按钮如图1-7所示。复选框和微调按钮也是命令按钮，复选框如“视图”选项卡中的“网格线”，微调按钮如状态栏里的“缩小”“放大”按钮。

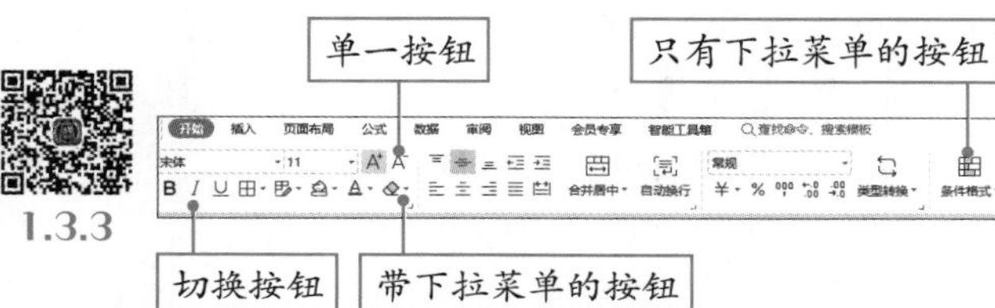

图 1-7　WPS 表格的 4 类按钮

此外，在工作区的右侧，在对图形、图表、数据透视表等对象进行操作时，通常会出现任务窗格。任务窗格实际上是功能区一些功能的加强，可以使用“对话框启动器”按钮开启，可以按住标题处拖放到任何位置。

在数据区域右键快捷菜单和浮动工具栏中，集成了用户常用的命令。

1.3.3

1.3.3　认识工作区

工作区是编辑表格、分析数据的主要场所，由名称框、编辑栏、行号、列标、单元格、工作表标签、工作表切换按钮、滚动条等组成。

（1）名称框。也称地址栏，有3个用途。一是显示所选单元格的地址，可输入单元格地址进行远程定位。二是可以很方便地用来定义名称。选择区域后，在地址栏中直接修改，并按Enter键确认。三是可以利用已定义名称查看区域。单击名称框下拉箭头，选择需要查看的名称，相应区域会高亮显示。查看名称方式如图1-8所示。

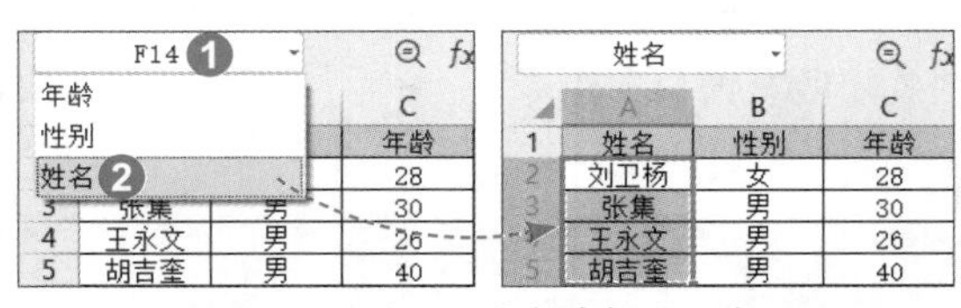

图 1-8　利用名称查看相应区域

（2）编辑栏。用于显示、输入和编辑当前活动单元格中的内容，包括数字、文本、符号、函数公式等。选中单元格时，出现“浏览公式结果”按钮和“插入函数”按钮*fx*。输入数据时，将激活“输入”按钮✓和“取消”按钮✕，并隐去“浏览公式结果”按钮。

（3）行号。行号就是行的编号，显示在工作区每一行的左端，由1、2、3、…、65536表示。

（4）列标。列标就是列的标志，显示在工作区每一列的上端。在A1引用样式下，列标由26个英文字母有序递增，用字母A、B、C、…、Z、AA、AB、…、IV表示，相当于1～256列。在R1C1引用样式下，则显示相应的数字。

（5）单元格。行号和列标的交汇处（坐标）就是单元格。当前正在输入和编辑的单元格称为活动单元格，为绿色粗框，形如▭；右下角有一个小方块，被称为填充柄。

（6）工作表标签。每一个工作表都有一个名称，默认用数字递增编号。

（7）工作表切换按钮。当工作表标签不能全部显示时，系统就自动激活工作表一组切换按钮|< < > >|以切换工作表。也可以右击该组按钮，在弹出的“活动文档”列表框中直接选择需要激活的工作表。

（8）滚动条。有水平滚动条和垂直滚动条之分，用于滚动工作表。

1.3.4 认识状态栏

状态栏在WPS表格窗口底部，如图1-9所示。

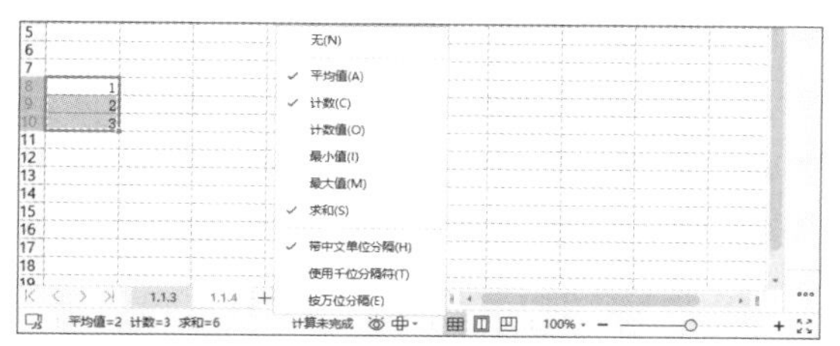

图 1-9 WPS 表格状态栏与右键快捷菜单

左侧一般显示单元格模式信息（输入、编辑）、录制宏按钮、所选区域的统计信息等。

右侧显示护眼模式、阅读模式、视图模式和缩放滑块（缩放比例为10%～400%）。

统计和显示选项，可以在状态栏右键快捷菜单中自主选择是否显示。

1.3.5 认识三大元素

在WPS表格中，工作簿（Book）、工作表（Sheet）和单元格被称为三大元素。三者是依次包含的关系，即工作簿包含工作表，工作表包含单元格。工作簿如同一本书，工作表如同这本书的一页纸，单元格如同这页纸的一行字。

1. 工作簿

在WPS表格中，工作簿是用来存储并处理数据的文件，WPS表格文档就是工作簿。工作簿是工作表的集合体，一个工作簿可以包含1～255个工作表。

新建工作簿默认的工作表的个数可以自行设置。方法是：单击“自定义快速访问工具栏”下拉按钮，在下拉菜单中选择“其他命令”选项，在弹出的“选项”对话框的左侧列表中选择“常规与保存”选项，在右侧的“新工作簿内的工作表数”框中，直接修改数值或使用微调按钮修改，单击“确定”按钮，完成设置，如图1-10所示。

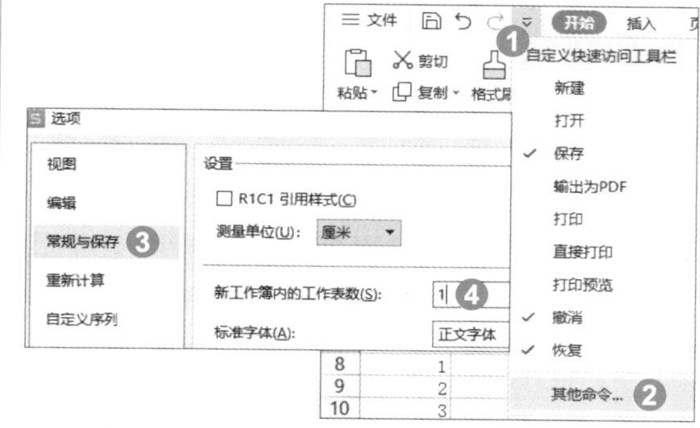

图 1-10 设置新建工作簿时默认的工作表数

注意事项 WPS“选项”对话框是多类重要设置的“开关”，要熟悉其打开方法。除了利用“自定义快速访问工具栏”下拉菜单来打开的方法外，还可以通过单击“文件”标签，在下拉菜单中单击“选项”按钮来打开。

2. 工作表

工作表是工作簿的基本组成单位。一个工作表由1 048 576行和16 384列构成，共有1 048 576 × 16 384=17 179 869 184个单元格，一个工作簿最多可有255个工作表，整个工作簿的单元格数量有多少就可想而知了，WPS表格不愧是一个小型数据库。

1.3.4

1.3.5

3. 单元格

单元格是工作表中的最小“存储单元”，位于列标和行号的交叉处，用列标和行号的坐标来标识这个唯一的地址。例如，A列第1行的单元格地址为A1，C列第5行的单元格地址为C5，最后一个单元格的地址为IV65526。单元格区域是由若干个连续单元格组成的矩形区域，其地址由矩形区域的左上角单元格的地址和右下角单元格的地址组成，中间用英文冒号“:”连接。例如，A列第1行至D列第3行的区域，在A1引用样式下，表示为A1:D3；在R1C1引用样式下，表示为R1C1:R3C4（R3、C4分别表示第3行、第4列），如图1-11所示。

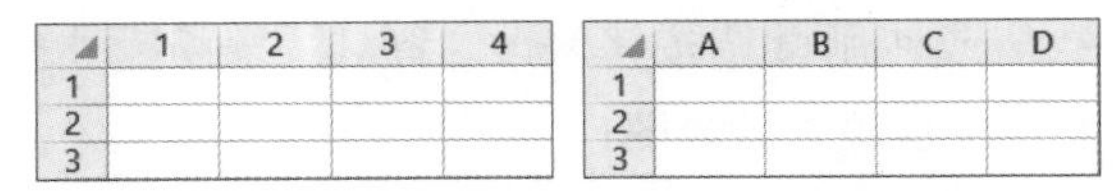

图 1-11　单元格区域 A1:D3 的两种引用样式

行和列是特殊形态的区域，第二行表示为2:2，D列表示为D:D。

1.4　工作簿的基本操作

对WPS表格工作簿的操作主要包括新建、保存、打开、关闭和加密文件等常规操作，这些在WPS文字、WPS演示等程序中大都同样适用。

1.4.1　新建工作簿

1.4.1

1.4.2

一个工作簿就是一个WPS表格文件。启动WPS表格程序后，创建工作簿有4种方法，如图1-12所示。

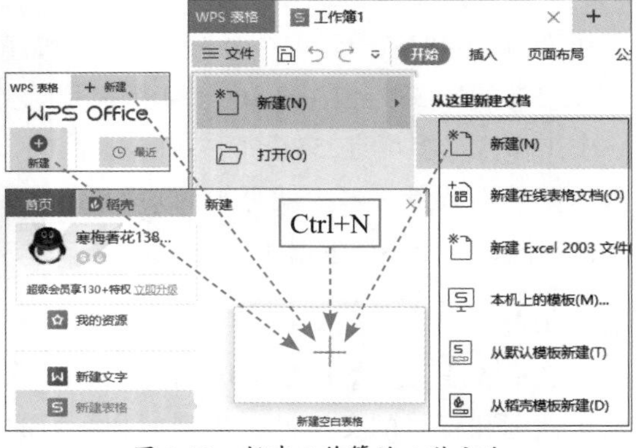

图 1-12　新建工作簿的 4 种方法

一是在标题栏单击“新建”按钮+。此法最简便。

二是在“WPS表格”徽标界面中单击“新建”按钮⊕。

三是使用Ctrl+N组合键。

四是已有工作簿或文件时，执行“文件”|“新建”|“新建”命令。

在上述4种方法的基础上，可以选择“新建空白表格”或“新建在线表格”，也可以选用一个现成模板。第4种方法还有“新建”工作簿的其他选项。

新建的空白工作簿名为“工作簿1”，只存在于内存中，而未保存在硬盘中。默认情况下，该工作簿中至少包含一个名为“Sheetl”的工作表。

1.4.2　保存工作簿

电源故障、系统崩溃等常见故障，常常会影响或丢失工作成果，令人沮丧，要注意保存文件。在工作窗口标题栏中，当文件名称右侧的圆点为橙色时，表明文件没有及时保存。

1. 常规保存工作簿

WPS表格提供了随时保存工作簿的4种方法，如图1-13所示。

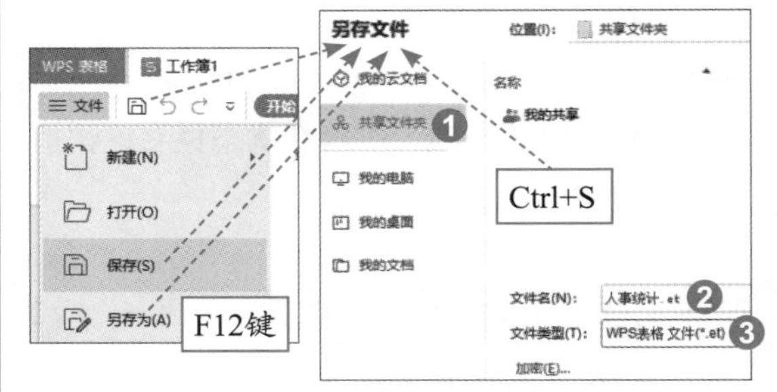

图 1-13　保存工作簿的 4 种方法

一是单击“快速访问工具栏”上的“保存”按钮🖫。

二是使用Ctrl+S组合键。

三是执行“文件”界面中的“保存”命令。

四是执行“文件”界面中的“另存为”命令，这是在现有文件基础上在另一位置保存副本，也可以按F12键。

上述4种方法都将打开“另存文件”对话框，这时要特别注意保存工作簿的三要素：位置、名字、类型。

存放位置是新手最容易栽跟头的地方，要明白存放在哪个盘哪个文件夹中。

指定文件名时，要言简意赅、规范有序，便于文件在文件夹中的排序。不用指定文件的扩展名，WPS表格会根据“文件类型”自动添加扩展名。

要注意文件类型。如果WPS Office兼容Microsoft Office，WPS表格就会默认保存为Excel文件，以“.xlsx”为文件扩展名；否则，一般情况下保存为标准的WPS表格文件格式“.et”。

在所指定的文件夹中已存在同名文件时，WPS表格会询问是否要用新文件覆盖已有的文件。此时要格外小心，因为被覆盖的文件将不能恢复为以前的文件。

如果工作簿已被保存过，再次保存文件在同一位置时，就会覆盖之前的文件版本。

2. 将工作簿保存为模板文件

若经常使用某个数据表，为避免每次从零开始制作此表，减少重复性的复制、粘贴、删除、格式设置等对文件或数据的烦琐操作，提高工作效率，可以将此表保存为模板文件。

例1-1 如图1-14所示，请将固定资产报废清册保存为模板文件。

	A	B	C	D	E	F	G	H	I	J	K
1	××局××年固定资产报废清册										
2	填报日期：										
3	资产编号	资产分类	资产名称	规格型号	单位	单价	数量	账面价值	购置日期	报废原因	备注
4											
5											
6											

图 1-14 固定资产报废清册

打开该表，清空数据，在“文件”界面中选择“另存为”的级联菜单中的“WPS表格模板文件（.ett）”选项，在打开的“另存文件”对话框中选择文件的保存位置，如“我的桌面”，在“文件名”框中输入文件名，如“固定资产报废清册”。单击“保存”按钮后，就会在桌面得到该模板文件，打开它，就会自动套用该模板创建一个内容为空的数据表，如图1-15所示。

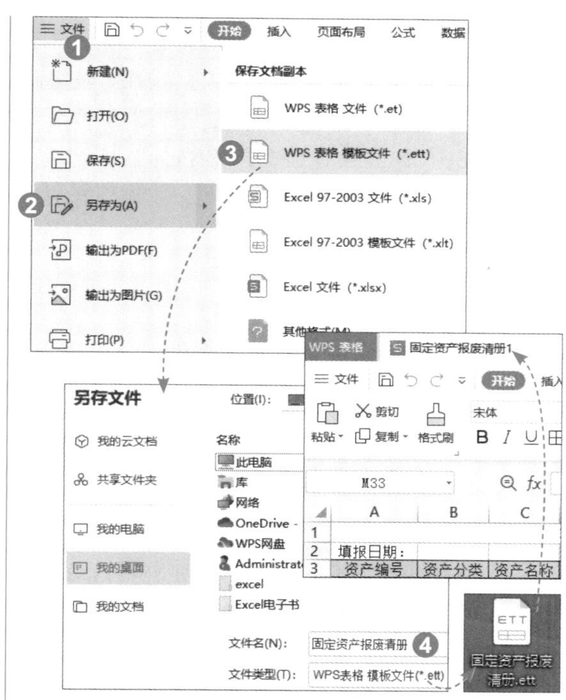

图 1-15 将常用数据表保存为模板文件

3. 更改保存新建文件的默认格式

为了避免保存新建文件时选择文件类型的多余操作，可以更改保存新建文件的默认格式。方法是：打开WPS表格“选项”对话框，在左框列表中选择“常规与保存”选项，在右侧“文档保存默认格式”下拉列表中选择“WPS表格 文件(*.et)”选项，如图1-16所示。

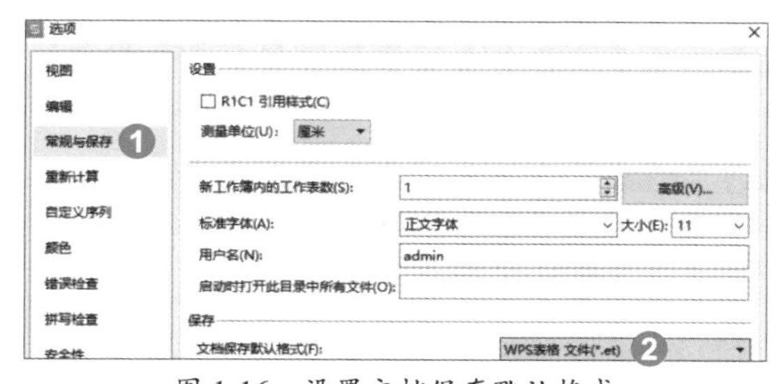

图 1-16 设置文档保存默认格式

通过“WPS Office配置工具”的“兼容设置”，也能更改保存新建文件的默认格式，详见12.1.4节。

执行“首页”|“全局设置”|“设置”|“备份中心”|“本地备份设置”命令，可以设置备份方式和时间。

注意事项 WPS表格默认文件格式由“Microsoft Excel 文件（*.xlsx）”改为“WPS表格文件(*.et)”后，工作表行数由1 048 576减至65 536，列数由XFD（16 384列）减至IV（256列）。

1.4.3 打开工作簿

打开工作簿的关键是找到文件。通过以下4种方式可以打开已保存的工作簿。

一是在存储盘中找到文件，双击打开；也可以在右键快捷菜单中打开；在兼容模式下，可能要选择打开方式。

二是在启动WPS表格程序时，可以在右边的列表中选择最近使用过的文件；也可以在“WPS表格”徽标界面中执行“打开”命令。

三是已打开有WPS表格的文件时，可以单击“文件”标签，在“文件”界面右边的列表中选择最近使用过的文件；也可以执行“打开”命令。

1.4.3

四是使用Ctrl+O组合键以执行“打开”文件的命令。

1.4.4

后面3种方式会打开“打开文件”对话框，在左侧选择存放文件的大位置，在右侧找到存放文件的小位置，单击“打开”按钮。也可以在“打开”对话框中双击文件名（或图标）打开工作簿。打开文件的3种方式如图1-17所示。

1.5.1

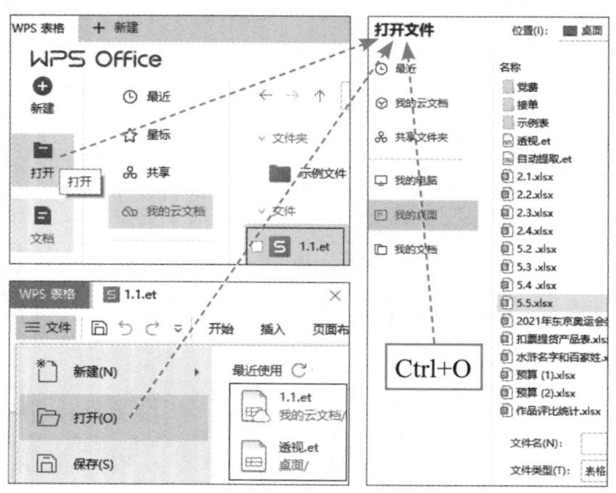

图 1-17　打开文件的 3 种方式

1.4.4 关闭工作簿

关闭工作簿（文件）不等于退出程序。当不需要使用工作簿时，可以通过以下4种方式关闭工作簿。关闭修改过且未保存的工作簿时，会出现操作提示。

一是在工作簿标签处单击右上角的“关闭”按钮×。

二是在工作簿标签处双击。要完成此操作，必须事先执行“首页”|“设置”|“设置”|“使用鼠标双击关闭标签”命令进行设置。

三是在工作簿标签处的右键快捷菜单中执行“关闭”命令，在其下面还有“关闭其他”“右侧”“全部”选项。

四是单击“文件”标签，在列表中选择“退出”选项。

关闭工作簿的4种方式如图1-18所示。

图 1-18　关闭工作簿的 4 种方式

1.5 工作表的基本操作

工作表有两处万能操作：一是工作表标签的右键快捷菜单，二是“开始”选项卡的“工作表”下拉菜单。

1.5.1 插入与删除工作表

作为工作簿的一张张活页，工作表可以有

效地组织和管理数据。工作表不够用时，可以向工作簿插入新工作表；工作表无用时，可以删除。

有以下5种方法插入工作表。

一是在位于工作表标签右侧处单击“插入工作表”控件⊕，将在工作表标签右侧插入新的空白工作表。这种方法最简便。

二是在位于工作表标签右侧处双击，将在工作表标签右侧添加新的空白工作表。

三是使用Shift+F11组合键，将在活动工作表之前添加新的空白工作表。

四是在“开始”选项卡的“工作表”下拉菜单中执行“插入工作表”命令，再在打开的“插入工作表”对话框中设置插入数目和位置。这是WPS表格很人性化的一个细节。

五是在工作表标签的右键快捷菜单中执行“插入工作表”命令，同样再在打开的“插入工作表”对话框中设置插入数目和位置。

插入工作表的5种方法如图1-19所示。

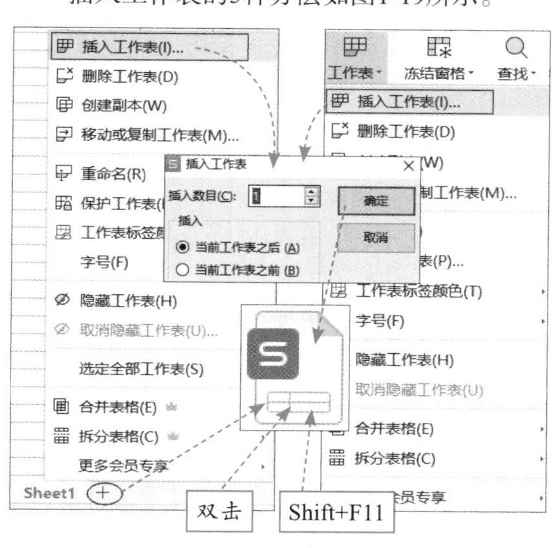

图 1-19 插入工作表的 5 种方法

第4、5种方法在插入操作之前，如果选择了几个工作表，那么就会插入等同数量的几个新的空白工作表。

删除工作表没有什么难度。不再需要的工作表，通过右键快捷菜单和“工作表”下拉菜单这两处万能操作就行。不过要注意以下两点。

一是在删除前可以选择要删除的一个或多个工作表，但工作簿内至少含有一个可视工作表，否则在删除时会弹出警告框。

二是要删除的工作表如果没有数据，就会被直接删除；反之，会弹出一个警告框，警告要“永久删除”这些数据。

对于WPS会员，在任意工作表标签的右键快捷菜单中执行“更多会员专享”|“删除空白表”命令，在弹出的确认删除对话框中单击“是”按钮，如图1-20所示。

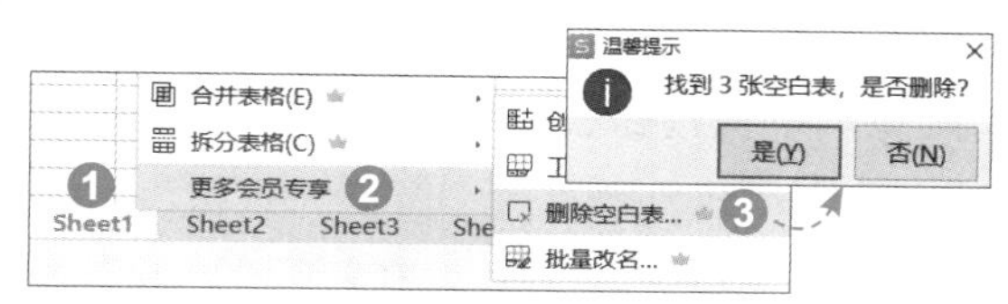

图 1-20 删除多个空白工作表

1.5.2 重命名工作表标签

新建的空白工作表，都是以Sheet2、Sheet3 、Sheet4……依次命名。这种命名方式很普通，不具有说明性质，不便于查看和管理。可以更改为简短而有意义的名称，例如数据表名称、月份、数据表编号。重命名工作表有2种简便的方法。

一是双击工作表标签进行重命名，完成后按Enter键或者单击其他地方。

二是在工作表标签右击，在弹出的快捷菜单中执行“重命名”命令。

重命名工作表的2种方法如图1-21所示。

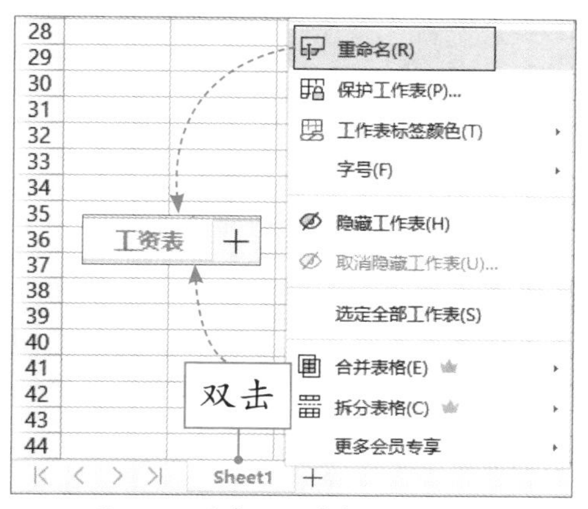

图 1-21 重命名工作表的 2 种方法

要批量更改工作表名称，如果不是WPS会员，就只能使用复制粘贴功能，一个工作表一个工作表地修改。如果是WPS会员，可批量更改工作表名称。

例1-2 请把Sheet1、Sheet2、Sheet3、…、Sheet12更名为1月、2月、3月、…、12月。

在一个工作表标签的快捷菜单中，执行“选定全部工作表”命令，将工作表全部选中，再执行“智能工具箱”|“目录”|“批量改名”命令，打开“工作表改名”对话框，选择“删除”标签，在“删除位置”处选中“前面”单选按钮，将“删除字符”框中的数字改为“5”。再执行“智能工具箱”|“目录”|“批量改名”命令。在打开的“工作表改名”对话框中选择“添加”标签，在“添加位置”处选中“后面”单选按钮，在“添加内容”框中输入“月”字，单击“确定”按钮，如图1-22所示。

1.5.3

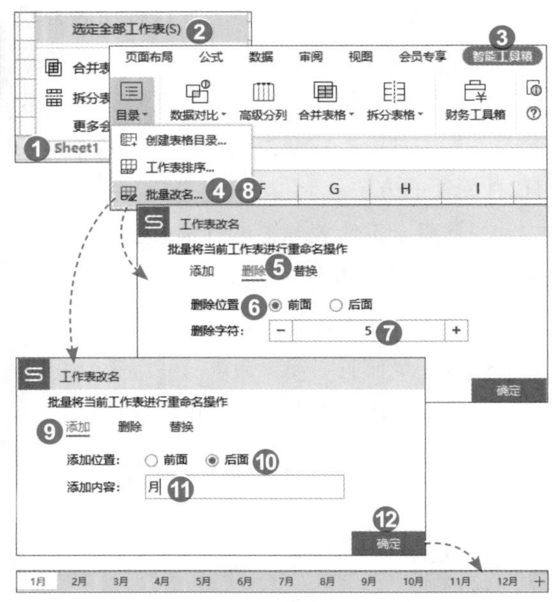

图 1-22 批量重命名工作表

注意事项 工作表标签名称最多可包含31个字符，可以包含空格，但不能使用冒号、斜线、反斜线、方括号、问号、星号这几种字符。同一工作簿中的工作表标签的命名必须具有唯一性。

1.5.3 移动与复制工作表

1. 在同一个工作簿中移动或复制工作表

在同一个工作簿中移动工作表，方法很简单。选中要移动的工作表标签，按住鼠标左键拖动到要放置的位置，松手即可。拖动时，有一个倒三角小箭头▼引导位置，光标下有一个工作表图标；移动多个工作表时，工作表图标层叠。使用Ctrl、Shift键配合鼠标左键可以分别散选和连选多个工作表。

在同一个工作簿中复制工作表也非常简单。选中要复制的工作表标签，按住 Ctrl键的同时，按住鼠标左键拖放到要放置的位置。拖动时，有一个倒三角小箭头▼引导位置，光标下的工作表图标上有一个加号+。移动多个工作表时，工作表图标层叠。

在同一个工作簿中移动或复制工作表的方法如图1-23所示。

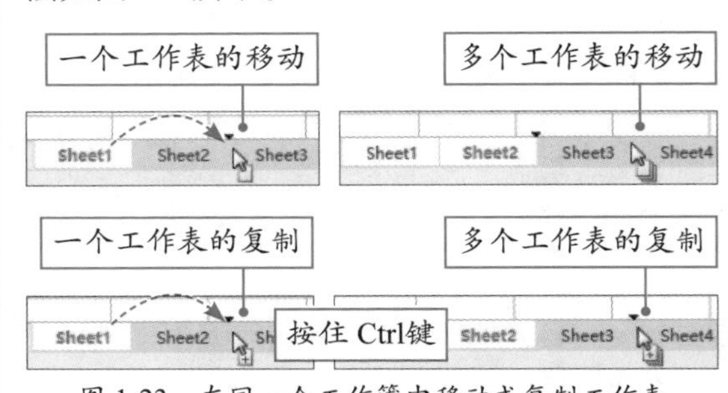

图 1-23 在同一个工作簿中移动或复制工作表

2. 跨工作簿移动或复制工作表

在不同工作簿中移动或复制工作表，只能利用对话框来操作。选中要移动或复制的工作表标签（一个或多个），在快捷菜单中执行“移动或复制工作表”命令，打开“移动或复制工作表”对话框，在“工作簿”下拉列表中选择目标工作簿。此工作簿可为自身工作簿，也可为新工作簿，还可为已打开的表格文件。在“下列选定工作表之前”列表中，指定所移动或复制的工作表的位置；如果是复制而不是移动工作表，则勾选“建立副本”复选框，反之则不勾选，单击“确定”按钮，如图1-24所示。

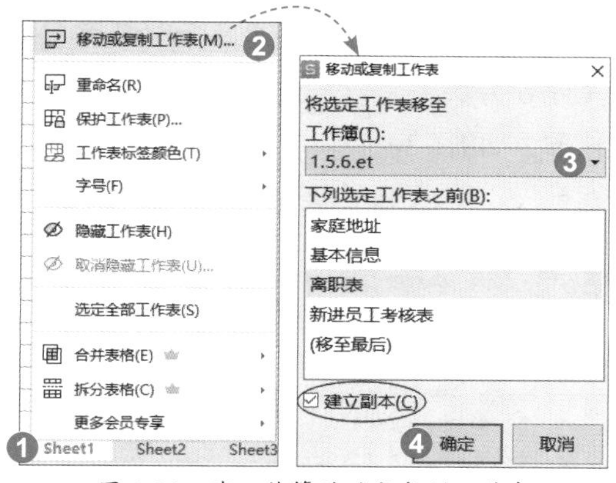

图 1-24　跨工作簿移动或复制工作表

注意事项 当将工作表移动或复制到其他工作簿时，会将已定义的名称和自定义格式全盘随工作表复制过去。如果其中已经包含同名工作表，那么 WPS表格会更改其名称，使其保持唯一性。

1.5.4　隐藏或显示工作表

对于一些重要的或过渡性的工作表，如果不希望其他用户查看，或者想要工作表界面“干净”一些，可以将其隐藏起来。要查看时，可以再将其显示出来。使用快捷菜单操作最为简便。

如果要隐藏工作表，选择要隐藏的工作表，在工作表标签的右键快捷菜单中执行“隐藏工作表”命令，如图1-25所示。

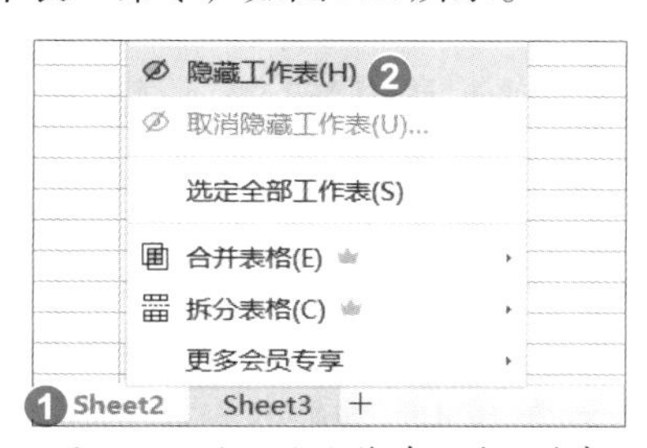

图 1-25　使用快捷菜单隐藏工作表

如果要显示被隐藏的工作表，就选择任意一个可视工作表，在工作表标签的右键快捷菜单中执行“取消隐藏工作表”命令，在打开的“取消隐藏”对话框中，从“取消隐藏工作表”列表中选择要显示的工作表，单击“确定”按钮，如图1-26所示。

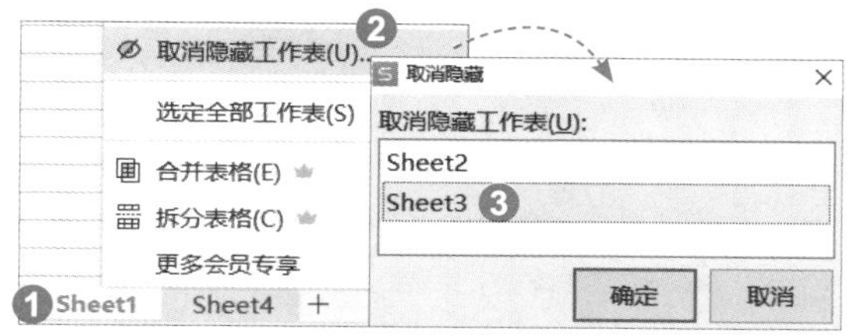

图 1-26　使用快捷菜单取消隐藏工作表

注意事项 当工作簿中只有一个可视工作表时，是不能设置隐藏工作表的。如果确实要隐藏该工作表，可以先插入一个空白工作表，然后再设置隐藏工作表。隐藏工作表功能最好与保护工作簿功能结合起来使用，否则就像在一扇门上挂了一把锁，却没有锁上一样。有时候工作表过多，没有完全显示出来，这时可以在工作表标签左侧的4个按钮处的右键快捷菜单中，选择要作为活动工作表的工作表，或在“活动文档”框中搜索后，再在列表中选择；也可以直接利用4个按钮 K ＜ ＞ ＞| 翻找；还可以将光标移动到工作表标签与水平滚动条之间的分隔线处，光标呈现⫞⫟时，拖动光标缩短水平滚动条，这样可以显示更多的工作表标签，如图1-27所示。

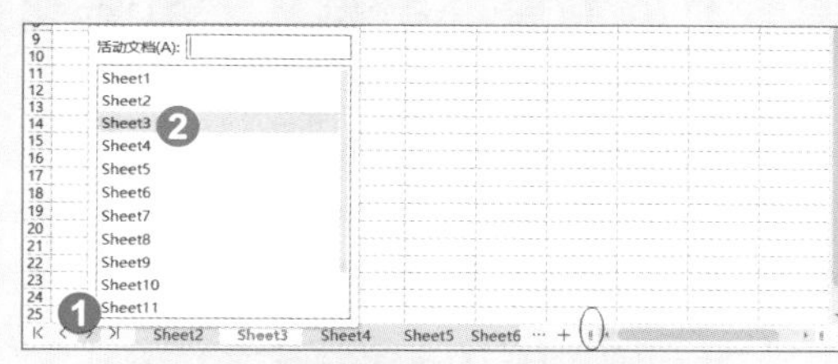

图 1-27　工作表过多时查找活动工作表或显示更多工作表标签

1.5.5　工作表标签颜色与字体

有时需要把一些工作表标签更加明显地显示出来，以达到醒目的效果，这时可以通过更改工作表标签颜色来实现。使用右键快捷菜单最为简便。

选中要更改颜色的工作表标签，在右键快捷菜单中的“工作表标签颜色”扩展菜单中选择一种颜色，例如选择“红色”，如图1-28所示。

1.5.4

1.5.5

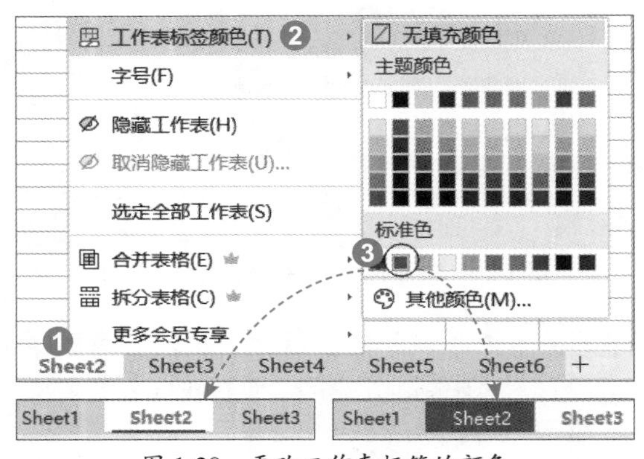

图 1-28　更改工作表标签的颜色

如果要更改工作表标签的字号，选中后在右键快捷菜单中的“字号”的级联菜单中选择一种比例，例如选择“300%”选项，如图1-29所示。

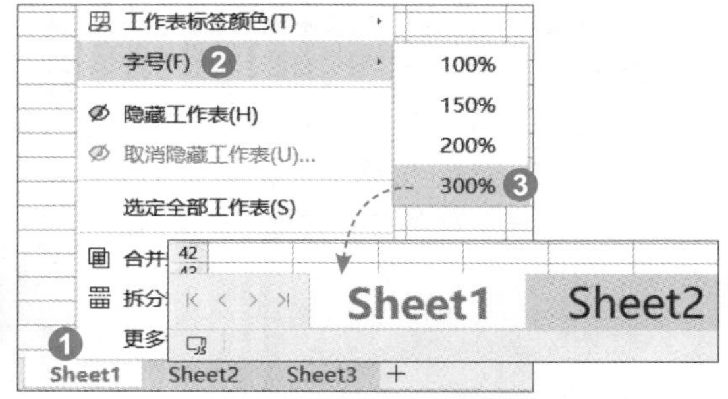

图 1-29　更改工作表标签的字号

1.5.6

1.6.1

1.5.6　列出工作表目录

在设计WPS表格函数公式自动化模板时，有时可能需要列出一个工作簿中所有工作表的表名，并通过超链接实现跳转。可使用函数公式实现，也可借助WPS会员功能将此使用一个简单的命令就可以实现目标。

<u>**例1-3**</u>　请将工作簿里的所有工作表名称罗列在一个新工作表中，并实现新工作表与其他各工作表的超链接。

在“智能工具箱”选项卡中单击“目录”下拉按钮，在下拉菜单中选择“创建表格目录”选项，在打开的“创建表格目录”对话框中选中“目录保存到”栏中的“保存到新建工作表”单选按钮（此处为默认），在“返回按钮位置”组中选中“每个表的$A$1”单选按钮（此处为默认），单击“确定”按钮后，完成任务，如图1-30所示。

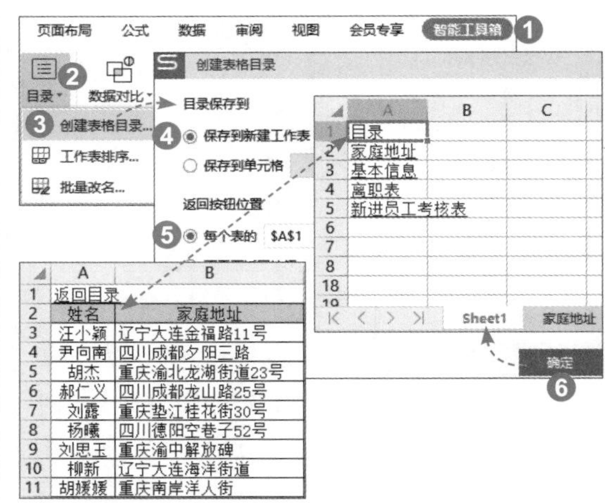

图 1-30　列出工作表目录

注意事项　“智能工具箱”选项卡开启方法：执行“开始”|“表格工具”|“开启智能工具箱”命令。

1.6　单元格的基本操作

对单元格或区域的操作是建立在选定的基础上的。选定单元格或区域后，有两种操作：一是右键快捷菜单，二是“开始”选项卡中的“行和列”下拉菜单。

1.6.1　恰当选定单元格

单元格是表格的基本元素。多个连续单元格构成的矩形，就是一个单元格区域。选定单元格是数据录入、格式设置、填写公式、数据分析等后续操作不可或缺的前提，使用非常频繁，是WPS表格操作基本功中的基本功，需做到应用自如。批量选择意味着批量处理，要恰当、熟练地选定单元格或区域，以提高办公效率。

选择单元格或区域的方法灵活多样，经常使用以下方法。

1. 单击

单击需要选择的单元格，使其成为活动单元格，形如▭，右下角的小方块叫填充柄。

单击行号或列标可以选择某一行或某一列，填充柄出现在行首或列首。

单击行号和列标相交处的“全选”按钮◢，可以选中整个工作表，此时无法填充，所以不会出现填充柄，效果如图1-31所示。

图 1-31　选中一行、一列或全表

2. 拖动光标选择

选定一个单元格，在表格中拖动光标向四周移动，可以选择一个矩形状的单元格区域，所选区域除起始单元格外，会突出显示，填充柄始终在区域的右下角单元格；拖动光标时，在名称框里会出现区域的行数和列数，如图1-32所示。如果拖动到窗口的四端，则工作表可能会滚动。

2R x 4C　fx　丛赫敏

	A	B	C	D	E	F
1	序号	姓名	职务	性别	籍贯	学历
2	1	王嘉木	总经理	男	北京市	硕士
3	2	丛赫敏	党委副书记	女	北京市	大专
4	3	白留洋	副总经理	男	广州番禺	本科
5	4	张丽莉	副总经理	男	福建厦门	本科

图 1-32　拖动光标选择区域时在名称框里出现的行数、列数提示

选定一行或一列，在行号或列标上拖动光标可以选择数行或数列，填充柄始终出现在行的左下角或列的右上角单元格；拖动光标时，在行号或列标旁边会出现“数字+字母”的行数、列数提示，如3R、2C，R表示行，C表示列，如图1-33所示。

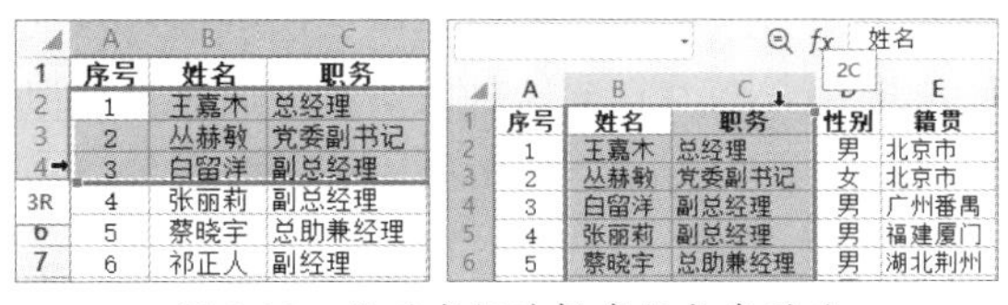

图 1-33　拖动光标选择多行或多列时出现行数、列数提示

3. 键盘上的单一功能键

方向键。活动单元格上下左右移动。

Home键。将活动单元格移动到行首。

PgUp键。向上翻屏。

PgDn键。向下翻屏。

4. 使用带 Ctrl 键的组合键

Ctrl+方向组合键。活动单元格在数据表中（边沿单元格除外）时，移动到数据表的上下左右四端；活动单元格在空白行、列或数据表边沿单元格时，直达工作表的首行、末行、首列、末列。

Ctrl+Home组合键。活动单元格跳到A1单元格。

Ctrl+End组合键。活动单元格跳到全部数据所组成区域的右下角单元格。

Ctrl+A组合键。全选当前整个数据表。活动单元格四周的上下左右四个单元格都无数据时，则会全选整个工作表。

5. 使用带 Shift 的组合键

使用Shift+方向组合键，将当前选定区域扩展到相邻行、列。

6. 使用带 Ctrl+Shift 的组合键

使用Ctrl+Shift+方向组合键，将选定区域扩展到与活动单元格同一列或同一行的最后一个非空白单元格；如果活动单元格在空白行或列，还可以扩展到首行、末行、首列、末列。

使用Ctrl+Shift+End组合键，将选定区域扩展到全部数据所组成区域的右下角单元格。

注意，上述组合键可能会与其他软件的快捷键或键盘的夜光模式冲突。

7. 借助 Shift 键连选

选定一个目标，按住Shift键，单击另一个目标，可以选择连续的多个目标，这些目标包括行、列、单元格、区域、工作表、文件。可结合滚动条选择大区域。

8. 借助 Ctrl 键散选

选定一个目标，按住Ctrl键，依次单击其他目标，可以选择不连续的多个目标，这些目标包括行、列、单元格、区域、工作表、文件。

9. 利用名称框选择

在名称框中直接输入引用或选择名称可以准确选定，对于隐藏单元格也能手到擒来，如图1-34所示。还能利用键盘上的左右方向键选定。

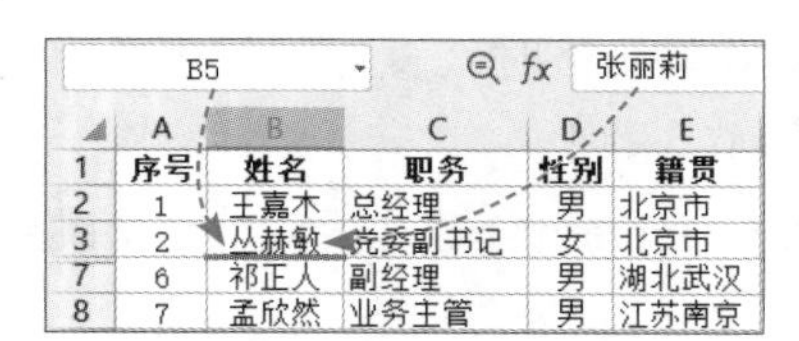

图 1-34　利用名称框选择隐藏单元格

10. 通过定位功能来选择

按F5键、使用Ctrl+G组合键，或执行“开始”|“查找”|“定位”命令，可在“定位”对话框中选择定位条件，包括数据类型及特定对象，可定位有特殊规律的单元格，避免逐个选择的麻烦，如图1-35所示。

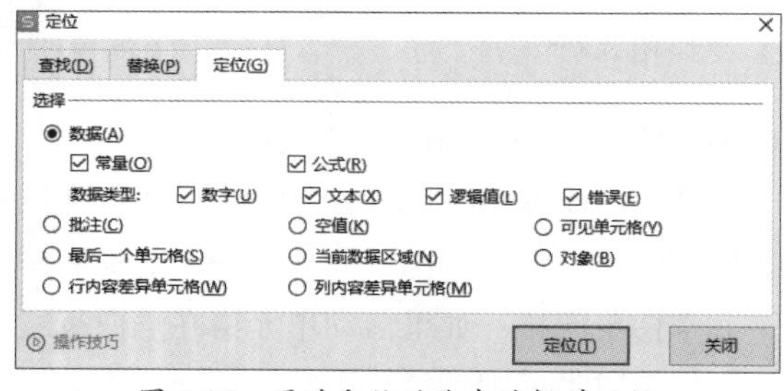

图 1-35　通过定位功能来选择单元格

11. 通过查找功能来选择

使用Ctrl+F组合键，或执行“开始”|“查找”|“查找”命令，可在“查找”对话框中通过“查找内容”搜索框结合多种条件和特殊内容来选择，可查找有共同特点的单元格，如图1-36所示。

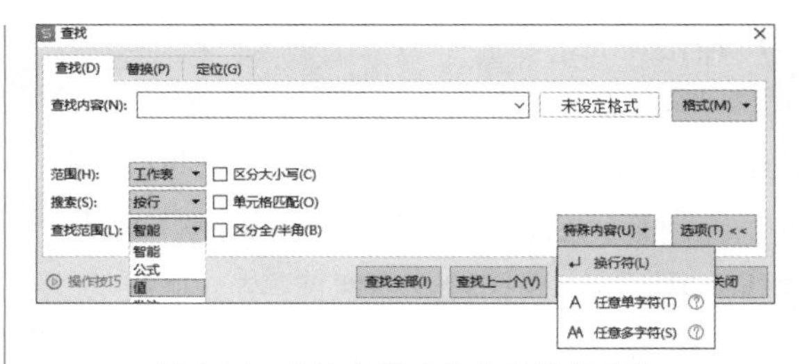

图 1-36　通过查找功能来选择单元格

12. 在多个工作表中选择

利用Ctrl键、Shift键或工作表标签“选定全部工作表”功能选定多个工作表，然后利用鼠标、键盘、Ctrl键等选定一个或多个单元格、行、列或区域。图1-37所示为选定3个工作表的两个区域并设置框线。

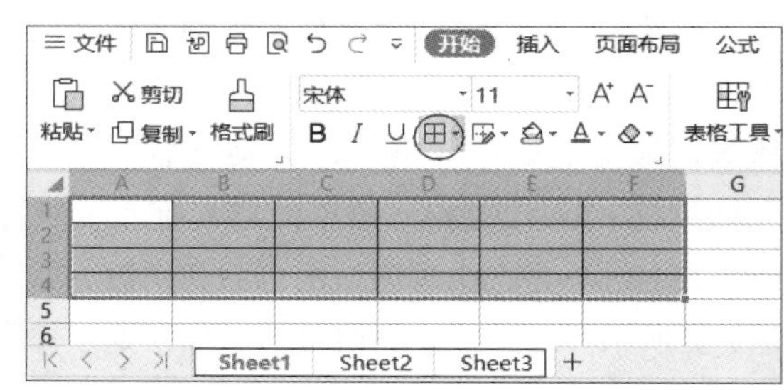

图 1-37　在多个工作表中选择并设置框线

1.6.2　调整行高和列宽

1. 调整行高

默认行高取决于默认字体，WPS表格会自动调整行高以容纳该行中的最大字体，从而使所有文本可见。

选择要调整高度的行，有3种方式调整行高。

一是手动调整。将光标移到所选行当中一行的行号下边沿，当光标变成✣时，按住鼠标左键上下移动，该行的上下行号线会呈现虚线状，下行号线错位，行号右侧会出现提示行高数字的提示框，直到达到所需高度后再松开鼠标左键。这种方法非常直观有效，既可以一边看提示框一边进行精确设置，也可以不看提示框而进行粗略设置，如图1-38所示。

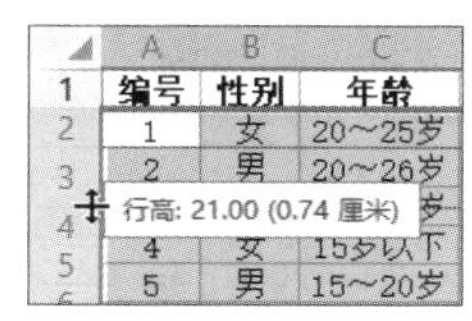

图 1-38　拖动鼠标调整行高

二是自动调整。有3种方式：一是将光标移到所选行当中一行的行号下边沿，当光标变成✢时双击，这种方法非常快速，将视字号大小自动调整行高；二是在右键快捷菜单中执行“最适合的行高”命令；三是执行“开始”|“行和列”|“最适合的行高”命令。3种方式如图1-39所示。

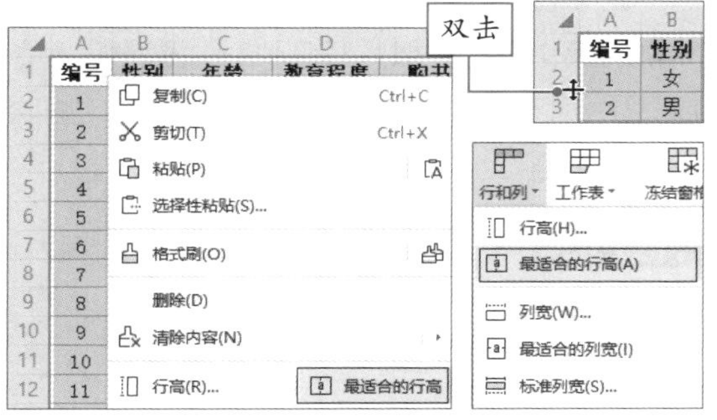

图 1-39　自动调整行高的 3 种方式

三是精确调整。有两种方式：一是在右键快捷菜单中执行“行高”命令；二是执行“开始”|“行和列”|“行高”命令。两种方式都会打开“行高”对话框，在“行高”框中输入一个值，在旁边的下拉按钮中可以选择度量单位，如图1-40所示。

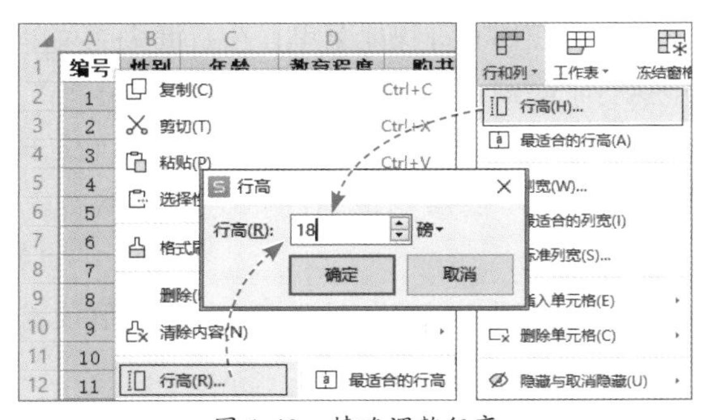

图 1-40　精确调整行高

2. 调整列宽

列宽是以符合单元格宽度的等宽字体字符的数量来衡量的。默认情况下，每一列的宽度是8.38个字符。

调整列宽与调整行高的方法类似。

要改变所有列的默认宽度，可以执行“开始”|“行和列”|“标准列宽”命令，在“标准列宽”对话框中输入新的标准列宽。未作调整的所有列都将采用新列宽。调整标准列宽的方式如图1-41所示。

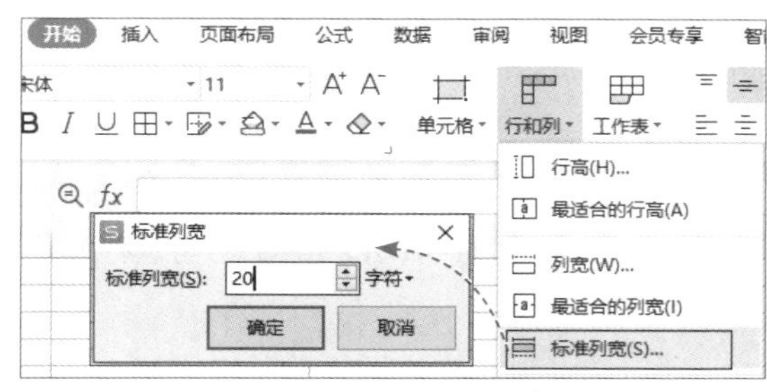

图 1-41　调整标准列宽

注意事项 如果在单元格中输入较长数字后显示为井号（#），则表示当前列宽不够，需要加宽该列宽度。“标准列宽”命令只对活动工作表有效。

1.6.3　插入和删除行和列

1. 插入行、列与单元格

要在数据表中插入行，首先要确定插入点。如果选择一行或连续几行，WPS表格就会自动识别行数。如果选择不连续行，行数就会呈现“自动”状态。有3种基本方法插入新的空白行。

一是使用右键快捷菜单，这种方法灵活便捷。如果选择的是不连续行，就只能在行号处右击，在右键快捷菜单中，在“在上方插入行”或“在下方插入行”框中修改行数（可使用微调按钮修改），单击“在×方插入行”命令或打勾命令✓，就插入了新的空白行，如图1-42所示。

图 1-42　使用右键快捷菜单插入行

二是使用功能区命令。执行“开始”|“行和列”|“插入单元格”命令，将根据所设置行数插入行。

三是使用Ctrl+Shift+=组合键。将根据所选择行数插入行。这种方法可能会与其他软件的快捷键相冲突。

还有选择单元格来插入单元格或行、列的两种方法。

一是使用右键快捷菜单。选定单元格或区域后，可以在右键快捷菜单中执行“插入”菜单中的扩展菜单命令：如果指定单元格移动的方向，就会插入同等大小的区域；如果插入整行或整列，所插入的行数或列数可以不与所选区域的行数或列数对等，如图1-43所示。

图 1-43　使用右键扩展菜单插入单元格或行、列

二是使用如图1-44所示的“插入”对话框插入。插入列的方法同插入行。

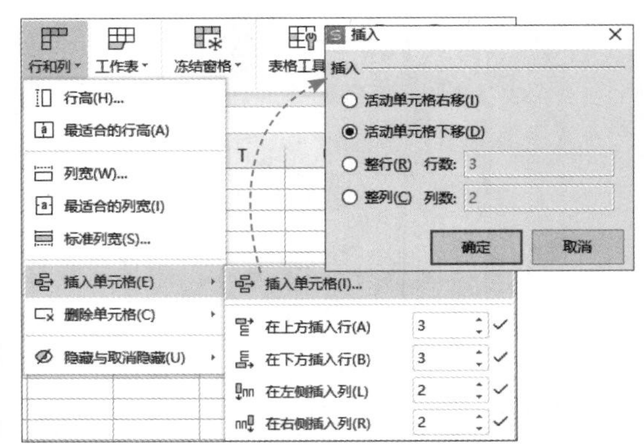

图 1-44　使用“插入”对话框插入单元格或行、列

2. 删除行、列与单元格

删除行、列或单元格，与插入行、列或单元格的操作方法类似，只是执行“删除”命令而已。如果是WPS会员，还可以使用“删除空行”功能。

注意事项 一个工作表总的行、列数不会因为插入或删除行、列而增减，总会在工作表的末尾补足软件系统所设置的空白行、列数。

1.6.4　隐藏和显示行和列

在某些情况下，可能需要隐藏数据表中的部分内容。

1. 隐藏行和列

选择要隐藏的行，有4种方法进行隐藏操作，如图1-45所示。

一是使用右键快捷菜单，在右键快捷菜单中执行“隐藏”命令。

二是使用功能区命令。执行“开始”|“行和列”|“隐藏与取消隐藏”|“隐藏行”命令。

三是使用“行高”对话框。将行高值设置为0。

四是使用鼠标。拖动行线光标✢，直至行高值变为0。

隐藏列的方法同隐藏行。

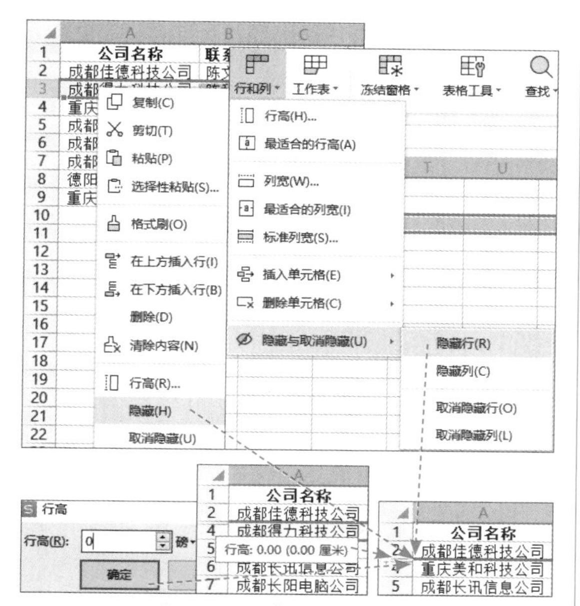

图 1-45　隐藏行的 4 种方法

2. 显示行和列

取消隐藏（显示）行和列的方法，除了对应隐藏行和列的方法，还有更丰富的手段。隐藏行、列与取消隐藏行、列方法的比较如表1-1所示。

表1-1　隐藏行、列与取消隐藏行、列方法的比较

方法	隐藏行或列	取消隐藏行或列	
使用右键快捷菜单	隐藏	取消隐藏	选择大于被隐藏行、列的范围，可以“全选”工作表
使用功能区命令	隐藏行，隐藏列	取消隐藏行，取消隐藏列	
使用“行高”对话框	行高值设置为0	行高值不为0	
自动调整行高		双击 右键快捷菜单或功能区中“最适合的行高”命令	
使用鼠标	行高值变为0	行高值不为0 单击“展开隐藏的内容”按钮 双击双分隔线 拖开双分隔线	

读书笔记

第2章 快速输入数据

输入数据是一项基础性工作，掌握科学的操作方法和技巧，可以加快输入速度，提高工作效率，让繁重的数据输入工作不再枯燥无味。下面就从数据表设计与常规输入开始介绍。

2.1 数据表设计与常规输入

2.1.1 WPS表格有哪些表

WPS表格是一种电子表，使用电子表的最高境界不是用复杂的方法解决问题，而是用简单的方法解决复杂的问题。要做到这一点，就要做好电子表的顶层设计和架构设计。事先布局，化繁为简，有助于高效地处理与分析数据。

WPS表格有普通表和“超级表”之分。普通表是平时制作的没有什么特别属性的表，表格中的项被组织为行和列。“超级表”是通过插入方式添加的表，包括智能“表格”和透视表。智能“表格”可以自带格式、自动扩展，有一定的汇总功能（为与一般表相区分，后文都将用双引号表示这种表）。透视表可以灵活组织数据的纵横关系，以汇总分析数据。

2.1.1

2.1.2

下面从3个角度来认识WPS表格里的普通表，如图2-1所示。

一维表、明细表、基础表

二维表、明细表、基础表

	A	B	C
1	姓名	科目	分数
2	秦琼	语文	86
3	秦琼	数学	100
4	秦琼	英语	95
5	程咬金	语文	90
6	程咬金	数学	92
7	程咬金	英语	91
8	罗成	语文	100
9	罗成	数学	87
10	罗成	英语	82
11	尉迟恭	语文	99
12	尉迟恭	数学	95
13	尉迟恭	英语	82

科目 姓名	语文	数学	英语
秦琼	86	100	95
程咬金	90	92	91
罗成	100	87	82
尉迟恭	99	95	82

成绩汇总表

统计项	语文	数学	英语
平均分	93.75	93.5	87.5
最高分	100	100	95
最低分	86	87	82

二维表、汇总表、报表

图 2-1　从 3 个角度认识 WPS 表格里的普通表

从纵横关系看，有一维表、二维表之分。一维表的顶端行是列标题（字段）行，下面是一行行的数据（记录），俗称“流水表”，一般纵向发展，各列只包含一种类型的数据，没有同类列标题，同一行不能进行汇总计算。该类表适用于存储数据，不适合阅读，但非常便于后期的排序、筛选、分类汇总和数据透视等。二维表既有行标题，又有列标题，具有纵、横两个方向，信息浓缩，便于组织和直观表现数据，数据行数大大减少，适合打印、汇报，常用的成绩单、工资表、人员名单、价格表等都属于二维表。

从总分关系看，有明细表（清单）、汇总表之分。

从上下关系看，有基础表（源表）、报表之分，可以等同于明细表（清单）、汇总表。

WPS表格分类如表2-1所示。

表2-1　WPS表格分类

角度	普通表		超级表
从纵横关系看	一维表	二维表	选择大于被隐藏行、列的范围，可以“全选”工作表
从总分关系看	明细表（清单）	汇总表	
从上下关系看	基础表（源表）	报表	

2.1.2 WPS表格的重要规则

WPS表格强大的数据处理与统计分析能力是建立在一套规则基础之上的，无视规则可能会带来无尽烦恼。从全局着想，按照规则进行顶层设计，在输入数据时可能会有一些麻烦，但会给后续工作提供很大便利，只要配合简单的技巧及函数公式，就能轻松完成各种统计汇总。

1. 要有良好的数据管理思想

在WPS表格中，从数据输入到加工再到输出，有一个完整的流程，要有一个系统性、通盘性的考虑。要将对数据的思考及自然的表达语言正确地转化为表格语言。

要瞻前顾后，要考虑以后有没有筛选、汇总、透视的需求，如有，则要考虑根据业务性质、数据内容与种类分别建立明细表和汇总表。如果汇总难度大，还要考虑是否建立过渡表。根据用途确定类型后，再确定WPS表格的整体结构、布局。

要避免制作“满汉全席”式的表，以及杂而乱、大而全的表，因为这可能会给以后的汇总分析带来极大的困难。当然，也要避免过于零敲碎打的表。例如，销售表按月建表，月表中又按天建表，这同样会给以后的工作大大增加难度。正确的做法是增加一个“销售日期”字段。

2. 要科学合理地设计明细表结构

明细表是数据分析的基础。明细表首行不设计标题行，需要时再添加，在工作表标签中标识就可以，因为这个表的数据几乎不对外。如果确要占用首行用作明细表标题，最好不要“合并居中”，而是“跨列居中”，也可以在明细表标题行与列标题行之间留出一个空行。

列标题也被称为列标签，借用数据库的说法就是字段。明细表的列标题行只占用1行，不设计多层表头、斜线标题，忌用合并单元格，不强制换行，以便于实施排序、筛选、汇总、透视等数据分析操作。列标题数量不宜过多，文字要精炼。列标题名不能重复，必须为非数字。

要特别注意列标题的逻辑顺序，以适应事物自身的内在发展顺序。为什么成绩表中通常都把学号或者姓名排在前面？主要列标题作为主角排在前面，这样就可以方便使用VLOOKUP等函数查找引用数据。

设计一维表，必须一列一个属性。例如，日期不能再分成按年份、按季度、按月份，甚至按天数的多个字段；又如，数据不能带单位，如果单位是统一的，就在列标题中注明，如果单位不是统一的，就单独设计一个“单位”列。如果注释和批注多，可以单独设计一个“备注”列，便于查找替换、批量操作。

第一列最好作为序号列，内容为流水码，便于查看记录数和用于排序后的还原。

不要添加多余的合计行，如要设计合计行，不妨放在列标题上下，不要在表的后面有合计行和说明性文字，便于在尾部新增数据。

避免空行、空列隔断数据，便于自动确定单元格区域。也不要在中间有多余的小计行来影响数据的连续性。

为便于统计汇总数据，同类数据要放在同一工作表。

例2-1 如图2-2所示，请分析来款情况表在设计上的问题（隐藏了部分行、列）。

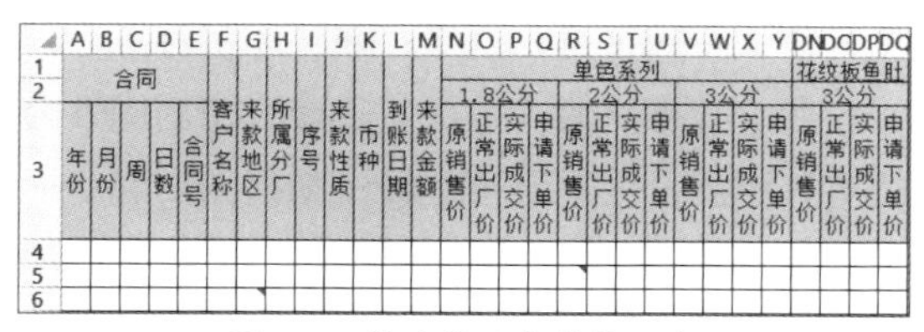

图 2-2　修改前的来款情况表

该表主要存在多行列标题、合并单元格、日期多列、“序号”列插在中间、列标题间缺少逻辑性、注释多又未单独设列等问题。

修改方法：一是化解多行列标题与合并单元格的问题，将合同的年、月、周、日合并为“合同日期”列，单设“序列”列和“尺寸”列，并设置数据有效性。二是解决列标题的先后位置问题，将“序号”列调到第一列，将“到账日期”调到“来款性质”列之前。三是解决注释繁多的问题，在表的最后单设“备注”列，如图2-3所示。

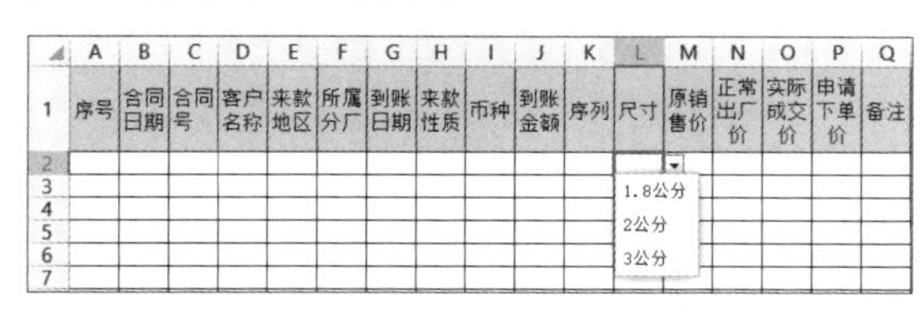

图 2-3　修改后的来款情况表

3. 要规范、准确地输入数据

在表中要做到同物同名，字符完全相同，不能自以为是地随意改名，以便数据引用。例如“大专”不是“专科”，“小丽”和“晓丽”不是同一个人，“3班”和“三班”不是同一个班。

表中的各类数据要使用规范的格式，同一列的格式要一致。例如，数字一般为“常规”，不能再有文本型数字。日期型数据一般不输入“20210106”“2021.1.6”“21.1.6”等不规范的格式，除非自己在后期有一定的技术手段进行处理。

文本中不要轻易使用空格，不要试图使用空格来对齐文本，对齐的问题通过对齐方式的“分散对齐”功能解决。

如果是导入数据，要清理其中的无效数据，例如特殊字符、空格、非打印字符等。

所有数据只输入一次，需要时使用函数公式对其引用，而不是再次输入相同的内容。

标识数据尽量使用条件格式实现自动化，数据计算尽量使用函数自动计算，减少手动操作。

4. 要对表格进行美化设计

要对表的行高、列宽、字体、字号、颜色、框线、对齐方式、单元格格式等进行规范，保证表的美观大方和数据的易读性。各列对齐方式可以不同，但每列的单元格对齐方式是统一的。

2.1.3

2.1.3 WPS表格数据的分类

在WPS表格单元格中可以输入多种类型的数据。WPS表格中的数据类型主要有数值、日期时间、文本、逻辑值、错误值、公式等。

1. 数值

在WPS表格中，数值型数据包括0～9中的数字以及含有正号、负号、货币符号、百分号、小数点的数据。数值型数据默认的对齐方式为“右对齐”。

输入数值型数据要注意负数和分数的正确输入方法。

负数。在数值前加一个“-”号或把数值放在括号里，都可以输入负数。

分数。分数在单元格中的存储格式为“整数部分+空格+分子/分母”，WPS表格会自动把输入的分数约分，使其成为最简分数。分数的整数部分为0也不可省略，否则WPS表格会把分数当作日期处理。例如，要在单元格中输入分数“2/3”，先在编辑框中输入“0”和一个空格，接着输入“2/3”，按Enter键，单元格中就会出现分数“2/3”。可在“单元格格式”对话框中设置分数的显示样子。

2. 日期时间

从本质上来说，日期时间数据是数值型数据。WPS表格可将日期存储为可用于计算的连续序列号。默认情况下，1900年1月1日的序列号为1，2021年1月1日的序列号为44197，这是因为2021年1月1日距1900年1月1日有44197天。序列号中小数点右边的数字表示时间，左边的数字表示日期。例如，序列号0.5表示的时间为中午12:00。

输入日期时间数据要注意以下5个方面。

一是手动输入日期。年、月、日之间要用“/”“-”或“年月日”来隔开，例如“2022-1-31”“2022/1/31”“2022年1月31日”是合法日期，“2022.1.31”则是非法日期。当以两位数字的短日期方式来输入年份时，系统默认将0～29之间的数字识别为2000～2029年，而将30～99之间的数字识别为1930～1999年。当输入的日期数据缺少年份时，计算机系统会自动以当年年份作为年份，例如输入1/31，会显示为2022/1/31。为了避免计算机识别错误，最好输入完整年份。当输入的日期数据缺少天数时，系统会自动把该月的1日作为天数，例如输入2022/1，会显示为2022/1/1，所以输入每月1日，不必输入天数。

二是手动输入时间。时、分、秒之间要用冒号隔开，如“10:29:36”。输入时间数据时，可以省略“秒”的部分，不能省略“小时”和“分钟”的部分。1小时可以表示为1/24天，1分钟可以表示为1/24/60天。

三是同时手动输入日期和时间。日期和时间之间应该用空格隔开。通过格式的调整就可让日期时间和数值相互“切换”，合法日期会转化为整数，合法时间会转化为小数。这也是检验合法与非法日期时间的最便捷的方法。

四是可以快捷输入日期时间。输入计算机系统当前日期的快捷键为Ctrl+;；如果要实现日期实时更新，则使用函数公式“=TODAY()”。输入计算机系统当前时间的快捷键为Ctrl+Shift+;，只有时和分，没有秒；如果要实现日期时间实时更新，则使用函数公式“=NOW()”。快捷输入计算机系统当前日期和时间的组合，要先使用Ctrl+;组合键，再按空格键输入一个空格，最后使用Ctrl+Shift+;组合键。

五是非法日期也可以化腐朽为神奇。只输入纯数字代表的日期，不必输入短横杠“-”（也是减号）、斜杠“/”（也是除号）和“年月日”。完成大批量输入后，再使用分列、快速填充等功能批量将之转换为合法日期。

3. 文本

在WPS表格中，文本型数据包括汉字、英文字母、空格、特殊符号、文本型数字等。文本型数据默认的对齐方式为左对齐。可以在换行处使用Alt+Enter组合键，进行强制换行，从而输入多行文本。

当输入的纯数字长度超过11位时，WPS表格会自动在开头部分加上半角单引号“'”，从而将其存储为文本格式，而无需其他特殊设置。

如要输入长度小于或等于11位的文本型数字，包括以0开头的数字，有3种方法。

一是在输入时可以先输一个英文单引号“'”，再接着输入具体的数字。

二是先把单元格格式设置为文本，再输入纯数字串。

三是输入0开头的数字后，单击“点击切换”按钮，如图2-4所示。

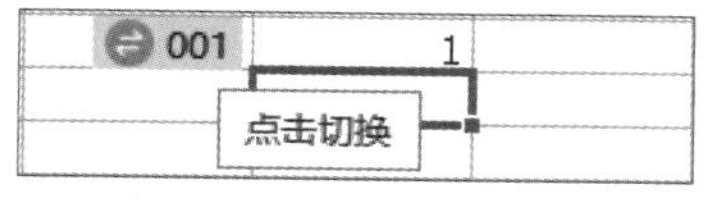

图 2-4 “点击切换”按钮

文本型数字可以进行加减乘除四则运算，但不能使用SUM函数进行求和之类的运算。选中几个文本型数字，在状态栏中只能看到“计数”结果，而“求和”“平均值”都为0。

文本格式的数字会默认在单元格左上角出现绿色三角形标志，除非将其消除，因此不能看有无绿色三角来判断是否为文本型数字。可以分别使用ISTEXT、ISNUMBE函数来检验文本或数值型数字。文本型与数值型数字，即“假数字”与“真数字”可以互相转换，详见4.5.1节。

WPS表格的数字精度最大限制为15位，数值型数字超过15位的部分会变为0，超过11位会用科学记数法表示。在单元格中可键入的最大数值为9.99999999999999E+307。

4. 逻辑值

WPS表格中逻辑值只有TRUE和FALSE两个值。在默认情况下，逻辑值在单元格中居中对齐。逻辑值是一类非常特殊的类型，由字母组成，按理说属于文本型数据，但逻辑值在很多时候是可以参与计算的，TRUE为1，FALSE为0。

5. 错误值

错误值一般由函数公式产生，鲜有输入错误值的时候。

6. 公式

公式由等号“=”开头，由常量、单元格引用、运算符、函数、半角括号等元素组合，并计算出值显示在单元格中。

数据由小到大的顺序是：数值、文本、逻辑值、错误值。文本按音序排序。

2.1.4 输入、修改及清除数据

1. 输入数据

在单元格中输入数据有3种方法：单击单元格输入、双击单元格输入、在编辑栏中输入。后面两种方式表明处于编辑状态，按方向键可移动光标位置。在光标处，按退格键可删除左边一个字符，按Delete键可删除右边一个字符。

确认输入数据有5种方法。

一是按Enter键时，活动单元格会移动到下面的相邻单元格，实现隔行输入。

二是按Tab键时，活动单元格会移动到右边的相邻单元格，实现隔列输入。

三是按方向键，活动单元格会按方向移动到相邻单元格

四是单击其他单元格时，光标所在单元格就会成为活动单元格。

五是单击编辑栏“输入”按钮✓时，原单元格仍为活动单元格。

2.1.4

当光标在单元格及其区域的边沿呈四向箭头时，按住鼠标左键不放，可以拖动数据到目标单元格。

2.1.5

注意事项 按Enter键时，活动单元格默认移动方向可以更改：执行“文件”|“选项”|“编辑”命令，保持勾选“按Enter键后移动”复选框，在“方向”下拉列表中选择需要的方向即可。

2. 修改数据

单击单元格，输入新数据，可以对原有数据进行覆盖式修改，原数据不复存在，新数据经确认得以输入。

双击单元格或再单击编辑栏，进入编辑状态，既可以全删原有数据，也可以修改部分字符成为新数据。光标可以在单元格内容里上下左右移动位置。在光标处，按退格键可删除左边或上一行的字符，按Delete键可删除右边或下一行的字符。

3. 清除数据

如果在单元格中输入了错误或不需要的数据，可以及时清除。清除数据有3种方法。

一是使用快捷键。选中想要清除数据的单元格或区域，按Delete键即可清除数据。如果按Backspace键，可以清除一个单元格中的数据，而且该单元格处于编辑状态。

二是功能区命令。选中需要清除内容的单元格或单元格区域，在“开始”选项卡中单击“清除”按钮，在下拉菜单中选择“内容”选项，但已设置的格式还存在，如图2-5所示。如果想要连内容和格式一并清除，就要选择“全部”选项，也可以在“开始”选项卡“单元格”下拉菜单中执行“清除”|“内容”命令。

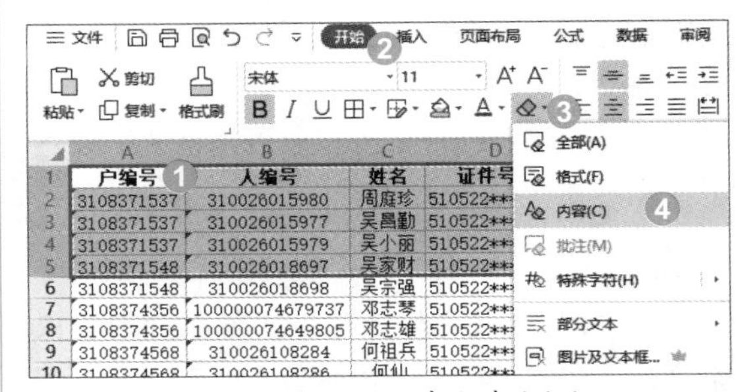

图 2-5 利用功能区命令清除数据

三是使用快捷菜单。选中需要清除内容的单元格或单元格区域，在右键快捷菜单中执行“清除内容”|“内容”命令，即可清除数据。

2.1.5 Enter键的神奇妙用

在输入数据时，Enter键的基本作用是确认数据已经输入，结合其他方法，Enter键还有意想不到的妙用。

1. 在区域中循环输入

在选定单元格区域中输入数据，不断按Enter键时，可以按照先列后行的顺序在该区域内循环输入数据；不断按Tab键时，可以按照先行后列的顺序在该区域内循环输入数据，如图2-6所示。这样，可以有效减少其他不必要的操作动作。

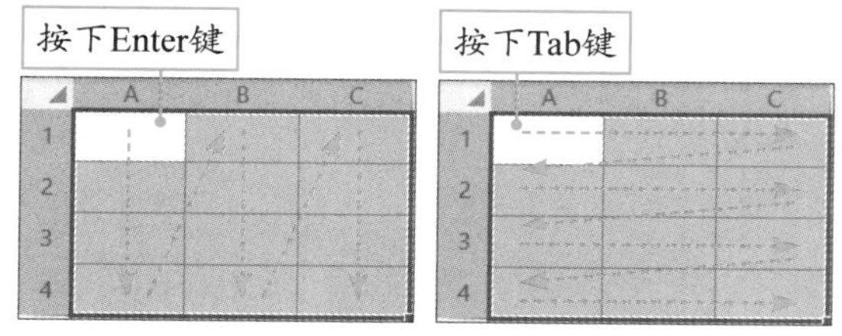

图 2-6 在选定区域中确认数据输入

2. 强制换行

在单元格编辑状态下，将光标定位在需要换行的字符前，使用Alt+Enter组合键，即可在该字符前强制换行显示，如图2-7所示。有了这项神操作，就可以想在哪里换行就在哪里换行。

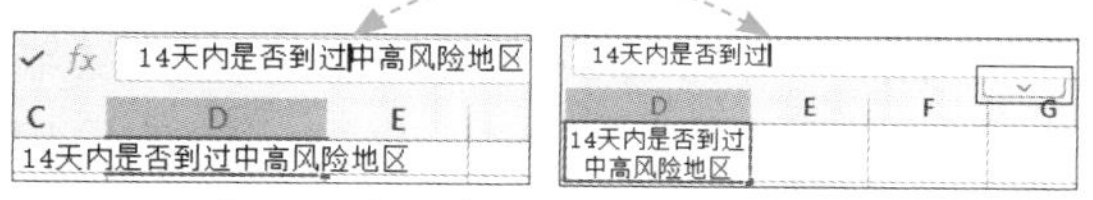

图 2-7 左图在编辑栏处强制换行、右图在单元格中强制换行

3. 批量输入

当需要在多个单元格中同时输入相同的数据时，很多用户往往是输入其中一个单元格，然后再复制到其他单元格中。其实还有一种更加方便快捷的操作方法。该方法是：同时选中需要输入相同数据的多个单元格，输入所需要的数据，最后使用Ctrl+Enter组合键确认输入，此时在所选定的全部单元格中都会输入相同的内容，包括公式，如图2-8所示。按住Ctrl键的同时，依次单击其他单元格，可选中不连续的单元格范围。

	A	B	C	D	E
7	户编号	人编号	姓名	证件号码	性别
8	3108371537	310026015978	吴国富	510522****12077297	
9	3108371537	310026015980	周庭珍	510522****02117301	
10	3108371537	310026015977	吴昌勤	510522****11117303	
11	3108371537	310026015979	吴小丽	510522****12107306	
12	3108371548	310026018697	吴家财	510522****09147295	
13	3108371548	310026018698	吴宗强	510522****10257337	
14	3108374356	100000074679737	邓志琴	510522****07197265	
15	3108374356	100000074649805	邓志雄	510522****12047297	
16	3108374568	310026108284	何祖兵	510522****04197311	
17	3108374568	310026108286	何仙	510522****0502962X	

E
性别
77297
女
17303
女
47295
57337
女
47297
97311
女

图 2-8 在多个单元格中同时输入相同数据

2.2 全速填充数据

数据填充是WPS表格中快速、规范输入数据的神奇功能，瞬间即可将连续的、有规律的数据或重复性数据批量填充到邻近单元格。

2.2.1 使用填充柄自动填充

在WPS表格中，鼠标选中的当前单元格或区域称为活动单元格或活动区域，外框线呈现为粗线框，右下角有一个小方块，称为填充柄，块头小本事大。

1. 左键拖放填充

使用鼠标左键拖放填充时，首先选择包含要填充内容的单元格或区域。然后将光标移动到填充柄上，光标变成黑色十字时，按下鼠标左键并拖动填充柄，使其经过要填充的单元格（在拖动过程中会显示预览）。光标到达目标单元格时，松开鼠标左键，如图2-9所示。在目标单元格旁单击“自动填充选项”下拉按钮 ，在下拉菜单中可以更改填充方式。

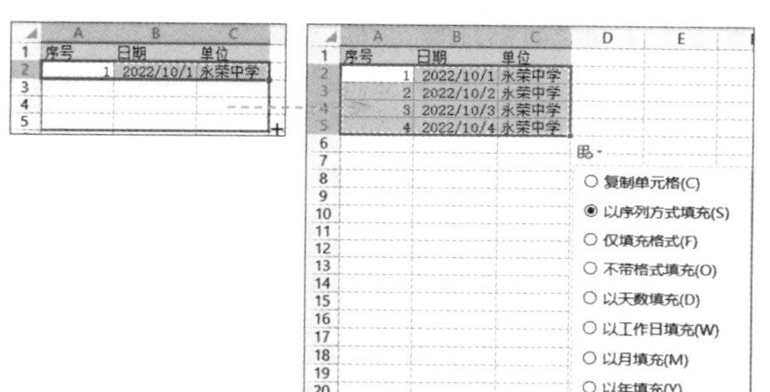

图 2-9 左键拖放填充

文本数据填充时默认为“复制单元格”。数字和日期数据则默认按“步长1”“以序列方式填充”，日期填充有天数、工作日、月、年4个选项；另外可以使用Ctrl+填充柄的方法进行复制式填充。

如果填充序列有参照（模式），当为2个数据时，则填充等差序列；当为3个数据时，则填充等比序列，如图2-10所示。

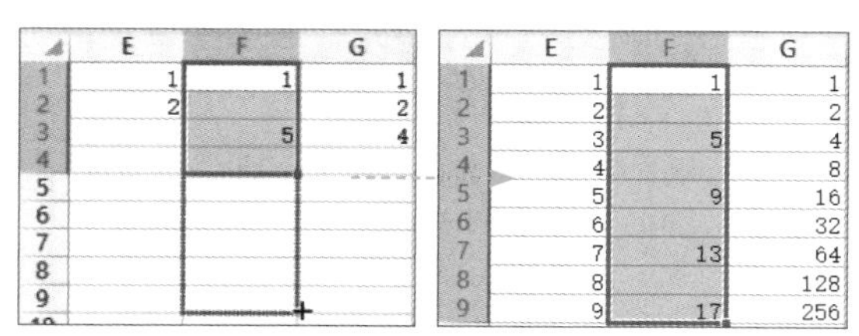

图 2-10 按模式填充等差或等比序列

2. 右键拖放填充

左键拖放填充是“先填后选”，可以不必“后选”。而右键拖放填充是“先选后填”，而且必须“先选”，如图2-11所示。

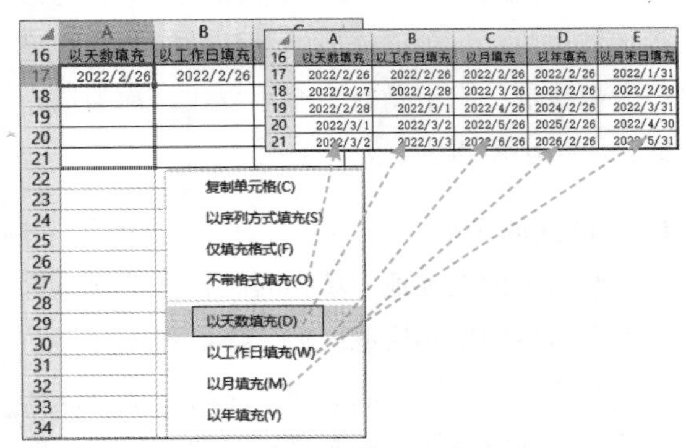

图 2-11　右键拖放填充日期数据

由于“2022/1/31”是月末日，当“以月填充”时，就会得到每月的月末日。按照此方法，可以巧妙地知道某年的2月份是否闰月。此外，右键拖放填充可以选择等比序列。

3. 左键双击填充

2.2.2

2.2.3

左键双击填充能迅速在区域数据的最大行范围内一填到底。特别是当数据有成千上万行时，拖放填充可能会因为鼠标失灵、用力不稳而前功尽弃，而左键双击填充可以以更少的步骤，收获更高的效率。当遇“堵点”时，填充行为就会停止，如图2-12所示。

	A	B	C
31	1	张三	星期一
32		李四	
33		王五	
34		赵六	
35		孙七	
36		钱八	
37		老九	有事

	A	B	C
31	1	张三	星期一
32	2	李四	星期二
33	3	王五	星期三
34	4	赵六	星期四
35	5	孙七	星期五
36	6	钱八	星期六
37	7	老九	有事

图 2-12　左键双击填充

2.2.2　使用命令快速填充相同内容

使用命令进行快速填充，适用于填充相同的内容。选择填充区域，执行“开始”|“填充”|“向下填充”命令，或者执行“数据”|“填充”|“向下填充”命令，如图2-13所示。

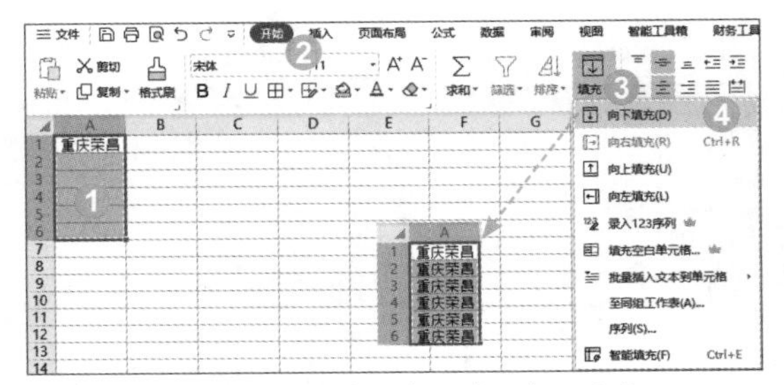

图 2-13　使用填充命令填充相同内容

该方法适合在行、列数特别多的时候使用，重点在区域选择这一步，可以结合Ctrl键、Shift键、工作区滚动条选择大范围区域。向下填充、向右填充的快捷组合键分别为Ctrl+D和Ctrl+R。

当然，可以在多单元格里直接批量输入：先选择区域，再输入数据，最后使用Ctrl+Enter组合键确认。该填充方式堪称批量填充的利器，摆脱了鼠标填充必须在相邻单元格的羁绊。

2.2.3　利用“序列”对话框填充序列

“序列”对话框专注于内置序列和自定义序列。

例2-2　请利用“序列”对话框在A1:A6区域填充一个递增一周的日期序列。

在A1单元格中输入“2022/2/1”。

用右键拖动填充柄到A6单元格，松开鼠标，在右键快捷菜单中执行“序列”命令。执行“开始”|“填充”|“序列”命令，或者执行“数据”|“填充”|“序列”命令，也能打开“序列”对话框。

在“序列”对话框中，默认在“序列产生在”栏中选中“列”单选按钮和在“类型”栏中选中“等差序列”单选按钮，在“步长值”框中输入“7”，单击“确定”按钮。

通过“序列”对话框填充序列的方法如图2-14所示。

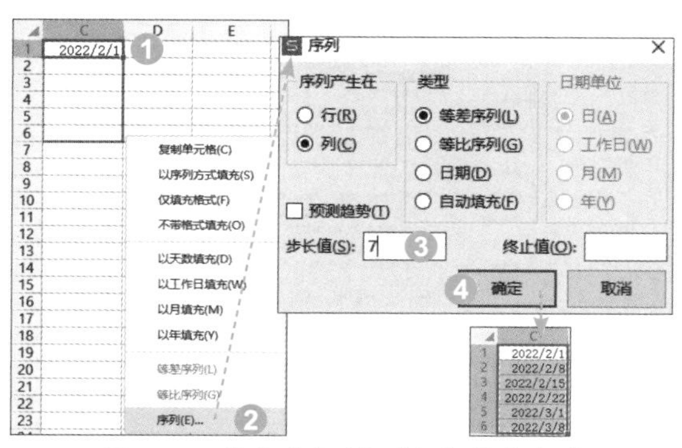

图 2-14　通过“序列”对话框填充序列

注意事项 在“序列”对话框中，若取消勾选“预测趋势”复选框，则需要在“步长值”编辑框中输入数值，通过上一单元格的数值，加上“步长值”得到下一单元格的数值，可计算等差序列（等比序列是上一单元格的数值乘上“步长值”得到下一单元格的数值），若事先选择了区域则可不填“终止值”；如果在打开“序列”对话框前输入了填充的“范本”，可以直接勾选“预测趋势”复选框，或者直接单击“自动填充”单选按钮，而不用设置“步长值”。数字数据可以设置等差或等比序列，日期数据只能设置“日期”，内置文本序列只能选中“自动填充”单选按钮。

2.2.4 根据定位填充空白单元格

定位填充可以通过定位功能定位到数据表区域内的空白单元格，然后批量填充。

例2-3 请在考勤表中将空白单元格填充为“缺勤”二字。

选择考勤表。

按F5键或使用Ctrl+G组合键，在打开的“定位”选项卡中单击“空值”单选按钮，再单击“定位”按钮，就选中了当前区域的所有空白单元格。很明显地可以发现，此时的空白单元格的底色跟其他单元格不一样。

输入“缺勤”二字，使用Ctrl+Enter组合键，完成批量填充。

定位填充空白单元格的方法如图2-15所示。

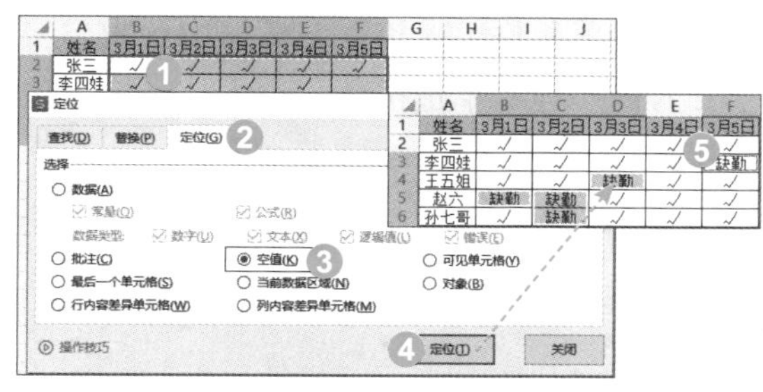

图 2-15　定位填充空白单元格

本例也可以将空白单元格替换为“缺勤”二字。

对WPS会员，可选择考勤表，在“数据”选项卡中单击“填充”下拉按钮，在下拉菜单中选择“填充空白单元格”选项，在打开的“空白单元格填充值”对话框中，选中“指定字符”单选按钮，并在其框中输入“缺勤”二字，单击“确定”按钮，完成填充，如图2-16所示。

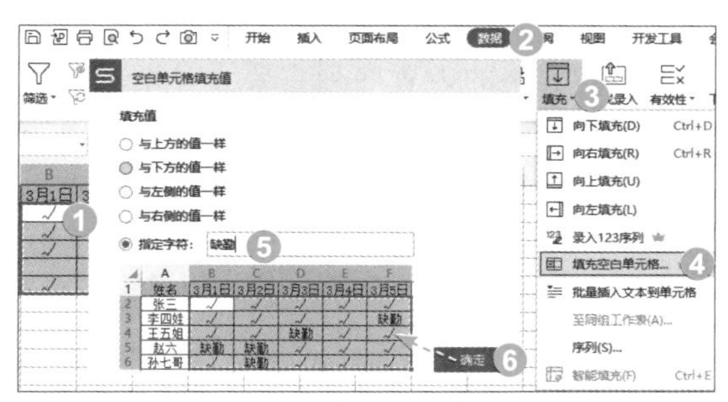

图 2-16　填充空白单元格

例2-4 请在学科分组表中按空白单元格上一行的内容填充空白单元格。

定位填充可以实现这种需求。定位空格后输入等号“=”，然后用鼠标选择B14单元格，使用Ctrl+Enter组合键确认输入，如图2-17所示。

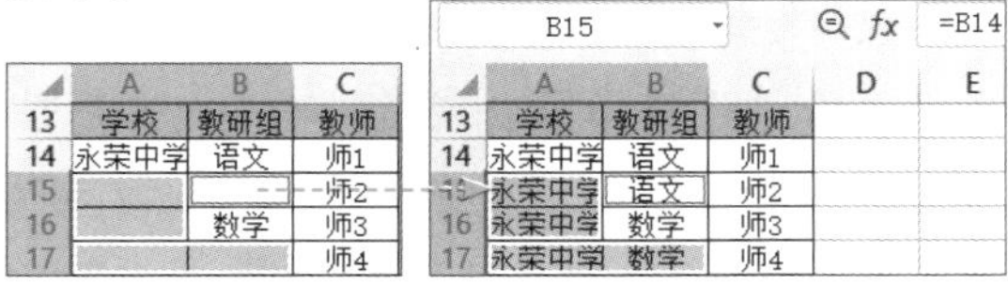

图 2-17　填充上行内容

对WPS会员可选择学科分组表，在“数据”选项卡中单击“填充”下拉按钮，在下拉菜单中选择“填充空白单元格”选项，在打开

2.2.4

的“空白单元格填充值”对话框中选中“与上方的值一样”单选按钮，单击“确定”按钮，如图2-18所示。

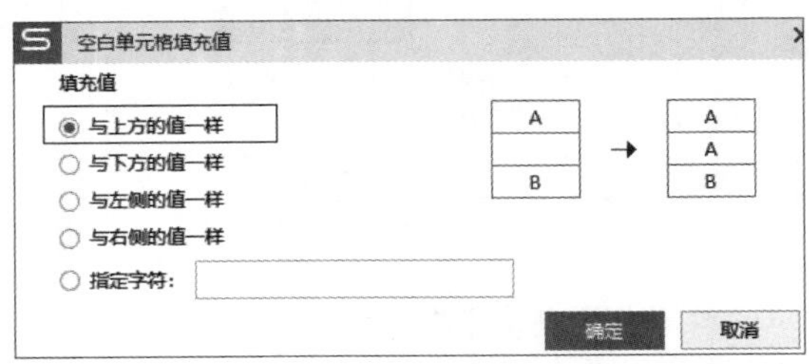

图 2-18　通过“空白单元格填充值”对话框填充

注意事项 执行“数据工具箱”|“填充”|“填充空白单元格”命令，或者执行“开始”|“填充”|“填充空白单元格”命令，或者在右键快捷菜单中执行“批量处理单元格”|“填充空白单元格”命令，都能完成此操作。

2.2.5　创建一个自定义序列

2.2.5

WPS表格的内置序列主要为日期方面的文本序列，中文日期有星期、公历月、农历月、季度、天干、地支等，内置序列是不可以修改的。内置序列缺少个性化，不能适应复杂多变的情况。

如果经常需要用到一组数据，可以将其添加到自定义序列列表中，以方便日后调用。比起Excel，WPS表格的自定义序列入口浅，用户很容易就能找到该项功能。

例2-5 请自定义一个序列“博士、硕士、本科、专科、高中、初中、小学”。

执行“文件”|“选项”|“自定义序列”命令，在“输入序列”框中输入“博士,硕士,本科,专科,高中,初中,小学”，条目之间使用半角逗号“,”来分隔，或者每输入一条后按Enter键换行。单击“添加”按钮，则新的自定义序列出现在左侧“自定义序列”列表的最下方。单击“确定”按钮，完成自定义序列的添加，如图2-19所示。

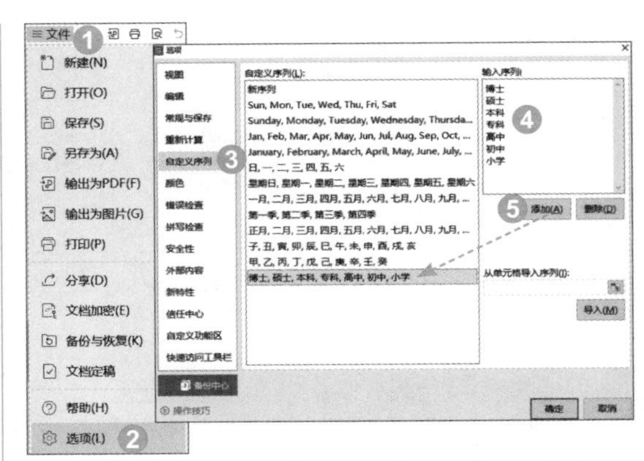

图 2-19　自定义从博士到小学的“学历”序列

如果已经在WPS表格区域中输入序列，则可以从单元格中导入该序列。自定义序列是可以编辑和删除的。内置序列和自定义序列都可以从任意一个条目开始进行周而复始的填充。

2.2.6　在区域中填充常用序列

有时想让一个多行多列区域内的数据“对号入座”，就需要一个连续的序列。最常用的序列无外乎阿拉伯数字序列、字母序列、罗马数字序列。WPS会员可参考例2-6。

例2-6 请在一个8行3列的区域内输入英文大写字母序列。

选中要存放字母序列的一个8行3列区域，单击“智能工具箱”按钮，再单击“填充”下拉按钮，在下拉菜单中选择“录入ABC序列”选项，如图2-20所示。

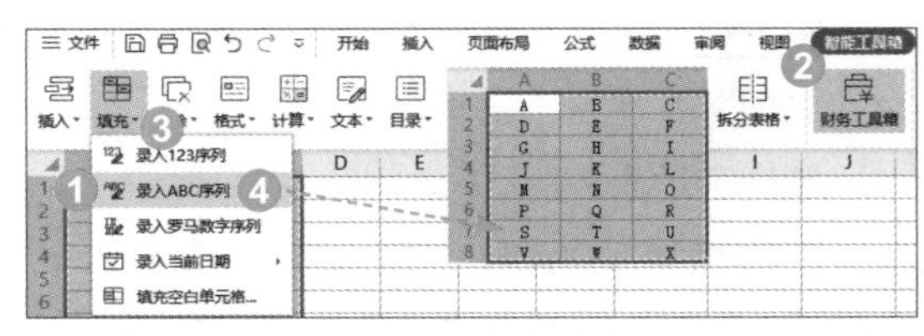

图 2-20　在区域中填充字母序列

如果不是WPS会员，可以使用函数公式。选择区域，输入数组公式“{=CHAR(SEQUENCE(10,3,1)+64)}”，使用Ctrl+Shift+Enter组合键确认公式。如果要想填写英文小写字母，就将数组公式中的64改为96，如图2-21所示。

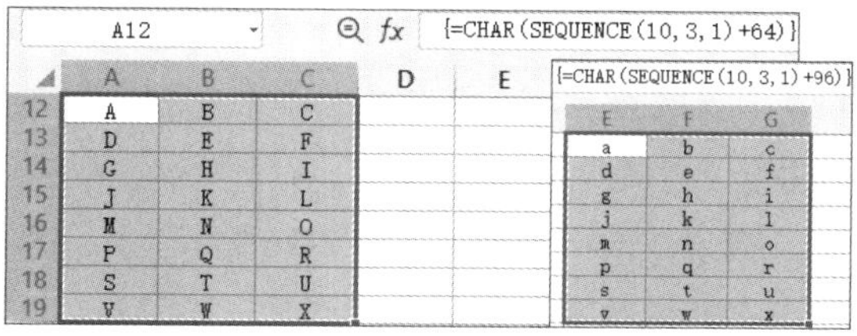

图 2-21　使用函数公式返回英文字母序列

式中，SEQUENCE函数返回一个数组，其语法为SEQUENCE（**行数**，[列数]，[开始数]，[增量]）；CHAR函数将一个1～255的数字转换为字符，其语法为CHAR（**数值**）。

例2-7　请为合并了单元格的各小组填充小组序号，同时按小组为成员填充序号。

选中要填充的小组序号的区域，单击“智能工具箱”按钮，再单击“填充”下拉按钮，在下拉菜单中选择“录入123序列”选项。

在C24单元格中输入公式“=IF(A24,1,C23+1)”，将公式向下填充至C37单元格，如图2-22所示。

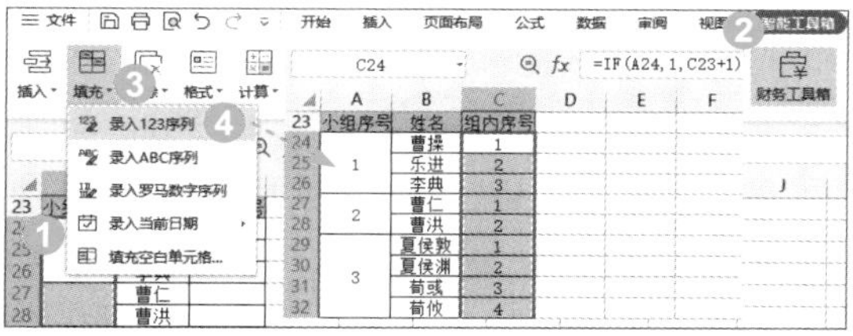

图 2-22　填充小组序号和成员序号

2.2.7　使用公式填充动态序号编号

WPS表格不仅可以填充常量数据，还可以填充函数公式，极大地突破函数公式大范围应用的书写瓶颈，开启了WPS表格函数公式的神话。这里仅介绍使用公式填充动态序号编号。

1. 填充无空行的动态连续序号编号

不使用公式填充的序号编号是固定不变的。如果要让序号编号随着其他数据的产生而动态产生，且不因删除行而空位，只有函数公式才能实现这种动态效果。

例2-8　C列的数据没有空行，请在A列生成动态的自然数序号，在B列生成形如“AK47-001”的动态编号。

A2=IF(C2>0,ROW()-ROW(A$2)+1,"")。式中，ROW函数返回单元格的行号，IF函数根据C2单元格有无数据决定是否生成序号，语法为IF（**测试条件**，**真值**，[假值]）。

B2=TEXT(A2,"AK47-000")。式中，TEXT函数可通过格式代码向数字应用格式，进而更改数字的显示方式，语法为TEXT（**值**，**数值格式**）。

将A1:B1区域的函数公式向下填充，如图2-23所示。这样，A列的序号、B列的编号就能够自动生成、动态变化，删除一些行也不影响序号和编号的连续性。如果在当中插入一些空行，则需要重新填充公式。

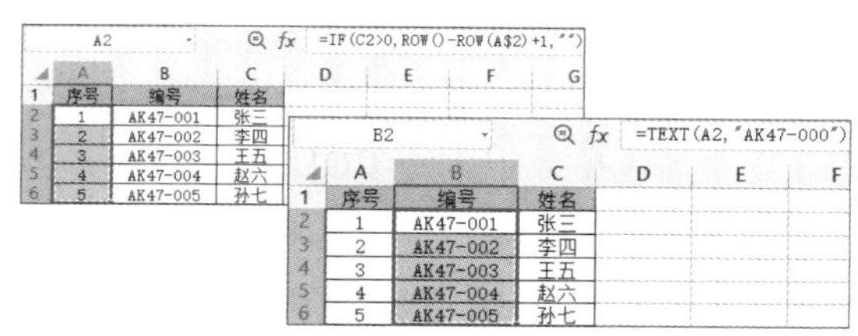

图 2-23　无空行的动态连续序号编号

2. 填充有空行的动态序号编号

有时数据有空行，空行不能占据序号编号，使用函数公式能够实现序号编号随着其他数据的产生而产生，且删除行不影响序号编号的连续性。

例2-9　C列的数据有空行，请在A列生成动态的自然数序号，在B列生成形如“AK47001”的动态编号。

A11=IF(C11>0,(COUNTA(C$11:C11)),"")。式中，COUNTA函数计算范围中不为空的单元格的个数，引用区域为C$2:C2，起始单元格C$2为行绝对引用，行号不会因公式的填充而变化，结束单元格C2为行相对引用，行号会因公式的填充而变化。

B11=IF(C11>0,TEXT(A11,"AK47000"),"")。

将A11:C11区域的函数公式向下填充，如图2-24所示。

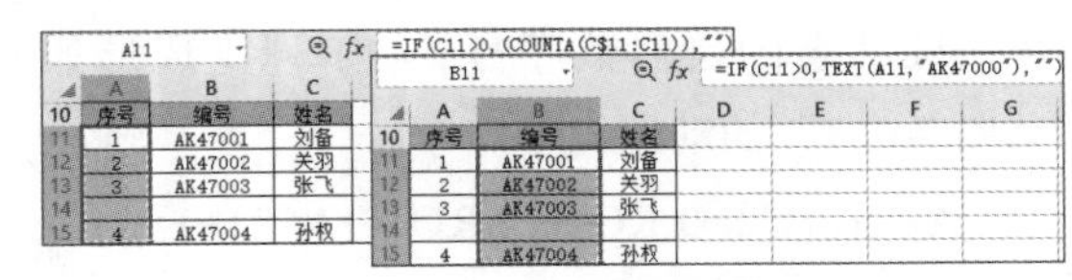

图 2-24　有空行的动态连续序号编号

如果想要筛选后得到连续编号，就需要使用SUBTOTAL函数了。

3. 填充合并单元格的动态连续序号

有时为了表中内容层次分明，合并了单元格，对合并单元格也可以编写动态连续序号公式。

例2-10 请为A列的合并单元格填充动态序号。

2.3.1

选择A20:A33区域，输入公式“=MAX(A$19:A19)+1”或“=COUNT(A$19:A19)+1”，使用Ctrl+Enter组合键结束。式中，MAX函数返回一组值中的最大值，COUNT函数计算包含数字的单元格个数；注意区域的起始单元格A$19为行的绝对引用，行号被锁定，结束单元格A19为行的相对引用，行号未被锁定，随着公式的向下填充，结束单元格的行号自动增加，如图2-25所示。

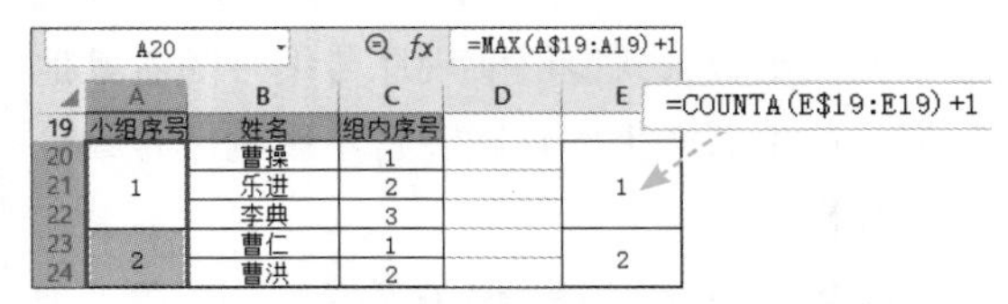

图 2-25　合并单元格的动态连续序号

4. 规避特殊数字以填充编号

一般情况下使用连续编号，但也有刻意追求不连续编号。

例2-11 请规避“4”和“7”结尾的卡号。起始卡号为“2022120990”。

B21=--SUBSTITUTE(SUBSTITUTE(B20+1,4,5),7,8)。式中，SUBSTITUTE函数用于在文本字符串中使用新文本替换旧文本，语法为SUBSTITUTE（字符串，原字符串，新字符串，[替换序号]）。内层SUBSTITUTE函数将数字串中的数字“4”替换成了数字“5”。外层SUBSTITUTE函数将内层函数计算值中的“7”替换成数字“8”。双减号“--”是将文本型数字强制转换为数值型数字。

将公式向下填充，如图2-26所示。如果还想规避其他数字，可以继续嵌套SUBSTITUTE函数。

	A	B	C
19	姓名	卡号	签字
20	彩屏	2022120990	
21	彩儿	2022120991	
22	彩凤	2022120992	
23	彩霞	2022120993	
24	彩鸾	2022120995	
25	彩明	2022120996	
26	彩云	2022120998	

图 2-26　规避特殊数字填充编号

2.3　几手独门绝活

数据输入要求又快又准，要想不落人后，还得掌握几手独门绝活。

2.3.1　输入数字显示指定内容

自定义格式能够达到“自动更正”的效果，例如输入数字显示指定内容。

例2-12 使用类似“自动更正”的方法快速输入性别“男”“女”和“√”“×”符号。

选择B2:B6区域，单击“开始”选项卡，再单击“数据格式”对话框启动器，在“分类”列表中选择“自定义”选项，在“类型”框中输入“[=1]"女";[=2]"男"”。在C2:C6区域设置自定义格式“[=1]"√";[=2]"×"”，单击“确定”按钮，如图2-27所示。

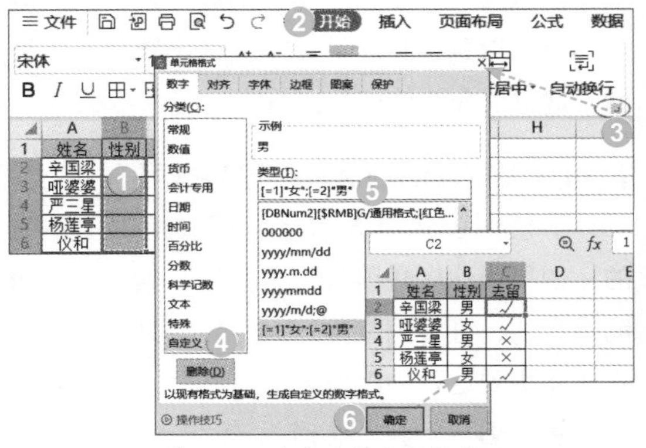

图 2-27　自定义单元格格式

2.3.2 一边输入一边核对

输入数据要完全保证数据的准确性。遇有大量重要数据输入时，有时候会看到这样的壮观场景：三个人在同时工作，一人读数，一人一边重复念数一边在计算机上输入，还有一人眼耳并用在检查。其实，这样大动干戈完全没有必要，除非有监督输入数据的需要，否则，要核查数据正确与否，只需要使用WPS表格的语音朗读功能即可。

在“审阅”选项卡中单击“朗读”下拉按钮，在下拉菜单中勾选“回车朗读”选项即可，如图2-28所示。

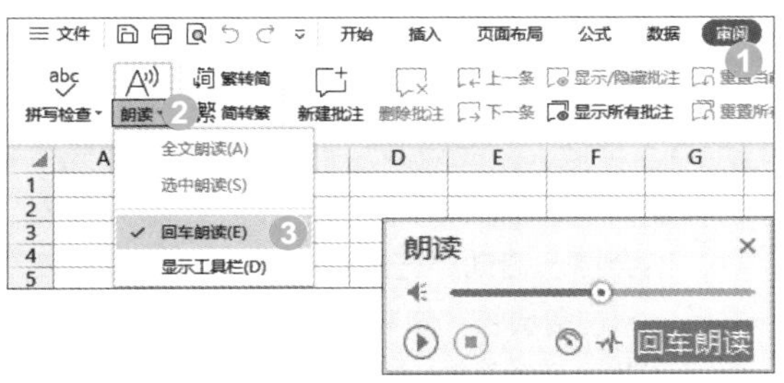

图 2-28　启用“回车朗读”功能

如果数据已经输入，想要核对，也可以使用该功能。方法是：选中想要核对的区域，在“审阅”选项卡中单击“朗读”按钮（不是下拉按钮）或浮动的“朗读”工具中的“播放”按钮。这样，就可以按照先行后列的顺序在选定区域内朗读，如图2-29所示。

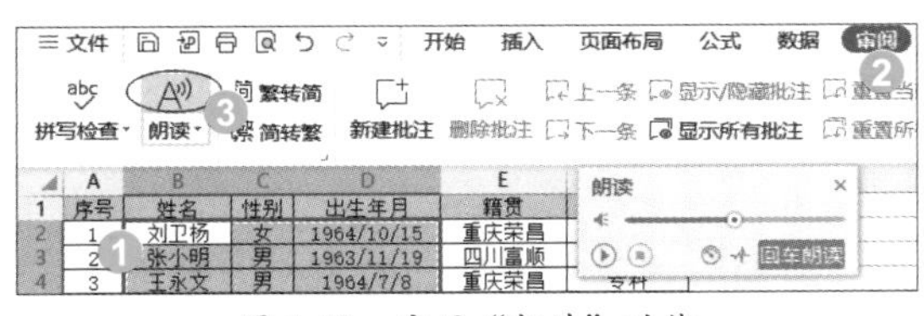

图 2-29　启用“朗读”功能

2.3.3 使用记录单录入数据

当数据记录条数多时，为了避免在工作区上下左右频繁移动，希望能在一个新窗口中以记录单的形式输入、查询数据，WPS表格“记录单”功能就能派上用场。

例2-13 请使用“记录单”功能录入包括“序号”“姓名”“性别”“出生年月”“籍贯”“学历”的记录。

创建数据表的列标题行并选中，在“数据”选项卡中单击“记录单”按钮，打开以当前工作表名称命名的对话框。在第一个文本框中输入一条记录的一个数据，按Tab键或者移动光标到下一个文本框，如此输完一条记录的所有数据，单击“新建”按钮或按Enter键，确认该条记录记入到工作表相应单元格中。接着输入下一条记录。完成所有记录后，单击“关闭”按钮以退出对话框，如图2-30所示。

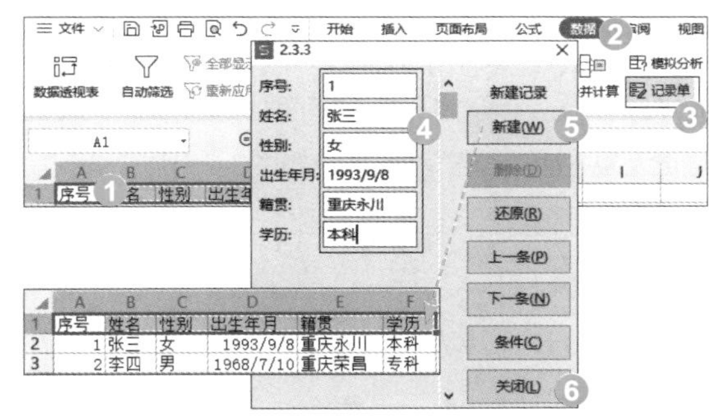

图 2-30　使用记录单录入数据

在“记录单”对话框中，单击“上一条”或“下一条”按钮，可以“翻找”某条记录，找到后可以直接修改或删除。单击“还原”按钮，可以清除当前正在录入的记录的信息。单击“条件”按钮，可以在相应的字段框中输入查询条件，输入查询条件后，“条件”按钮变成“表单”按钮，单击，就可以完整地显示整条记录的信息。既可以配合使用“上一条”或“下一条”按钮进行翻找，也可以多条件查询。

2.3.4 复制或移动数据的讲究

在WPS表格中，有时需要将数据副本复制到新位置（目标位置），或者将数据移动到新位置（目标位置）。新位置（目标位置）可以是同一个工作表的不同位置，也可以是不同的工作表，甚至是不同的工作簿。复制或移动的对象包括单元格、单元格区域、框线等。无论是复制还是移动，都分为两种情况：“插

2.3.2

2.3.3

2.3.4

入”式复制或移动和“替换”式复制或移动。

1.“插入”式复制或移动数据

例2-14 数据表中漏了1条记录，内容与第2行的数据只是数字的区别，请将第2行的数据复制到第5行。

“插入”式复制有两种方法。

一是使用右键快捷菜单。选定第2行（如有需要，可选择要复制的数行），在其右键快捷菜单中执行“复制”命令，或者单击“开始”选项卡中的“复制”按钮，或者直接使用Ctrl+C组合键，此时所选定要复制的行会出现滚动着的虚线框。选定目标位置即第5行，或此行的第一个单元格，在右键快捷菜单中执行“插入复制单元格”命令，如图2-31所示。

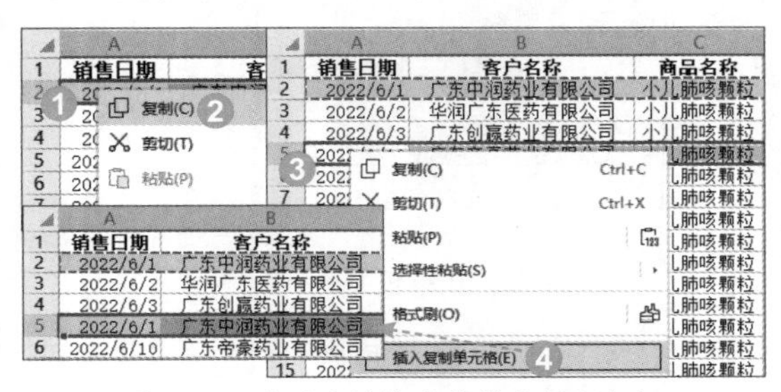

图 2-31 使用右键快捷菜单复制行数据

二是拖动鼠标。选定第2行（如有需要，可选择要复制的数行），将光标移至其绿色粗线边框上，当光标显示为黑色十字箭头图标时，使用Ctrl+Shift组合键，同时按住鼠标左键拖动，此时会出现形如H的黑色虚线，当虚线位于第4行与第5行的分隔线时，松开Ctrl键、Shift键和鼠标左键，如图2-32所示。

	A	B	C	D	E
1	销售日期	客户名称	商品名称	规格	销售量
2	2022/6/1	广东中润药业有限公司	小儿肺咳颗粒	2g*18袋	40
3	2022/6/2	华润广东医药有限公司	小儿肺咳颗粒	2g*9袋	50
4	2022/6/3	广东创嘉药业有限公司	小儿肺咳颗粒	2g*9袋	60
5	2022/6/10	广东帝豪药业有限公司	小儿肺咳颗粒	2g*9袋	70
6	2022/6/11	华润广东医药有限公司	小儿肺咳颗粒	2g*9袋	80

图 2-32 拖动鼠标复制行数据

“插入”式复制列数据的方法类似于“插入”式复制行数据。

“插入”式移动行、列与“插入”式复制行、列的方法步骤相同，多用于调整列标题及所辖数据在各列的先后顺序，只是“插入”式移动行、列在选定行、列后执行“剪切（Ctrl+X）”命令，插入时执行“插入剪切的单元格”命令；若拖动鼠标移动，则只按住Shift键。“插入”式复制行、列与移动行、列的区别如表2-2所示。

表2-2 “插入”式复制行、列与移动行、列的区别

方法	“插入”式复制行列	“插入”式移动行列
使用右键快捷菜单	复制（Ctrl+C）	剪切（Ctrl+X）
	插入已复制的单元格	插入剪切的单元格
拖动鼠标	Ctrl+Shift	Shift

注意事项 不能跨工作表或工作簿拖动鼠标移动数据。“插入”式复制方式会提示活动单元格的移动方向。“插入”式移动方式在本列操作时，不会提示活动单元格的移动方向，移动数据后，原位置会被“递补”；在他列操作时，会提示活动单元格的移动方向，移动数据后，原位置会空出来，如图2-33所示。

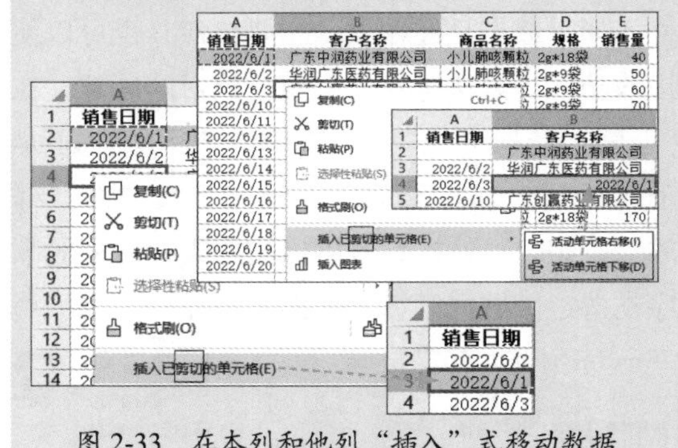

图 2-33 在本列和他列“插入”式移动数据

2.“替换”式复制或移动数据

在复制或移动数据时，使用Ctrl+V组合键、右键快捷菜单中的“粘贴”命令、“开始”选项卡中的“粘贴”命令，或是按住Ctrl键拖动鼠标，都是“替换”式地复制或移动数据，新位置如有数据，就会被替换、覆盖。移动数据后，原位置会空出来。

拖动鼠标移动数据时，会弹出警告框，如图2-34所示。

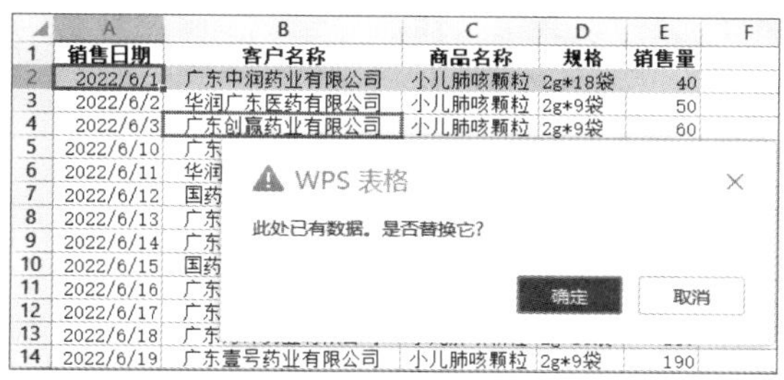

图 2-34　拖动鼠标移动数据时弹出的警告框

2.3.5　灵活转换字母大小写

在表中导入或输入的一些英文字母，大小写可能不符合要求，WPS会员功能可以灵活转换字母大小写。

例2–15　如图2-35所示，请将表中的数据按要求规范起来。

	A	B	C	D
1	姓名	首字母大写	全部大写	全部小写
2	zhang yunming	zhang yunming	zhang yunming	zhang yunming
3	Zhai huifang	Zhai huifang	Zhai huifang	Zhai huifang
4	Yang jing	Yang jing	Yang jing	Yang jing
5	peng Xinrong	peng Xinrong	peng Xinrong	peng Xinrong
6	ZHANG JI	ZHANG JI	ZHANG JI	ZHANG JI

图 2-35　记忆式键入效果

选中要规范的数据区域，执行“智能工具箱”|“格式”|“大小写”|“全部大写”命令，再继续执行“全部小写”和“单词首字母大写”命令，如图2-36所示。

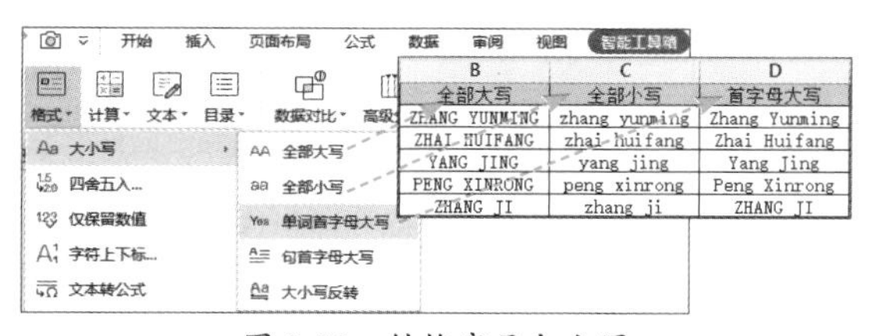

图 2-36　转换字母大小写

2.3.6　从身份证号码中提取信息

有了身份证号码，在WPS表格中要得到性别、年龄、出生日期、地区这些信息，是很容易的事情。

例2–16　请将数据表中身份证号码所隐含的信息全部提取出来。

1. 使用“身份信息提取”工具来提取

选中身份证号码区域，在“财务工具箱”选项卡中单击“身份信息提取”按钮，如图2-37所示。

图 2-37　使用“身份信息提取”工具提取身份证号码中的信息

2. 使用“常用公式”来提取

使用“常用公式”来提取的方法不能提取所属区县，但提取的年龄会自动更新。先提取性别。单击B14单元格，在编辑栏中单击“插入函数”按钮fx，在打开的“插入函数”对话框中单击“常用公式”标签，在“公式列表”中选择“提取身份证性别”选项，在“参数输入”的“身份证号码”框中引用A14单元格，单击“确定”按钮，如图2-38所示。同理，分别提取年龄和出生年月日（需要设置日期格式）。公式根据身份证号码位数来提取相关信息。

图 2-38　使用现成函数公式提取身份证号码中的信息

2.3.7　使用“推荐列表”功能

当一列中已有条目时，可以利用现有条目在该列中快速输入已有条目，这就是WPS表格的“推荐列表”功能。“推荐列表”会随着输入条目而累加，是按升序排序的唯一值列表，可与输入的关键字相匹配。该功能可谓是

2.3.5

2.3.6

2.3.7

数据有效性序列的一种高级应用。

1. 在键入时弹出“推荐列表”

键入的文本字符与现有条目模糊匹配时，WPS表格会自动弹出“推荐列表”，如图2-39所示。如果“推荐列表”只有一个条目，直接按Enter键即可确认；如果“推荐列表”不止一个条目，可以利用上下方向键或鼠标选择，然后按Enter键或者使用鼠标确认。可以继续键入，或者按Backspace键删除已输入的字符。

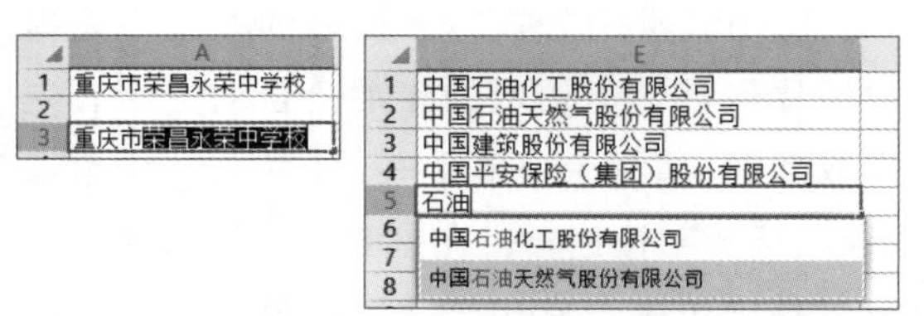

图 2-39　在键入时选择“推荐列表”

2. 使用 Alt+ ↓组合键弹出“推荐列表”

弹出“推荐列表”后，再用键盘或鼠标选择以输入，如图2-40所示。

2.3.8

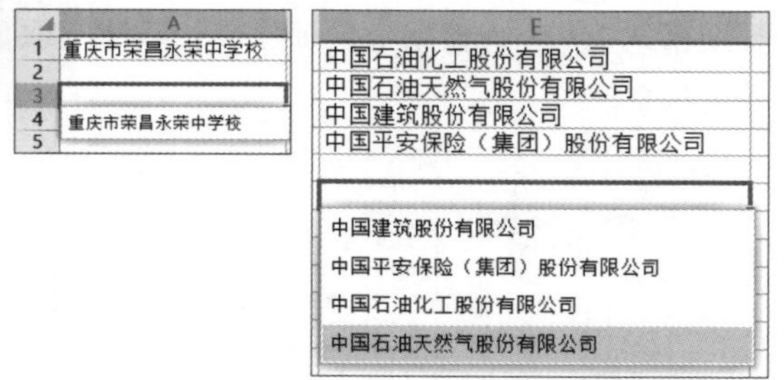

图 2-40　使用 Alt+ ↓组合键弹出“推荐列表”

3. 使用右键快捷菜单选择

在该列单元格的右键快捷菜单中执行“从下拉列表中选择”命令，再用键盘或鼠标选择以输入。开启“推荐列表”功能的过程：打开“选项”对话框，选择“编辑”选项，在右侧“编辑设置”栏中勾选“输入时提供推荐列表”复选框，如图2-41所示。

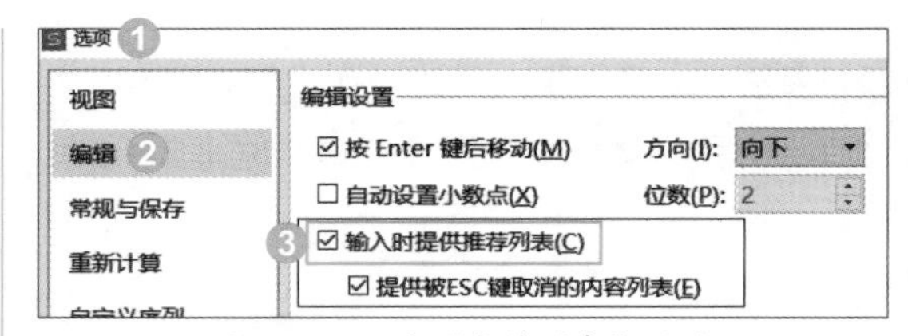

图 2-41　开启“推荐列表”功能

2.3.8　从图片中获取表格数据

当数据来源为图片时，可以使用“图片转文字”功能从图片中获取表格数据。选中图片，单击“图片工具”选项卡，再单击“图片转文字”按钮，在打开的“图片转文字”对话框中单击“带格式表格”按钮，单击“开始转换”按钮，确认“输出名称”和“输出目录”，单击“确定”按钮。在打开的“转换成功”对话框中单击“打开文件”按钮，如图2-42和图2-43所示。

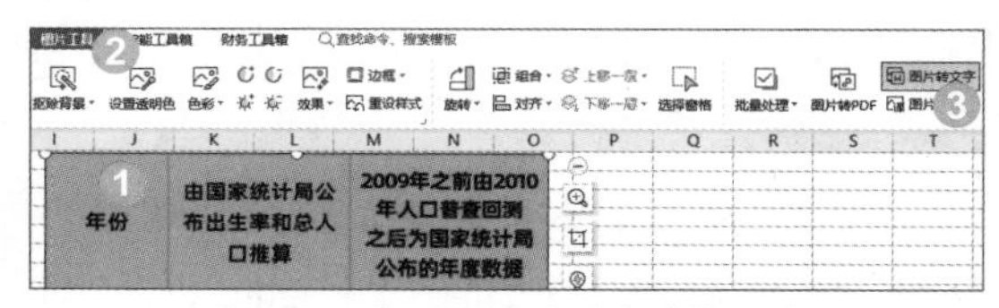

图 2-42　商用“图片转文字”功能

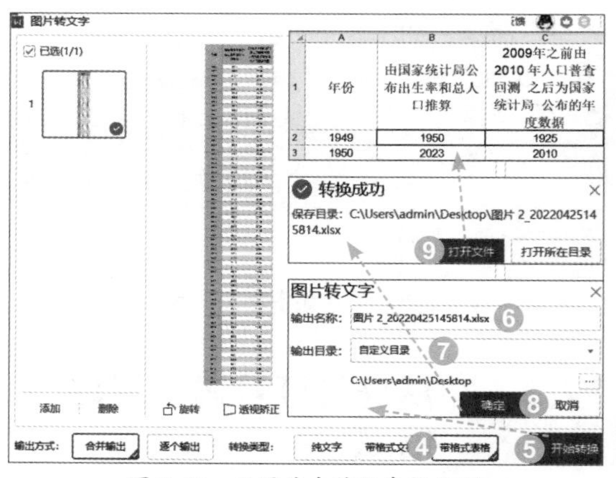

图 2-43　从图片中获取表格数据

第3章 设置数据的有效性

逐一输入数据时，可以使用WPS表格的数据“有效性”功能作为一道“防火墙”，对输入的内容进行检验和限制，从而保证数据的准确性、规范性和统一性。对于符合条件的数据允许输入；对于不符合条件的数据，则禁止输入，避免输入无效数据。当然，也可以进行特殊设置，允许输入例外数据。

启用数据“有效性”功能，一般需要打开数据“有效性”对话框。方法是：选择要设置数据有效性的单元格区域，在“数据”选项卡中单击“有效性”按钮（或单击“有效性”下拉按钮，在下拉菜单中选择“有效性”选项），会打开“数据有效性”对话框，如图3-1所示。

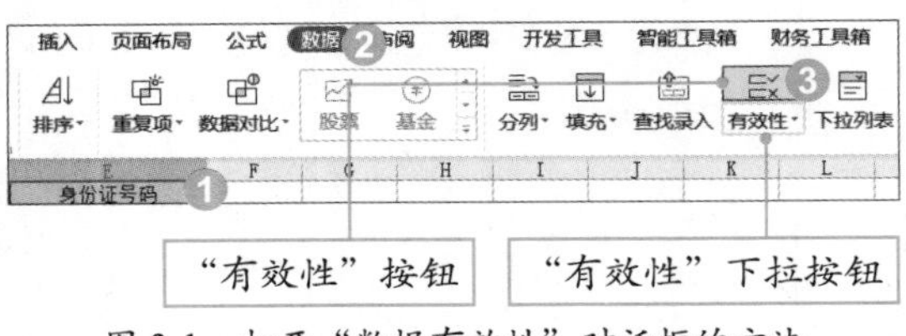

图 3-1　打开“数据有效性”对话框的方法

函数公式在数据有效性中有较大发挥空间，常常在单元格中编辑好公式再复制用于数据有效性，请结合第11章进行学习。

3.1　几类简单的数据有效性

3.1.1

3.1.1　限制文本长度

有时需要从字符长度来约束数据。

例3-1　请在E列设置数据有效性，身份证号码的长度为18位。

选中E列，打开“数据有效性”对话框，默认进入“设置”标签（每次必须要用到的标签），在“有效性条件”的“允许”下拉列表中选择“文本长度”类型，在“数据”下拉列表中选择逻辑条件“等于”，在“数值”框内输入“18”。

选择“输入信息”标签，默认勾选“选定单元格时显示输入信息”复选框，在“标题”和“输入信息”框中分别输入需要显示的内容“身份证号码”“长度为18位”。设置成功后，选中单元格时，就会看到屏幕提示。

选择“出错警告”标签，一般情况下要勾选“输入无效数据时显示出错警告”复选框并保持“样式”为默认的“停止”样式。在“标题”和“错误信息”框中，分别输入“出错了”“数据长度为18位！”。这样，设置成功后，输入无效数据时，就会看到警告信息。如果选择“警告”或“信息”样式，特殊数据也能输入了。单击“确定”按钮，如图3-2所示。

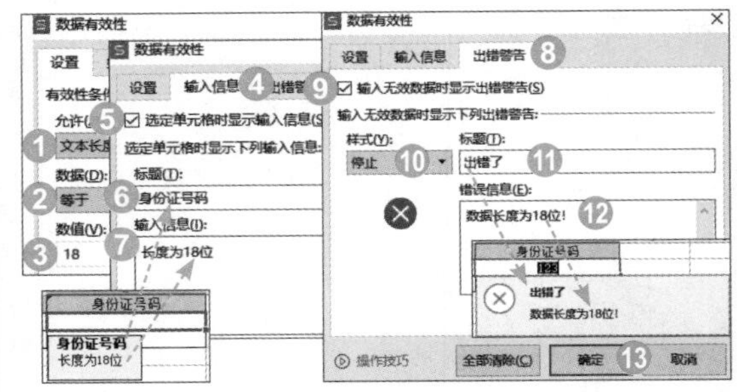

图 3-2　设置限制文本长度

设置文本长度来验证数据，只是降低了输入数据的错误率，远远不能保证数据的准确性。可以进一步增加数据有效性的条件，或结合其他方法来确保数据的准确无误。

设置数据有效性后，可以执行“数据”|“有效性”|“圈释无效数据”命令，以圈释之前输入的无效数据。

单元格中的数据“有效性”可以复制粘贴、填充和被覆盖。想要不被覆盖，可以使用“选择性粘贴”功能。想要修改数据有效性规则，可以单击设置有数据有效性的任一单元格，打开“数据有效性”对话框，修改规则后，勾选“对所有同样设置的其他所有单元格应用这些更改”复选框，单击“确定”按钮；想要清除数据有效性规则，则在“数据有效性”对话框中单击“全部清除”按钮，如图3-3所示。

图 3-3　修改或清除数据有效性规则

3.1.2 引用变量限制范围

整数、小数这些数值型数据的有效性验证值不仅可以使用固定值，还可以引用单元格中的具体数值或由函数公式计算出来的数值，这就是使用变量，因而具有一定的动态性。

例3-2 请在C列为学科成绩设置数据有效性，满分可以变动。满分在E2单元格。

选择要设置数据有效性的区域，打开“数据有效性”对话框，在“有效性条件”的“允许”下拉列表中选择“小数”选项，在“数据”下拉列表中选择“介于”选项，在“最小值”框中输入“0”，在“最大值”引用伸缩框中引用E2单元格或直接输入公式“=$E$2”。单击“输入信息”标签，在“标题”框中输入“分数”，在“输入信息”框中输入“0～满分之间”，单击“确定”按钮，如图3-4所示。

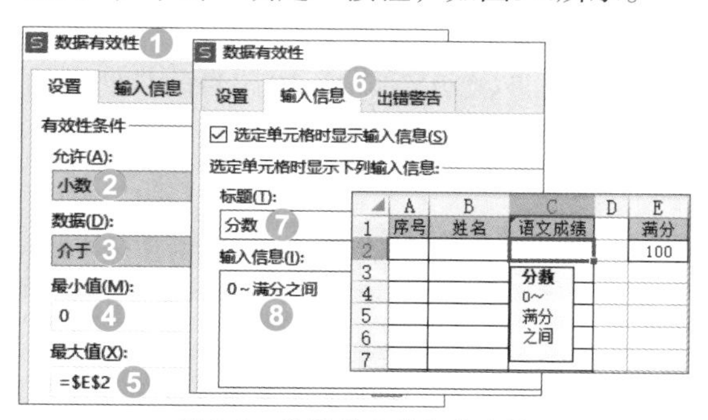

图 3-4 设置引用满分单元格

这样，满分成为一个变量，就可以根据需要灵活调整了。

例3-3 请在I列设置数据有效性，领取器材数量不能超过L2:M6区域的库存数量。

选择目标区域，打开“数据有效性”对话框，在“有效性条件”的“允许”下拉列表中选择“整数”选项，在“数据”下拉列表中选择“小于或等于”选项，在“最大值”框中输入函数公式“=VLOOKUP($H2,$L$2:$M$6,2,)”。单击“输入信息”标签，在“标题”框中输入“领取数量”，在“输入信息”框中输入“不超过库存量”，单击“确定”按钮，如图3-5所示。

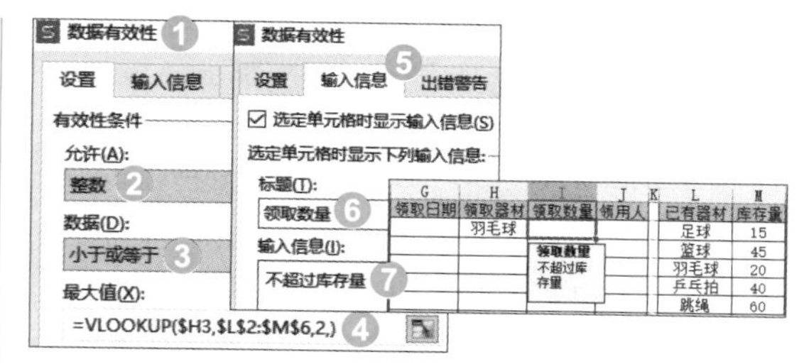

图 3-5 设置领取数量不能超过库存数量

式中，VLOOKUP函数在表格或数值数组的首列查找指定的数值，并由此返回表格或数组当前行中指定列处的值，其语法为VLOOKUP（**查找值**，数据表，列序数，[匹配条件]），第4个参数若为近似匹配，则指示为1或TRUE；精确匹配，则指示为0为FALSE。

3.1.3 设置动态日期时间

日期、时间总是处于不断变化中。不仅可以为日期、时间数据的有效性验证值使用固定值，还可以借助函数公式设置动态值。

3.1.2

3.1.3

例3-4 请在C列设置数据有效性，报到日期必须按先后顺序输入。

选择要设置数据有效性的区域，打开“数据有效性”对话框，在“有效性条件”的“允许”下拉列表中选择“日期”选项，在“数据”下拉列表中选择“大于或等于”选项，在“开始日期”框中输入函数公式“=MAX($C$1:$C2)”。单击“输入信息”标签，在“标题”框中输入“报到日期”，在“输入信息”框中输入“先后排序”，单击“确定”按钮，如图3-6所示。

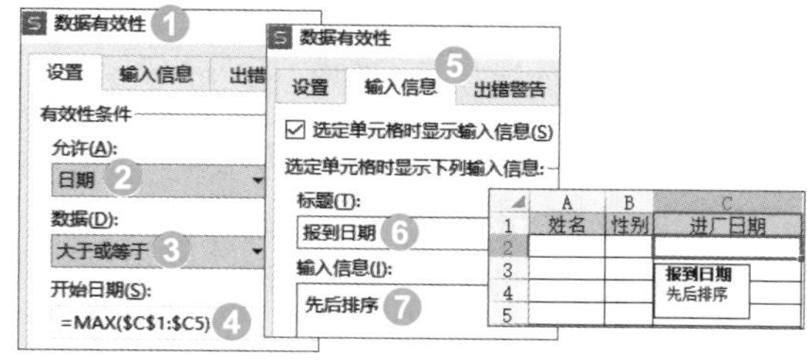

图 3-6 设置报到日期按先后排序输入

式中，MAX函数返回一组数据的最大值，其语法为MAX（**数值1**，...）。注意，式中引用区域右下角的单元格引用是行的相对引用，会随着公式的向下填充而向下拓展。

例3-5 请在G列设置数据有效性，签到时间必须早于或等于此时此刻。

选择要设置数据有效性的区域，打开“数据有效性”对话框，在“有效性条件”的“允许”下拉列表中选择“时间”选项，在“数据”下拉列表中选择“小于或等于”选项，在“结束时间”框中输入函数公式“=TIME(HOUR(NOW()),MINUTE(NOW()),SECOND(NOW()))”。单击“输入信息”标签，在“标题”框中输入“签到时间”，在“输入信息”框中输入“早于或等于此时此刻”，单击“确定”按钮，如图3-7所示。设置数据有效性后，签到时间若晚于此时此刻，就无法输入，这样可以有效杜绝作假情况的发生。

3.2.1

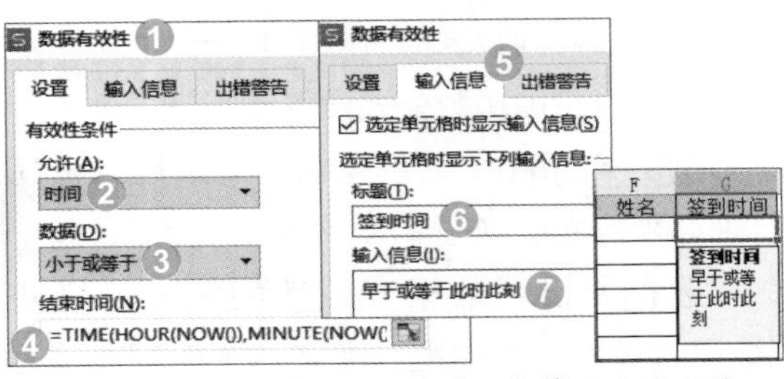

图 3-7 设置签到时间必须早于或等于此时此刻

式中，NOW函数返回当前日期和时间的序列号。

HOUR函数返回时间值的小时数，是一个0～23的整数。

MINUTE函数返回时间值的分钟数，是一个0～59的整数。

SECOND函数返回时间值的秒数，是一个0～59范围内的整数。

TIME函数返回特定时间的十进制数字，是一个0～0.99988426的值，表示0:00:00～23:59:59的时间，其语法为`TIME（小时，分，秒）`。

例3-6 请在K列设置数据有效性，完成日期必须在从今日起的未来7～100天。

选择要设置数据有效性的区域，打开“数据有效性”对话框，在“有效性条件”的“允许”下拉列表中选择“日期”选项，在“数据”下拉列表中选择“介于”选项，在“开始日期”框中输入函数公式“=TODAY()+7”，在“结束日期”框输入函数公式“=TODAY()+100”，单击“确定”按钮，再单击“输入信息”标签，在“标题”框中输入“完成日期”，在“输入信息”框中输入“今日起的未来7～100天”，单击“确定”按钮，如图3-8所示。

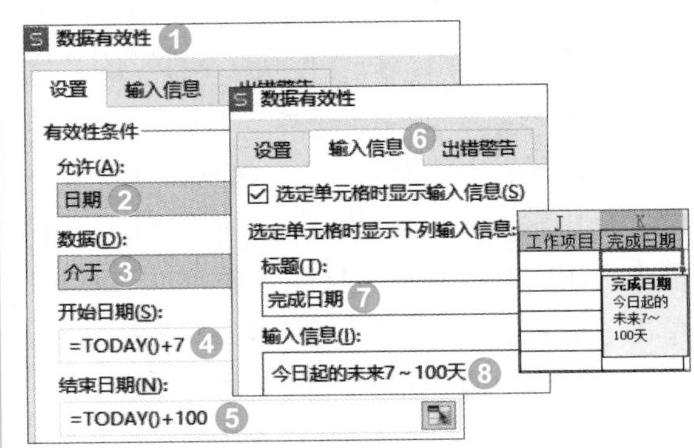

图 3-8 设置完成日期在从今日起的未来 7～100 天

式中，TODAY函数返回“当前日期”的序列号。

3.2 自定义数据有效性

“自定义”是数据“有效性”功能的一个类别，使用函数公式设置复杂的验证条件来约束数据。当函数公式值为TRUE或不为0的数值时，就允许符合条件的数据输入；否则，就禁止数据输入。

3.2.1 拒绝输入重复值

输入姓名、项目、品种、单位名称、编码等数据时，常常需要数据具有唯一性。

例3-7 请设置数据有效性，工号和员工都必须为唯一值。

有两种方法可以设置拒绝输入重复值。

1. 使用“拒绝录入重复项”命令

在“数据”选项卡中单击“重复项”下拉按钮，在下拉菜单中选择“拒绝录入重复项”选项，在打开的“拒绝重复输入”对话框中，在引用框中引用或输入区域，单击“确定”按钮。这样，当输入重复数据时，就会弹出警告框，如图3-9所示。打开“数据有效性”对话框，会发现实际上是自定义了公式“=COUNTIF($A$2:$A$10,A3)<2”。

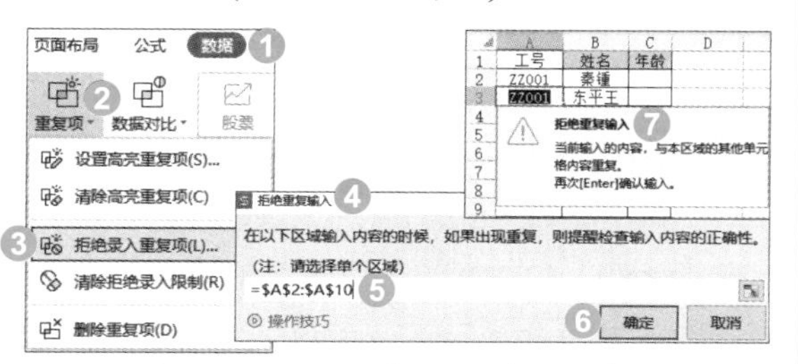

图 3-9 使用“拒绝录入重复项”命令设置拒绝输入重复值

2. 使用“数据有效性”对话框

在B列选择要设置数据有效性的区域，打开“数据有效性”对话框。在“有效性条件”的“允许”下拉列表中选择“自定义”选项，在“公式”框中输入函数公式“=COUNTIF(B$2:B$100,B2)=1”。单击“输入信息”标签，在“标题”框中输入“姓名”，在“输入信息”框中输入“不能重复”，单击“确定”按钮，如图3-10所示。

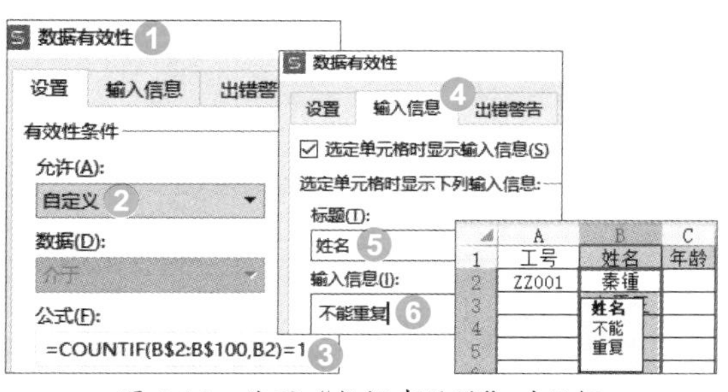

图 3-10 使用“数据有效性”对话框自定义拒绝输入重复值

式中，COUNTIF函数是一个功能强大的统计函数，用于统计满足某个条件的单元格的数量，其语法为`COUNTIF(区域, 条件)`。得数与表示“唯一”的“1”进行比较。若结果为TRUE，则满足条件，允许输入；若结果为FALSE，则不满足条件，不允许输入。

本例使用条件格式来突出显示重复值也是一个很好的做法。

3.2.2 限制或允许某些字符

WPS表格中的字符包括汉字、空格、特殊符号、英文字母、数字等。WPS表格可以限制某些字符，禁止“非我族类”数据的输入。

例3-8 请设置数据有效性，A列的姓名禁止输入空格，B列的商品名称只能为文本，C列的型号为字母和数字，D列的数据为数字。

在A列选择要设置数据有效性的区域，打开“数据有效性”对话框。在“有效性条件”的“允许”下拉列表中选择“自定义”选项，在“公式”框中输入函数公式“=COUNTIF(A2,"* *")=0”或“=ISERROR (FIND(" ",A2))”或“=SUBSTITUTE(A2," ","")=A2”。单击“输入信息”标签，在“标题”框中输入“输入姓名时”，在“输入信息”框中输入“不能输入空格”，单击“确定”按钮，如图3-11所示。

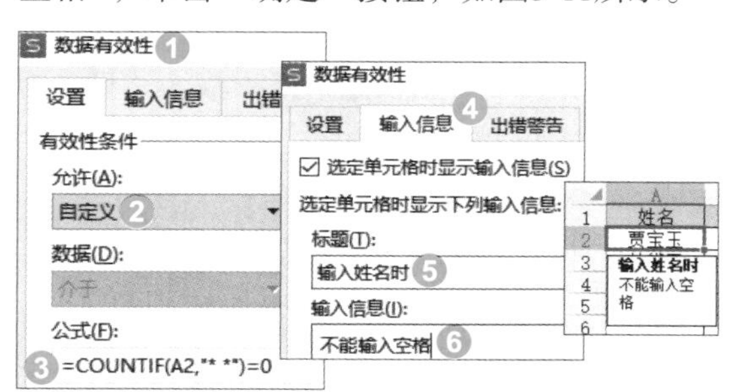

图 3-11 自定义禁止输有空格

3.2.2

在第一个公式中，COUNTIF函数统计包含空格的单元格的数量，要注意第2个参数中两个*之间的空格，*表示任意字符。单元格有空格时统计结果为1，没有空格时统计结果为0。此结果再与0比较，进行逻辑判断，没有空格时逻辑判断结果为TRUE，有空格时逻辑判断结果则为FALSE。还要注意*与空格的位置。如果希望第一个字符或最后一个字符不能输入空格，需分别使用公式“=COUNTIF(A2," *")=0”。

在第二个公式中，FIND函数用于在第二个文本串中定位第一个文本串，并返回第一个文本串的起始位置的值，该值从第二个文本串的第一个字符算起，其语法为FIND（要查找的字符串，被查找字符串，[开始位置]）。在本例中，如果FIND函数没有查找到空格，就为错误值，ISERROR函数判断该错误值，结果就为TRUE，于是WPS表格允许输入；反之，有空格则不允许输入。

在第三个公式中，SUBSTITUTE函数用于在某一文本字符串中替换特定位置处的任意文本，其语法为SUBSTITUTE（字符串，原字符串，新字符串，[替换序号]）。这里把姓名中的空格替换为空，再与姓名比较，若相等，则表明姓名中没有空格，否则就有空格，就不允许输入到单元格中。

在B列选择要设置数据有效性的区域，打开“数据有效性”对话框。在“有效性条件”的“允许”下拉列表中选择“自定义”选项，在“公式”框中输入函数公式“=ISTEXT(B2)”或“=ISNUMBER(B2)<> TRUE”。单击“输入信息”标签，在“标题”框中输入“商品名称”，在“输入信息”框中输入“只能为文本”，单击“确定”按钮，如图3-12所示。

3.2.3

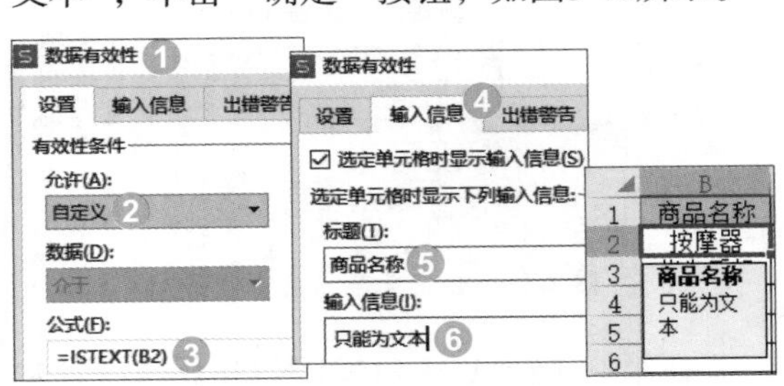

图 3-12　自定义商品名称只能为文本

式中，ISTEXT函数判断数据是否为文本，ISNUMBER函数判断数据是否为数值。

在C列选择要设置数据有效性的区域，打开“数据有效性”对话框。在“有效性条件”的“允许”下拉列表中选择“自定义”选项，在“公式”框中输入函数公式“=LEN(C2)=LENB(C2)”。单击“输入信息”标签，在“标题”框中输入“商品型号”，在“输入信息”框中输入“为字母和数字”，单击“确定”按钮，如图3-13所示。

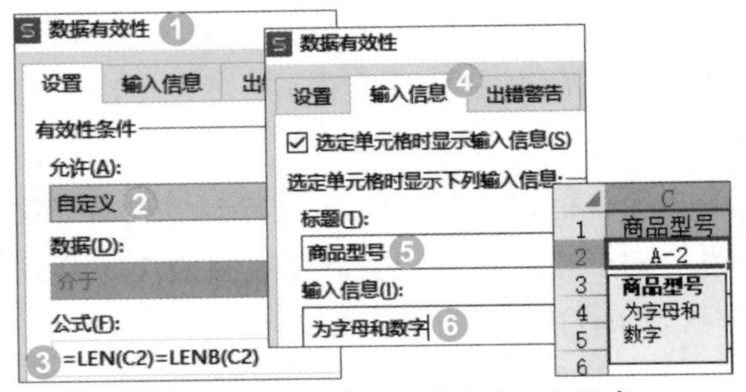

图 3-13　自定义商品型号为字母和数字

式中，LEN函数将每个字符（不管是单字节还是双字节）按1计数，其语法为LEN（字符串）。LENB函数将每个双字节字符按2计数，其语法为LENB（字符串）。汉字是双字节字符，字母和数字是单字节字符。如果LEN函数的计算结果等于LENB函数的计算结果，那么，就可以判断数据中的字符没有汉字。

在D列选择要设置数据有效性的区域，打开“数据有效性”对话框。在“有效性条件”的“允许”下拉列表中选择“自定义”选项，在“公式”框中输入函数公式“=ISNUMBER(B2)”。单击“输入信息”标签，在“标题”框中输入“商品数量”，在“输入信息”框中输入“阿拉伯数字”，单击“确定”按钮，如图3-14所示。

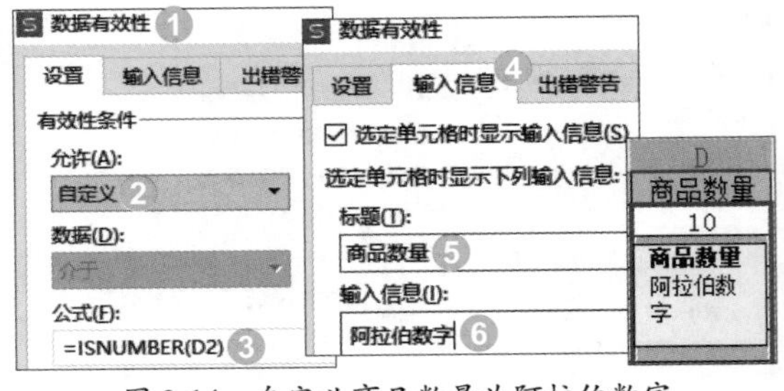

图 3-14　自定义商品数量为阿拉伯数字

3.2.3　限制字符位置及长度

在一些文本数据中，对输入字符可能有一些特殊的规定。例如，允许在什么位置输入什么字符，字符长度如何。这都可以通过设置数据有效性予以控制。

例3-9　请设置数据有效性，A列员工编号第一位必须为字母“Z”或“G”，分别代表专业技术人才、管理人才类别，后面三位为数字编号。

选择要设置数据有效性的区域，打开"数据有效性"对话框。在"有效性条件"的"允许"下拉列表中选择"自定义"选项，在"公式"框中输入函数公式"=AND(OR(LEFT($A2)="Z",LEFT($A2)="G"),LEN($A2)=4)"。单击"输入信息"标签，在"标题"框中输入"员工姓名"，在"输入信息"框中输入"专技Z,管理G,三位数"，单击"确定"按钮，如图3-15所示。

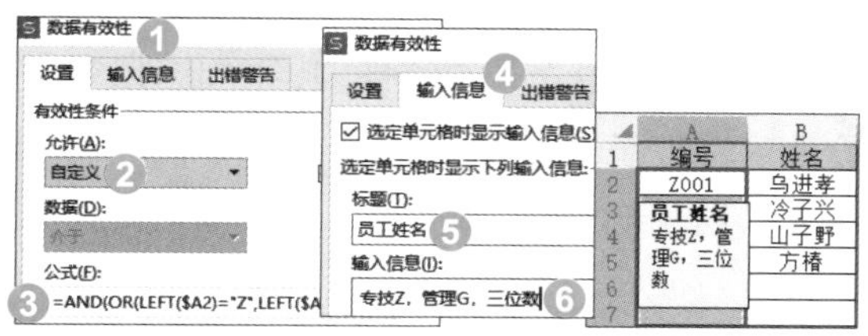

图 3-15　自定义员工编号字母位置及长度

式中，LEFT函数从文本字符串的第一个字符开始返回指定个数的字符，如果省略第2个参数，则假定其值为1，其语法为`LEFT（字符串，[字符个数]）`。

式中，OR函数是一个逻辑函数，返回一个逻辑值，其语法为`OR（逻辑值1，[逻辑值2]，...）`。参数之间是"或"的逻辑关系，只要有一个参数满足条件即为TRUE。如果所有参数都为FALSE，则返回FALSE。

式中，AND函数也是一个逻辑函数，参数之间是"和"的逻辑关系，其语法为`AND（逻辑值1，[逻辑值2]，...）`。所有参数的计算结果为TRUE时，返回TRUE。只要有一个参数的计算结果为FALSE，即返回FALSE。

本例中，LEFT函数截取B2单元格文本字符串左边第一位字符。然后用OR函数判断，只要这个字符与字母Z、G中的任意一个相符，即为TRUE。最后用AND函数再次判断，只要同时满足OR函数的判断和LEN函数返回的文本长度，即为TRUE。OR函数可用+代替，AND函数可用*代替，则公式为"=((LEFT($A2)="Z")+(LEFT($A2)="G"))*(LEN($A2)=4)"。

3.2.4　限制数据的范围

数据有效性可以使用函数公式对文本或数值型数据限制数据范围。

例3-10　请设置数据有效性，B列的身份证号码要求为18位，不能重复，出生年份在1960～2021年，C列的值班日要求为工作日。

在B列选择要设置数据有效性的区域，打开"数据有效性"对话框。在"有效性条件"的"允许"下拉列表中选择"自定义"选项，在"公式"框中输入函数公式"=AND(LEN(B2)=18,--MID(B2,7,4)>=1960,-- MID(B2,7,4)<=2021,COUNTIF(B$2:B$100, B2)=1)"。单击"输入信息"标签，在"标题"框中输入"出生年份"，在"输入信息"框中输入"在1960～2021年"，单击"确定"按钮，如图3-16所示。

3.2.4

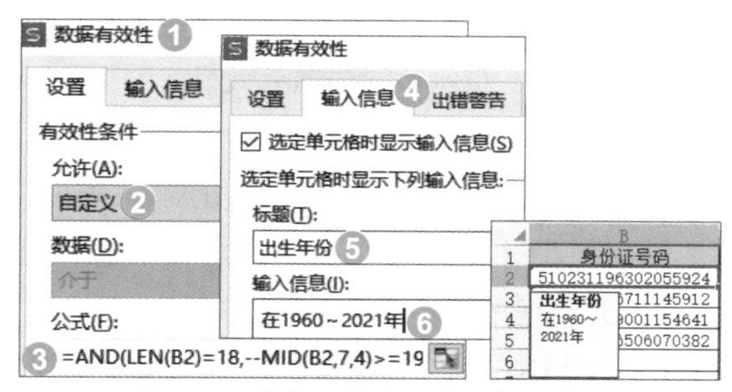

图 3-16　自定义身份证号码年份范围

式中，MID函数返回文本字符串中从指定位置开始的特定数目的字符，其语法为`MID（字符串，开始位置，字符个数）`。双减号"--"可以将文本型数字转换为数值型数字。

在C列选择要设置数据有效性的区域，打开"数据有效性"对话框。在"有效性条件"的"允许"下拉列表中选择"自定义"选项，在"公式"框中输入函数公式"=WEEKDAY(C2,2)<6"。单击"输入信息"标签，在"标题"框中输入"值班日"，在"输入信息"框中输入"要求为工作日"，单击"确定"按钮，如图3-17所示。

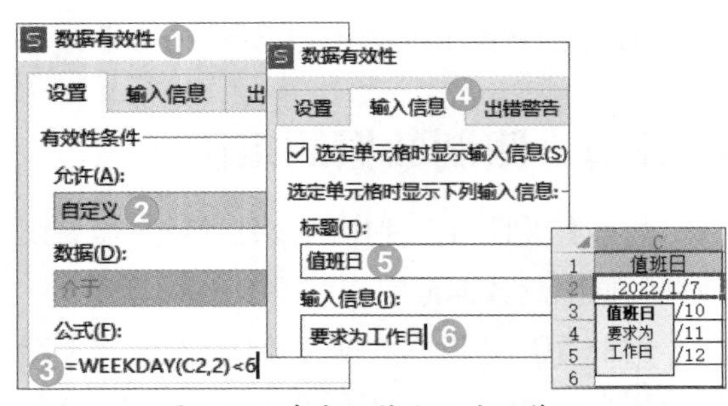

图 3-17　自定义值班日为工作日

式中，WEEKDAY函数返回对应于某个日期的一周中的第几天，第2个参数为2时，其值为数字1（星期一）～7（星期日）。其语法为`WEEKDAY（日期序号，[返回值类型]）`。

3.2.5　进行选择性判断

一个单元格的数据要根据另一个单元格的数据来决定是否输入，这就是选择性判断。

3.2.5

3.3.1

例3-11　C列、D列的入库数量、出库数量，都需要根据B列入库单、出库单两类单据的类型进行选择性判断，以决定是否允许输入，请为C列、D列设置数据有效性。

在C列选择要设置数据有效性的区域，打开“数据有效性”对话框。在“有效性条件”的“允许”下拉列表中选择“自定义”选项，在“公式”框中输入函数公式“=IF(B2="入库单",ISNUMBER(C2),FALSE)”。单击“输入信息”标签，在“标题”框中输入“入库数量”，在“输入信息”框中输入“对应入库单”，单击“确定”按钮，如图3-18所示。

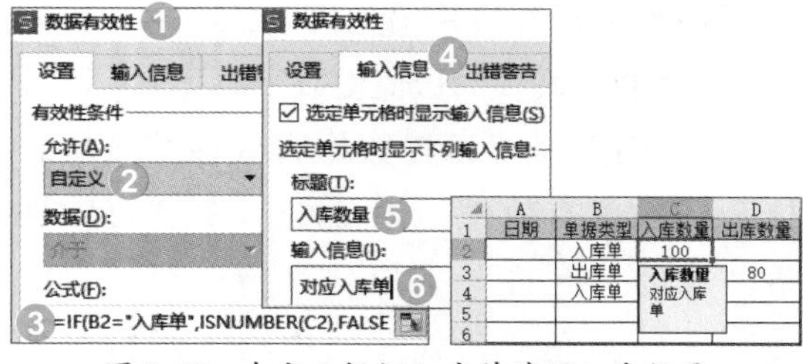

图 3-18　自定义根据入库单填写入库数量

D2:D100区域数据有效性的“自定义”公式则为“=IF(B2="出库单",ISNUMBER(D2),FALSE)”。

3.3　使用序列设置下拉列表

在WPS表格中，序列是指呈现出一定的排列规律或逻辑关系的一行或一列数据，用于数据有效性时，可形成一个下拉列表，供用户选择输入。“序列”类型的数据有效性，可以完全做到数据规范统一和准确无误。

3.3.1　使用固定序列的下拉列表

例3-12　B列要填写性别，C列要填写综合办、销售部、技术部、采购部、生产部、质管部、财务部7个部门，为了防止输入错误，请设置数据有效性。

1. 直接输入数据序列

B列要填写的性别简短，可以直接输入序列设置数据有效性。有2种方法。

一是在“数据有效性”对话框中设置。选择要设置数据有效性的区域，打开“数据有效性”对话框。在“有效性条件”的“允许”下拉列表中选择“序列”选项，在“来源”文本输入框中直接输入文本“男,女(用英文半角逗号隔开)”，单击“确定”按钮，完成序列设置。设置完成后，单击设置了数据有效性的单元格，就会在其旁边出现下拉箭头，单击下拉箭头，出现下拉列表，就可以从中选择需要的条目，如图3-19所示。

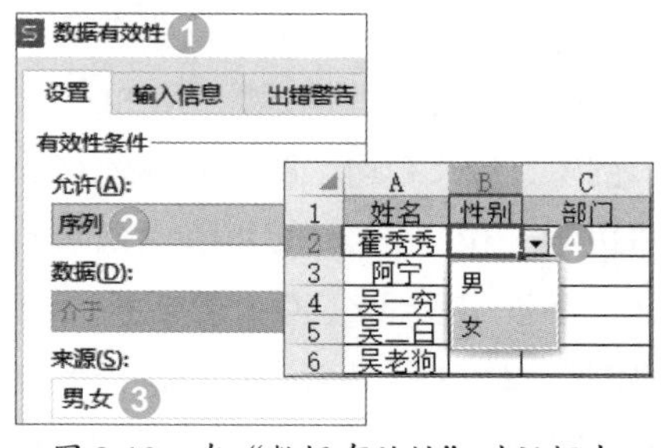

图 3-19　在“数据有效性”对话框中直接输入序列及效果

二是利用功能区“下拉列表”命令设置。WPS表格将常用的下拉列表功能放在功能区面板上，非常方便实用。

选择要设置数据有效性的区域后，在“数据”标签中单击“下拉列表”按钮。在打开的“插入下拉列表”对话框中，选中“手动添加下拉选项”单选按钮，在下面的框中输入“男”，单击添加按钮，继续输入“女”，单击“确定”按钮，如图3-20所示。

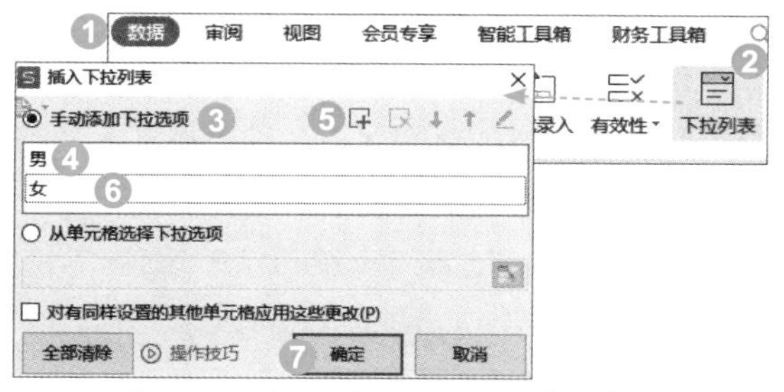

图 3-20 利用功能区“下拉列表”命令直接输入序列及效果

2. 引用数据序列

C列要填写的部门多，序列较长，可能会修改，最好引用数据区域作为序列来源设置数据有效性。将部门序列填写在E1:E7区域。有2种方法设置数据有效性。

一是在“数据有效性”对话框中设置。选择要设置数据有效性的区域，打开“数据有效性”对话框。在“有效性条件”的“允许”下拉列表中选择“序列”选项，在“来源”内，引用E1:E7区域，单击“确定”按钮。设置完成后，就可以在下拉列表中选择需要的条目，如图3-21所示。

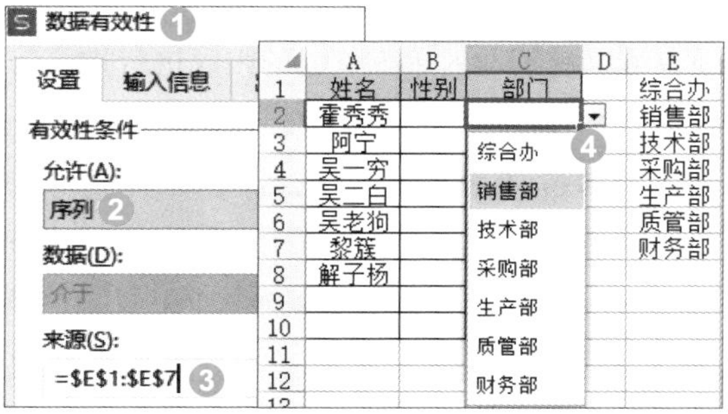

图 3-21 在“数据有效性”对话框中引用数据序列及效果

如果下拉列表的条目序列在另一个工作表中，例如在“Sheet2”工作表的E2:E5区域，引用区域时必须带上工作表名称，写成“Sheet2!$E$2:$E$5”，注意表名之后的感叹号“！”。

二是利用功能区“下拉列表”命令设置。选择要设置数据有效性的区域后，在“数据”标签中单击“下拉列表”按钮。在打开的“插入下拉列表”对话框中选中“从单元格选择下拉选项”单选按钮，在下面的引用框中，引用E1:E7区域（或直接输入=$E$1:$E$7），单击“确定”按钮，如图3-22所示。

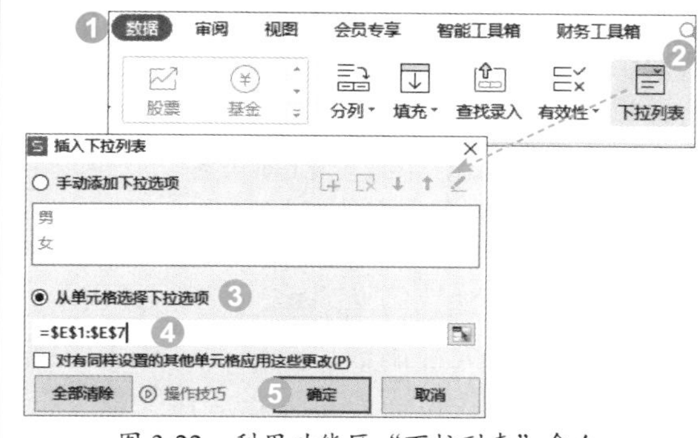

图 3-22 利用功能区“下拉列表”命令引用数据序列及效果

3.3.2

3.3.2 使用动态序列的下拉列表

如果数据有效性中使用动态公式，就能彻底、完美地解决序列条目增减的问题。

例3-13 为了在B列准确规范地填写企业名称，请根据企业名单有选择地填写，企业名单在D列，随时可能发生变化。

本例宜用动态公式设置数据有效性，以解决企业名单变化的问题。

选择要设置数据有效性的区域，打开“数据有效性”对话框。在“有效性条件”的“允许”下拉列表中选择“序列”选项，在“来源”文本输入框中输入函数公式“=OFFSET($D$1,1,,COUNTA($D$2:$D$100))”，单击“确定”按钮，完成序列设置，如图3-23所示。

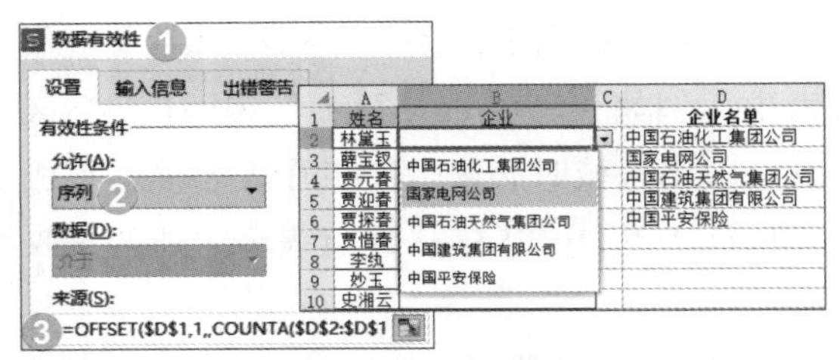

图 3-23　使用动态序列的下拉列表

在“企业名单”中增加条目后，下拉列表会随之动态变化，效果如图3-24所示。

	A	B	C	D
1	姓名	企业		企业名单
2	林黛玉			中国石油化工集团公司
3	薛宝钗	中国石油化工集团公司		国家电网公司
4	贾元春	国家电网公司		中国石油天然气集团公司
5	贾迎春	中国石油天然气集团公司		中国建筑集团有限公司
6	贾探春	中国建筑集团有限公司		中国平安保险
7	贾惜春	中国平安保险		中国银行
8	李纨	中国银行		华为投资控股有限公司
9	妙玉	华为投资控股有限公司		
10	史湘云			
11	王熙凤			
12	贾巧姐			
13	秦可卿			

图 3-24　修改条目后的效果

式中，COUNTA函数计算非空单元格的个数，其语法为`COUNTA（值1，...）`。OFFSET函数是一个易失性函数，会随着工作表的刷新而动态刷新，返回对单元格或单元格区域中指定行数和列数的区域的引用，其语法为`OFFSET（参照区域，行数，列数，[高度]，[宽度]）`。这里以D1单元格为基点，向下偏移的行数为1行，向右偏移的列数为0列，非空单元格个数（企业个数）作为返回引用的行高数。通过增删D2:D100区域的内容可以随时修改这个行高数，从而实现动态引用。COUNTA函数经常与OFFSET函数配对使用，二者交相辉映、相得益彰。

3.3.3

设置数据有效性所使用的函数公式，可以定义为名称供调用，所引用的序列可以按升序排序，以方便在下拉列表中选择。

使用易失性函数可以形成只有一个条目的动态序列。将单元格格式设置为日期格式“2001/3/7 0:00”，输入函数公式“=NOW()”，数据“有效性”“序列”则引用该单元格，效果如图3-25所示。如果时间超过了1分钟，按F9键刷新。

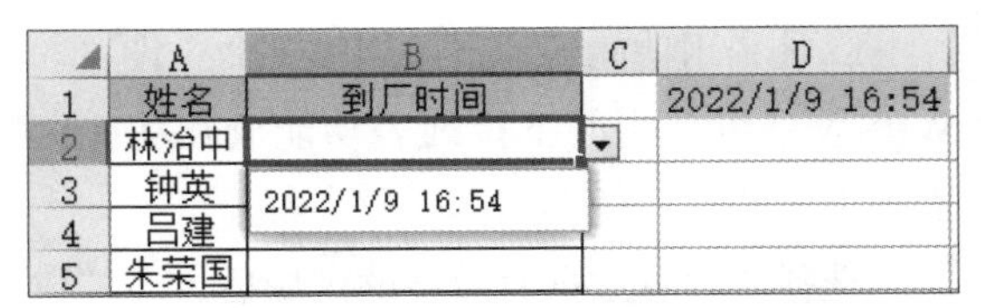

	A	B	C	D
1	姓名	到厂时间		2022/1/9 16:54
2	林治中			
3	钟英	2022/1/9 16:54		
4	吕建			
5	朱荣国			

图 3-25　引用单元格动态时间设置最短的序列

3.3.3　随输入条目而累加的序列

有时需要序列随着输入数据的增加而累加，不重复条目，以方便之后同名数据的输入。

例3-14　如图3-26所示，B列要填写的器材名称可能会增加新的器材名称，将不重复条目动态地累加形成下拉列表供选择。

H2　fx　{=SORT(UNIQUE($B$2:$B$1000),1,-1)}

	A	B	C	D	E	F	G	H
1	日期	器材	规格	单价	数量	金额		累加器材
2		足球						足球
3		排球						排球
4		排球						0
5								#N/A

图 3-26　“累加条目”示例表

有两种方法实现这种效果。

1. 在“数据有效性”对话框中借助函数公式设置

表中，H列为辅助列，是不重复条目，也是B列数据有效性的序列来源；当B列数据增加时，H列的不重复条目随之累加；反过来，B列的数据有效性下拉列表随之加长。

H2:H15区域的公式为数组公式“=SORT(UNIQUE($B$2:$B$1000))”，使用Ctrl+Shift+Enter组合键确认公式。式中，UNIQUE函数可以去除重复值保留唯一值，其语法为`UNIQUE（数组，[按列]，[仅出现一次]）`。SORT函数可以对某个区域或数组的内容进行排序，其语法为`SORT（数组，[排序依据]，[排序顺序]，[按列]）`；第1个参数指的是要排序的区域或数组；第2个参数为以某行或某列为依据进行排序；第3个参数指的是所需的排序顺序，1表示升序排序，-1表示降序排序；第4个参数是一个逻辑值，输入TRUE表示按列排序，输入FALSE表示按行排序。该数组公式不能直接用于设置数据有效性。

选择要设置数据有效性的区域，打开“数据有效性”对话框。在“有效性条件”的“允许”下拉列表中选择“序列”选项，在“来源”文本输入框中输入函数公式“=OFFSET($H$2,,,COUNTIF($H$2:$H$50,"*"))”。单击“出错警告”标签，在“样式”框中选择“信息”选项，以允许用户自行输入新的器材名称。单击“确定”按钮，完成序列设置，如图3-27所示。

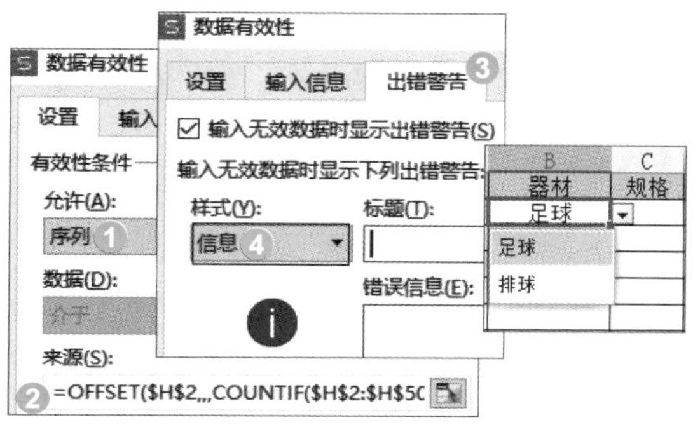

图 3-27　设置可以累加的下拉列表

在B列输入一些器材，就会发现下拉列表累加了，而且是一个没有重复值的升序序列效果，如图3-28所示。

	A	B	C	D	E	F	G	H
1	日期	器材	规格	单价	数量	金额		累加器材
2		足球						足球
3		排球						羽毛球
4		排球						乒乓球
5		羽毛球						排球
6		羽毛球						0
7		乒乓球						#N/A
8								#N/A
9		足球						#N/A
10		羽毛球						#N/A
11								#N/A
12		乒乓球						#N/A
13		排球						#N/A
14								#N/A

图 3-28　随输入累加条目的效果

数据有效性目前不支持三维引用公式，所以本例设置了辅助列。

2. 使用 WPS 表格自带的“推荐列表”功能

详见2.3.7节。“推荐列表”是一个动态的模糊匹配的唯一值升序列表，非常实用，不足之处在于必须在本列中使用，而且要经历一个输入列表的过程，不能复制粘贴列表，如图3-29所示。

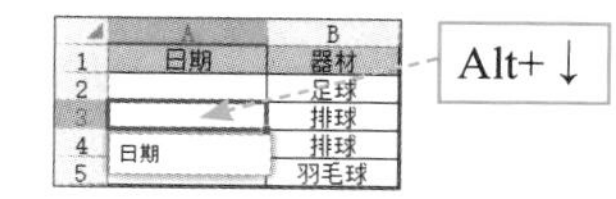

图 3-29　WPS 表格自带的“推荐列表”

3.3.4　随选择条目而缩减的序列

有时需要随着从序列中选择性地输入而缩减总序列的长度，以免输入重复值。

例3-15　如图3-30所示，B列要填写值班人员，随着人员的填写，将形成递减的下拉列表供选择，请设置数据有效性。

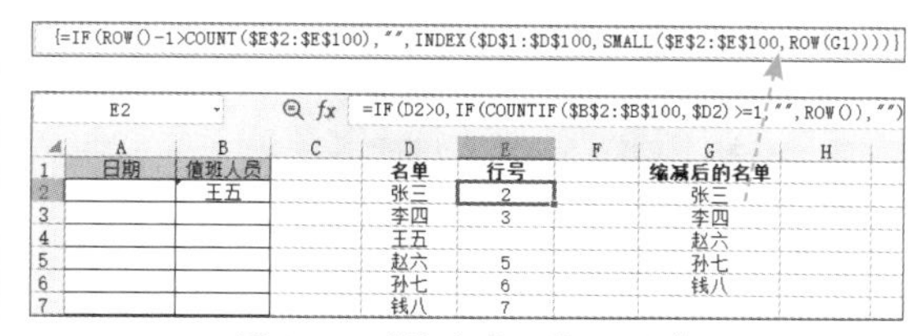

图 3-30　“缩减条目”示例表

3.3.4

表中，D、E、G列为辅助列，D列为要参与值班的名单（宜升序排列），E列是D列名单中不包含B列已安排人员而余下人员的行号，G列则是缩减后的名单，也是B列数据有效性的序列来源；当B列增加数据时，G列的条目随之缩减，B列的数据有效性下拉列表也随之缩减。

E2=IF(D2>0,IF(COUNTIF($B$2:$B$100,$D2)>=1,"",ROW()),"")，将公式向下填充至需要的地方。式中，COUNTIF函数统计D2单元格的人员在B2:B100中出现的次数。内层IF函数作判断，如果次数大于等于1，就为空，否则就是ROW函数返回的当前行的行号。外层IF函数再屏蔽无人员的行号。IF函数的语法为`IF（测试条件，真值，[假值]）`。

G2=IF(ROW()-1>COUNT($E$2:$E$100),"",INDEX($D$1:$D$100,SMALL($E$2:$E$100,ROW(G1))))，将公式向下填充至需要的地方。式中，SMALL函数返回数据集中的第k个最小值，其语法为`SMALL（数组，K）`。INDEX函数返回表格或区域中的值或值的引用，其语法为

INDEX（数组，行序数，[列序数]，[区域序数]）。INDEX函数利用SMALL函数返回的最小行号，再返回D1:D100区域对应行号的人员的引用。外层IF函数用于屏蔽。

选择要设置数据有效性的区域，打开“数据有效性”对话框。在“设置”标签“有效性条件”的“允许”下拉列表中选择“序列”选项，在“来源”框中输入公式“=OFFSET($G$2,,,COUNTIF($G:$G,">""")-1)”。单击“出错警告”标签，在“样式”下拉列表框中选择“信息”选项，允许用户自行输入。单击“确定”按钮，完成序列设置，如图3-31所示。

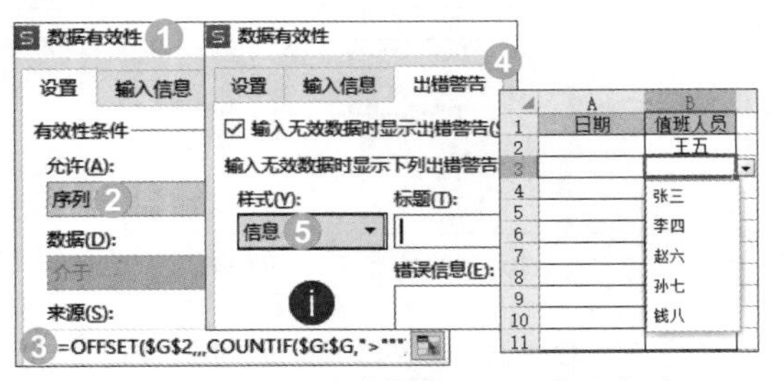

图 3-31　设置随选择条目而缩减的序列

这样，用户可以通过下拉菜单选择输入，而人员下拉列表会随着选择性输入不断缩减，后面的操作会越来越方便，效果如图3-32所示。

	A	B	C	D	E	F	G
1	日期	值班人员		名单	行号		缩减后的名单
2		王五		张三	2		张三
3		孙七		李四	3		李四
4				王五			赵六
5		张三		赵六	5		钱八
6		李四		孙七			
7		赵六		钱八	7		
8		钱八					
9							
10							

图 3-32　随选择条目而缩减序列的效果

3.3.5　与关键字相匹配的序列

下拉列表过长并不方便选择，有时仅输入关键字就能选择列表的序列。

例3-16 如图3-33所示，B列要填写客户名称，随着输入关键字，希望形成与关键字相匹配的下拉列表供选择，请设置数据有效性。

F2　{=SORT(FILTER(D2:D300,ISNUMBER(FIND(CELL("contents"),D2:D300))))}

	A	B	C	D	E	F
1	开票日期	客户名称		企业名称		辅助列
2	2022/3/15			中国石油化工集团公司		SOHO中国有限公司
3	2022/3/16			国家电网公司		TCL多媒体科技控股有限公司
4	2022/3/17			中国石油天然气集团公司		阿里巴巴集团
5	2022/3/18			中国建筑集团有限公司		安徽海螺集团
6	2022/3/19			中国平安保险		鞍钢集团公司

图 3-33　序列与关键字匹配示例表

表中，D列为企业名单。F列为辅助列，将作为B列数据有效性的序列来源；B列输入关键字后，F列则显示与之相关的条目。

F2:F300={=SORT(FILTER(D2:D300,ISNUMBER(FIND(CELL("contents"),D2:D300))))}，该数组公式的大括号由使用Ctrl+Shift+Enter组合键自动添加。确认公式时，会出现循环引用错误的警告窗口，这是正常现象，继续操作即可。式中，CELL函数返回有关单元格的格式、位置或内容的信息，其语法为CELL（信息类型，[引用]）。当参数为contents时，返回当前活动单元格中的内容，如果在B列输入关键字，就能获取关键字的内容。FIND函数在企业名单中查找包含此关键字的匹配项，其语法为FIND（要查找的字符串，被查找字符串，[开始位置]）。ISNUMBER函数再判断是否为数字，其语法为ISNUMBER（值）。FILTER函数基于定义的条件筛选一系列数据，其语法为FILTER（数组，包括，[空值]），第2个参数是一组逻辑值。SORT函数的语法为SORT（数组，[排序依据]，[排序顺序]，[按列]），第2个参数默认按第1个参数的第1列排序，第3个参数默认按升序排序。

选择要设置数据有效性的区域，打开“数据有效性”对话框。在“设置”标签“有效性条件”的“允许”下拉列表中选择“序列”选项，在“来源”框中输入公式“=OFFSET($F$2,,,COUNTIF($F:$F,"?*")-1)”。单击“出错警告”标签，取消勾选“输入无效数据时显示出错警告”复选框。单击“确定”按钮，完成设置，如图3-34所示。

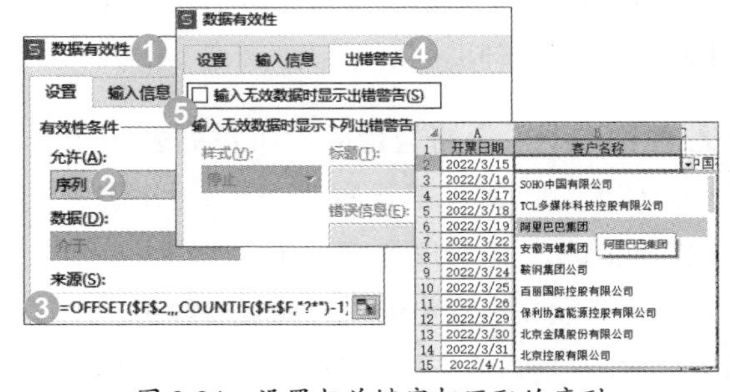

图 3-34　设置与关键字相匹配的序列

3.3.5

使用时，在B列输入关键字后，就可以在根据关键字动态更新的下拉列表中选择条目，如图3-35所示。

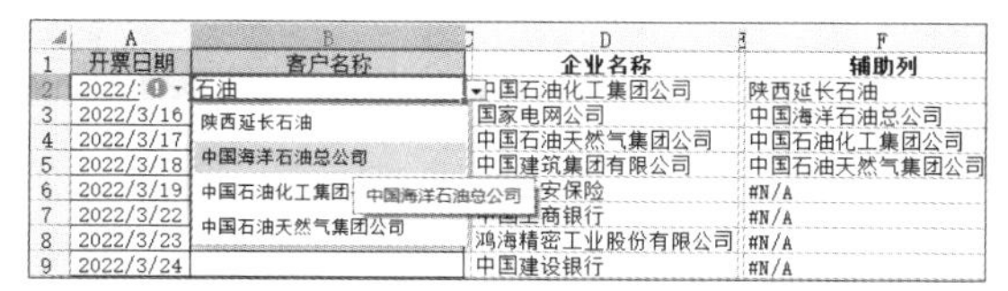

图 3-35　序列与关键字匹配的效果

3.3.6　设置二级联动下拉菜单

二级下拉菜单是联动的，即第二个下拉菜单的内容会随着第一个下拉菜单的内容的变化而变化。

例3-17　如图3-36所示，A列要填写部门，B列要填写各部门的人员，部门和人员的名单是现成的，请设置数据有效性。

	A	B	C	D	E	F	G	H	I	J
1	部门	人员		综合办	销售部	技术部	采购部	生产部	质管部	财务部
2				林黛玉	晴雯	彩屏	庆儿	贾敬	尤老娘	妙玉
3				薛宝钗	麝月	彩儿	昭儿	贾赦	尤氏	智能
4				贾元春	袭人	彩凤	兴儿	贾政	尤二姐	智通
5				贾迎春	鸳鸯	彩霞	隆儿	贾宝玉	尤三姐	智善
6				贾探春	雪雁	彩鸾	坠儿	贾琏		圆信
7				贾惜春	紫鹃	彩明	喜儿	贾珍		大色空
8				李纨	碧痕	彩云	寿儿	贾环		净虚
9				妙玉	平儿		丰儿	贾蓉		
10				史湘云	香菱		住儿	贾兰		
11					金钏			贾芸		
12								贾蔷		
13								贾芹		

图 3-36　二级联动下拉列表示例表

1. 定义名称

选择D1:J13区域，使用Ctrl+G组合键或者按F5键，在打开的“定位”对话框中直接单击“定位”按钮，如图3-37所示。

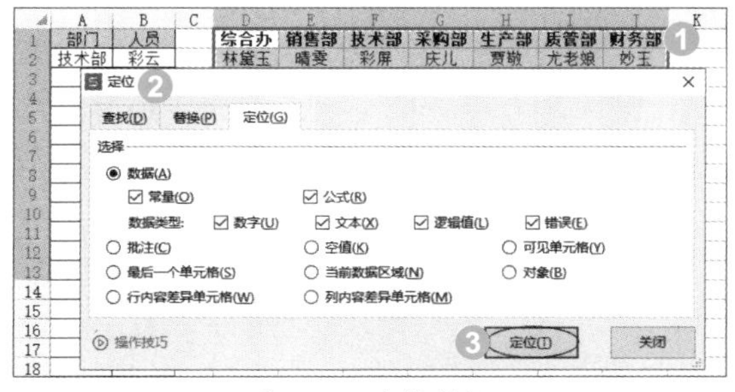

图 3-37　定位数据

在“公式”选项卡中单击“指定”按钮。在打开的对话框中只勾选“首行”复选框，单击“确定”按钮，如图3-38所示。

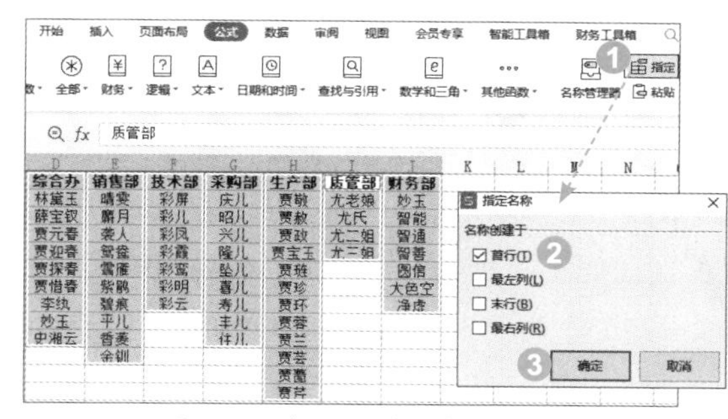

图 3-38　根据所选内容指定名称

2. 设置数据有效性

选择要设置数据有效性的一级下拉菜单区域，例如A2:A100，打开“数据有效性”对话框。在“设置”标签“有效性条件”的“允许”下拉列表中选择“序列”选项，在“来源”框中输入公式“=$D$1:$J$1”，单击“确定”按钮，完成设置。

同理，为二级下拉菜单区域B3:B100区域设置数据有效性，公式为“=INDIRECT($A2)”，二级联动下拉菜单就可以使用，如图3-39所示。在A2单元格中必须输入一个部门，否则单击“确定”按钮后，会弹出一个警告框，无法为B列设置数据有效性。

3.3.6

图 3-39　设置二级下拉列表及效果

式中，INDIRECT函数返回由文本字符串指定的引用，此函数立即对引用进行计算，并显示其内容，其语法为`INDIRECT（单元格引用，[引用样式]）`。如果第2个参数为TRUE或省略，第1个参数被解释为A1样式的引用。如果第2个参数为FALSE或0，第1个参数被解释为R1C1样式的引用。这里引用的A2单元格为行相对引用，公式会向下拓展。

读书笔记

第4章 高效整理数据

很多时候要对录入、导入、复制粘贴而来的数据进行技术性整理，这是非常讲究方法和技巧的。方法得当，则事半功倍；方法不当，则陷入数据泥潭，浪费时间和精力。

4.1 神奇的智能填充

“智能填充”功能通过对比同行单元格字符串之间的关系，猜测用户的意图，智能识别出其中的规律，然后快速在同一列填充，让“填充”功能如虎添翼，展现出神乎其技的智能和强大。当然，当数据过于复杂、特征不太明显、规律无迹可寻时，智能填充就会“失灵”，也不像函数公式那样会自动更新。

4.1.1 在数据中提取字符

一些按自然语言记录的信息，需要从中提取数字或字符。只要有数据列和填充模式（示例），就能进行智能填充。

例4-1 请从一组田土数据中提取出田土名、长度数字、宽度数字。

在B2单元格输入“弯田”作为模式，按Enter键确认。在“开始”选项卡中单击“填充”下拉按钮，在下拉菜单中选择“智能填充”选项，田土名就会被正确提取，如图4-1所示。如此，同理提取长度数字、宽度数字。

4.1.1

4.1.2

4.1.3

	A	B	C	D
1	田土数据	田土名	长	宽
2	弯田：长23米宽19米	弯田	23	19
3	秧田：长21米宽8米	秧田	21	8
4	长门田：长108米宽22米	长门田	108	22
5	大田坎：长45米宽14米	大田坎	45	14
6	庙子坡：长41米宽25米	庙子坡	41	25
7	沙土：长40米宽20米	沙土	40	20

图 4-1 在数据中提取字符

使用Ctrl+E组合键、执行“自动填充选项”|“智能填充”命令或执行“数据”|“填充”|“智能填充”命令，都能进行智能填充。

4.1.2 在数据中插入字符

“智能填充”功能不仅可以从数据中提取字符，还能为数据插入字符。

例4-2 请将手机号码变换为“000-0000-0000”分段显示的样子，并从身份证号码中提取出“2001/3/7”样子的年月日。

先将存放出生年月日区域的单元格格式设置为自定义格式“yyyy/mm/dd”。在C2单元格输入“138-8058-8978”作为模式，按Enter键确认。选中C2单元格，拖动填充柄下拉，将数据填充至C7单元格，单击“自动填充选项”下拉按钮，在下拉菜单中选中“智能填充”单选按钮。同理，在E2单元格输入“1964/12/1”作为模式，按Enter键后，使用Ctrl+E组合键进行智能填充，如图4-2所示。

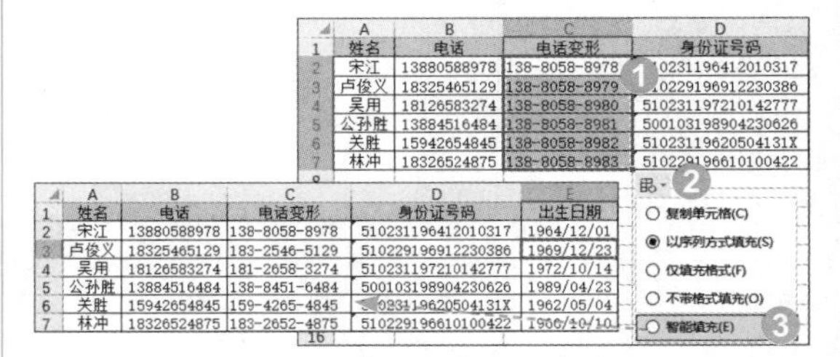

	A	B	C	D	E
1	姓名	电话	电话变形	身份证号码	出生日期
2	宋江	13880588978	138-8058-8978	510231196412010317	1964/12/01
3	卢俊义	18325465129	183-2546-5129	510229196912230386	1969/12/23
4	吴用	18126583274	181-2658-3274	510231197210142777	1972/10/14
5	公孙胜	13884516484	138-8451-6484	500103198904230626	1989/04/23
6	关胜	15942654845	159-4265-4845	51023119620504131X	1962/05/04
7	林冲	18326524875	183-2652-4875	510229196610100422	1966/10/10

图 4-2 在数据中插入字符

注意事项 由于日期中月份和天数位数的关系，可能存在“2/24”“12/5”“3/9”“11/15”4种外观。从身份证号码中提取合法日期时，即便设置了4种模式，结果也可能差强人意，让人哭笑不得。万无一失的办法是先将存放区域的单元格格式设置为自定义格式“yyyy/mm/dd”。如果需要其他的日期格式，在智能填充好出生年月日后，再重新设置日期格式就行了。

4.1.3 在数据中替换字符

数据中的字符能够按照位置被统一替换，在这一点上远超“替换”功能。

例4-3 手机号码要保密，请将手机号码中的第4～7位用*代替。

在C2单元格输入一个示例，按Enter键，再使用Ctrl+E组合键，如图4-3所示。

	A	B	C
1	姓名	电话号码	保密电话
2	敖倩	13880588978	138****8978
3	陈凤	18325465129	
4	陈洪蕊	18126583274	
5	陈静	13884516484	
6	陈凌欣	15942654845	

C
保密电话
138****8978
183****5129
181****3274
138****6484
159****4845

图 4-3 在数据中替换字符

4.1.4 合并同行数据

WPS表格的“智能填充”功能不只是会提取、插入、替换字符，还会合并同行数据，起着公式中连接符号（&）的作用。

例4-4 请将省级、市级、县级三级组织快速合并起来。

由于“京津沪渝”4个直辖市无市级层次，其他省区有市级层次，因而本例需要根据这两种情况建立2个模式。

选择一种“智能填充”方式进行智能填充，效果如图4-4所示。

	A	B	C	D
1	省级	市级	县级	三级组织
2	重庆市	重庆市	荣昌区	重庆市重庆市荣昌区
3	北京市	北京市	西城区	
4	广东省	江门市	开平市	广东省江门市开平市
5	浙江省	宁波市	江北区	
6	贵州省	遵义市	汇川区	

D
三级组织
重庆市重庆市荣昌区
北京市北京市西城区
广东省江门市开平市
浙江省宁波市江北区
贵州省遵义市汇川区

图 4-4 快速合并三级组织

4.1.5 灵活重组数据

WPS表格的“智能填充”功能将提取字符、插入字符、替换字符、合并字符的功能综合起来，就能对数据调换位置进行灵活重组。

例4-5 请将数据表中的姓名、职位、籍贯重新按“籍贯/（姓+职位）”进行组合。

由于姓名有2个或3个字两种情况，所以需要建立两种模式。选择一种“智能填充”方式进行智能填充，效果如图4-5所示。

	A	B	C	D
1	姓名	职位	籍贯	籍贯/（姓+职位）
2	史进	师长	四川	四川/史师长
3	穆弘	军长	重庆	
4	雷横	团长	广东	
5	李俊	连长	河北	
6	阮小二	营长	山东	山东/阮营长

D
籍贯/（姓+职位）
四川/史师长
重庆/穆军长
广东/雷团长
河北/李连长
山东/阮营长

图 4-5 灵活重组数据

注意事项 要用好“智能填充”功能，还需要了解以下几点内容。

（1）当一个示例不能得到正确结果时，可以根据数据特点设置几个模式。

（2）基于源数据的模式必须与源数据在同一行，不一定要在第一行。

（3）填充时，活动单元格可以在模式列的任意一个单元格，但不能在其他列。

（4）先选定填充区域，再执行“智能填充”命令，以实现定向填充。

（5）“智能填充”功能只能在一个无空行、空列的表格区域内进行。

（6）标题行可能影响智能填充，遇到这种情况，可以在标题行下面插入一个空行使其独立出去。

4.2 过硬的分列技术

WPS表格的“分列”功能是一项老技术，但依然“宝刀未老”，可以对一列数据按照分隔符号或固定列宽进行分列，特别是在处理不规范日期、改变数字的文本或数值属性方面，一枝独秀。

WPS表格的“智能分列”功能，更是“锦上添花”，可以对一列数据，通过分隔符号、文本类型、关键字句和固定宽度，智能地将数据内容分列处理。

对于WPS会员，WPS表格还提供了“高级分列”功能，让杂乱的数据变得井然有序。

4.2.1 按固定列宽提取和转换日期

“固定列宽”实质是指字符个数。

在日期中，由于月份和天数都可能存在1～2位数，因而利用WPS表格的“智能填充”功能在身份证号码中提取出生日期时，本着稳妥原则，需要先将存放区域的单元格格式设置为自定义格式“yyyy/mm/dd”。而WPS表格的“分列”功能则没有这个麻烦。

例4-6 请从一组身份证号码中将出生日期提取出来，日期为“2001/3/7”的样子。

1. 使用“分列”功能

选中身份证号码区域，在“数据”选项卡中单击“分列”按钮（或选择“分列”下拉菜单中的“分列”选项），如图4-6所示。

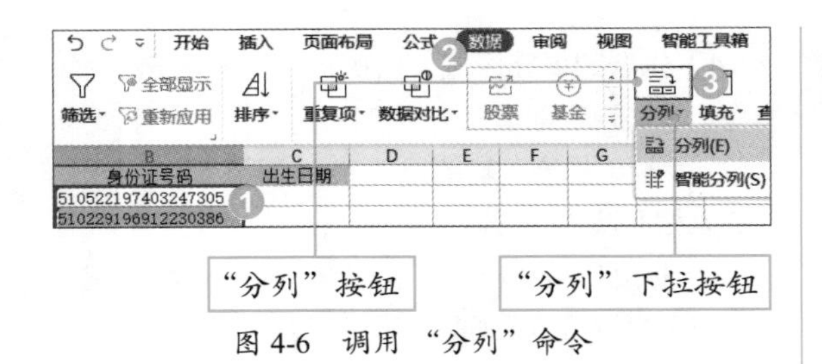

图 4-6　调用"分列"命令

在"文本分列向导 - 3步骤之1"对话框中，选中"固定宽度"单选按钮，单击"下一步"按钮。在"文本分列向导 - 3步骤之2"对话框中，准确画出分隔年月日的2条分列线，单击"下一步"按钮，如图4-7所示。对于分列线，单击时创建，双击时删除，拖动时移动。

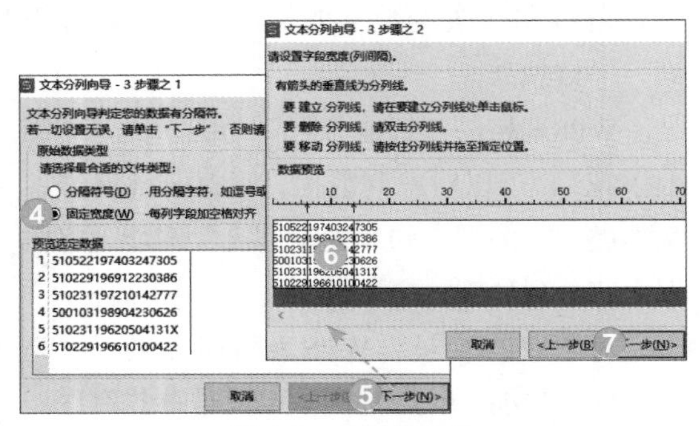
图 4-7　分列前 2 步

在"文本分列向导 - 3步骤之3"对话框中，选中第1列，在"列数据类型"组中选中"不导入此列（跳过）"单选按钮。选中第3列，依然选中"不导入此列（跳过）"单选按钮。选中第2列，选中"日期"单选按钮，并保持"YMD"选项的默认设置，在"目标区域"框内将引用修改为"$C$2"，以选择存放地址，单击"完成"按钮完成提取，如图4-8所示。

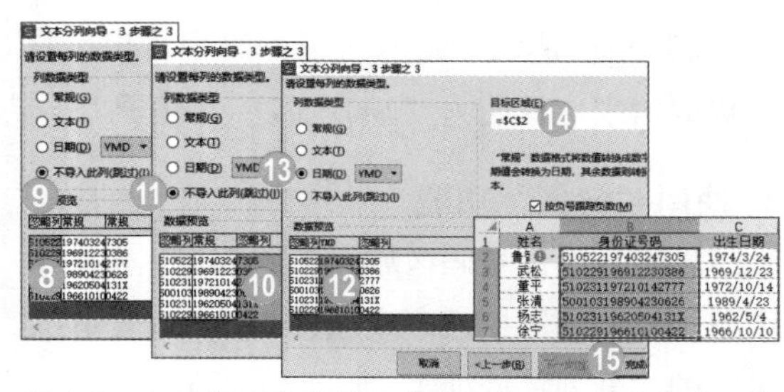
图 4-8　分列第 3 步完成从身份证号码中提取出生日期

注意事项 可以对分列后的几列数据分别设置数据类型，存储位置也很灵活。

2. 使用"智能分列"功能

选中身份证号码区域，在"数据"选项卡中单击"分列"下拉按钮，在下拉菜单中选择"智能分列"选项，在打开的"智能分列结果"对话框中单击"手动设置分列"按钮。在打开的"文本分列向导 2步骤之1"对话框中，分列方式选择"固定宽度"，在"数据预览"框中，在要分列的位置直接单击创建两处分隔线（也可以在"创建"框中输入分列线位置，如"6""14"，然后单击"创建"按钮），单击"完成"按钮，如图4-9所示。

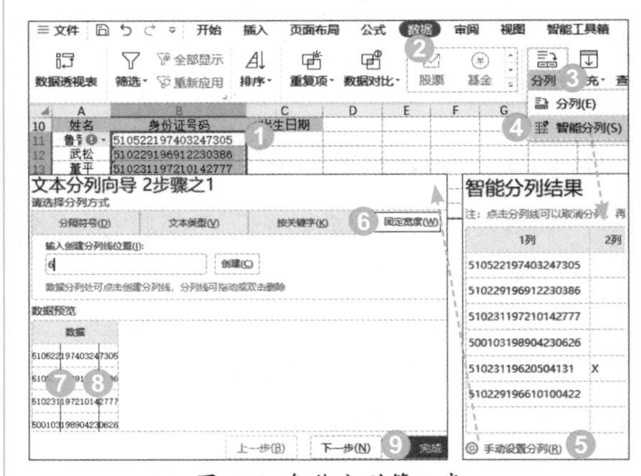
图 4-9　智能分列第 1 步

在打开的"文本分列向导 2步骤之2"对话框中，在"分列结果显示在"框中引用C11单元格，分别选择第1列、第3列，选中"忽略此列（跳过）"单选按钮；选择第2列，选择"日期"单选按钮，并保持"YMD"选项的默认设置，单击"完成"按钮，如图4-10所示。

有时从系统导出来的日期是6位数或8位数的纯数字"假日期"。为了追求录入速度，有一些人也喜欢用这种日期。对WPS表格来说，这是无法被识别为日期格式的，是非法日期。如果要按日期进行阶段性汇总，就有必要进行处理。将非法日期转为合法日期，WPS表格的"分列"功能算得上是"独领风骚"，连"智能填充"功能都望尘莫及。

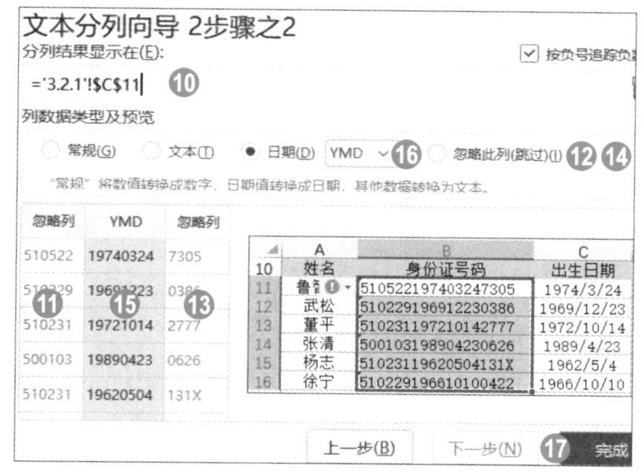

图 4-10 智能分列第 2 步完成从身份证号码中提取出生日期

例4-7 请将一组6位数纯数字出生日期快速转换为WPS表格认可的日期。

1. 使用“分列”功能

选中非法出生日期数据区域，在“数据”选项卡中单击“分列”按钮，单击“下一步”按钮2次。在第3步时，在“列数据类型”组中选中“日期”单选按钮，保持“YMD”默认选项，单击“完成”按钮，如图4-11所示。

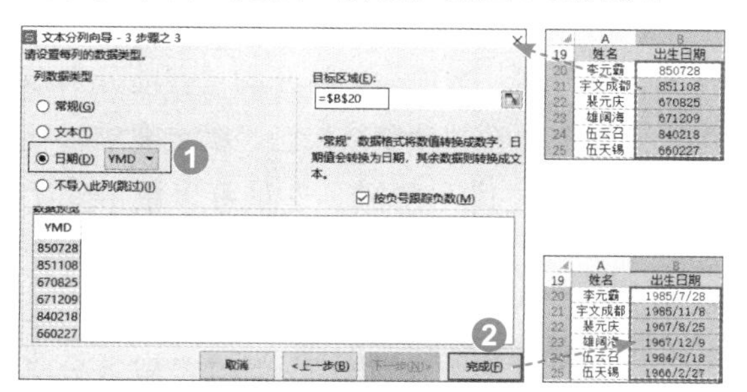

图 4-11 使用普通的“分列”功能将非法日期转为合法日期

对于8位数纯数字日期，也可以依样画葫芦。

2. 使用“智能分列”功能

选中非法出生日期数据区域，在“数据”选项卡中单击“分列”下拉按钮，在下拉菜单中选择“智能分列”选项，单击“下一步”按钮。在第2步时，在“列数据类型及预览”组中选中“日期”单选按钮，保持“YMD”默认选项，单击“完成”按钮，如图4-12所示。

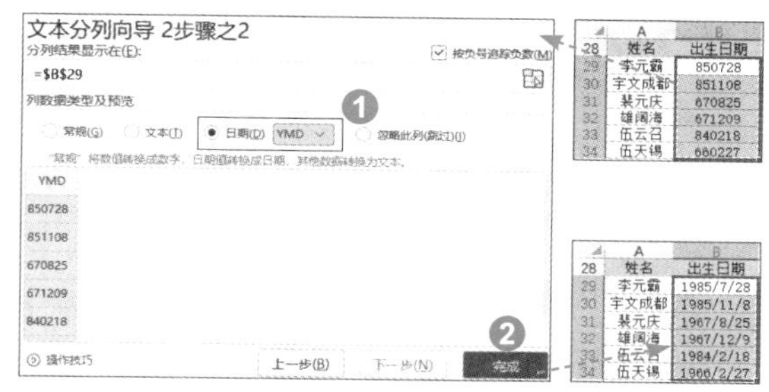

图 4-12 使用“智能分列”功能将非法日期转为合法日期

注意事项 日期的年月日组合有6种情况：年月日、年日月、月日年、月年日、日年月、日月年。由于Y代表年，M代表月，D代表日，因而英语缩写也有6种情况：YMD、YDM、MDY、MYD、DYM、DMY。转换日期时，要辨识清楚源数据的日期书写情况，并在分列时选择好相应的选项。

“分列”“智能分列”和“高级分列”功能都能按固定列宽（几个字符组成的段）分列，但“分列”和“智能分列”所指的列宽，每一列的宽度可以不同，而“高级分列”所指的列宽，每一列的宽度完全相同。

例4-8 请将身份证号码按照每两位数字截取，组成“快乐八”彩票数字。

选中身份证号码区域，在“智能工具箱”选项卡中单击“高级分列”按钮。在打开的“高级分列”对话框中选中“固定 - 1 + 个字符为一段，进行分割”单选按钮，将数字改为2，单击“确定”按钮，如图4-13所示。之后，可以再删除无效数字、去重及排序。

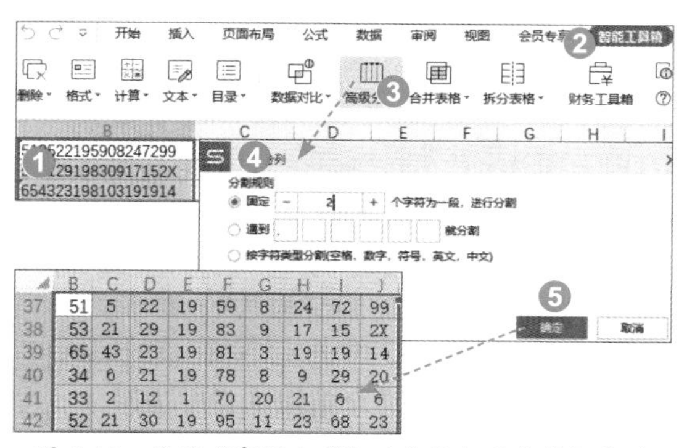

图 4-13 使用“高级分列”功能按相同字符数分列

4.2.2 按分隔符号分开多符号的文本

在一些数据中，可能会用一些标点符号或特殊字符把多种属性或多个值连接在一起并放在一列中，而工作中可能需要将这些数据拆分出来在多列显示。

例4-9 如图4-14所示，请将一组红楼梦人物数据分列后呈现在多列中。

	A	B	C	D	E	F	G
1	红楼梦人物						
2	七尼	妙玉、智能、智通、智善、圆信、大色空、净虚					
3	七彩	彩屏、彩儿、彩凤、彩霞、彩鸾、彩明、彩云					
4	四春	贾元春、贾迎春、贾探春、贾惜春					
5	四宝	贾宝玉、甄宝玉、薛宝钗、薛宝琴					
6	四薛	薛蟠、薛蝌、薛宝钗、薛宝琴					
7	四王	王夫人、王熙凤、王子腾、王仁					
8	四尤	尤老娘、尤氏、尤二姐、尤三姐					

图 4-14　红楼梦人物数据

1. 使用“分列”功能

4.2.2

选中B2:B8区域，在“数据”选项卡中单击“分列”按钮（或在“分列”下拉菜单中选择“分列”选项）。在第1步时，直接单击“下一步”按钮。在第2步时，在“分隔符号”组中只勾选“其他”复选框，并在其框内填写中文顿号“、”，单击“完成”按钮，如图4-15所示。

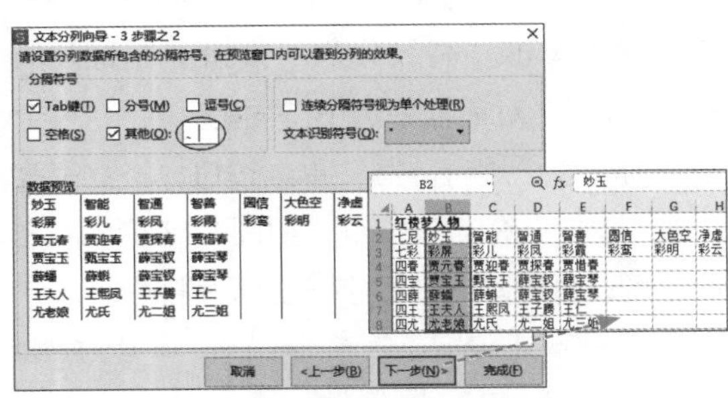

图 4-15　使用“分列”功能对人名分列

注意事项 利用间隔符号分列时，一般情况下有几类符号就勾选几类符号，要注意“其他”框内只能填写一个字符，还要注意中英文标点符号的区别，甚至可以使用一个汉字来分列。

2. 使用“智能分列”功能

选中B12:B18区域，在“数据”选项卡中单击“分列”下拉按钮，在下拉菜单中选择“智能分列”选项，在打开的“智能分列结果”对话框中看到预览结果已经满足要求，就直接单击“完成”按钮，如图4-16所示。

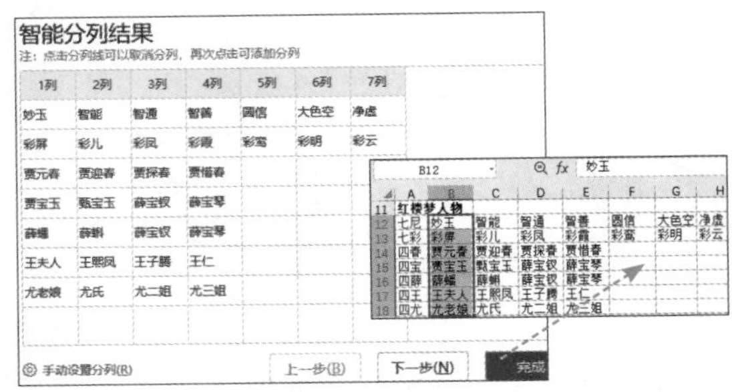

图 4-16　使用“智能分列”功能对人名分列

例4-10 请将形如“高一(1)汪国桃”的一组数据按年级、班级、姓名分列。

题目要求分列，但普通的“分列”功能无法使用一对括号一次性完成分列，而“智能分列”和“高级分列”功能就没有任何问题，显然技高一筹。

1. 使用“智能分列”功能

选中要分列的数据区域，在“数据”选项卡中单击“分列”下拉按钮，在下拉菜单中选择“智能分列”选项，在打开的“智能分列结果”对话框中看到预览结果已经满足要求，就直接单击“完成”按钮。这里可以单击“手动设置分列”按钮，在打开的“文本分列向导 2步骤之1”对话框中，可以看到已自动选择了分列方式“分隔符号”，且在“输入分隔符号”框中已自动填写了一对括号“()”，如图4-17所示。

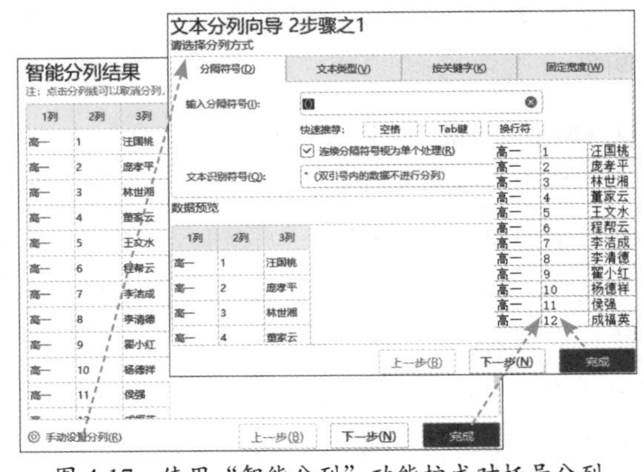

图 4-17　使用“智能分列”功能按成对括号分列

2. 使用“高级分列”功能

选中要分列的数据区域，在“智能工具箱”选项卡中单击“高级分列”按钮，在打开的“高级分列”对话框中选中“遇到□□□□□□□ 就分割”单选按钮，在框中输入一对括号“( )”，单击“确定”按钮，如图4-18所示。

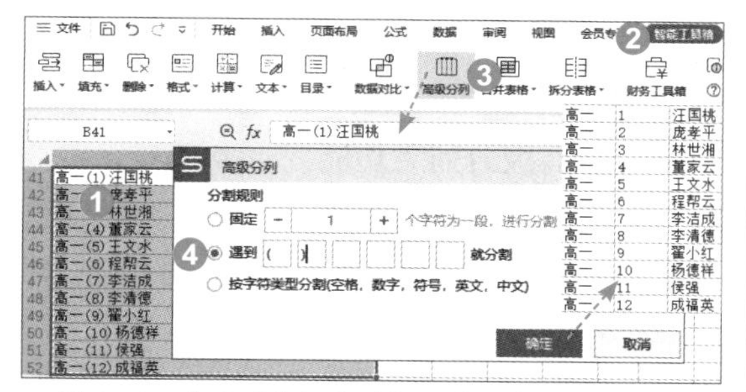

图 4-18　使用“高级分列”功能按成对括号分列

4.2.3　按文本类型分出中英文与数字

在一些数据中，没有标点符号或特殊字符，而是中文、英文或数字组合在一起，可能需要按文本类型将数据分成中文、英文或数字。

<u>**例4-11**</u>　请将形如“曾德华18980243778”的一组数据按姓名、电话数据分列。

1. 使用“智能分列”功能

选中要分列的数据区域，在“数据”选项卡中单击“分列”下拉按钮，在下拉菜单中选择“智能分列”选项，在打开的“智能分列结果”对话框中看到预览结果已经满足要求，就直接单击“完成”按钮。这里可以单击“手动设置分列”按钮，在打开的“文本分列向导 2步骤之1”对话框中，可以看到已自动选择了分列方式“文本类型”，在“请选择需要分列的文本类型”组中勾选“中文”“数字”复选框，单击“确定”按钮，如图4-19所示。

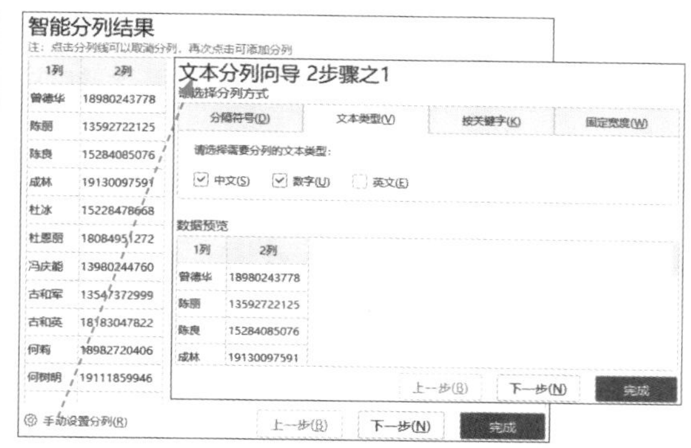

图 4-19　使用“智能分列”功能按文本类型分列

2. 使用“高级分列”功能。

选中要分列的数据区域，在“智能工具箱”选项卡中单击“高级分列”按钮，在打开的“高级分列”对话框中选中“按字符类型分割（空格，数字，符号，英文，中文）”单选按钮，单击“确定”按钮，如图4-20所示。

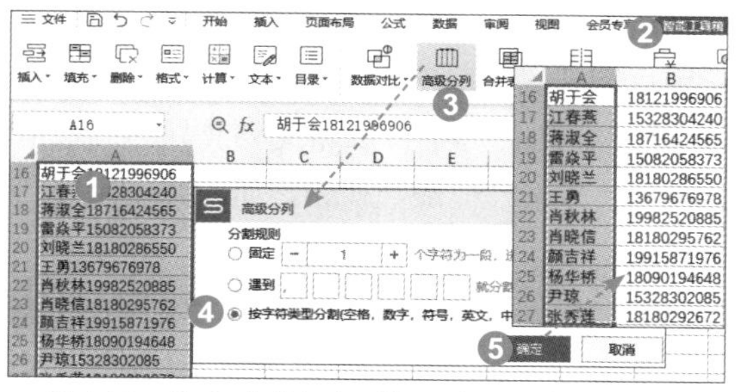

图 4-20　使用“高级分列”功能按文本类型分列

4.2.3

4.2.4

4.2.4　按关键字进行灵活分列

在一些数据中，有一些相同的文字，这时可按关键字进行灵活分列。

<u>**例4-12**</u>　请使用WPS表格的分列功能从形如“长23米宽19米”的一组田土数据中提取数字。

1. 使用“智能分列”功能

选中要分列的数据区域，在“数据”选项卡中单击“分列”下拉按钮，在下拉菜单中选择“智能分列”选项，在打开的“智能分列结果”对话框中单击“手动设置分列”按钮，在打开的“文本分列向导 2步骤之1”对话框中，选择分列方式为“按关键字”，在

“按以下关键字分列”框中输入“长、米、宽”，并取消勾选“保留分列关键字”复选框，单击“下一步”按钮，如图4-21所示。

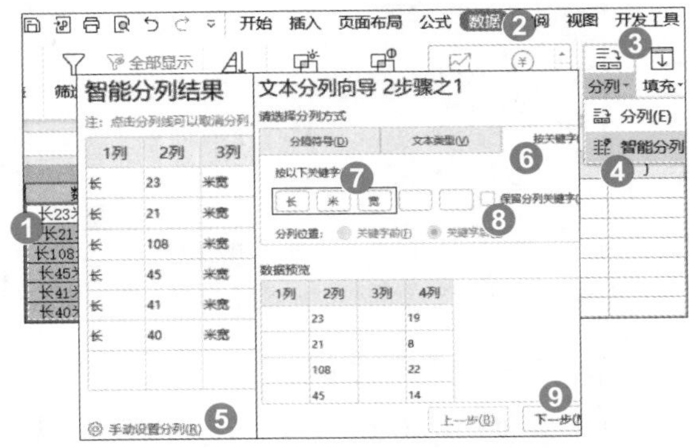

图 4-21 使用“智能分列”功能按关键字手动分列步骤 1

在打开的“文本分列向导 2步骤之2”对话框中，在“分列结果显示在”框中引用C2单元格，选中第1列，在“列数据类型及预览”栏中选中“忽略此列（跳过）”单选按钮，继续选中第3列，选中“忽略此列（跳过）”单选按钮，单击“完成”按钮，如图4-22所示。

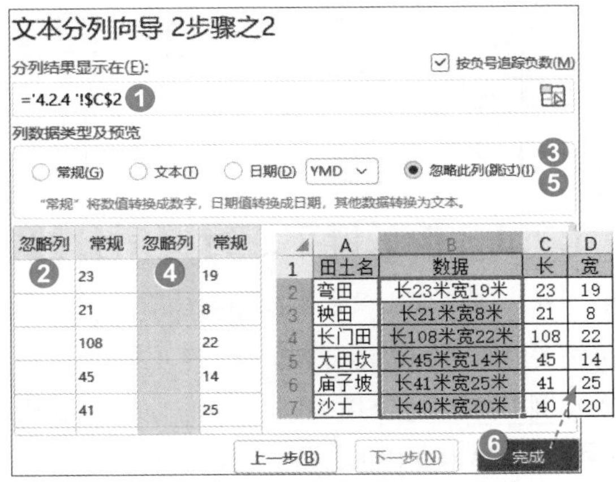

图 4-22 使用“智能分列”功能按关键字手动分列步骤 2

本例按文本分列更为简单。在“智能分列结果”对话框中单击“下一步”按钮。在打开的“文本分列向导 2步骤之2”对话框中，在“分列结果显示在”框中引用C2单元格，分别选中第1、3、5列，在“列数据类型及预览”栏中选中“忽略此列（跳过）”单选按钮，单击“完成”按钮，如图4-23所示。

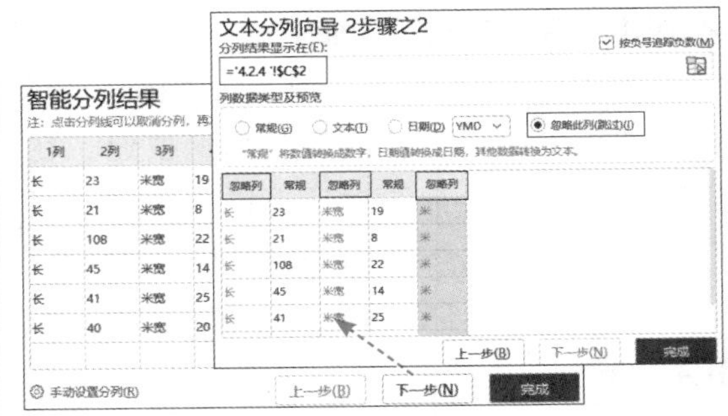

图 4-23 使用“智能分列”功能按关键字自动分列步骤 2

2. 使用“高级分列”功能

选中要分列的数据区域，在“智能工具箱”选项卡中单击“高级分列”按钮，在打开的“高级分列”对话框中选中“遇到□□□□□□就分割”单选按钮，输入“长、米宽、米”，单击“确定”按钮，如图4-24所示。

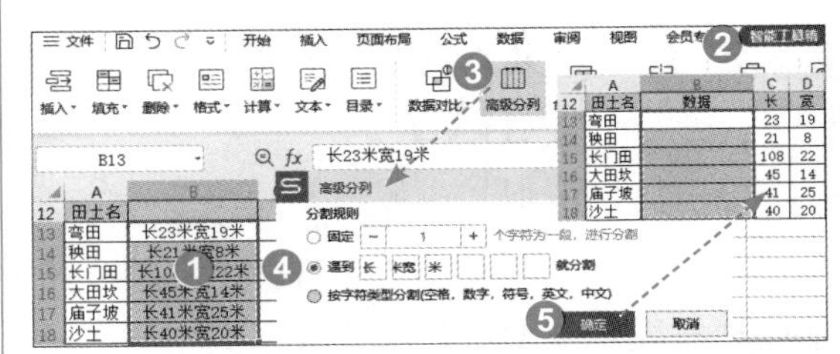

图 4-24 使用“高级分列”功能按关键字分列

4.3 多样的选择性粘贴

复制粘贴是操作办公软件的家常便饭，该功能使重复性数据的录入和整理工作变得简单易行。WPS表格提供了丰富的粘贴扩展功能，可以根据需要选择单元格的一种或几种属性进行粘贴。

直接粘贴时，在“粘贴选项”下拉菜单中有比较丰富的粘贴选项。在“开始”选项卡“粘贴”下拉菜单中和在右键快捷菜单的“选择性粘贴”级联菜单中，列出了常用的粘贴命令，如图4-25所示。可以从后两大菜单中执行“选择性粘贴”命令，打开“选择性粘贴”对话框。

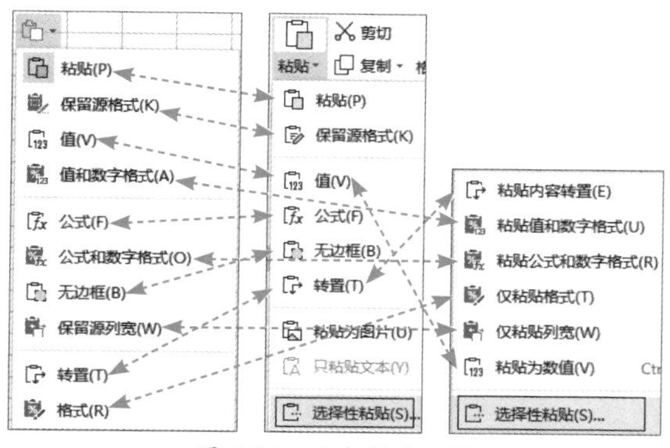

图 4-25　三个粘贴工具

4.3.1　只粘贴数据不引用公式

公式所在单元格中有内在的公式，有外显的值，设置有格式，有时候只需要公式产生的值，可以使用“选择性粘贴”功能。

例4-13 请将运用函数公式产生的值固化下来。

选择需要固化公式结果的区域进行复制，在右键快捷菜单中单击“粘贴”命令右侧的“粘贴为数值”按钮，或执行“选择性粘贴”|“粘贴为数值”命令，如图4-26所示。复制数据区域后，不要再单击其他单元格。

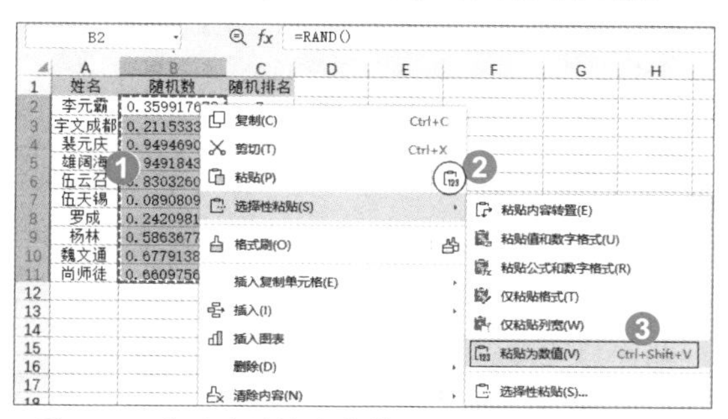

图 4-26　使用右键快捷菜单只粘贴数据不引用公式

4.3.2　数据横排纵排轻松搞定

为了便于查看和处理数据，有时候横排的数据需要转换为纵排的数据，或者反之，“选择性粘贴”功能可以轻易实现这种转置。转置后，源数据区域的顶行将位于目标区域的最左列，而源数据区域的最左列将显示于目标区域的顶行，即行、列互换，第n行就会翻转为第n列。

例4-14 请调转表的行、列方向。

选择该表复制，右击存放区域的起始单元格，例如G2单元格，在右键快捷菜单中执行“选择性粘贴”|“粘贴内容转置”命令，如图4-27所示。

图 4-27　调转表的行列方向

也可以使用函数“=TRANSPOSE(A1:E4)”进行转置。

4.3.3　粘贴时进行批量计算

复制粘贴的同时，可以进行四则运算，减少无谓的公式和一些不必要的操作。

例4-15 请快速将B列每人的奖金都增加2000元。

4.3.1

4.3.2

4.3.3

在C1单元格输入“2000”并进行复制，选择要增加奖金的区域，在右键快捷菜单中执行“选择性粘贴”命令，在打开的“选择性粘贴”对话框中，在“运算”组中选中“加”单选按钮，单击“确定”按钮，如图4-28所示。

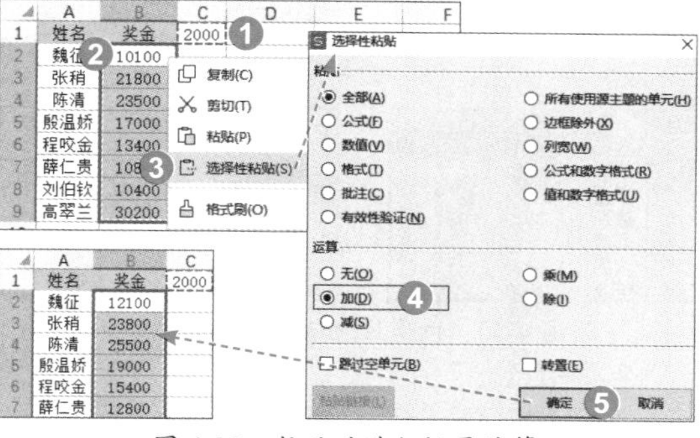

图 4-28　粘贴时进行批量计算

WPS会员可选择要增加奖金的区域，在“智能工具箱”选项卡中单击“计算”下拉按钮，在下拉菜单中选择“加”选项，在打开的“统一计算”对话框中，在“加上”框内输入“2000”，单击“确定”按钮，如图4-29所示。

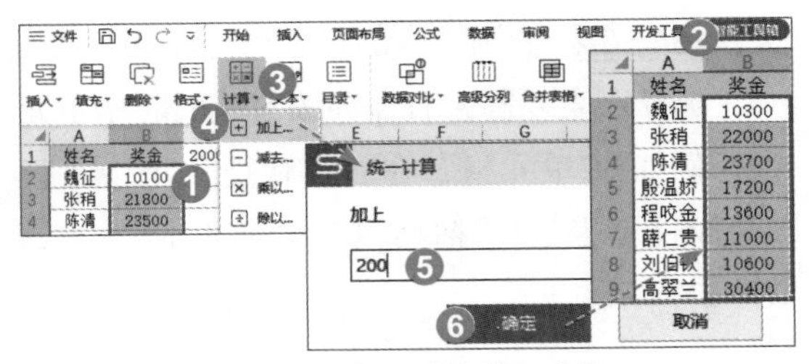

图 4-29　应用“计算”功能

4.3.4　快速核对两列数据的差异

复制粘贴时进行的四则运算，不仅可以针对一个数据进行运算，而且可以在同行数据之间进行区域数组式的运算。

例4-16 现有两列数据，请快速核对差异。

比较两列数据的差异，可以用减法公式计算，而选择性粘贴的用法另辟蹊径，相当便捷。方法是：复制B2:B7区域的数据，在C2单元格的右键快捷菜单中执行“选择性粘贴”命令，在打开的“选择性粘贴”对话框中，在“运算”组中选中“减”单选按钮，单击“确定”按钮，如图4-30所示。

4.3.4

4.3.5

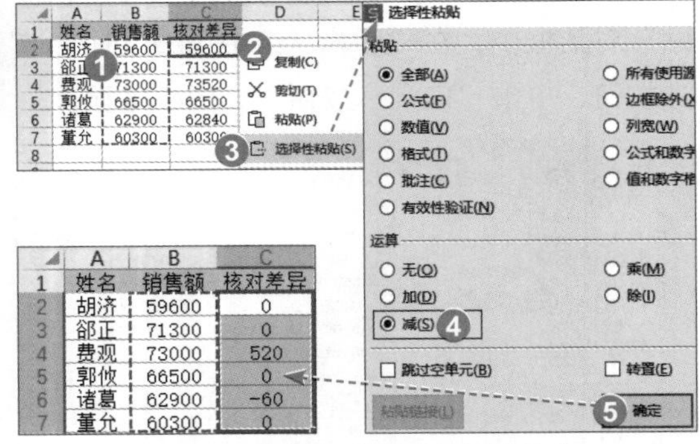

图 4-30　快速核对两列数据的差异

4.3.5　将互补数据合并在一起

有时会按总表字段建立分表。对总表而言，各分表的数据是互补的，需要汇集、合并在一起。WPS表格合并计算、多重透视表功能可以办到，而“选择性粘贴”功能则不费吹灰之力，并且更容易上手，一个勾选，就能避免复制的空白单元格覆盖目标区域的有效数据。

例4-17 如图4-31所示，请快速将3个店的销售数据合并在“A店”这个表里。

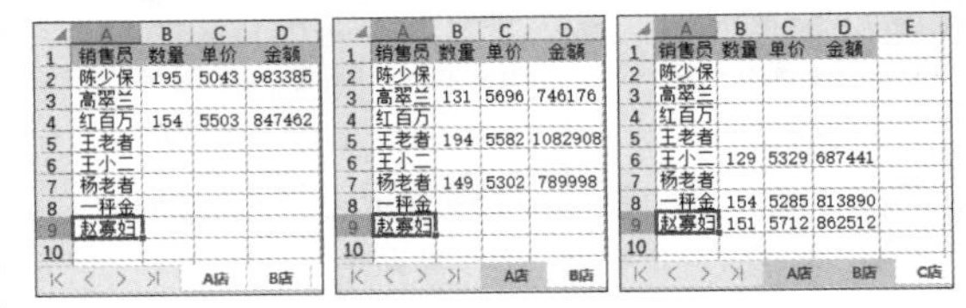

图 4-31　3 个店的销售数据

在“B店”工作表中单击A1单元格，使用Ctrl+A组合键以全选整个数据表，单击“A店”工作表，在A1单元格右键快捷菜单中执行“选择性粘贴”命令，在打开的“选择性粘贴”对话框中，勾选“跳过空单元”复选框，单击“确定”按钮。同理将“C店”工作表的数据复制到“A店”工作表，如图4-32所示。总表的项的顺序和分表的项的顺序要一致。

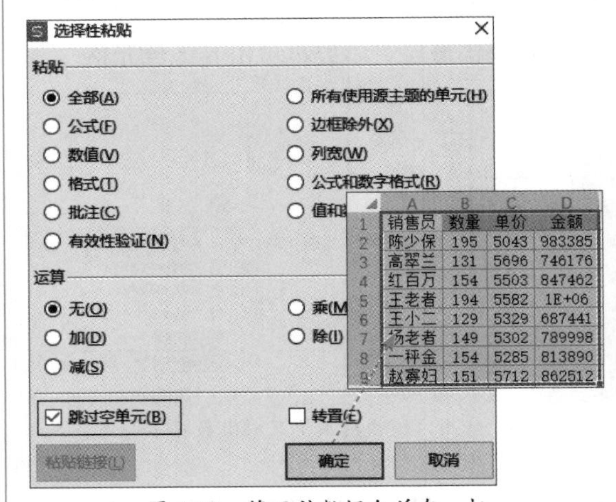

图 4-32　将互补数据合并在一起

勾选“跳过空单元”复选框后，当复制的源数据区域中有空单元格时，粘贴空单元格不会替换目标区域对应单元格中的值。

“选择性粘贴”功能还能进行“列宽”“有效性验证”的操作。

4.4 复合的查找替换定位

在WPS表格中，查找替换定位是WPS表格整理数据的重要和强大功能，三项功能同气连枝、守望互助，整合在一个对话框中，可以根据需要随时切换，对数据循迹追踪、精确制导易如反掌，只要设置得当，就会一个不漏、一网打尽。在不关闭对话框的情况下，可以在表中进行其他操作。

4.4.1 查找相同文本设置颜色

WPS表格查找功能常用于查找文本内容，结合格式刷工具还有意外惊喜。

例4-18 请在监考表中快速标识“盛兴兰”的名字。

执行“开始”|“查找”|“查找”命令，或者使用Ctrl+F组合键，打开“查找”对话框，标签自动处于“查找”状态。在“查找内容”框中输入“盛兴兰”，单击“查找全部”按钮，在下面的列表中列出了查找到的情况，并在对话框左下角显示出“4个单元格被找到”字样，使用Ctrl+A组合键以全选查找结果（或者单击第一条结果，按住Shift键时，再单击第4条结果）。在“开始”选项卡的“字体”组中选择一种填充颜色，例如选择“黄色”，如图4-33所示。当然，条件格式也能轻松实现这种效果。

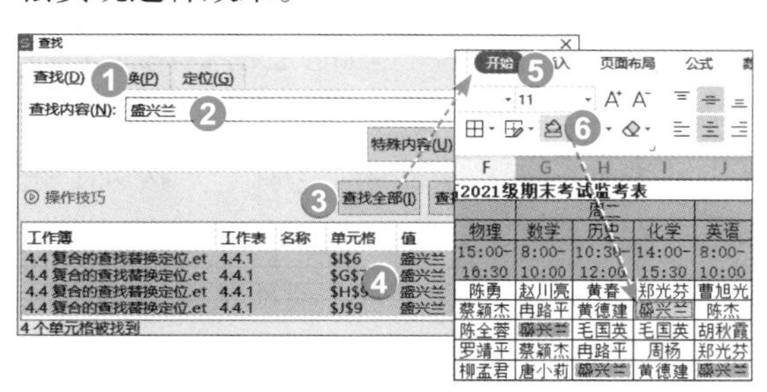

图 4-33　查找相同文本设置颜色

例4-19 请为表中省市为“四川”的所有单元格都标识已设置的一种填充色。

单击C17单元格，在“开始”选项卡中双击“格式刷”按钮，使用Ctrl+F组合键，在“查找”对话框中的“查找内容”框中输入“四川”，单击“查找全部”按钮，使用Ctrl+A组合键全选查找结果，如图4-34所示。

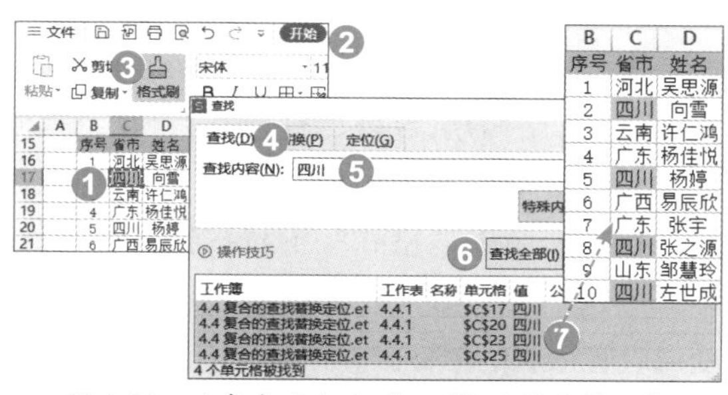

图 4-34　为表中省市为“四川”的所有单元格都标识已设置的一种填充色

4.4.2 查找数值后排序筛选着色

WPS表格查找的结果可以排序，从而可以“筛选”出满足条件的单元格，以着色突出显示。

例4-20 请标识大于100元的金额。

选择金额区域，使用Ctrl+F组合键，在“查找”对话框的“查找内容”框中输入*，以查找全部数值。单击“查找全部”按钮，单击“值”按钮进行升序排序，结合Shift键选择大于100的数据（数据多时可能借助滚动条选择），在“开始”选项卡的“字体”组中选择一种填充颜色，如图4-35所示。

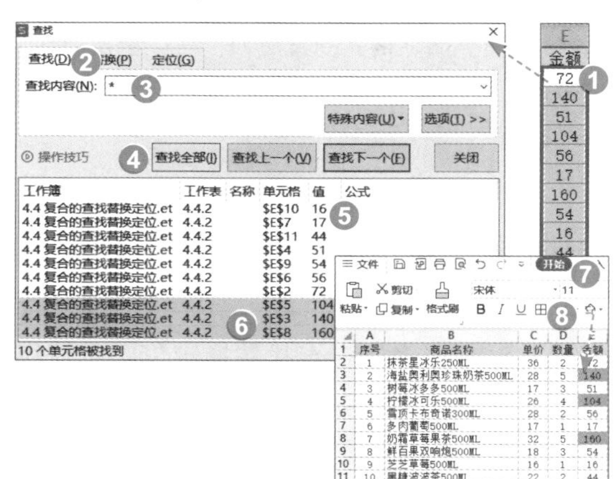

图 4-35　查找数值后排序筛选着色

4.4.1

4.4.2

4.4.3 替换着色单元格内容

WPS表格查找替换功能可以用于公式、批注和格式，“偷梁换柱”轻而易举。

例4-21 请将用颜色标记的不合格分数统一替换为“补考”。

执行“开始”|“查找”|“替换”命令，或者使用Ctrl+H组合键，打开“替换”对话框，标签自动处于“替换”状态。单击“选项”按钮，单击“格式”下拉按钮，在下拉菜单中选择“背景颜色”选项。此时光标会变成吸管形状的图标，单击含有目标格式的单元格（如C2），提取其背景颜色，在“查找内容”框右侧就会实时显示“格式预览”。在“替换为”框里输入“补考”。单击“全部替换”按钮，在弹出的警告框中单击“确定”按钮，如图4-36所示。

4.4.3

4.4.4

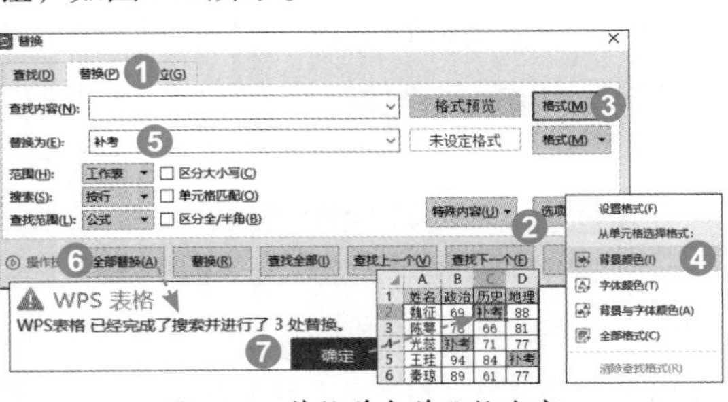

图 4-36　替换着色单元格内容

注意事项 查找替换格式后，在程序没有关闭之前，WPS表格会记忆最近一次查找替换的格式设置。所以，在后续查找替换之前，需要清除之前的格式设置，否则可能不会进行正确的查找替换。清除格式的方法为：在“查找”或“替换”对话框中执行“选项”|“格式”|“清除查找格式（或“清除替换格式”）”命令。

4.4.4 精准替换指定内容并着色

一般WPS表格在查找替换定位时是模糊匹配，如果要精准匹配，需要勾选“单元格匹配”复选框。

例4-22 请将成绩表中的0值全部替换为“缺考”并设置一种填充色。

使用Ctrl+H组合键，打开“替换”对话框，在“查找内容”框里输入0，在“替换为”框里输入“缺考”，勾选“单元格匹配”复选框。单击“选项”按钮，单击“替换为”框右侧的“格式”下拉按钮，在下拉菜单中选择“设置格式”选项。在打开的“替换格式”对话框中选择“图案”标签，选择一种填充色（如“橙色”），单击“确定”按钮。单击“全部替换”按钮。在弹出的关于替换结果的警告框中单击“确定”按钮，如图4-37所示。

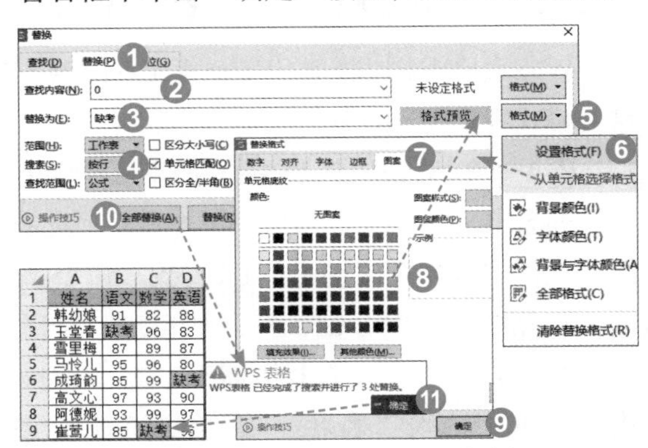

图 4-37　精准替换指定内容并着色

本例勾选“匹配单元格”复选框表示将等于0的单元格精准地替换为“缺考”，以防止其他非0但含有数字0的成绩也被替换。

这里将“查找”“替换”对话框中的“选项”作一简要介绍。

“范围”下拉菜单有“工作表”“工作簿”选项，默认为“工作表”。也可以在使用“查找”“替换”“定位”功能之前，指定目标范围。

“搜索”下拉菜单有“按行”“按列”选项。“按行”是指一行一行地从上到下查找替换，“按列”是指一列一列地从左到右查找替换。

“查找范围”下拉菜单有“智能”“公式”“值”“批注”选项。“智能”是指系统默认的自动全面查找，能同时查找单元格中的数据和公式内容及其显示值。“公式”能查找单元格中的数据和组成公式的内容，“值”能查找单元格中的数据和公式的显示值（公式计算结果），“批注”只限于批注内容。在“替换”模式下，只有“公式”选项有效。

“区分大小写”复选框是指是否区分英文字母的大小写，勾选时，WPS≠wps。

“单元格匹配”复选框是指目标单元格是否包含需要查找的内容，勾选时，查找“WPS”时，查找不到“WPS表格”。

“区分全角/半角”复选框是指是否区分全角、半角字符，勾选时，WPS≠ＷＰＳ。

“特殊内容”下拉菜单有“换行符”“任意单字符”“任意多字符”选项。“换行符”是指WPS表格中的强制换行符，可以使用Ctrl+Enter组合键产生。“任意单字符”是指通配符“?”，“任意多字符”是指通配符“*”。

4.4.5 整理不规范日期

很多人把日期与时间混为一谈，反映在列标题命名上，就把“日期”写成“时间”。在输入日期时，为了省事，把2022-1-3写成2022.1.3或1.3。当要对日期进行处理时，WPS表格会识别不出来，所以需要对这类不规范、不合法的日期进行规范化处理。

例4-23 如图4-38所示，请将数据表中“1.3”格式的日期处理成合法日期。

	A	B	C	D
1	姓名	联系方式	管控开始时间	管控结束时间
2	贾飞	189****6915	1.25	1.31
3	段绪澄	183****6041	3.1	3.7
4	翟长春	180****7781	4.18	4.24

图 4-38 不规范日期

使用Ctrl+H组合键，打开“替换”对话框，在“查找内容”框里输入“.”，在“替换为”框里输入“/”或“-”，单击“全部替换”按钮，单击“确定”按钮。日期缺少年份时，系统会自动加上当年年份。再把“时间”二字替换为“日期”，如图4-39所示。

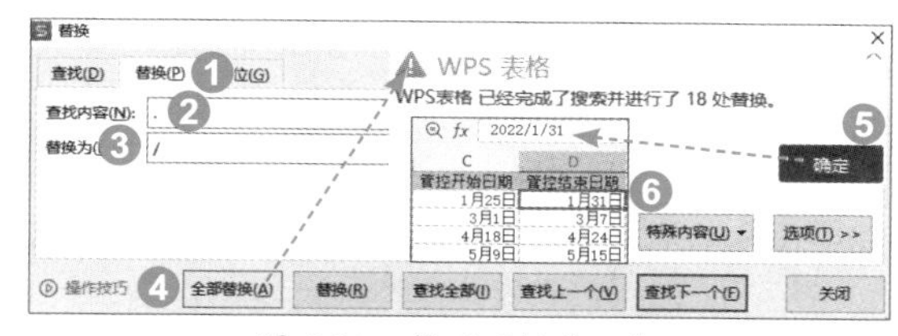

图 4-39 整理不规范日期

4.4.6 去尾只保留整数部分

结合通配符，WPS表格可以实现高级模糊查找。*代表任意字符串，?代表任意单个字符。如果查找通配符自身，可以输入“~*”“~?”。

例4-24 如图4-40所示，请把实际指标数去掉小数只保留整数部分，不使用函数公式。

D2 =B2*C2

	A	B	C	D	E
1	姓名	人数	比例	计划指标	实际指标
2	黄浦区	4844	16%	775.04	775.04
3	徐汇区	3145	16%	503.2	503.2
4	长宁区	4140	16%	662.4	662.4

图 4-40 指标数

使用Ctrl+H组合键，打开“替换”对话框，在“查找内容”框里输入“.*”，“替换为”框保留为空（表示小数点后面的所有内容被替换为空），单击“全部替换”按钮，单击“确定”按钮，如图4-41所示。

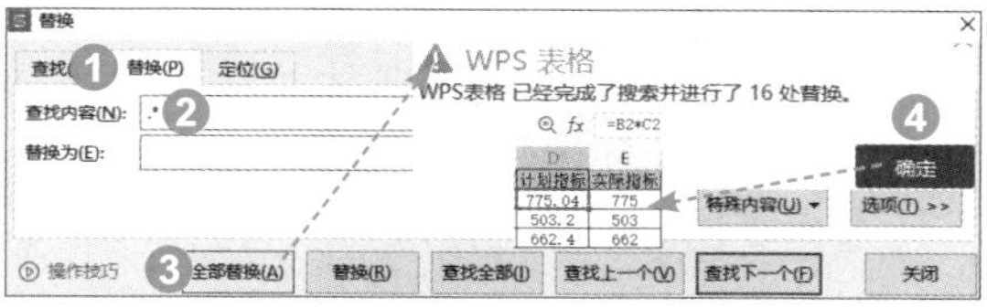

图 4-41 去尾只保留整数部分

4.4.7 批量删除强制换行符

出于单元格内容对齐、美观的需要，在数据表中可能添加了一些强制换行符，但强制换行符有可能妨碍对数据的分析处理。如果一个一个地去激活单元格，删除强制换行符，会太费时费力，不如使用WPS表格的“替换”功能进行批量删除。

例4-25 如图4-42所示，请将表头中大量的强制换行符快速删除。

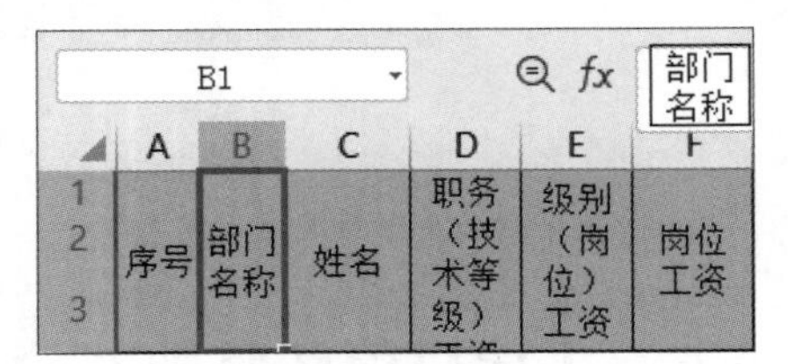

图 4-42 表头中的强制换行符

使用Ctrl+H组合键，打开“替换”对话框，将光标放置于“查找内容”框里，直接使用Alt+Enter组合键输入强制换行符“^l”（或单击“特殊内容”下拉按钮，在下拉菜单中选择“换行符”选项），将“替换为”框留空，单击“全部替换”按钮，单击“确定”按钮，如图4-43所示。

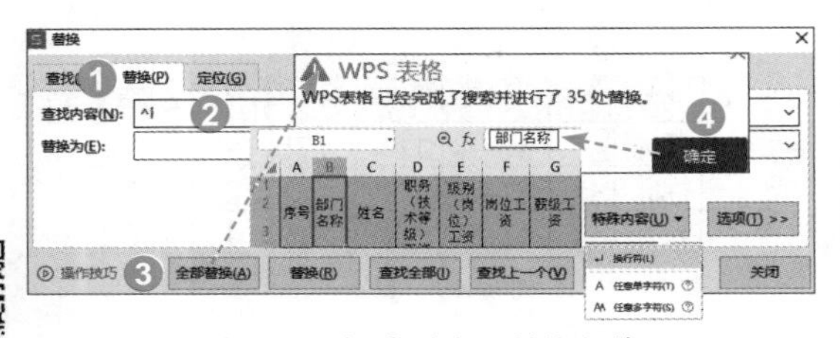

图 4-43 批量删除强制换行符

4.4.8

4.5.1

4.4.8 定位行内容差异单元格

在工作中需要比对两列数据是否相同时，经常使用公式A1=B1或者=A1=B1进行比较。其实使用定位的方法非常简单。

例4-26 请比较系统库存和实际库存数据有无差异，并标记有差异的数据。

选择要比对的数据区域，执行“开始”|“查找”|“定位”命令，或者使用Ctrl+G组合键，打开“定位”对话框，标签自动处于“定位”状态。选中“行内容差异单元格”单选按钮，单击“定位”按钮。在“开始”选项卡中选择一种填充色，如图4-44所示。

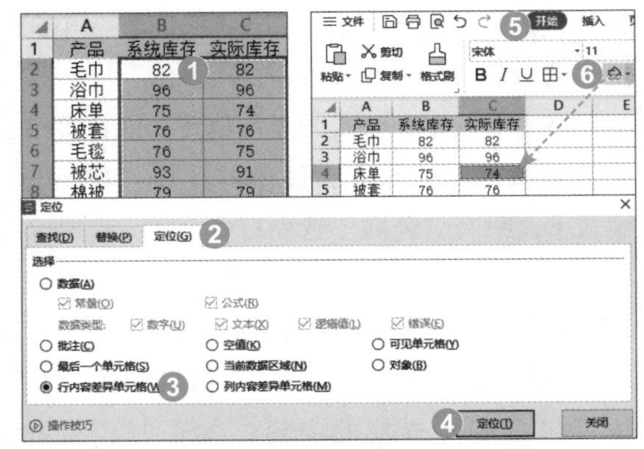

图 4-44 使用定位的方法比较两列数据的差异

4.5 巧妙处理几类数据

4.5.1 文本型数字的“变性术”

从系统导出的数据，经常有一些数字不能直接进行加减乘除运算，是文本格式的“假数字”，会影响到后续的汇总分析，需要转换为数值型数字这种“真数字”。WPS表格可以轻易施行这种“变性术”。

例4-27 如图4-45所示，选中C2:C6区域，在状态栏能看到计数，而平均值与求和结果都为0，表明该列数字是文本格式，请快速将其转换为数值型数字。

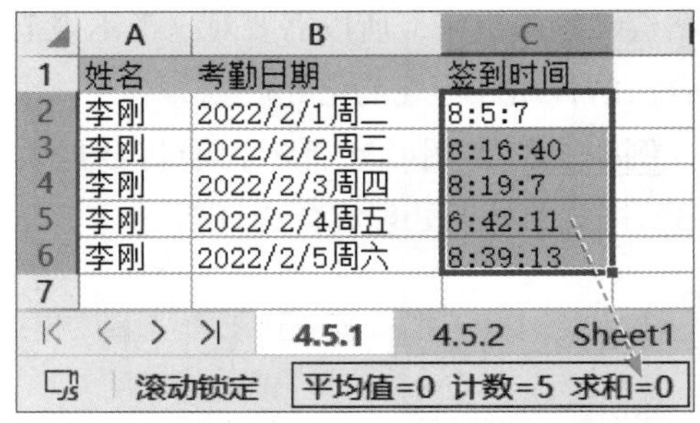

图 4-45 从状态栏处判断数字属性

要将文本型数字转换为数值型数字，有多种工具和方法。

1. 使用“开始”选项卡中的命令

选中数据区域，执行“开始”|“类型转换”|“文本型数字转为数字”命令，如图4-46所示。

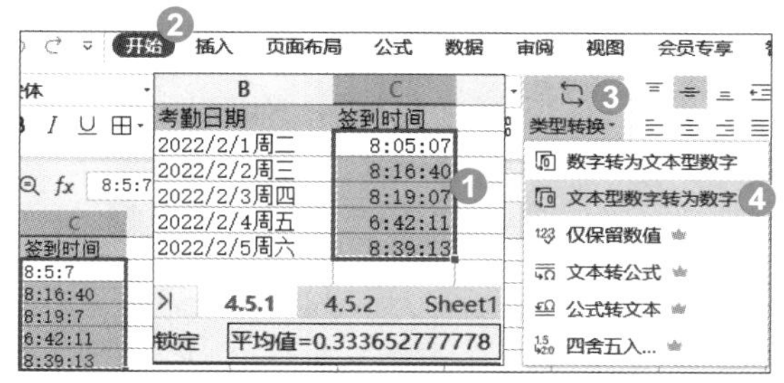

图 4-46 使用“开始”选项卡中的命令将文本型数字转换为数值型数字

2. 使用“智能工具箱”选项卡中的命令

选中数据区域，执行“智能工具箱”|“格式”|“文本型数字转为数字”命令，如图4-47所示。

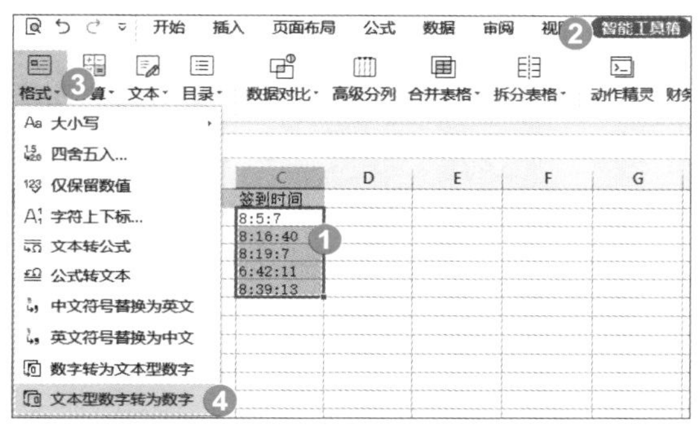

图 4-47 使用“智能工具箱”选项卡中的命令将文本型数字转换为数值型数字

3. 使用“分列”功能

选中数据区域，执行“数据”|“分列”（或选择“分列”下拉菜单中的“分列”选项）命令，在打开的对话框中直接单击“下一步”按钮，如图4-48所示。

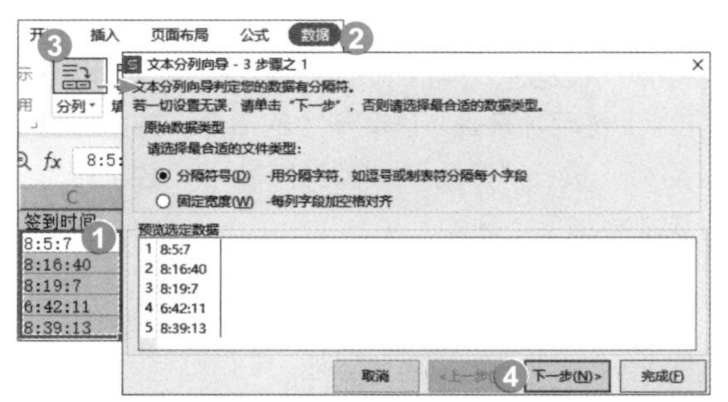

图 4-48 使用“分列”功能将文本型数字转换为数值型数字

4. 使用“智能分列”功能

选中数据区域，执行“数据”|“分列”|“智能分列”命令，在打开的对话框中直接单击“完成”按钮，如图4-49所示。

图 4-49 使用“智能分列”功能将文本型数字转换为数值型数字

5. 使用“高级分列”功能

选中数据区域，执行“智能工具箱”|“高级分列”命令，在打开的对话框中选中“遇到□□□□□□就分割”单选按钮，单击“确定”按钮，如图4-50所示。

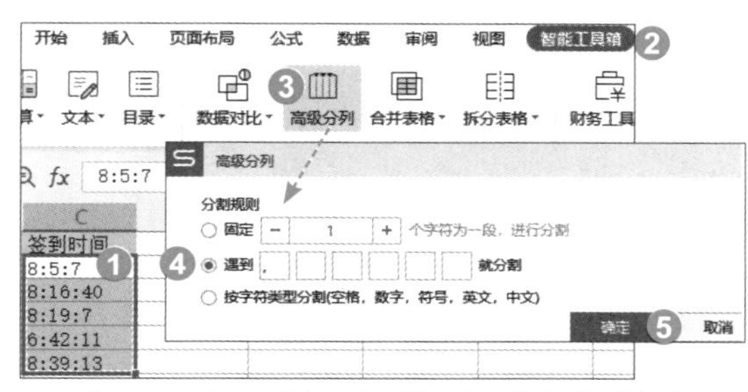

图 4-50 使用“高级分列”功能将文本型数字转换为数值型数字

6. 使用“智能填充”功能

在D列填写两个示例，使用Ctrl+E组合键，或使用“开始”（或“数据”）选项卡功能区的“智能填充”命令，如图4-51所示。

	A	B	C	D
1	姓名	考勤日期	签到时间	
2	李刚	2022/2/1周二	8:05:07	8:05:07
3	李刚	2022/2/2周三	8:16:40	8:16:40
4	李刚	2022/2/3周四	8:19:07	
5	李刚	2022/2/4周五	6:42:11	
6	李刚	2022/2/5周六	8:39:13	

图 4-51 使用“智能填充”功能将文本型数字转换为数值型数字

7. 使用“选择性粘贴”的“运算”功能

选中一个空白单元格进行复制，再在文本数据区域的右键快捷菜单中执行“选择性粘贴”命令。在打开的“选择性粘贴”对话框中，在“运算”组中选中“加”或“减”单选按钮，单击“确定”按钮，再将单元格格式设置为“时间”，如图4-52所示。

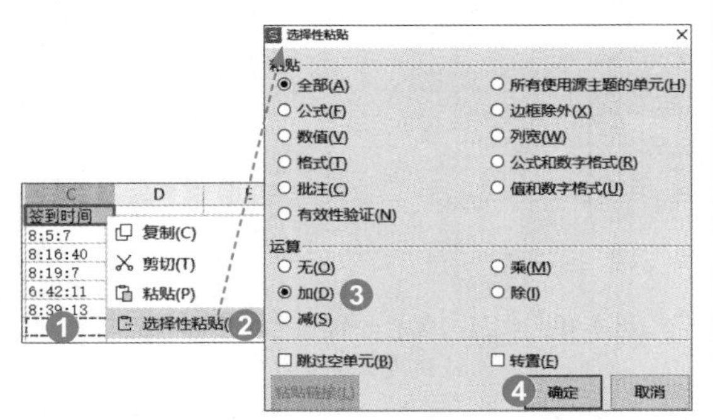

图 4-52　使用“选择性粘贴”的“运算”功能将文本型数字转换为数值型数字

8. 四则运算

在D2单元格中输入公式“=C2+0”“=C2-0”“=C2*1”“=C2/1”“=--C2”中的一个公式，按Enter键将公式向下填充，最后将单元格格式设置为“时间”，如图4-53所示。

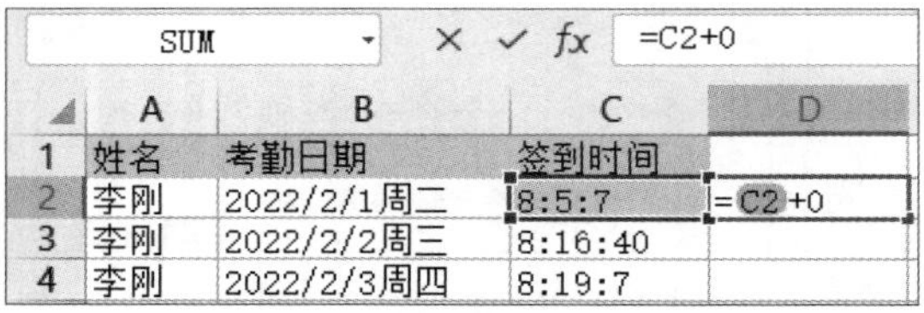

SUM　　× ✓ fx　=C2+0

	A	B	C	D
1	姓名	考勤日期	签到时间	
2	李刚	2022/2/1周二	8:5:7	=C2+0
3	李刚	2022/2/2周三	8:16:40	
4	李刚	2022/2/3周四	8:19:7	

图 4-53　使用四则运算方法将文本型数字转换为数值型数字

9. 函数运算

在D2单元格中输入公式“=VALUE(C2)”，按Enter键将公式向下填充，最后将单元格格式设置为“时间”，如图4-54所示。

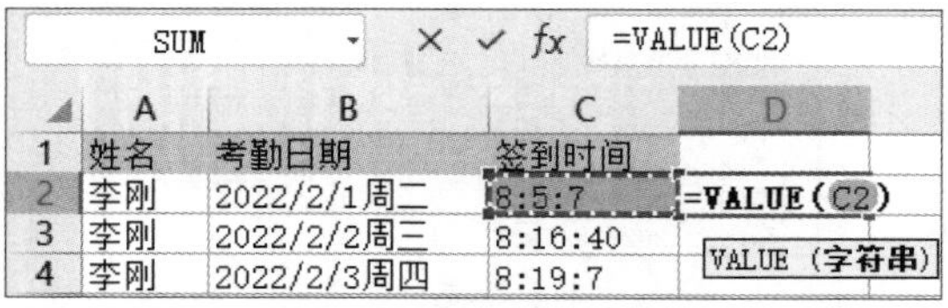

SUM　　× ✓ fx　=VALUE(C2)

	A	B	C	D
1	姓名	考勤日期	签到时间	
2	李刚	2022/2/1周二	8:5:7	=VALUE(C2)
3	李刚	2022/2/2周三	8:16:40	VALUE（字符串）
4	李刚	2022/2/3周四	8:19:7	

图 4-54　使用函数运算方法将文本型数字转换为数值型数字

10. 激活常规格式

选中数据区域，在“开始”选项卡中设置单元格格式为“常规”。双击单元格，或单击单元格后将光标移动到编辑栏中，再按Enter键，如此可以激活常规数字，如图4-55所示。

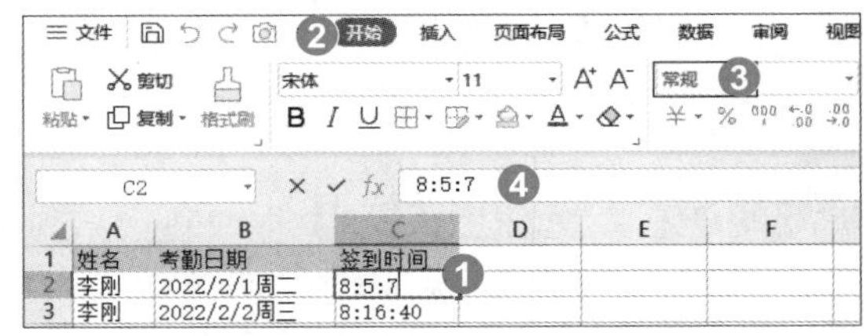

图 4-55　使用激活常规格式的方法将文本型数字转换为数值型数字

11. 使用“错误指示器”

选中数据区域，单击“错误指示器”下拉按钮，在下拉菜单中选择“转换为数字”选项。如果选择“忽略错误”选项，就只会消除绿色三角形标志，数据的文本属性不会改变。如果未显示“错误指示器”，一是可能因为在该下拉菜单中选择了“忽略错误”选项。二是可能因为在“选项”对话框中取消勾选了“数字以文本形式存储”复选框，如图4-56所示。

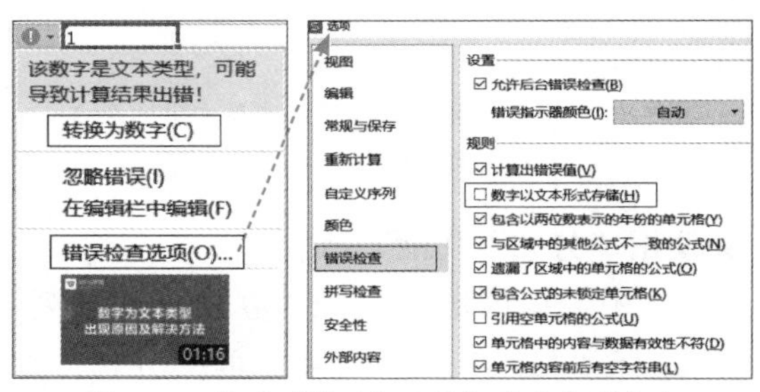

图 4-56　使用“错误指示器”将文本型数字转换为数值型数字

注意事项 数值型数字转换为文本，主要用作编码，有多种工具和方法。

（1）使用“开始”选项卡中的命令。选中数据区域，执行“开始”|“类型转换”|“数字转为文本型数字”命令。

（2）使用“智能工具箱”选项卡中的命令。选中数据区域，执行“智能工具箱”|“格式”|“数字转为文本型数字”命令。

（3）使用“分列”功能。选中数据区域，执行“开始”|“分列”|（或选择“分列”下拉菜单中的“分列”选项）“下一步”|“下一步”命令，第3步时在“列数据类型”中选择“文本”选项，单击“完成”按钮。

（4）使用“智能分列”功能。选中数据区域，执行“开始”|“分列”|“智能分列”|“下一步”命令，第2步时在“列数据类型及预览”框中选择“文本”选项，单击“完成”按钮。
（5）使用“智能填充”功能。填写两个示例，使用Ctrl+E组合键，或使用“开始”（或“数据”）选项卡功能区里的“智能填充”命令。
（6）直接激活。将单元格格式设置为“文本”，双击单元格，或单击单元格后将光标移动到编辑栏里，再按Enter键，如此可以激活文本数字。
（7）函数运算。在紧邻右列的单元格中输入公式“=TEXT(C11,"0000")”，按Enter键将公式向下填充，得到4位数的文本数字。

4.5.2 清除导入数据中的莫名字符

从软件库中导出的一些数据或一些不规范输入的数据，看起来是阿拉伯数字，其实是文本数字，可能包含前导空格、尾随空格、多个嵌入空格、强制换行符、非打印字符等，这些符号常常是导致查找与引用函数失效的“罪魁祸首”，需要予以清除。

将单元格内容复制、粘贴到“替换”对话框的“查找内容”框内，非打印字符就会现出“原形”，但却无法被替换，如图4-57所示。

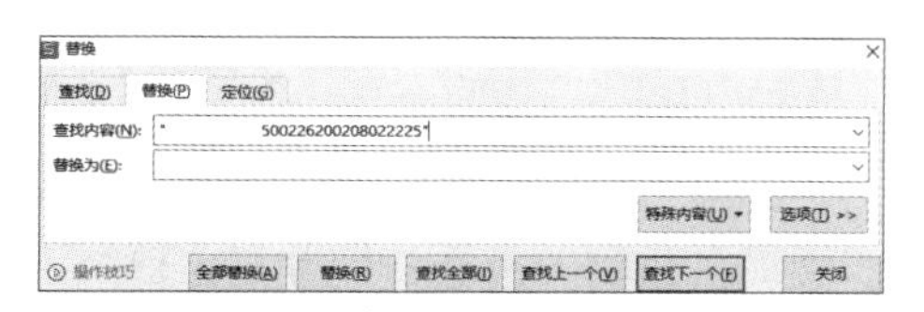

图 4-57 非打印字符在“查找内容”框内现出“原形”

例4-28 如图4-58所示，请清除表中数据的“杂质”。

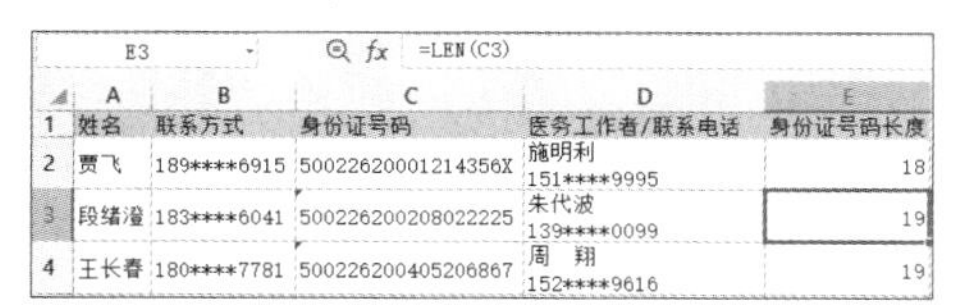

图 4-58 有“杂质”的数据表

1. 使用功能区命令

使用Ctrl+A组合键以全选数据表，执行“开始”|“清除”|“特殊字符”|“不可见字符”命令。再如此重复执行，继续清除“空格”“换行符”“单引号”等特殊字符，如图4-59和图4-60所示。

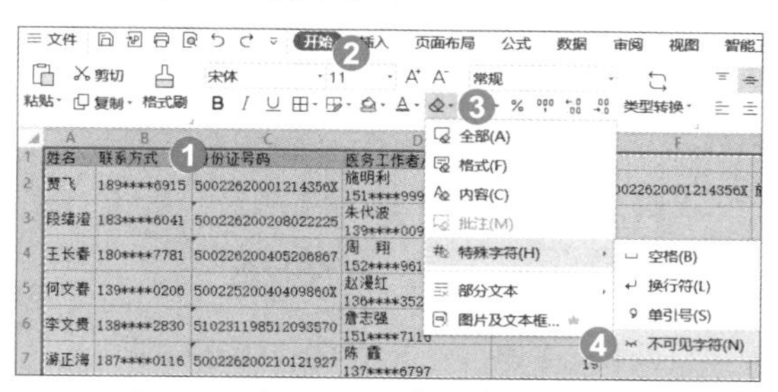

图 4-59 使用功能区命令清除特殊字符

姓名	联系方式	身份证号码	医务工作者/联系电话	身份证号码长度
贾飞	189****6915	50022620001214356X	施明利151****9995	18
段绪滢	183****6041	500226200208022225	朱代波139****0099	18
王长春	180****7781	500226200405206867	周翔152****9616	18
何文春	139****0206	50022520040409860X	赵漫红136****3522	18
李文贵	138****2830	510231198512093570	詹志强151****7116	18
游正海	187****0116	500226200210121927	陈霞137****6797	18

图 4-60 数据”清洗“后的效果

执行“开始”|“单元格”|“清除”|“特殊字符”命令，也能进行清除工作。

4.5.2

2. 使用“智能填充”功能

将存放身份证号码区域的单元格格式设置为文本格式，填写示例，如图4-61所示。再使用Ctrl+E组合键，或使用“开始”（或“数据”）选项卡功能区里的“智能填充”命令进行填充。

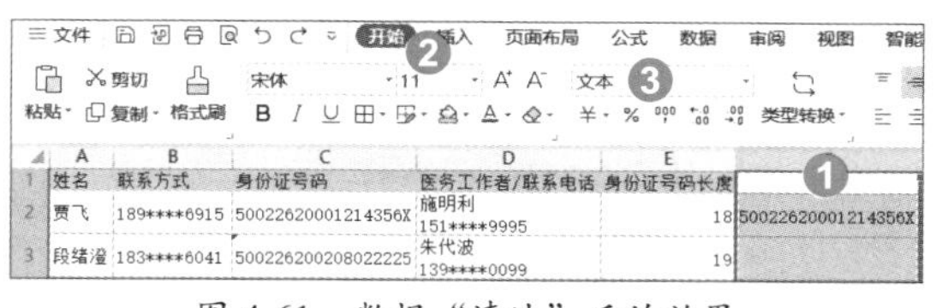

图 4-61 数据“清洗”后的效果

3. 使用 CLEAN 函数

编写公式“=CLEAN(C2)”进行填充，如图4-62所示。然后将公式值“粘贴为数值”。

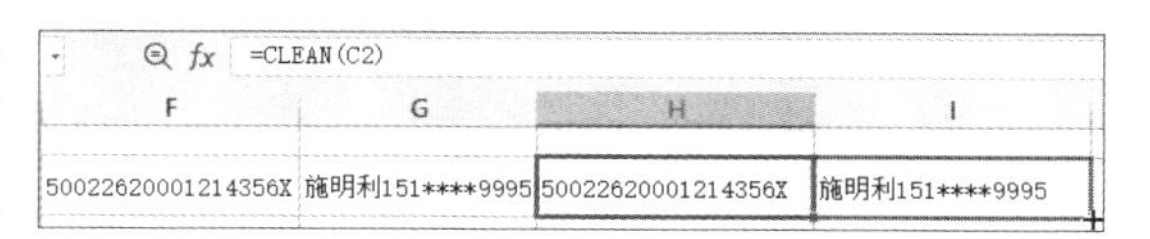

图 4-62 使用 CLEAN 函数清洗数据

4. 使用“替换”功能

“替换”功能对于非打印字符无效。如果替换强制换行符，就使用Ctrl+H组合键，在打开的“替换”对话框中，将光标放置于“查找内容”框中，单击“特殊内容”下拉按钮，在下拉菜单中选择“换行符”选项，单击“全部替换”按钮，如图4-63所示。如果替换空格，就在“查找内容”框里输入一个空格，然后单击“全部替换”按钮。

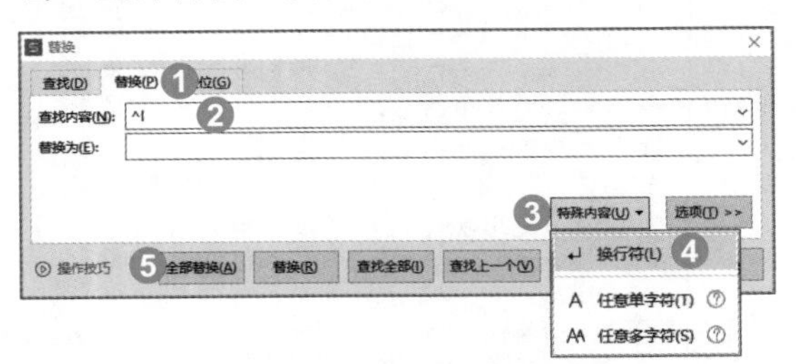

图 4-63　使用“替换”功能清洗数据

5. 使用“分列”功能

对于字符个数或空格位置相同的数据有效。选中数据区域，执行“分列”|“固定宽度”|“下一步”命令。建立分列线后，在分列第3步时，对空格列要选择“不导入此列”选项，“列数据类型”要选择“文本”选项。

4.5.3　分离产品的规格和单位

4.5.3

例4-29 请将产品规格中的单位分离出去单独作为一列。

使用“智能分列”（文本类型）和“智能填充”功能都能轻易实现，这里介绍使用“智能工具箱”中的工具。

复制产品规格数据到单位区域，选中“产品规格”数据区域，在“智能工具箱”选项卡中单击“删除”下拉按钮，在下拉菜单“删除文本”的级联菜单中选择“删除结尾文本”选项，在打开的“删除结尾文本”对话框中保持“请选择要删除字符个数”框中的数字不变，单击“确定”按钮，如图4-64所示。

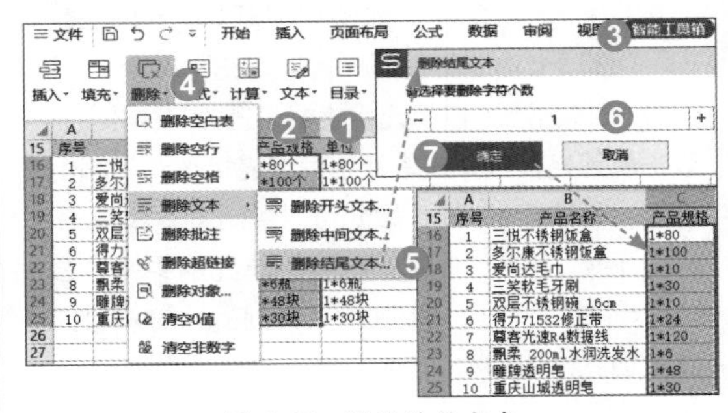

图 4-64　删除结尾文本

选中“单位”数据区域，在“智能工具箱”选项卡中单击“文本”下拉按钮，在下拉菜单中选择“保留内容”选项，在打开的“保留内容”对话框中，在“提取类型”栏中勾选“中文”复选框，单击“确定”按钮，如图4-65所示。

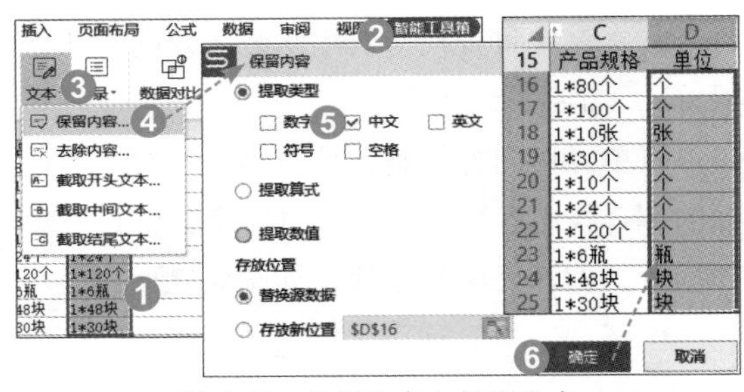

图 4-65　保留内容之提取文本

“智能工具箱”可以这样开启：执行“开始”|“表格工具”|“开启工具箱获得更多功能”命令。

第5章 格式化数据

为了让WPS表格赏心悦目，增加吸引力和可读性，很有必要为表格设置一些格式或条件格式，进行必要的美化或标识。无论如何变换格式，甚至作了“隐形”处理，内容都是不会变化的。在工作的任何阶段，都可以随时随地为单元格设置格式。

5.1 单元格格式的基本设置

5.1.1 格式设置的三大工具

对单元格设置和修改格式，有多种工具和方法。熟练运用WPS表格格式工具，可以达到如臂使指之境，炉火纯青之界，必将有效提高工作效率。

1. 功能区命令

功能区命令主要分布在“开始”选项卡功能区的“字体设置”“对齐方式”“数字”“样式”等组中。有一些按钮有下拉列表供选择，如图5-1所示。

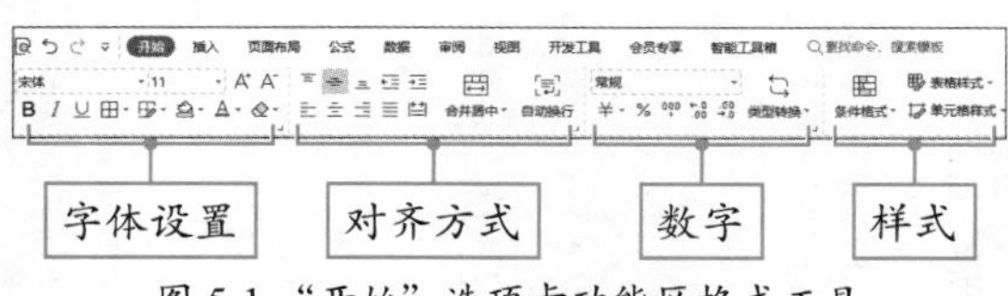

图 5-1 “开始”选项卡功能区格式工具

5.1.1

5.1.2

2. 浮动工具栏

选择单元格内容或右击单元格时，WPS表格总会默认出现一个浮动工具栏。使用浮动工具栏时，右键快捷菜单就会消失，但浮动工具栏仍保持显示。要取消浮动工具栏，只需要单击任一单元格或按Esc键。浮动工具栏可以这样设置：执行“文件”|“选项”|“视图”命令，勾选或取消勾选“选择时显示浮动工具栏”“右键时显示浮动工具栏”复选框，如图5-2所示。

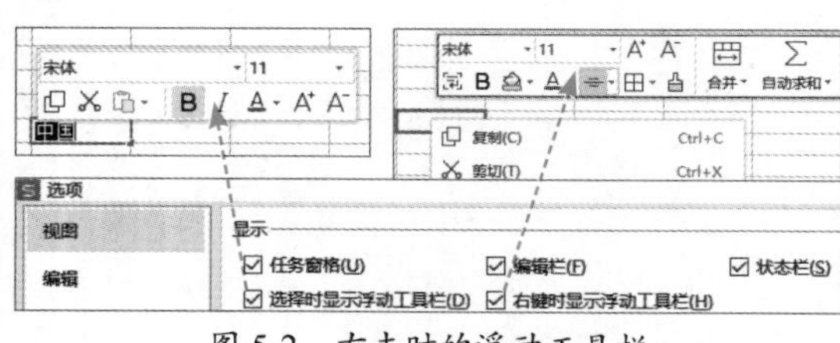

图 5-2 右击时的浮动工具栏

3. “单元格格式”对话框

用户还可以利用“单元格格式”对话框进行更详细的格式设置。打开该对话框有4种方法。

一是使用Ctrl+1组合键，WPS表格会自动进入之前对话框关闭前的标签状态。

二是单击“开始”选项卡功能区各分组的对话框启动器，会自动进入该对话框启动器对应的标签，如图5-3所示。

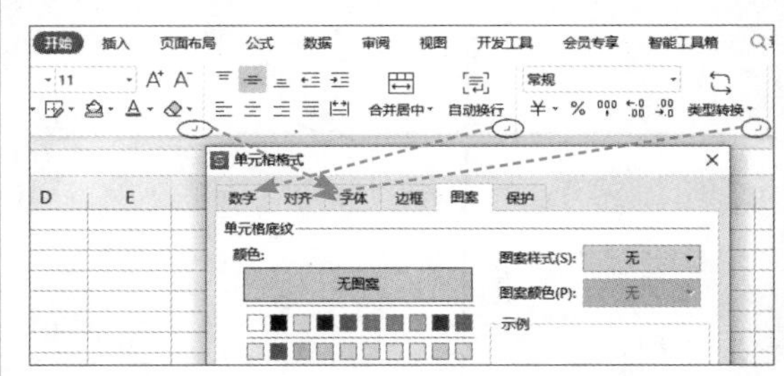

图 5-3 单击对话框启动器打开“单元格格式”对话框对应标签

三是在单元格或区域的右键快捷菜单中执行“设置单元格格式”命令。

四是利用功能区某些下拉菜单中的选项。例如执行“开始”|“边框”|“其他边框”命令，或者执行“开始”|“单元格”|“设置单元格格式”命令，或者执行“数字格式”|“其他数字格式”命令，都能进入“单元格格式”对话框。

5.1.2 字体元素的设置

字体设置包括字体、字号、字形、颜色、画线等多种元素的设置，虽然简单，但也可以熟能生巧。例如，字号的设置，可以直接选择字号，也可以逐一“增大字号”“减小字号”，三个按钮 11 A⁺ A⁻ 配合工作。

单元格中的文本内容可以分别使用字体格式。如图5-4所示，双击单元格或在编辑栏中选中“人民”二字，将其设置为华文彩云、14号、红色、加粗效果。

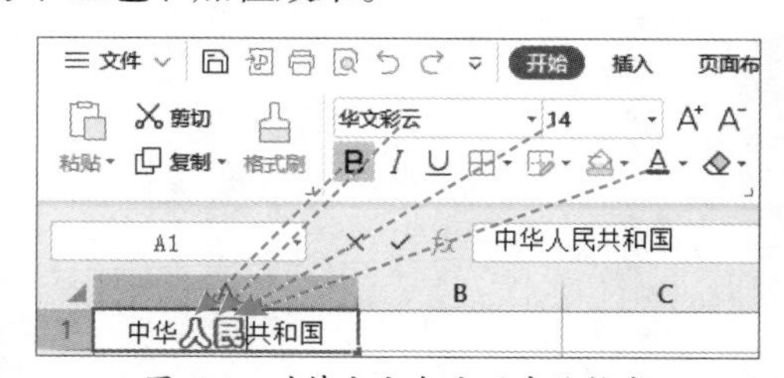

图 5-4 对特定文本应用字体格式

WPS表格默认的字体字号在“选项”对话框中设置，如图5-5所示。

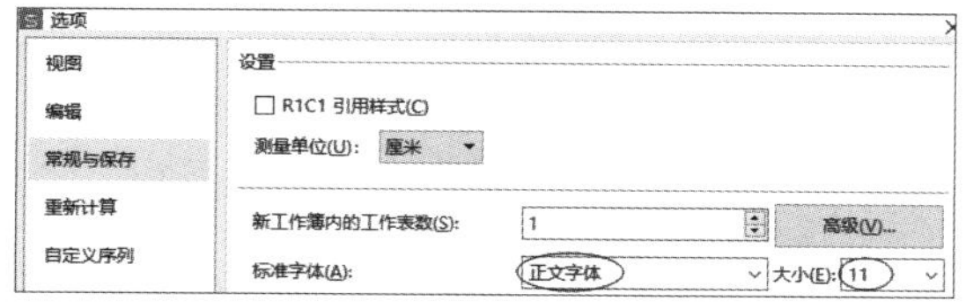

图 5-5 设置默认字体字号

5.1.3 框线设置或绘制

表格框线默认会被打印出来，网格线默认不被打印。

对于基础表，表格框线并非必须绘制，可用网格线代替，可在“视图”选项卡勾选或取消勾选“显示网格线”复选框。还可这样设置打印网格线：在“页面布局”选项卡功能区单击“页面设置”对话框启动器，选择“工作表”标签，勾选“网格线”复选框，如图5-6所示。

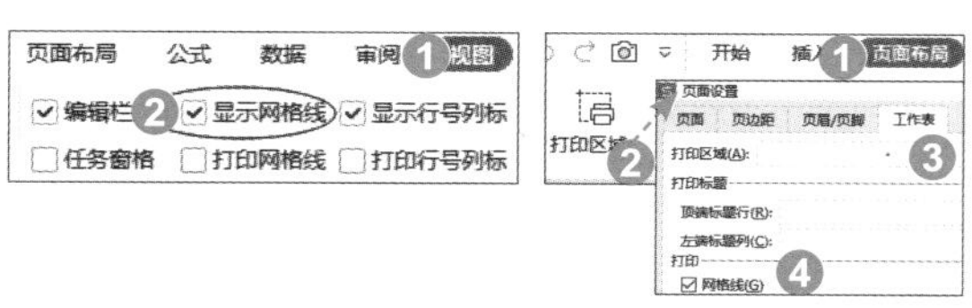

图 5-6 设置是否显示网络线和打印网格线

对于报表、统计表，一般要设置或绘制框线，以划分表格区域，增强视觉效果。框线设置有3种方法。

一是利用“开始”选项卡功能区自动框线下拉菜单中的命令来设置。很多时候是在13种预置边框样式中选择“所有框线”或“无框线”选项。

二是利用“开始”选项卡功能区手动框线下拉菜单中的命令来绘制。很多时候选择“绘制边框网格”选项，可以更改“线条颜色”或“线条样式”。拖动鼠标绘制后，可按Esc键或在手动框线下拉菜单中选择“绘图边框”选项，以退出边框绘制模式。对于不需要的框线，可以执行“擦除边框”命令来擦除。

三是利用“单元格格式”对话框中的命令来设置。利用“边框”标签，可以选择“样式”“颜色”，还可以设置对角线。使用“预置”组中的“无”“外边框”“内边框”三个命令，可以进行批量设置。

例5-1 请为成绩统计表设置单斜线表头（班级\科目）。

WPS会员可这样设置单斜线表头：单击单斜线表头所在A1单元格，在“开始”选项卡功能区单击自动框线按钮，在下拉菜单中选择“插入斜线表头”选项，在打开的“插入斜线表头”对话框中，在“行标题”框中输入“科目”，在“列标题”框中输入“班级”，单击“确定”按钮，如图5-7所示。

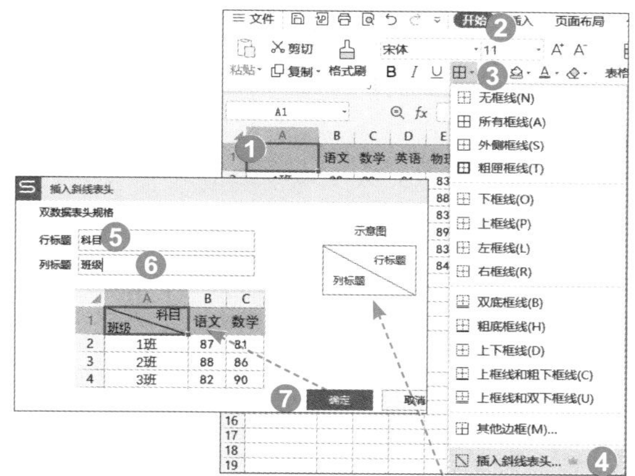

图 5-7 利用会员功能设置单斜线表头

非WPS会员可这样设置单斜线表头：在A1单元格中输入“班级　科目”，分别选择“班级”“科目”，使用Ctrl+1组合键，在“单元格格式”对话框的“字体”标签中，分别勾选“下标”“上标”复选框。最后针对A1单元格，在“单元格格式”对话框的“边框”标签中，单击反斜线按钮，如图5-8所示。

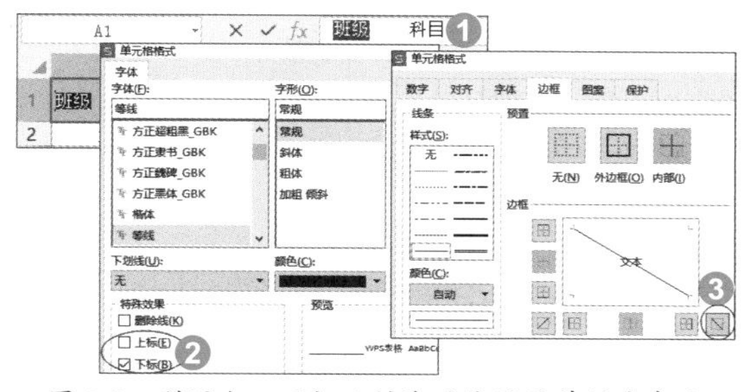

图 5-8 利用上、下标及斜线功能设置单斜线表头

例5-2 请为成绩统计表绘制双斜线表头（班级\均分\科目）。

单击双斜线表头所在A1单元格，输入“科目　均分　班级”，用空格调节文字水平位置，光标分别定位于“科目”“均分”二字后面，使用Alt+Enter组合键强制换行，适当调整字体大小；在“插入”选项卡的“形状”下拉菜单中选择“直线”选项，拖动鼠标画出直线，调整好位置；同理再画出或复制粘贴一条直线，并调整好位置，如图5-9所示。

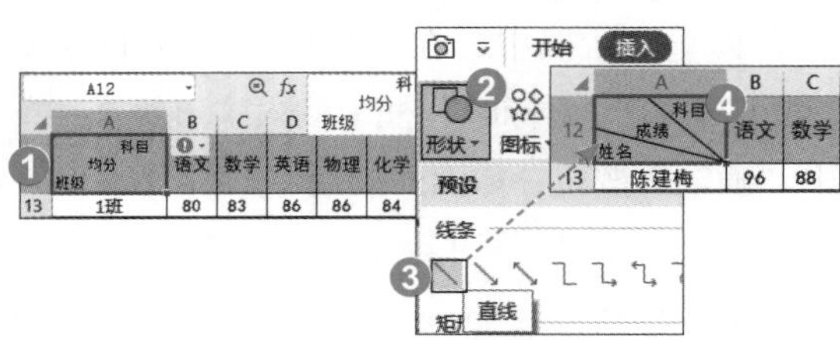

图 5-9　绘制双斜线表头

当然，可以插入文本框以输入文本，文本框的“形状轮廓”要设置为“无边框颜色”，文本框的“形状填充”要设置为“无填充颜色”。

5.1.4

科技论文常使用“三线表”，线条包括顶线、底线、标目线，顶线和底线可以稍粗；表中如有合计或多重纵标目，可用辅助线隔开；左上角不用斜线，表的两侧不用边线（左右开口）。

5.1.5

例5-3 请把某地某年某病发病分布情况绘制成蓝色“三线表”。

在“开始”选项卡中单击手动框线按钮，在下拉菜单中选择“线条颜色”为“蓝色”，拖动画笔沿着网格线画出标目线。再单击手动框线按钮，在下拉菜单中选择“线条样式”为一种较粗线，拖动画笔画出表的顶线和底线，如图5-10所示。按Esc键退出边框绘制模式。

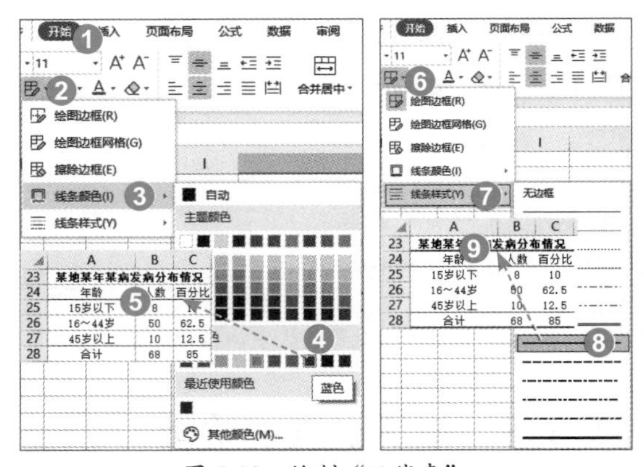

图 5-10　绘制“三线表”

5.1.4　单元格底纹与图案

在“开始”选项卡功能区“字体设置”组中打开“填充颜色”下拉菜单，可以为单元格设置丰富的填充颜色。在“单元格格式”对话框的“图案”标签下，还可以对单元格的背景进行更丰富的填充修饰，如图5-11所示。字体颜色与填充颜色同色时，可起到隐藏内容的效果。

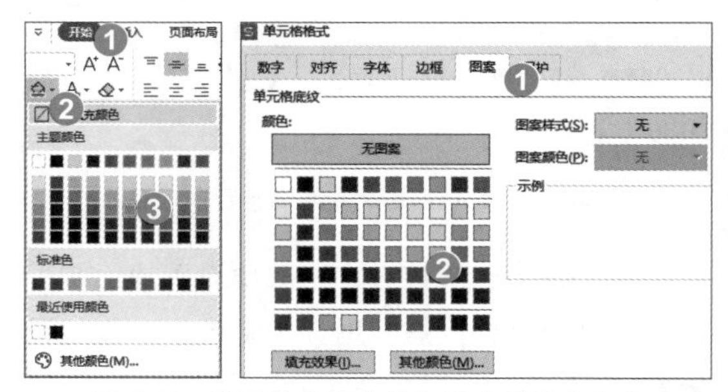

图 5-11　设置单元格底纹与图案的两种方法

5.1.5　单元格对齐与合并

单元格对齐方式对表格外观、可读性等有重大影响。在多数情况下，单元格对齐方式是针对文本的，细微之处见真知，有一些技术含量，需要花一些心思领会。

1. 水平对齐

“水平对齐”选项用于控制单元格内容在水平宽度上的分布。在功能区中有“左对齐”“水平居中”“右对齐”“两端对齐”“分散对齐”5个选项。

- 左对齐（靠左）、水平居中、右对齐（靠右）：常用于单元格内容较多的情况。如果文本长度超过单元格宽度，而相邻单元格又有数据时，文本将被截断而不完全显示。
- 两端对齐：将文字向单元格的左右两端同时进行对齐，并根据需要增加字间距。如果单元格内容较少，没有超过单元格宽度，则与“靠左”相同。如果单元格内容较多，超过单元格宽度，文本就会自动换行，最后一行会左对齐。
- 分散对齐：均匀地将文本分散在单元格中对齐。如果单元格内容较多，会自动换行，每一行都会从左到右把文本均匀地“撑满”，分布到单元格中。适用于姓名列。

在“设置单元格格式”对话框中的“对齐”标签下，增加了“常规”“填充”“跨列居中”3个选项。

- 常规：将数字向右对齐，文本向左对齐，逻辑值及错误值居中分布。该选项为WPS表格默认的对齐选项。
- 填充：重复单元格内容直到单元格在水平方向上被填满，
- 跨列居中：文本跨所选多列居中对齐，无须合并单元格。适用于将标题行跨越多列精确居中。

“水平对齐”示例如图5-12所示。

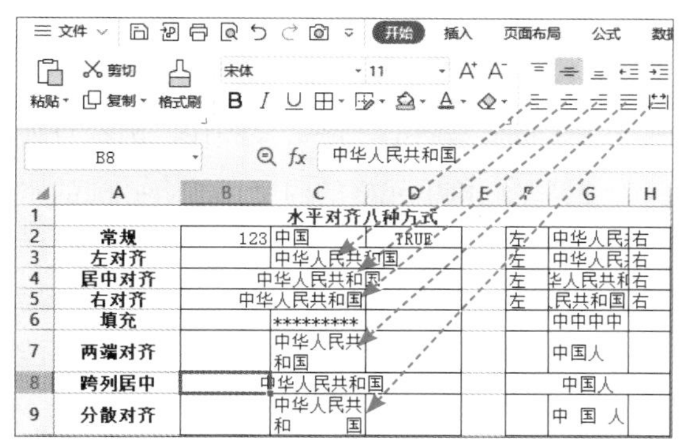

图 5-12 “水平对齐”示例

在“水平对齐”选项中，“靠左”“靠右”“分散对齐”时能够“缩进”，以在单元格边框和文本之间添加空间，让细分的项目缩进显示，纲举目张，主次分明，便于阅读。如图5-13所示，选中要细分的项目，在“开始”选项卡功能区单击“增加缩进量”按钮。也可以打开“单元格格式”对话框，将“缩进”框中的值改为1。

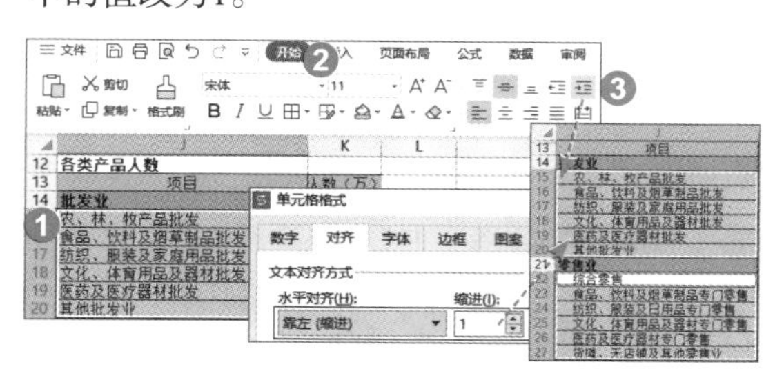

图 5-13 对细分项目缩进

2. 垂直对齐

“垂直对齐”选项用于控制单元格内容在垂直高度上的分布。在功能区有最常用的“顶端对齐”“垂直居中”“底端对齐”3个选项。在“设置单元格格式”对话框的“垂直对齐”标签下，增加了“两端对齐”“分散对齐”两个选项，这两种对齐方式在文本长度超过单元格宽度时，文本会自动换行，与文本方向有关系。

- 两端对齐：将文本在垂直方向上按照先上后下、先左后右的顺序分布。
- 分散对齐：将文本在垂直方向上均匀、分散地对齐。

“垂直对齐”示例如图5-14所示。

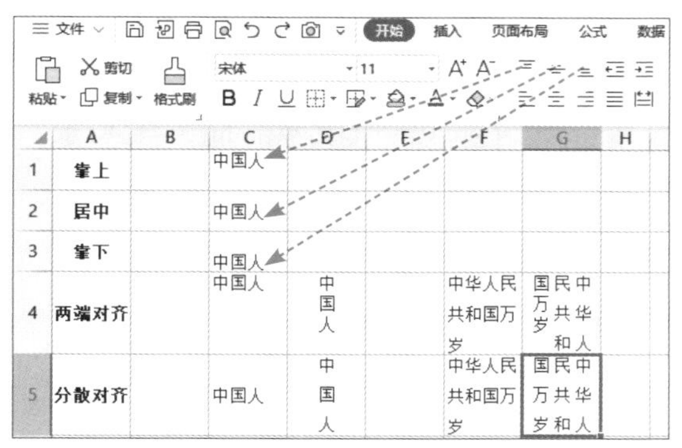

图 5-12 “垂直对齐”示例

3. 文本控制

在设置对齐方式时，还可以对文本或单元格进行控制，包括“自动换行”“缩小字体填充”“合并单元格”3个选项。

如果文本长度超出了列宽，不想加大列宽，也不想让文本溢入相邻的单元格，那么就可以使用“自动换行”或“缩小字体填充”功能来容纳文本。两项功能不能同时使用。

“自动换行”功能可以在单元格中以多行显示文本，从而适合显示较长的文本，又不会使列宽过大，也不必缩小文本字号。“自动换行”功能在功能区中有按钮。

“缩小字体填充”功能可以缩小文本字号，使之适合单元格，而不溢入相邻单元格中。仅适合文本略微过长的情况，否则文本可能“细如墨蚊”，难以辨认。

例5-4 请将表中的电话号码缩小字体填充。

选中电话号码区域，打开“单元格格式”对话框，在“对齐”标签下勾选“缩小字体填充”复选框，如图5-15所示。

图 5-15　设置“缩小字体填充”

4. 文本方向（角度）

有时，可能需要在单元格中以特定的角度显示文本。WPS表格可以指定-90°～+90°的文本角度，还可以竖排文本，如图5-16所示。

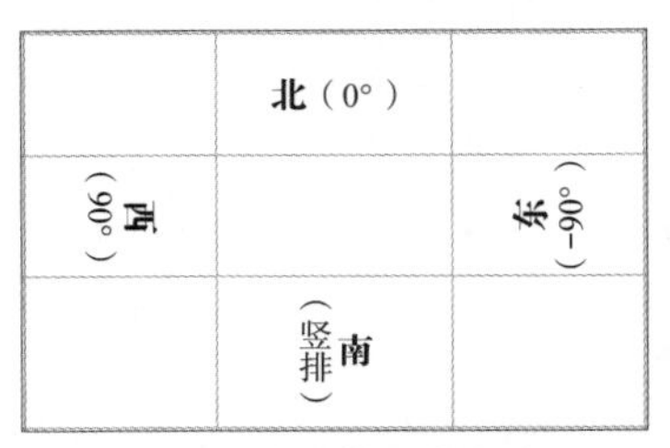

图 5-16　调整文本方向

例5-5 请将文本竖排作为档案的“书脊”。

选择文本所在区域，在“开始”选项卡中单击对话框启动器，在打开的“单元格格式”对话框中单击“对齐”标签，勾选“文字竖排”复选框。如有必要，可以使用“度”微调控件，或拖动仪表中的指针控制文本角度，如图5-17所示。

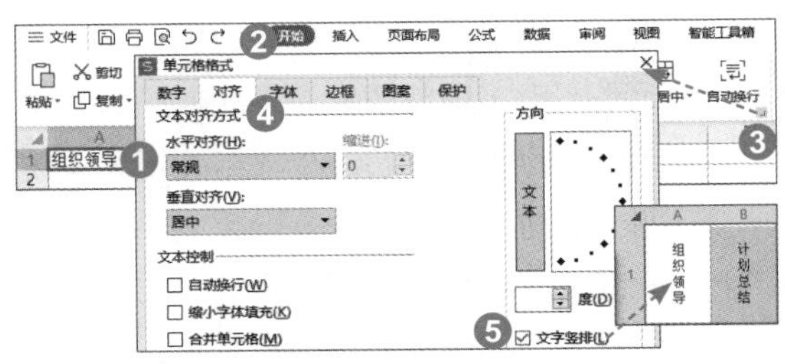

图 5-17　调整文本方向

5. 合并单元格

一个区域中的单元格可以合并在一起以创建更多文本空间，或对数据进行内容上的层次区分。

选中单列或多列，合并选项不尽相同；取消合并时，有“取消合并单元格”“拆分并填充内容”两个选项，如图5-18所示。

选中情况	相同选项	不同选项
选中单列时	合并居中、合并单元格、合并内容	合并相同单元格
选中多列时		按行合并、跨列居中
取消合并	取消合并单元格、拆分并填充内容	

水平对齐方式之一

图 5-18　选中单列或多列时合并或取消合并的选项

- 合并居中：按一个矩形区域内左上角单元格的内容合并，且水平居中。能可逆操作，但只恢复左上角单元格的内容，也不再居中。
- 合并单元格：与“合并居中”不同的是，合并时不居中。能可逆操作，内容只恢复左上角单元格的内容，按合并前的水平对齐方式对齐。
- 合并内容：将区域内的内容按照先行后列的顺序合并在左上角单元格内。不能可逆操作。
- 合并相同单元格：合并一列时，将连续相同的内容合并在一起。用于整合同类内容，使层级关系更醒目。

- 按行合并：合并多列时，按第一列的内容并按行合并在一起。能可逆操作，但只能恢复左侧第一列的内容。
- 跨列居中：将一列内容居中显示在多列，但未真正合并单元格，可以单独操作各个单元格。与水平对齐方式中的“跨列居中”类似。
- 取消合并单元格：取消对选定单元格的合并操作，只能恢复区域左上角单元格的内容。
- 拆分并填充内容：是“合并相同单元格”的逆向操作。用于填充同类内容，便于数据处理。

注意，基础表不要轻易合并单元格，以免给复制、粘贴、排序、分类汇总、数据透视等操作带来不必要的困惑或影响。

WPS表格提供了“设置默认合并方式”选项供用户选择和设置，如图5-19所示。

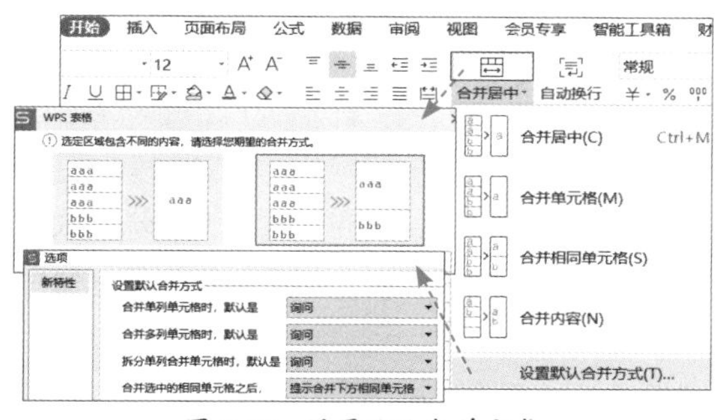

图 5-19　设置默认合并方式

5.1.6　12类数字格式

WPS表格设置数字格式的工作比较频繁。设置数字格式后，实际值与显示值可能会不同。

在“开始”选项卡“数字”组中有数字格式的常用按钮或下拉按钮。单击对话框启动器和“其他数字格式”按钮，可直接进入“单元格格式”对话框的“数字”标签，如图5-20所示。

在“单元格格式”对话框中，包含12类可供选择的数字格式。

- 常规：默认格式，实为没有特定格式的格式。此格式将数字显示为整数、小数，当数字长度太长而超出单元格宽度时，则以科学记数法显示。

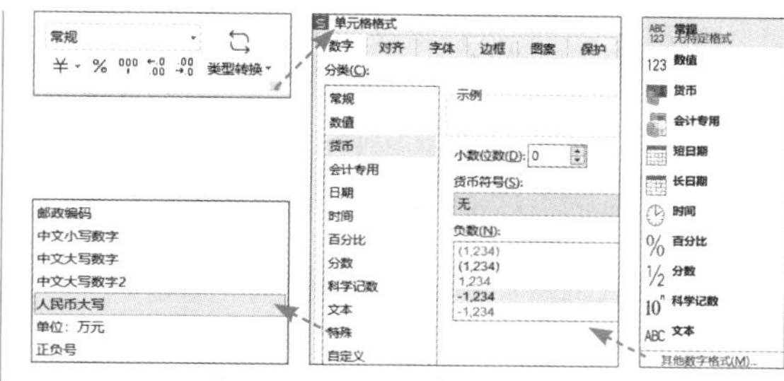

图 5-20　设置数字格式的方法

- 数值：允许指定小数位数、是否使用系统千位分隔符分隔千位和负数的显示方式。
- 货币：允许指定小数位数、货币符号以及负数的显示方式。该格式总是使用系统千位分隔符分隔千位。
- 会计专用：与“货币”格式的不同之处在于，无论在数值中显示的位数是多少，货币符号总是垂直对齐，总是使用千位分隔符分隔千位。“0”被显示为“-”。
- 日期：允许从多种日期格式中选择，可以设置区域。
- 时间：允许从多种时间格式中选择，可以设置区域。
- 百分比：允许选择小数位数，将总是显示百分比符号。
- 分数：允许从9种分数格式中选择。
- 科学记数：用指数符号显示数值（带有字母E），如2.10E+05=210 000。可以在字母E的左侧选择要显示的小数位数。
- 文本：将该格式应用到数值时，WPS表格将数字作为文本进行处理。WPS表格能够在超过11位的银行卡号、身份证号码等数字前直接加上单引号作为文本格式。
- 特殊：包含邮政编码、中文大小写数字、人民币大写、正负号等。“人民币大写”格式非常实用，金额的阿拉伯数字有变化时，会自动更新为中文大写数字，这样就彻底抛弃了复杂无比的函数公式。

5.1.6

- 自定义：允许自定义不包含在任何其他分类中的数字格式，在下一节会专门介绍。

在应用数字格式（短日期）后，单元格中显示一组#号（如######），这意味着列宽不足以显示数值。解决办法是增加列宽、缩小字号或者更改格式。

5.1.7 快速套用样式

样式包括表格样式和单元格样式。一种样式可以有数字、对齐、字体、边框、图案及保护等方面的不同属性。直接套用样式，可以快速规范数据表，提高工作效率。套用“表格样式”后，所转换成的“表格”是一种带有排序、筛选和统计功能的智能“表格”。可以修改或创建自己喜欢或常用的样式。

5.1.7

5.1.8

例5-6 请为列标题行创建一种样式并应用该样式。

在“开始”选项卡功能区“样式”组中单击“单元格样式”按钮，在下拉菜单中选择“新建单元格样式”选项。

在“样式”对话框中单击“格式”按钮，在打开的“设置单元格格式”对话框中修改格式。例如修改为“居中”“微软雅黑”“粗体”“11号”“红色”，“图案”为一种浅蓝色，单击“确定”按钮。

在“样式”对话框中将“样式名”命名为“列标题”，单击“确定”按钮。

为列标题行创建样式的方法如图5-21所示。

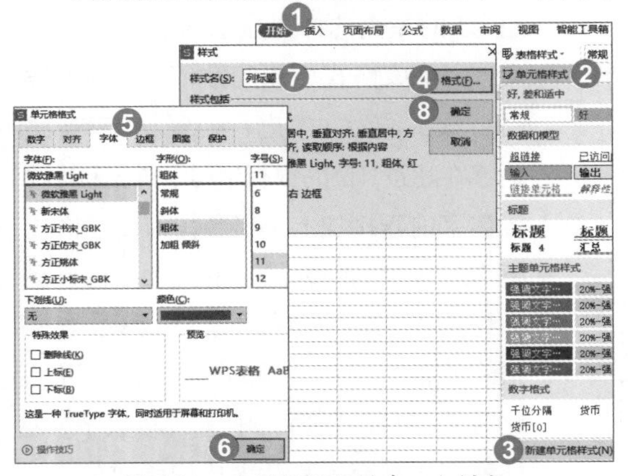

图 5-21 为列标题行创建一个样式

选中要应用该自定义样式的列标题行区域，在“开始”选项卡的“样式”组中单击“单元格样式”下拉菜单，在下拉框中选择“列标题”选项，如图5-22所示。

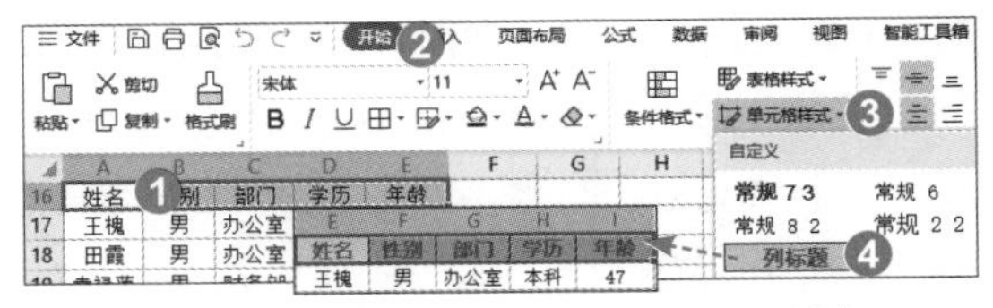

图 5-22 为列标题行区域应用自定义样式

注意事项 自定义样式和内置单元格样式都是可以修改的。方法是：在一种样式的右键快捷菜单中执行“修改”命令，然后打开“样式”对话框，再单击“格式”按钮，打开“单元格格式”对话框，就在该对话框中完成各种格式的修改。一种样式被修改后，同一工作簿所有使用了该样式的单元格都会“联动”式地自动更新单元格格式，效率提升效果非常明显。自定义样式还可以合并样式到其他工作簿中去。

5.1.8 快速应用已有格式

借助已有格式，减少重复劳动，无疑是最节省精力的方法。

1. 神奇的F4键

重复字体格式、对齐方式等上一步格式设置，或者增、删行、列，都可以很方便地使用F4键。使用时，右手点鼠标，左手按F4键，两手并用，迅捷无比。

2. 复制粘贴格式

在源单元格复制（Ctrl+C），在目标单元格粘贴（Ctrl+V），单击“粘贴”下拉按钮，在下拉菜单中选择“格式”选项，也可选择其他带格式的选项，如图5-23所示。

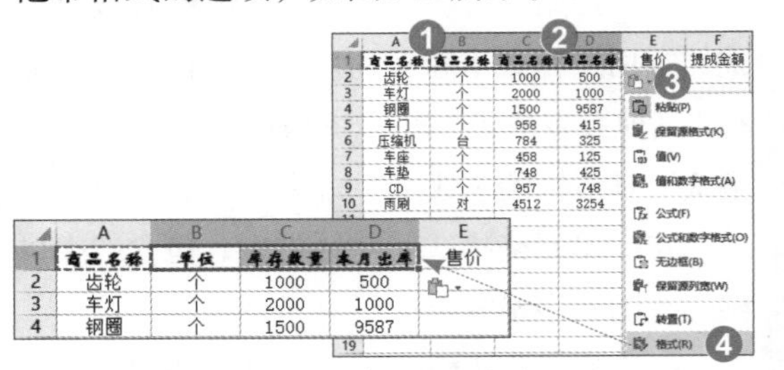

图 5-23 复制粘贴格式

3. 填充格式

复制粘贴功能多用于不连续的单元格，而填充功能多用于连续单元格。填充时，单击“自动填充”按钮，在下拉菜单中选择“仅填充格式”选项，如图5-24所示。

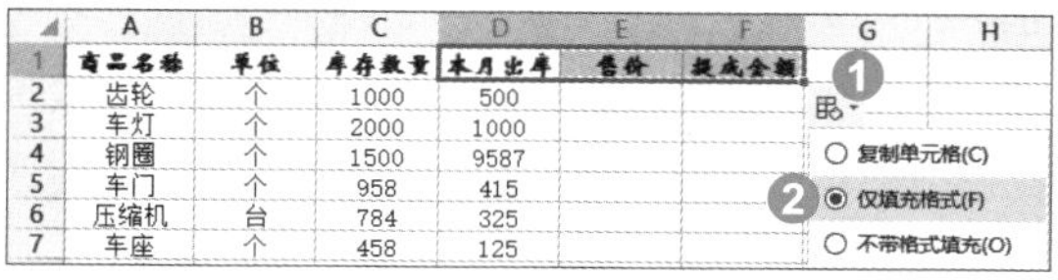

图 5-24 填充格式

4. 使用格式刷

使用格式刷功能，可以快速统一单元格的格式。单击源单元格，在“开始”选项卡功能区单击“格式刷”按钮，此时光标变为✚🖌，再单击目标单元格粘贴或拖选目标区域，如图5-25所示。

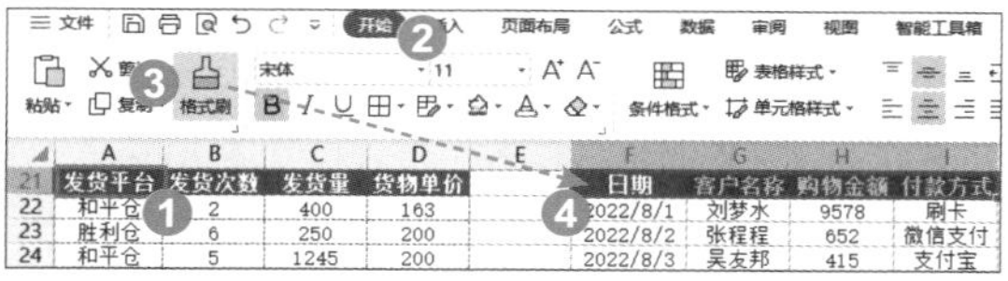

图 5-25 使用格式刷功能

注意事项 在启用“格式刷”功能前，如果拖选的是一个区域，就可以对其他区域对等进行一体化格式设置，实现隔行着色效果。双击“格式刷”按钮，可以无限次对不连续单元格重复使用格式刷功能；使用完毕后，单击“格式刷”按钮或按Esc键、Enter键以退出格式刷状态。

5.1.9 快速清除格式

有时我们可能为数据表设置了很多格式，如果想全部“还原”，应该怎么办？除了使用格式刷将没有设置格式的单元格“刷”遍数据表的方法外，还可以使用清除格式的专用命令。全选数据表后，在“开始”选项卡中单击“清除”下拉按钮，在下拉菜单中选择“格式”选项，所设置的全部格式就“清零”了，如图5-26所示。

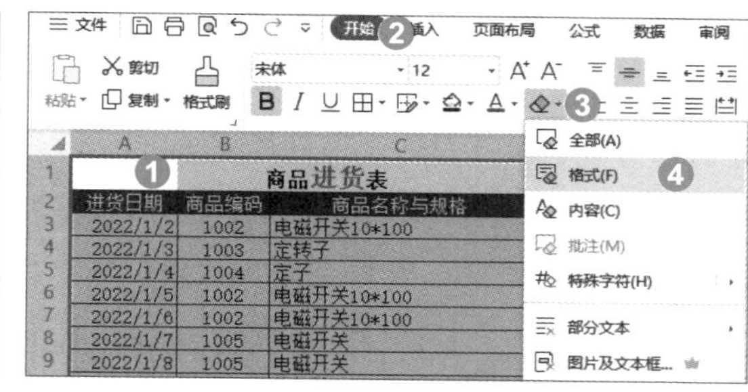

图 5-26 使用清除格式命令以快速清除格式

5.2 创建自定义数字格式

WPS表格提供的大量数字格式，如果仍不能满足工作需求，这时就需要自定义数字格式。

5.2.1 自定义数字格式方法与原理

自定义数字格式必须在“单元格格式”对话框中进行。执行“数字”|“分类”|“自定义”命令，在“类型”框中编辑数字格式代码以创建所需的格式，可在“类型”列表中选择现有格式进行编辑修改，最后单击“确定”按钮完成设置，如图5-27所示。

5.1.9

5.2.1

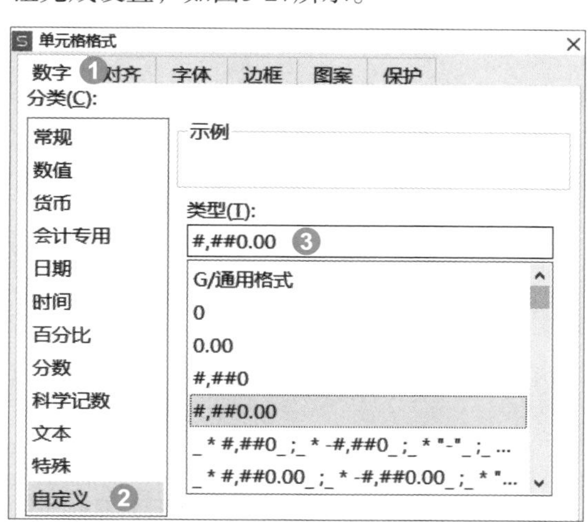

图 5-27 自定义单元格格式的过程

很多人对貌似复杂的自定义数字格式无从下手，主要原因在于没有理解自定义数字格式代码的组成规则。在自定义格式代码中，最多可以指定4部分（4段），每部分之间用英文半角分号分隔，各部分的代码只对该部分的数据产生作用。

指定4部分时，各部分为：正数;负数;零值;文本。

指定3部分时，各部分为：正数;负数;零值。

指定2部分时，各部分为：正数零值;负数。

指定1部分时，适用于所有数值类型。

如果要跳过某一段，则对该段仅使用分号即可。只占位而无格式的段，则表示隐藏该段的内容。例如，“;;;”用3个分号分隔4段，表示隐藏一切数据。又如，“正数;负数;”用两个分号分隔3段，表示隐藏0值，其他类型数据正常显示。

在自定义数字格式的“四区段”中，前3段涉及“数值”，因而每一段都可以使用比较运算符构成一个条件并使用一些格式，最多3个条件，最少一个条件。当有多个条件时，要注意每个条件之间的逻辑连贯性。例如使用“>=90;>=60;”表示从大到小的顺序。

自定义格式其实就是一些代码的组合运用。理解自定义单元格格式所用代码，才能随心所欲地创建所需格式代码。数字格式代码如表5-1所示，日期和时间格式代码如表5-2所示。

表5-1　WPS自定义数字格式的代码

代码	说明
G/通用格式	以常规格式显示数字，相当于“分类”列表中的“常规”选项
#	数字占位符，只显示有意义的0，小数点后大于占位符的数位四舍五入
0	数字占位符，小于占位符的数位用0补足，数字总位数不超过15位
?	数字占位符，为小数点两边无意义的0添加空格，让小数点或除号对齐
.	小数点，外加双引号时为字符

（续表）

代码	说明
%	百分比
,	千位分隔符，每一个逗号都将值扩大1000倍
E- E+ e- e+	科学记数，WPS中的最大正数为9.9E+307
""	显示双引号里面的文本
\	显示下一个字符，和""用途相同，输入后会自动转变为双引号表达
!	显示下一个字符，和""用途相同，有时用于显示引号
- + $ ()	原义字符，此外的字符，用 \ 或!作前缀，或用""包括起来
*	重复下一次字符，直到充满列宽，仅对“数值”起作用
下画线_	留出一个空格位置，等于下一个字符的宽度
@	文本占位符，单个@用于引用原始文本，多个@用于重复文本
[]	中括号，使用颜色代码、使用条件
运算符	包括=、>、<、>=、<=、<>
[颜色]	用八色显示字符：红色、黑色、黄色，绿色、白色、蓝色、青色和洋红
[颜色N]	调用调色板中颜色，N是0～56的整数
[DBNum1]	中文小写数字
[DBNum2]	中文大写数字

表5-2　WPS自定义日期和时间格式的代码

代码	说明
/或-	日期分隔符，用于分隔年、月、日
:	时间分隔符，用于分隔时、分、秒
d	以没有前导零的数字显示日，格式为1～31
dd	以有前导零的数字显示日，格式为01～31
m	以没有前导零的数字显示月，格式为1～12
mm	以有前导零的数字显示月，格式为01～12
yy	以两位数表示年，格式为00～99
yyyy	以四位数表示年，格式为0000～9999
h	以没有前导零的数字显示小时，格式为0～23
hh	以有前导零的数字显示小时，格式为00～23
m	以没有前导零的数字显示分，格式为0～59，需跟在h或hh之后
mm	以有前导零的数字显示分，格式为00～59，需跟在h或hh之后

（续表）

代码	说明
s	以没有前导零的数字显示秒，格式为0～59，需跟在m或mm之后
ss	以有前导零的数字显示秒，格式为00～59，需跟在m或mm之后
AM/PM	以12小时制显示小时，如没有此指示符，则为24小时制
aaaa	表示星期几

5.2.2 为出生日期添加星期信息

“日期”格式中没有同时包括年月日和星期，如需要，则要自定义。

例5-7 请将出生日期显示为8位数，并带上星期信息。

选中出生日期区域，设置自定义格式“yyyy-mm-dd aaaa”，效果如图5-28所示。

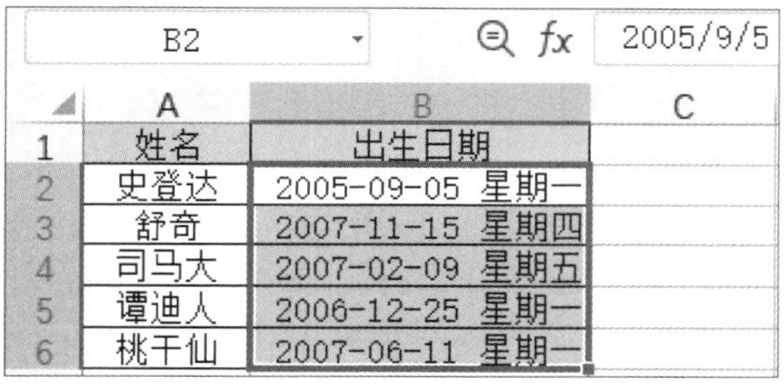

B2 | fx 2005/9/5

	A	B	C
1	姓名	出生日期	
2	史登达	2005-09-05 星期一	
3	舒奇	2007-11-15 星期四	
4	司马大	2007-02-09 星期五	
5	谭迪人	2006-12-25 星期一	
6	桃干仙	2007-06-11 星期一	

图 5-28　出生日期显示为 8 位数并带星期信息

5.2.3 有“大写”字样并带单位

WPS表格中有“中文大写数字”特殊格式，但不带货币单位，也没有“大写”字样；有“人民币大写”特殊格式，带有“元角分”，但没有“大写”字样。要让金额有“大写”字样并带单位，就需要自定义。

例5-8 请将合计金额显示为大写并带“大写”“元整”字样。

选中合计金额单元格，设置自定义格式“[DBNum2]"大写"G/通用格式"元整"”，效果如图5-29所示。该格式只适合整元的情况，不适合带有“角分”的情况。如果只是设置带“元”单位，自定义格式可设置为“0"元"”。

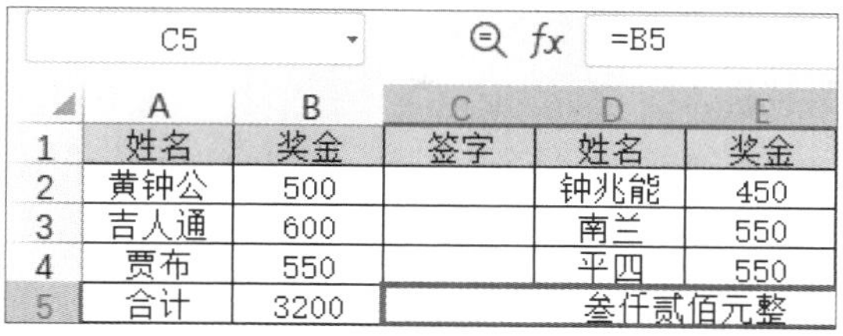

C5 | fx =B5

	A	B	C	D	E
1	姓名	奖金	签字	姓名	奖金
2	黄钟公	500		钟兆能	450
3	吉人通	600		南兰	550
4	贾布	550		平四	550
5	合计	3200	叁仟贰佰元整		

图 5-29　金额显示为大写并带“大写”“元整”字样

5.2.4 让0开头的数字属性不变

要输入0开头的数字，一般有两种方法：一是在数字前输入英文状态下的单引号；二是先设置单元格格式为“文本”，然后输入0开头的数据。这两种方法施行的是“手术”，而不是“美容术”，因为数字已经成为文本。要让0开头的数字如愿显示且继续保持原属性，就只能另辟蹊径了。

例5-9 请将编号显示为4位数（不足4位数的，自动在前面加0）。

选中数据区域，设置自定义格式“0000”，效果如图5-30所示。格式代码中的“0”起着占位的作用。数字超过15位的部分会变成0。6位数可以选择“特殊”类型中的“邮政编码”。

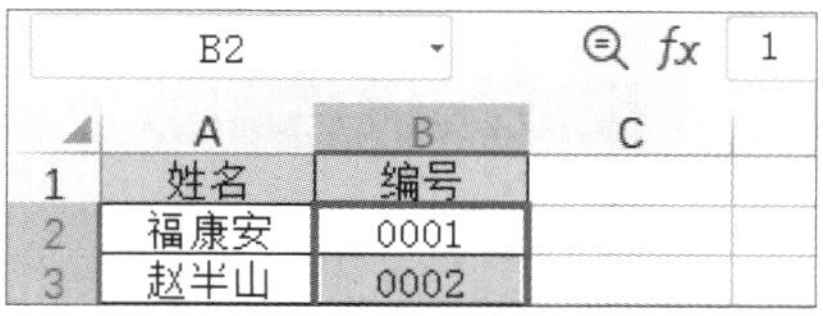

B2 | fx 1

	A	B	C
1	姓名	编号	
2	福康安	0001	
3	赵半山	0002	

图 5-30　让 0 开头的数字属性不变

一些编号类数据有相同的字符，将相同的字符与这种自定义格式组合起来，构成“"YRZX"0000”之类的新格式，输入时只需要输入编号后面的序数，这样就能够显著提高输入数据的效率。

5.2.5 让手机号码分段显示

心理学实验表明，人类瞬间记忆数字的极

限是7±2个数字，长数字可以分段显示。

例5-10 请将手机号码按照“3位+4位+4位”的模式进行分段显示，以增强手机号码的易读性。

选中手机号码区域，设置自定义格式“000-0000-0000”，效果如图5-31所示。格式代码中的“0”起占位的作用。

D2 | fx 13454766219

	A	B	C	D	E
1	序号	姓名	性别	手机号码	
2	1	程安琼	女	134-5476-6219	

图 5-31 手机号码分段显示

5.2.6 快速得到重复性文本

5.2.6

为了有效减少输入重复性文本的工作量，可以使用自定义格式将重复性文本固定下来。

例5-11 请将部门显示为“集团**部”字样。

选中部门区域，设置自定义格式“"集团"@"部"”，效果如图5-32所示。格式代码中的“@”代表需要输入的文本。

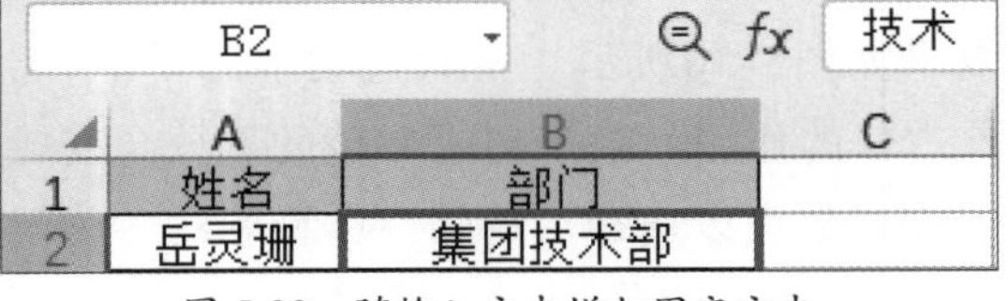

图 5-32 随输入文本增加固定文本

5.2.7

5.2.7 按成绩优劣和颜色标识分数

在WPS表格自定义数字格式中，可以设置有条件的自定义格式。条件要放到方括号中，进行简单的比较。最多使用三个条件，最后一个条件可表示为“其他”情况。

例5-12 在学生成绩工作表中，请以红色字体显示大于等于90分的成绩，以蓝色字体显示小于60分的成绩，其余成绩则以黑色字体显示。

选中分数区域，设置自定义格式“[红色][>=90];[蓝色][<60];[黑色]”，效果如图5-33所示。用英文半角分号分隔的三段代码分别表示>=90、<60、<90且>=60时的格式。

	A	B
1	姓名	成绩
2	丹青生	85
3	邓八公	95
4	丁坚	55

图 5-33 按成绩优劣和颜色标识分数

5.2.8

5.2.8 用文字来代替不合格分数

当自定义数字格式满足条件时，可以使用文字和符号来显示数字。

例5-13 请在外观上把60分以下的成绩变成“不合格”，并标识为红色。

选中分数区域，设置自定义格式“[红色][<60]"不合格";0”，效果如图5-34所示。两段代码分别表示<60、>=60时的格式。

B3 | fx 54

	A	B	C
1	学生	成绩	
2	解子杨	76	
3	金万堂	不合格	

图 5-34 以文字来代替不合格分数

类似地，设置自定义格式“[=1]"达标";[=0]"不达标"”“[=1]"女";[=2]"男"”“[=1]"√";[=2]"×"”，以输入数字显示指定内容，提高录入数据的效率。

5.2.9

5.2.9 按时间长短标识径赛成绩

径赛成绩涉及时分秒毫秒、分秒毫秒、秒毫秒3种记录形式，数字长度最少分别为7、5、3位，如能根据时间长短设置一种格式，成绩数字一经录入，就呈现出标准的径赛成绩外观，显然能使录入速度明显加快。

例5-14 请将径赛成绩显示为标准的记录格式。

选中径赛成绩区域，设置自定义格式“[>=1000000]#!:#0!:#0!.00;[>=10000]#!:#0!.00;0!.00”，效果如图5-35所示。三段代码分别表示>=1000000、>=10000、<10000时的格式。在格式代码中，“!”可以强制显示下一个字符。马拉松跑成绩格式可设为“0!:00!:00”。

C2 | fx 66789

	A	B	C	D
1	运动员	10KM竞走	3000M	100M
2	凌霜华	1:23:45.67	6:67.89	12.34
3	菊友	1:12:54.24	6:78.24	13.54

图 5-35 按时间长短标识径赛成绩

5.2.10 按金额大小标识金额单位

有人喜欢使用“亿”“万”来表示很大的金额单位，这可以通过自定义格式来实现。

例5-15 请为利润区域设置显示带“亿”“万”字样的单位。

选中利润区域，设置自定义格式“[>=100000000]#!.##,,"亿";[>=10000]#!.#,"万";G/通用格式”，效果如图5-36所示。三段代码分别表示>=100000000、>=10000时、<10000时的格式。

C2 | fx 8041200

	A	B	C	D
1	店铺	销售额	利润	
2	A	123456789	804.1万	
3	B	245102467	3510.2万	
4	C	612478012	8451.1万	
5	D	542103	3541	

图 5-36 按金额大小标识金额单位

5.2.11 直观展示费用增减情况

有时使用符号可以直观地标识出数字“背后”的业绩状态。

例5-16 请用升降箭头和颜色表示销售额的同比增长情况。

选中金额区域，设置自定义格式“[绿色]"↑"0.0%;[红色]"↓"0.0%;”，效果如图5-37所示。

D2 | fx =(C2-B2)/B2

	A	B	C	D
1	月份	2020年销售额（万元）	2021年销售额（万元）	同比增长
2	1	573	624	↑8.9%
3	2	593	644	↑8.6%
4	3	558	558	
5	4	559	609	↑8.9%
6	5	516	500	↓3.1%
7	6	567	617	↑8.8%

图 5-37 升降箭头和颜色表示销售额的同比增长情况

格式代码用两个分号分隔3段，第一段用绿色、上升箭头↑和一位小数的百分数表示正数；第二段用红色、下降箭头↓和一位小数的百分数表示负数；第三段为空，表示隐藏0值。

5.2.12 悄然隐藏0值数据

导入数据或公式计算可能出现的大量0值数据，有视觉干扰，会影响阅读，如何隐藏0值，让人迅速关注有效数据呢？

5.2.10

5.2.11

5.2.12

例5-17 请将表中的0值隐藏起来。

选中数据区域，设置自定义格式“0;-0;;@”，就让0值不见了，效果如图5-38所示。格式代码用3个分号分隔4段，第三段为空，没有代码，表示隐藏0值。

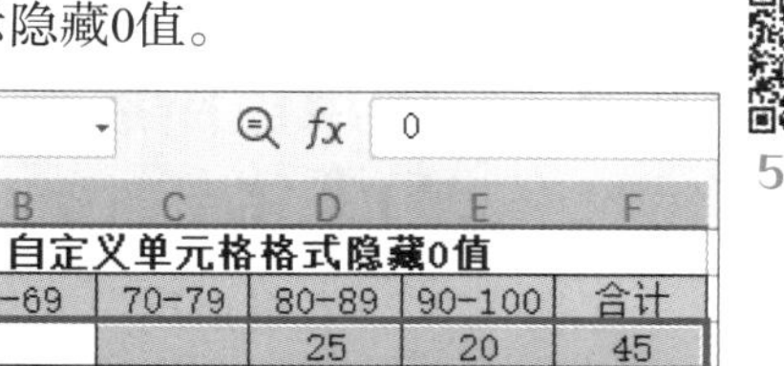
B3 | fx 0

	A	B	C	D	E	F
1	自定义单元格格式隐藏0值					
2	班级	0-69	70-79	80-89	90-100	合计
3	1班			25	20	45
4	2班	2	3	19	16	40
5	3班			27	18	45

图 5-38 自定义格式隐藏 0 值

如果执行“选项”|“视图”命令，取消勾选“零值”复选框，就可以隐藏工作表中所有的0值。

5.3 条件格式的基本设置

在WPS表格中，除了在自定义数字格式中应用条件设置单元格格式外，还可以专门为单元格内容设置条件格式，以快速、直观、动态地突出显示满足指定条件数据的差异、分布模式、发展趋势、大致面貌、规律变化、特定值、重复值等重要信息，以达到标识重点、提醒预警、可视化处理和分析等效果，增加数据可读性，也能有效避免手动设置颜色等格式的低效和死板。

新建条件格式有两种方式：一是通过功能区“条件格式”菜单进行快速格式化；二是执行“开始”|“条件格式”|“新建格式规则”命令进行高级格式化。高级格式化囊括了快速格式化，前者针对所有值，后者针对特定值。高级格式化最后四项其实是第二项的子项，如图5-39所示。

5.3.1

5.3.2

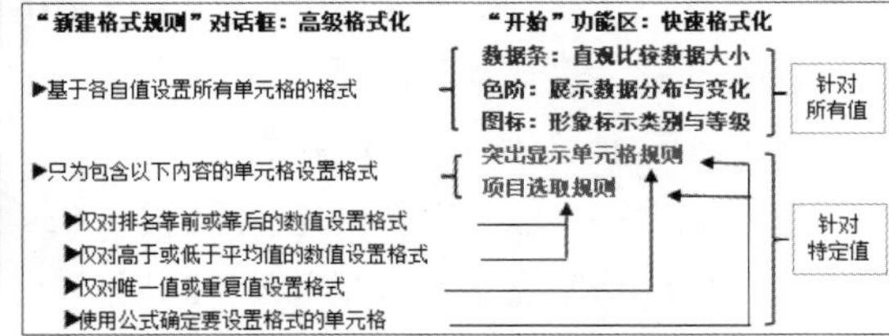

图 5-39　高级格式化与快速格式化的联系

5.3.1 使用色阶展示数据分布与变化

色阶是WPS表格根据单元格值的大小显示有深浅层次变化的颜色，以展示数据分布与变化。

例5-18 请将语文、数学分数设置为一种色阶样式的条件格式。

本例进行快速格式化比较方便。选择分数区域，单击“开始”选项卡，再单击“条件格式”下拉按钮，在“色阶”菜单右侧的2大类12种色阶样式中选择一种刻度（例如“绿–黄–红色阶），如图5-40所示。

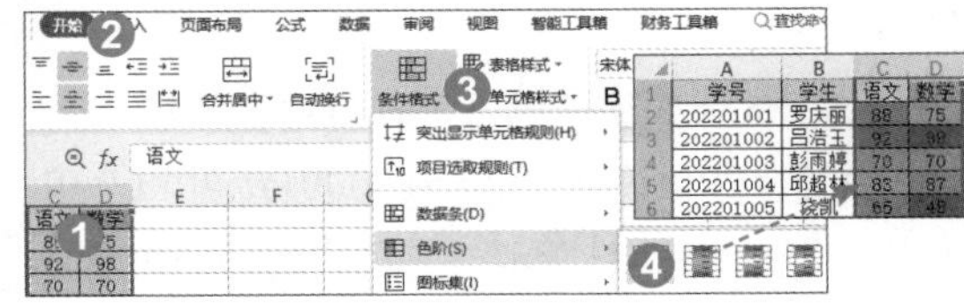

图 5-40　快速设置色阶样式的条件格式

可以利用“开始”选项卡的“条件格式”下拉菜单，或“条件格式规则管理器”清除条件格式。

5.3.2 使用图标形象标示类别与等级

WPS表格条件格式的图标集分为方向、形状、标记和等级4大类20小类。

例5-19 请将跳高不足60cm的成绩标识为打叉符号，将100米短跑成绩标识为方向箭头。

本例适合进行高级格式化。选择B列，打开“新建格式规则”对话框后，在“选择规则类型”列表中保持选择第1项“基于各自值设置所有单元格的格式”，在“格式样式”下拉列表中选择“图标集”选项，在“图标样式”下拉列表中选择带叉的一种图标集（如果不想显示数据，可以勾选“仅显示图标”复选框）。将前两项图标的“值”分别改为“80”“60”，单击“确定”按钮，如图5-41所示。

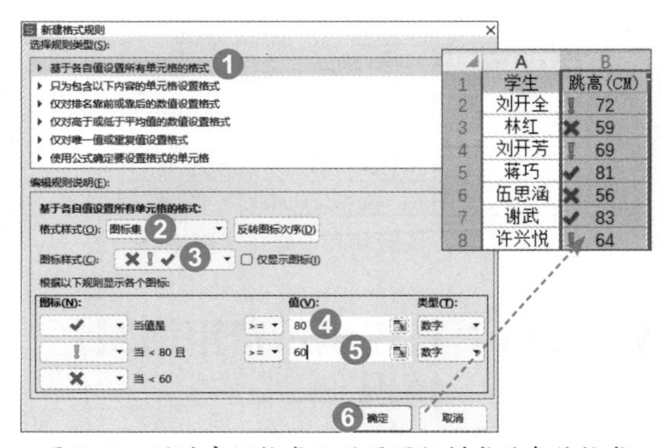

图 5-41　通过高级格式化设置图标样式的条件格式

再次打开“新建格式规则”对话框，在“选择规则类型”列表中选择第2项“只为包含以下内容的单元格设置格式”，在“编辑规则说明”中选择“大于或等于”选项，在右侧框中输入60，单击“确定”按钮，如图5-42所示。

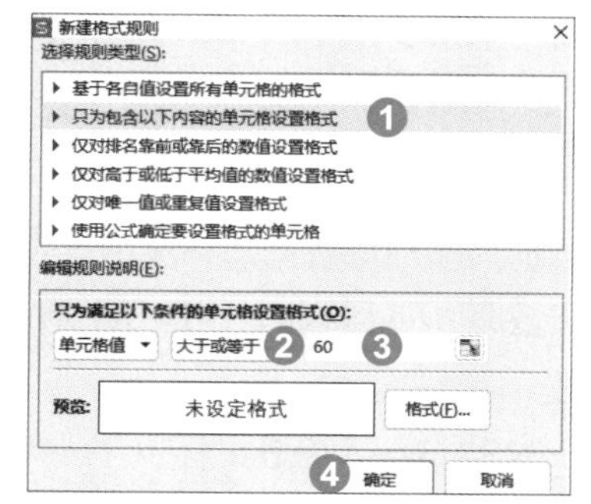

图 5-42　通过高级格式化设置不带格式的条件格式

执行“开始”|“条件格式”|“管理规则”命令，对第1条规则勾选在“如果为真则停止”复选框，单击“确定”按钮，如图5-43所示。在默认情况下，新规则总是添加到规则列表的顶部，具有较高的优先级，可单击“上移”和“下移”箭头形按钮▲ ▼更改优先级顺序。

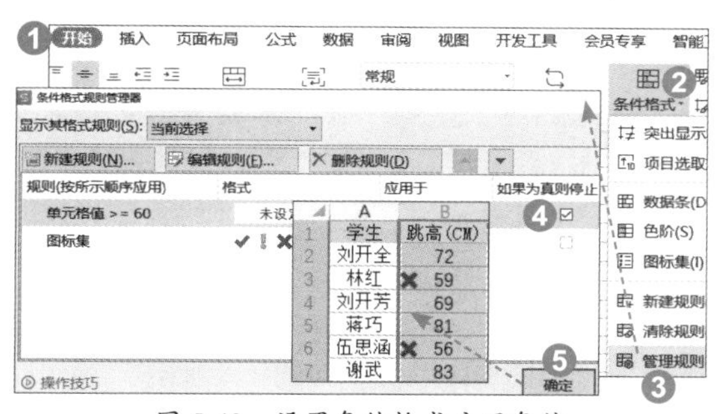

图 5-43　设置条件格式启用条件

同理设置C列的条件格式。在“新建格式规则”对话框的“选择规则类型”列表中选择第1项，在“格式样式”下拉列表中选择“图标集”选项，在“图标样式”下拉列表中选择“三向箭头（彩色）”图标，单击“反击反转图标次序”按钮，单击“确定”按钮。

5.3.3　使用数据条直观比较数据大小

数据条是WPS表格根据数值大小呈现出来的长短不一的有填充色的矩形条。数字越大，数据条越长，非常直观。

例5-20 请为两个球队的数据设置“数据条”格式，并制作为旋风图。

旋风图也叫成对条形图，两组条形图沿中间的纵轴分别朝左右两个方向伸展，常用于对比两类事物在不同特征项目的数据情况。

将两组数据的列宽调整为一样宽，设置为“水平居中”对齐。本例以快速格式化为主。

选择B列，单击“开始”选项卡，再单击“条件格式”下拉按钮，在“数据条”样式中选择一种（例如浅蓝色）数据条。单击“格式刷”按钮，在C列列标上单击，如图5-44所示。也可以在“条件格式规则管理器”对话框中更改条件格式所应用的单元格区域。

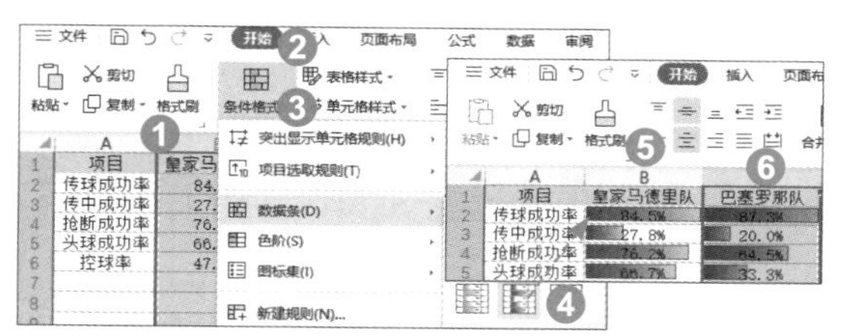

图 5-44　快速设置数据条样式的条件格式并使用格式刷

5.3.3

5.3.4

选择B列，打开“条件格式规则管理器”对话框后，单击“编辑规则”按钮。在打开的“条形图外观”对话框中，在“条形图方向”下拉列表中选择“从右到左”选项，如图5-45所示。

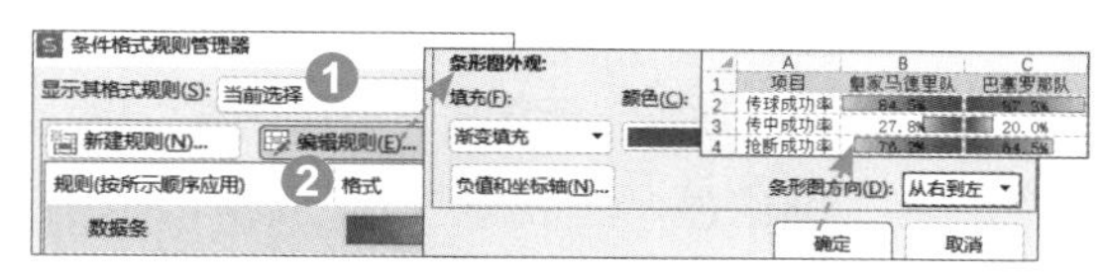

图 5-45　设置数据条方向

5.3.4　为单元格数值引用条件设置格式

在WPS表格中，很多时候是数值的比较，条件格式比较丰富。

例5-21 请标识高于一个额度（例如5999元）的工资。

本例进行快速格式化比较方便。选择数据区域，单击“开始”选项卡，再单击“条件格式”下拉按钮，在“突出显示单元格规则”菜单中选择“大于”选项，在“大于”对话框左侧引用框中引用E2单元格，在右侧框中保持默认设置或重新设置，单击“确定”按钮，如图5-46所示。

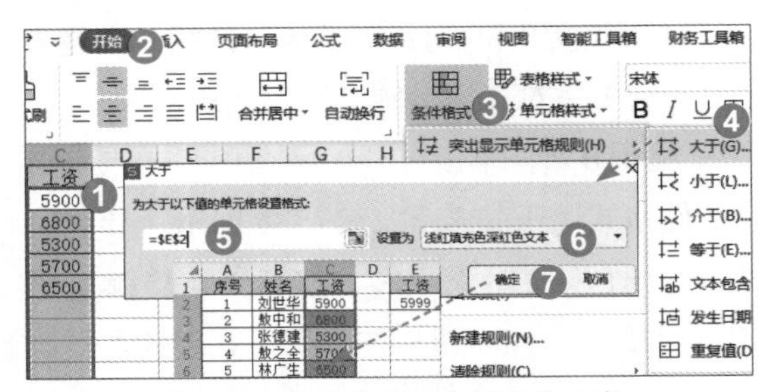

图 5-46　标识高于一个额度的工资

因额度工资引用了单元格，因而条件格式会随着所引用单元格值的变化而变化。

5.3.5　为特定文本设置单元格格式

5.3.5

5.3.6

5.3.7

在WPS表格中，用于特定文本的条件较少，有“包含”“不包含”“起于”“止于”等4个。但在实际上，用于数值的一些条件（例如大于）也是可以用于文本的，因为文本在计算机里也用数字进行编码存储的。

例5-22 请在表中标识“毕业时间院校”列包含“四川”二字的数据。

本例进行快速格式化比较方便。选择C列，单击“开始”选项卡，再单击“条件格式”下拉按钮，在“突出显示单元格规则”菜单中选择“文本包含”选项。在“文本中包含”对话框左框中输入“四川”，在右框中保持默认设置或重新设置，单击“确定”按钮，如图5-47所示。

图 5-47　标识包含“四川”二字的数据

在高级格式化中，可对特殊值（例如错误值）设置条件格式。

5.3.6　为发生日期设置单元格格式

条件格式中的“发生日期”是以计算机系统当前日期为基准进行动态计算的。在默认情况下，天数是1（星期日）～7（星期六）范围内的整数。

例5-23 请在入库表中标识“入库日期”为“本周”的日期。

对发生日期进行高级格式化和快速格式化的选项完全相同，本例进行快速格式化。

选择B列，单击“开始”选项卡，再单击“条件格式”下拉按钮，在“突出显示单元格规则”菜单中选择“发生日期”选项。在“发生日期”对话框左框的下拉列表中选择“本周”选项，在右侧框中保持默认设置或重新设置，单击“确定”按钮，如图5-48所示。

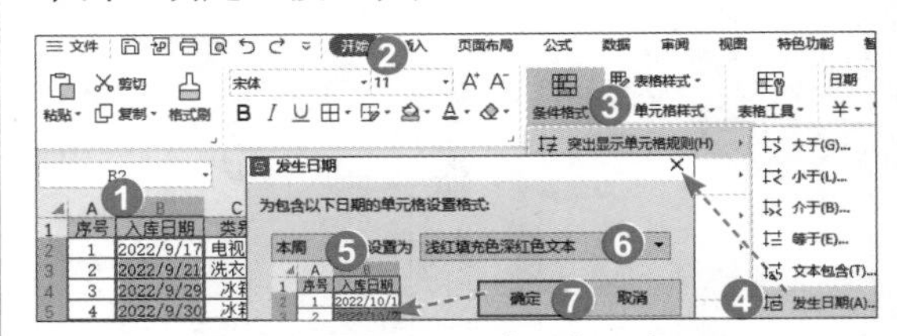

图 5-48　标识“本周”日期

5.3.7　对极值数据设置单元格格式

极值数据是数据集的末端数据。在“新建格式规则”对话框中，这类数据的规则类型被专门列为一类，即“仅对排名靠前或靠后的数值设置格式”。

例5-24 请在成绩表中标识最后20%的分数。

本例进行快速格式化比较方便。选择C列，单击“开始”选项卡，再单击“条件格式”下拉按钮，在“项目选取规则”菜单中选择“最后10%”选项。在“最后10%”对话框左侧框中输入20，在右侧框中保持默认设置或重新设置，单击“确定”按钮，如图5-49所示。

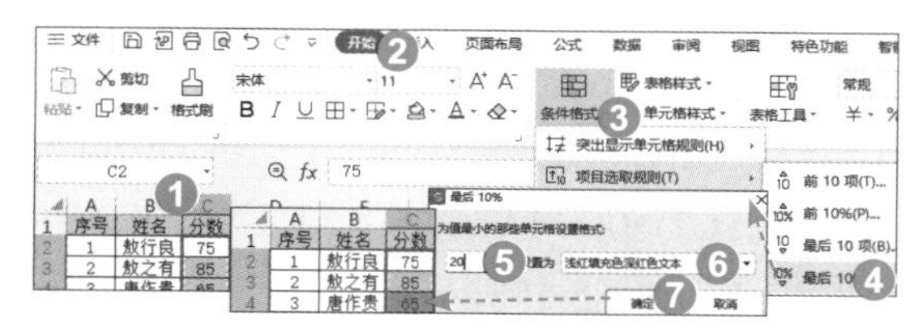

图 5-49　标识最后 2 名的分数

5.3.8　对均值上下数据设置格式

均值上下数据是数据集里以平均值为中心一定范围内的数据。在“新建格式规则”对话框中，这类数据的规则类型被专门列为一类，即“仅对高于或低于平均值的数值设置格式”。

例5-25 请在产量表中标识高于平均值的产量。

本例进行快速格式化比较方便。选择C列，单击“开始”选项卡，再单击“条件格式”下拉按钮，在“项目选取规则”菜单中选择“高于平均值”选项。在“高于平均值”对话框的“针对选定区域 设置为”框中保持默认设置或重新设置，单击“确定”按钮，如图5-50所示。

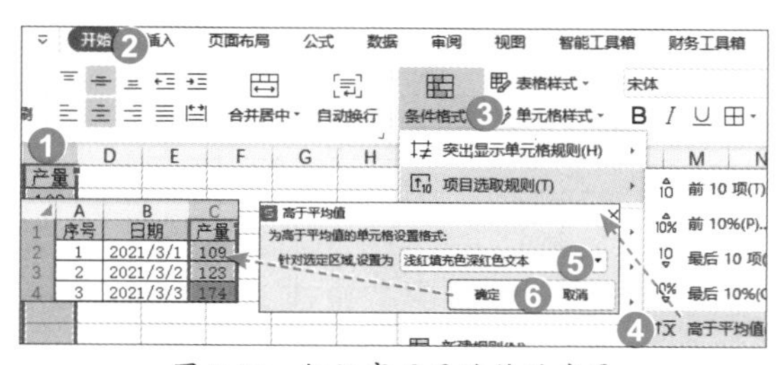

图 5-50　标识高于平均值的产量

5.3.9　仅对唯一值或重复值设置格式

WPS表格条件格式中的唯一值与重复值是互补的。在“新建格式规则”对话框中，这两种数据的规则类型被专门列为一类，即“仅对唯一值或重复值设置格式”。

例5-26 请标识座位表中的重复值。

本例进行快速格式化比较方便。选择B:C列，单击“开始”选项卡，再单击“条件格式”下拉按钮，在“突出显示单元格规则”菜单中选择“重复值”选项。在“重复值”对话框左框中选择“重复”选项，在右框中保持默认设置或重新设置，单击“确定”按钮，如图5-51所示。

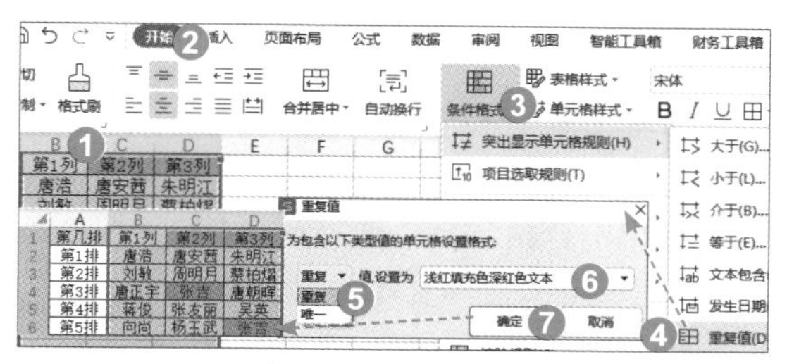

图 5-51　标识重复值

5.4　使用公式自定义条件格式

当公式值为TRUE或不等于0的数值时，WPS表格会根据设定的格式进行标识。该类条件格式丰富多彩。条件格式公式可在单元格中测试后再复制应用。

5.3.8

5.3.9

5.4.1

5.4.1　按学科条件标识记录

自定义条件格式可以对记录或字段进行标识。一条记录是一行数据，一个字段是一列数据。

例5-27 外语教师想要关注后进生，请标识外语成绩低于60分的记录。

选择A3:G7区域，打开“新建格式规则”对话框后，在“选择规则类型”列表中选择最后一项“使用公式确定要设置格式的单元格”，在“只为满足以下条件的单元格设置格式”框中输入公式“=$D3<60”，单击“格式”按钮。选择“图案”标签，从背景色中选择一种颜色，单击“确定”按钮两次，如图5-52所示。式中，“$D3”是混合引用，只能从第3行

起向下往行方向扩展。

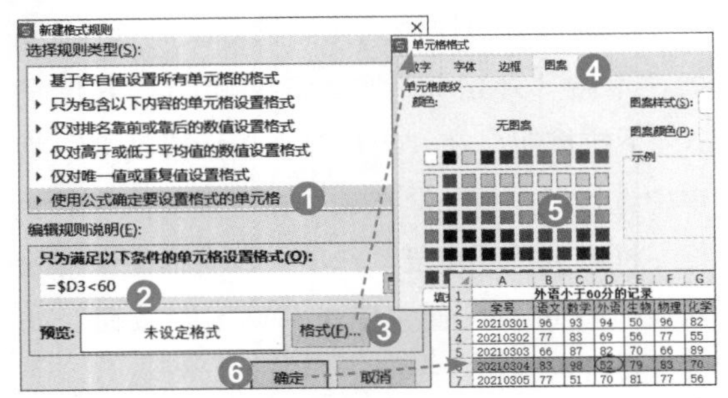

图 5-52　标识外语成绩小于 60 分的记录

例5-28 请为班主任标识至少2科小于60分的记录或分数。

标识不合格记录。选择A13:G17区域，条件格式公式为“=COUNTIF($B13:$G13,"<60")>1”，选择一种填充色，效果如图5-53所示。式中，COUNTIF函数统计每行小于60分的单元格个数，其语法为COUNTIF（区域，条件），“$B21:$G21”是混合引用，只能向行方向扩展。

5.4.2

5.4.3

	A	B	C	D	E	F	G
11	至少2科小于60分的记录						
12	学号	语文	数学	外语	生物	物理	化学
13	20210301	96	93	94	50	96	82
14	20210302	77	83	69	56	77	55
15	20210303	66	87	82	70	66	89
16	20210304	83	98	52	79	83	70
17	20210305	77	51	70	81	77	56

图 5-53　标识出至少 2 科小于 60 分的记录

标识不合格分数。选择A23:G27区域，条件格式公式为“=(COUNTIF($B23:$G23,"<60")>1)*(B23<60)”或“=AND(COUNTIF($B23:$G23,"<60")>1,B23<60)”，效果如图5-54所示。

	A	B	C	D	E	F	G
21	至少2科小于60分的每条记录的分数						
22	学号	语文	数学	外语	生物	物理	化学
23	20210301	96	93	94	50	96	82
24	20210302	77	83	69	56	77	55
25	20210303	66	87	82	70	66	89
26	20210304	83	98	52	79	83	70
27	20210305	77	51	70	81	77	56

图 5-54　标识出至少 2 科小于 60 分的分数

5.4.2　标识两列数据的异同

名单、品名等的比较，可以设置条件格式。

例5-29 请显示两组名单中的重复姓名。

条件格式公式分别为“=COUNTIF($C:$C,$A2)>0(=MATCH($A2,$C:$C,))”“=COUNTIF($A:$A,$C2)>0(=MATCH($C2,$A:$A,))”，使用填充色，如图5-55所示。

	A	B	C
1	表A		表B
2	唐浩		林艳
3	刘敏		唐浩
4	唐正宇		刘敏
5	向尚		唐正宇
6	林燕		向尚
7	杨芳		

图 5-55　标识出两组名单的异同

5.4.3　标识双休日和截止日期

有时，我们会希望特定日期数据或记录能够突出显示，以示提醒。

例5-30 请标识双休日日期的记录。

选择A3:C9区域，条件格式公式为“=WEEKDAY($B3,2)>5”，选择一种填充色，效果如图5-56所示。式中，WEEKDAY函数返回对应于某个日期的一周中的第几天，其语法为WEEKDAY（日期序号，[返回值类型]），第2个参数为2时，返回数字1（星期一）～7（星期日）。

	A	B	C
1	双休日提醒		
2	客户	订购日期	订量
3	赵四	2022/6/5	8
4	李丽	2022/6/6	9
5	子午	2022/6/7	26
6	韩明波	2022/6/8	14
7	李明	2022/6/9	6
8	王可	2022/6/10	7
9	方欣	2022/6/11	14

图 5-56　标识双休日日期的记录

例5-31 请标识截止日期在30日内的记录。C13单元格已被设置成自定义格式“0日内”，数值可根据需要调整。注意当前日期的变化。

选择A15:C19区域，条件格式公式为“=AND ($C15>TODAY(),$C15-TODAY()<$C$13)”，选择一种填充色，效果如图5-57所示。

C15 =EDATE(B15, 24)

	A	B	C	D
13		截止日期提醒	30日内	
14	课题	开始日期	截止日期	
15	课题A	2020/5/20	2022/5/20	
16	课题B	2020/5/21	2022/5/21	
17	课题C	2020/6/22	2022/6/22	
18	课题D	2020/8/1	2022/8/1	
19	课题E	2020/12/31	2022/12/31	

图 5-57 标识出截止日期在 30 日内的记录

5.4.4 标识隔行或隔项的记录

为了有效避免看错行情况的发生，除了对数据表应用“表格”样式的方法，还可以设置条件格式隔行着色，甚至隔项着色。

例5-32 请对记录隔行着色。

选择A3:E8区域，条件格式公式为“=MOD(ROW(),2)=1”，选择一种填充色，效果如图5-58所示。式中，ROW函数获取当前单元格的行号，MOD函数返回两数相除的余数，余数与1比较。修改除数和比较数，可更改隔行着色的行数和间隔数。

	A	B	C	D	E
1			隔行着色		
2	序号	姓名	性别	出生年月	年龄
3	1	李倩倩	女	1977/6/3	44
4	2	范建明	男	1971/3/23	50
5	3	张国栋	男	1985/7/25	36
6	4	方雅丹	女	1984/1/7	38
7	5	刘长坤	男	1972/10/22	49
8	6	陈凯	男	1975/11	46

图 5-58 标识出隔行着色

例5-33 请按班级标识一种填充色。D12:D22区域的自定义格式为“0班”。

选择A12:E20区域，条件格式公式为“=ISEVEN($D12)”，选择一种填充色，效果如图5-59所示。式中，ISEVEN函数用于判断数据是否为偶数。

	A	B	C	D	E
10			隔项着色		
11	考室	楼号	考号	班级	姓名
12	1考室	笃301	270010002	1班	张清
13	2考室	笃302	270010050	1班	陈露
14	3考室	笃304	270010131	1班	唐秀梅
15	1考室	笃301	270020037	2班	胡涯
16	1考室	笃302	270020064	2班	郑佳玮
17	3考室	笃303	270020097	2班	吴鑫琳
18	1考室	笃301	270030017	3班	罗俊

图 5-59 标识出隔项着色

D12:D22区域若为文本，公式可改为“=MOD(ROUND(SUM(1/COUNTIF($D$12:$D12,$D$12:$D12)),),2)”。式中，COUNTIF函数计算区域内满足条件的个数，SUM计算不重复项的个数，为避免数组公式“1/COUNTIF”部分所造成的浮点运算问题，用ROUND函数四舍五入。最后用MOD函数获取两数相除的余数。

5.4.5 标识距离矩阵的对称性

在聚类分析的距离矩阵中，数据右上部和左下部对称，对角线上的数据为1或0。聚类分析经常根据最短距离法归类，即根据最小值进行聚类分析。

例5-34 请在聚类分析距离矩阵中标识数据的对称性，同时将最小值标识出来。

选择B2:H8区域，条件格式公式为“=COLUMN()>(ROW($B1))”，选择一种填充色，效果如图5-60所示。式中，COLUMN函数获取的当前列列标与ROW函数获取的行号作比较。

5.4.4

5.4.5

5.4.6

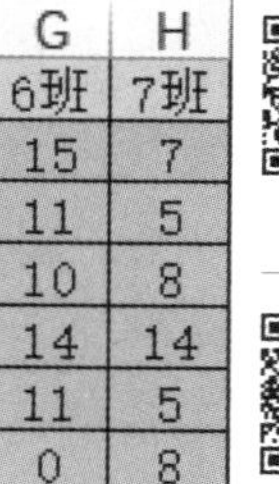

	A	B	C	D	E	F	G	H
1		1班	2班	3班	4班	5班	6班	7班
2	1班	0	8	9	9	6	15	7
3	2班	8	0	13	17	~~2~~	11	5
4	3班	9	13	0	6	13	10	8
5	4班	9	17	6	0	15	14	14
6	5班	6	~~2~~	13	15	0	11	5
7	6班	15	11	10	14	11	0	8
8	7班	7	5	8	14	5	8	0

图 5-60 标识出距离矩阵的右上部和最小值

同理，B2:H8区域的条件格式公式为“=B2=MIN(IF($B$2:$H$8,$B$2:$H$8))”。在“新建格式规则”对话框中，执行“格式”|“字体”命令，设置“加粗”“红色”“删除线”。

5.4.6 科学校验身份证号码

身份证号码校验有一套科学方法。前17位数的每一位数都有一个权重，乘积之和除以

11，看余数对应的校验码与身份证号码最后一位数是否相等。若相等，则身份证号码为真；否则，为假。

例5-35 请通过校验码标识出有错的身份证号码。

选择B2:B300区域，条件格式公式为"=VLOOKUP(MOD(SUMPRODUCT(VALUE(MID($B2,ROW($1:$17),1)),$D$2:$D$18),11),$E$2:$F$12,2,FALSE)<>IF(RIGHT($B2)="X","X",RIGHT($B2)*1)"，选择一种填充色，效果如图5-61所示。

	A	B	C	D	E	F
1	姓名	身份证号码		权重	余数	效验码
2	卜泰	420181199510040436		7	0	1
3	丁敏尹	510231198109240342		9	1	0
4	马法通	420181199510041144		10	2	X
5	卫天望	510212198202121613		5	3	9
6	卫四娘	510231197211162075		8	4	8
7	小翠	510229196508184674		4	5	7
8	小虹	510214197503121519		2	6	6
9	小玲	510231196810192319		1	7	5
10	小凤	510231196310091234		6	8	4
11	小昭	51021219700624286X		3	9	3
12	卫璧	500383198901064952		7	10	2
13	王难姑	510231196303276892		9		
14	元广波	500234198711123015		10		
15	邓愈	510229196903230386		5		
16	方天劳	510231197210142777		8		
17	云鹤	500103198904230626		4		
18	韦一笑	51023119620504131X		2		

图 5-61　身份证号码校验的效果

式中，ROW函数获取行号数组，MID函数从B2单元格的身份证号码依次取出"1"位数，得到文本数字数组，VALUE函数进一步转化为数值型数字数组，SUMPRODUCT函数将这些数字与D2:D18区域的权重相乘并得到和值为248，MOD函数得到余数6。VLOOKUP函数则从E2:F13查找此数对应的校验码为6。再与身份证号码最后一位数6比较。比较结果为FALSE，则不显示所设置的格式。IF函数公式段是对RIGHT函数返回的末位字符进行判断，若为"X"，则为其本身，否则通过"*1"将文本型数字转化为数值型数字。

5.4.7　制作项目子项进度图

项目进度图也叫甘特图，可以展示子项的进度情况，可以利用条件格式实现此效果。

例5-36 请根据进度表的数据制作甘特图，并根据当日分界线将图分成之前和今后两部分。

分别将B2:B6、D1:P1区域的单元格格式设置为日期格式"3月7日""dd"。

D1=B2。

E1=D1+1，将公式向右填充到P1单元格。

选择D2:P6区域，条件格式公式为"=(D$1>=$B2)*(D$1<=$B2+$C2-1)"，选择一种填充色。

再次选择D2:P6区域，条件格式公式为"=D$1=TODAY()"，选择一种红色虚线作为右框线，效果如图5-62所示。

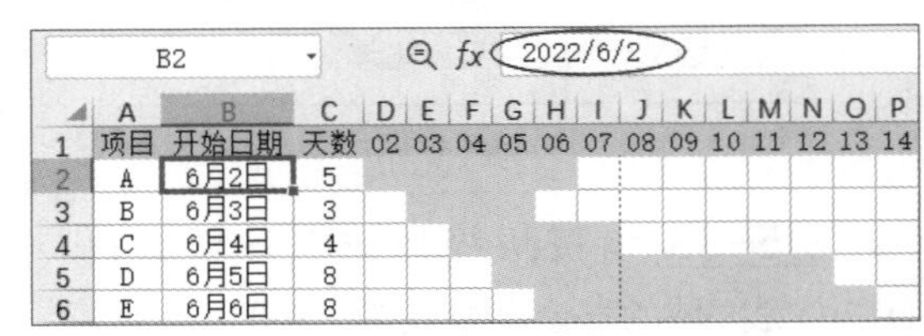

图 5-62　制作项目子项进度图

5.4.7

第6章 表格转换、拆并与对比

在对数据进行处理、分析时，可能需要对一列或多行多列数据进行互相转换，也可能需要对表格进行拆并处理，甚至还可能对数据进行对比与去重。复制、剪切、粘贴、剪贴板、填充、转置、鼠标拖动等传统方法，在数据量大时会感到力不从心，这时可以考虑使用一些比较简便的方法。

6.1 表格内容的转换

6.1.1 一列内容转换为多行多列

将一列内容转换为多行多列，可以按照先行后列或先列后行的顺序排列，有多种方法。

例6-1 请将A列中的12个名字排列成3行4列。

这里介绍按照先行后列的顺序进行排列的方法。如有先列后行的排列方法，则详见示例文件。

1. 使用“填充＋替换”的方法来转换

用填充的方法做好表底。填写表底时，先在C1单元格中输入“A1”，填充至F1单元格；再在C2单元格中输入“A6”，填充至F2单元格；最后选择F1:F2区域，填充至F3单元格。

6.1.1

通过替换得到的相对引用公式。使用Ctrl+H组合键打开“查找和替换”对话框，在“查找内容”框里输入“a”或“A”，在“替换为”框里输入“=a”或“=A”。单击“全部替换”按钮，在弹出的关于替换结果的警告框中，单击“确定”按钮，如图6-1所示。

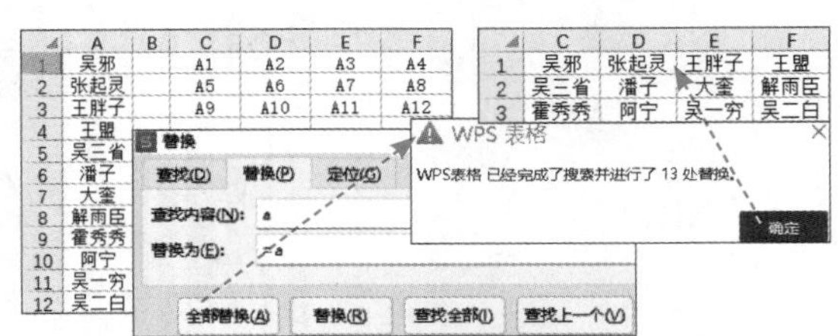

图 6-1 将表中的单元格引用替换为相对引用公式

选中C2:F3区域复制，使用“选择性粘贴”功能中的“粘贴为数值”命令。

2. 直接填充相对引用公式来转换

选取B1:D12区域，在编辑框里输入公式“=A4”，使用Ctrl+Enter组合键进行批量填充。也可以从A4单元格开始，将公式向右、向下填充至D12单元格，如图6-2所示。

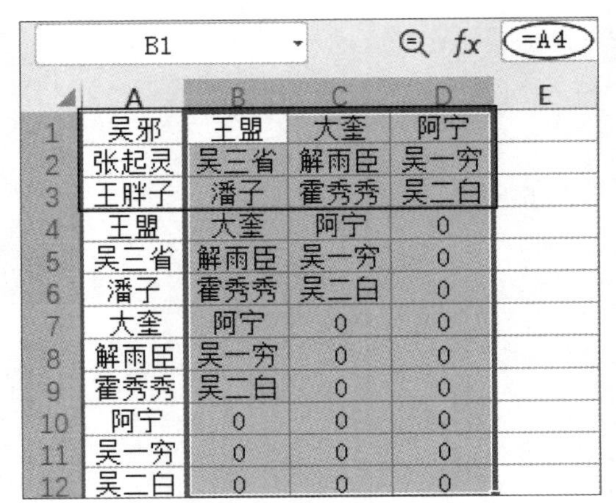

	A	B	C	D	E
1	吴邪	王盟	大奎	阿宁	
2	张起灵	吴三省	解雨臣	吴一穷	
3	王胖子	潘子	霍秀秀	吴二白	
4	王盟	大奎	阿宁	0	
5	吴三省	解雨臣	吴一穷	0	
6	潘子	霍秀秀	吴二白	0	
7	大奎	阿宁	0	0	
8	解雨臣	吴一穷	0	0	
9	霍秀秀	吴二白	0	0	
10	阿宁	0	0	0	
11	吴一穷	0	0	0	
12	吴二白	0	0	0	

图 6-2 直接使用相对引用公式来转换

将填充的公式粘贴为值。

删除多余的行、列，最后剩下的A1:D3区域就是正确结果。

3. 借助 WPS 文字“将文字转换成表格”功能来转换

将WPS表格里的数据复制粘贴到WPS文字空白文档中，在“粘贴”下拉按钮的下拉列表中选择“只粘贴文本”选项。

全选粘贴到WPS文字文档中的文本，在“插入”选项卡中单击“表格”下拉按钮，在下拉菜单中选择“文本转换成表格”选项。

在“将文字转换成表格”对话框中，将列数设置为4列，单击“确定”按钮。

将WPS文字文档中的表格复制粘贴到WPS表格工作表中。

转换方式如图6-3所示。

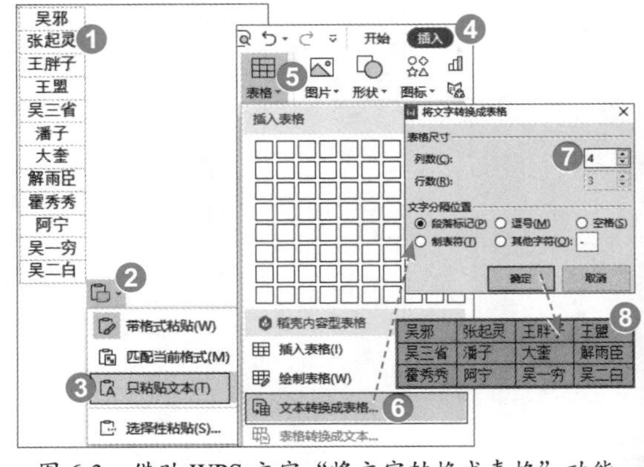

吴邪	张起灵	王胖子	王盟
吴三省	潘子	大奎	解雨臣
霍秀秀	阿宁	吴一穷	吴二白

图 6-3 借助 WPS 文字“将文字转换成表格”功能来转换

4. 使用函数公式来自动转换

将一列内容转变为多行多列，可以利用WPS表格中的多个函数，根据指定的行、列数构建自动化模板，以达到一劳永逸的效果，但理解函数公式有一定难度。

最常用的方法是使用函数OFFSET+ROW+COLUMN。

为B1单元格设置自定义格式为“0行”，为B2单元格设置自定义格式为“0列”。在B2单元格填写需要的列数。

B1=ROUNDUP(COUNTA(A:A)/B2,)。式中，COUNTA函数计算A列文本单元格的个数，该个数除以B2单元格的列数，得到行数。ROUNDUP函数远离零值，向上（绝对值增长的方向）舍入数字，其语法为 ROUNDUP（数值，小数位数），第2个参数省略了0值，表示取整。

C2=IF(OR(ROW()-1>$B$1,COLUMN()-2>$B$2),"",OFFSET($A$1,(ROW(A1)-1)*$B$2+COLUMN(A1)-1,))。将C2单元格的公式向右、向下填充。式中，ROW函数无参数时返回公式所在单元格的行号；COLUMN函数无参数时返回公式所在单元格的列号；OFFSET函数的语法为 OFFSET（参照区域，行数，列数，[高度]，[宽度]），返回对单元格或单元格区域中指定行数和列数的区域的引用，其第2个参数由ROW+COLUMN函数配合B2单元格的列数进行控制。外层IF函数用于屏蔽无关的值，如图6-4所示。

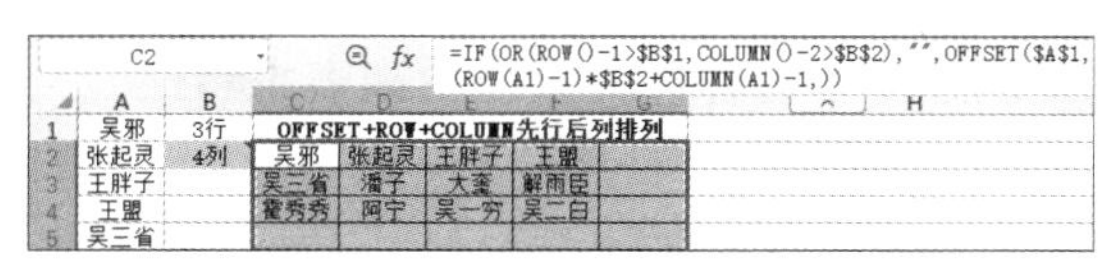
C2 =IF(OR(ROW()-1>$B$1,COLUMN()-2>$B$2),"",OFFSET($A$1,(ROW(A1)-1)*$B$2+COLUMN(A1)-1,))

	A	B	C	D	E	F	G
1	吴邪	3行	OFFSET+ROW+COLUMN先行后列排列				
2	张起灵	4列	吴邪	张起灵	王胖子	王盟	
3	王胖子		吴三省	潘子	大奎	解雨臣	
4	王盟		霍秀秀	阿宁	吴一穷	吴二白	
5	吴三省						

图 6-4　OFFSET 函数将一列内容按照先行后列的顺序转换为多行多列

INDIRECT、INDEX函数可以代替OFFSET函数来构造公式。ROW+COLUMN函数产生的行、列位置数可以由SEQUENCE函数生成的序数数组代替。这些用法详见示例文件。

6.1.2　多行多列内容转换为一列

将多行多列内容转换为一列，是逐行或逐列依次取值的，有多种方法。

例6-2 请将3行4列共12个名字排列成1列。

这里介绍按照先行后列的顺序进行排列的方法。如有先列后行的排列方法，则详见示例文件。

1. 使用“填充 + 替换”的方法来转换

用填充的方法做好表底。在F1单元格中输入“k=A1”，填充至F3单元格；在F4单元格中输入“k=B1”，填充至F6单元格；在F7单元格中输入“k=C1”，填充至F9单元格；在F10单元格中输入“k=D1”，填充至F12单元格，如图6-5所示。

	A	B	C	D	E	F
1	秦锺	乌进孝	载权	抱琴		k=A1
2	蒋玉菡	冷子兴	夏秉忠	司棋		k=A2
3	柳湘莲	山子野	周太监	侍画		k=A3
4						k=B1
5						k=B2
6						k=B3
7						k=C1
8						k=C2
9						k=C3
10						k=D1
11						k=D2
12						k=D3

图 6-5　按照先列后行的顺序填充单元格引用

6.1.2

进行替换操作。使用Ctrl+H组合键打开“查找和替换”对话框，将“k”替换为空。

选中F1:F12区域复制，使用“选择性粘贴”功能中的“粘贴为数值”命令。

2. 直接使用相对引用公式来转换

选取A4:D12区域，在编辑框里输入公式“=B1”，使用Ctrl+Enter组合键进行批量填充。如果不批量填充公式，就从A4单元格开始将公式向右、向下填充至D12单元格，如图6-6所示。

A4 =B1

	A	B	C	D	E
1	眼看喜	耳听怒	鼻嗅爱	舌尝思	
2	意见欲	身本忧	高太公	高香兰	
3	房玄龄	杜如晦	徐茂公	许敬宗	
4	耳听怒	鼻嗅爱	舌尝思	0	
5	身本忧	高太公	高香兰	0	
6	杜如晦	徐茂公	许敬宗	0	
7	鼻嗅爱	舌尝思	0	0	
8	高太公	高香兰	0	0	
9	徐茂公	许敬宗	0	0	
10	舌尝思	0	0	0	
11	高香兰	0	0	0	
12	许敬宗	0	0	0	

图 6-6　直接使用相对引用公式按照先列后行的顺序转换为一列

将填充的公式粘贴为值。

删除B:D列，只留下A列数据。

3. 借助 WPS 文字替换功能来转换

将WPS表格里的名字复制粘贴到WPS文字空白文档中，在“粘贴”下拉按钮的下拉列表中选择“只粘贴文本”选项。

选中WPS文字文档中名字间的空白区域进行复制，使用Ctrl+H组合键打开“查找和替换”对话框，在“查找内容”框中进行粘贴；也可以将光标放在“查找内容”框中，单击“特殊格式”下拉按钮，在下拉菜单中选择“制表符”选项；还可以在“查找内容”框中直接输入“^t”。接着将光标放在“替换为”框中，单击“特殊格式”下拉按钮，在下拉菜单中选择“段落符号”选项；也可以在“替换为”框中直接输入“^p”。单击“全部替换”按钮，如图6-7所示。

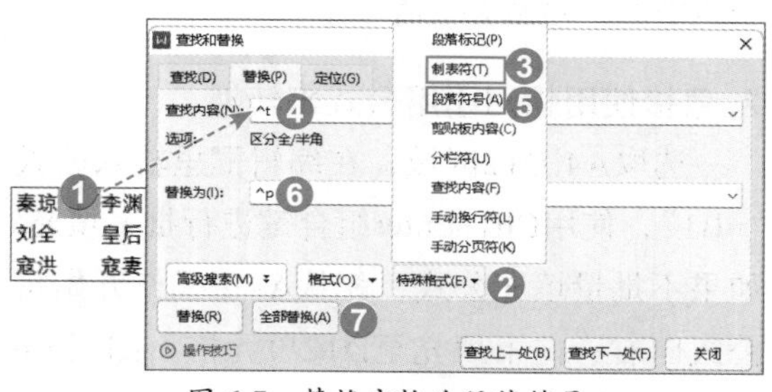

图 6-7　替换空格为段落符号

全选WPS文字文档中的名字，复制粘贴到WPS表格工作表中。

如果想要将多行多列的名字按照先列后行的顺序转换为一列，需要事前在WPS表格工作表中对行列进行转置。

4. 使用函数公式来转换

将多行多列内容转换为一列，可以利用函数公式构建自动化模板，实现一步到位。常用函数OFFSET+INT+MOD+ROW的方法。

C1、C2单元格的自定义格式分别为“0行”“0列”。

C1=COUNTA(D:D)。

C2=COUNTA(D1:L1)。D1:L1区域有9列，区域可以加宽或缩窄。

A2=OFFSET($D$1,INT((ROW()-2)/$C$2),MOD(ROW()-2,$C$2))&""。将公式向下填充至需要的地方。式中，INT函数将数字向下舍入到最接近的整数，得数作为OFFSET函数的第2个参数；MOD函数返回两数相除的余数，其语法为MOD（数值，除数），得数作为OFFSET函数的第3个参数；OFFSET函数返回对D1单元格指定行数和列数的区域的引用，如图6-8所示。

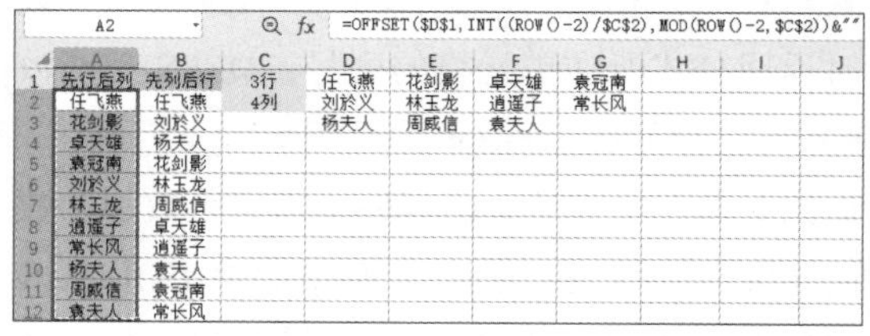

A2 =OFFSET($D$1,INT((ROW()-2)/$C$2),MOD(ROW()-2,$C$2))&""

	A	B	C	D	E	F	G	H	I	J
1	先行后列	先列后行	3行	任飞燕	花剑影	卓天雄	袁冠南			
2	任飞燕	任飞燕	4列	刘於义	林玉龙	逍遥子	常长风			
3	花剑影	刘於义		杨夫人	周威信	袁夫人				
4	卓天雄	杨夫人								
5	袁冠南	花剑影								
6	刘於义	林玉龙								
7	林玉龙	周威信								
8	逍遥子	卓天雄								
9	常长风	逍遥子								
10	杨夫人	袁夫人								
11	周威信	袁冠南								
12	袁夫人	常长风								

图 6-8　OFFSET 按照先行后列的顺序将多行多列内容转换为一列

5. 创建多重合并计算数据透视表来转换

创建多重合并计算数据区域透视表后，能够在字段的腾挪辗转中将多行多列内容转换为一列，并且转换成一列后的姓名按升序进行排序。

在“插入”选项卡中单击“数据透视表”按钮，在打开的“创建数据透视表”对话框中选中“使用多重合并计算区域”单选按钮（这三步可以通过依次按下Alt、D、P键来实现），单击“选定区域”按钮。在打开的“数

据透视表向导 -第1步，共2步”对话框中，默认选中“创建单页字段”单选按钮，单击“下一步”按钮。在打开的“数据透视表向导 -第2步，共2步”对话框中，在“选定区域”引用框中引用A1:E4区域，单击“添加”按钮，单击“完成”按钮。在返回的“创建数据透视表”对话框中，选中“现有工作表”单选按钮，在其框内引用G1单元格，选中“确定”按钮，如图6-9所示。

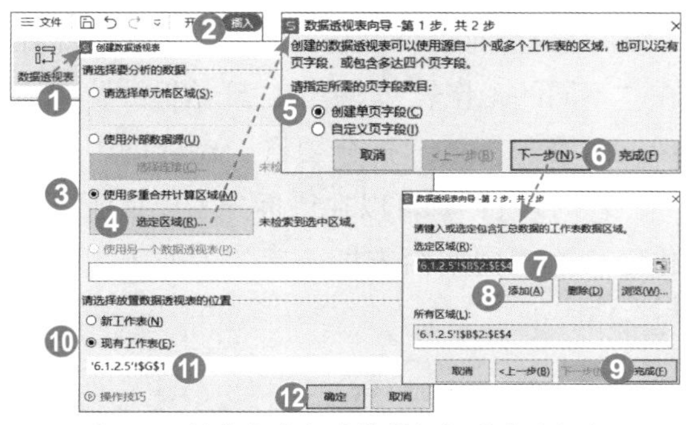

图 6-9　创建多重合并计算数据区域透视表

在“数据透视表区域”窗格中将“值”字段拖到“行”区域里，“筛选器”“列”“值”三个区域不要任何字段，如图6-10所示。转变成一列后的姓名是按升序排列的。

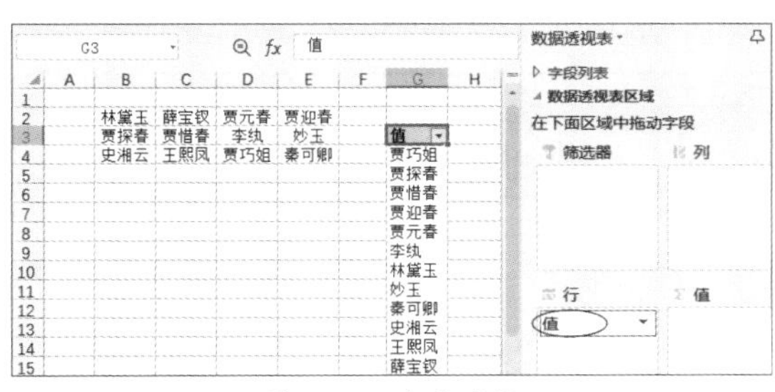

图 6-10　布局字段

6.1.3 将一列内容合并为一格多行

巧用剪贴板，在编辑状态下，能够快速地将一列内容转换为一格多行。

例6-3 请将一列中的人名合并到一个单元格中并呈多行显示。

选中所需要合并内容的单元格区域A1:A5区域，进行复制。

在“开始”选项卡中单击“剪贴板”组的对话框启动器。

双击目标单元格F1单元格，进入编辑状态，或单击目标单元格，将光标放在编辑栏。

在“剪贴板”的项目列表中，单击要合并的内容。

按Enter键确认，或者在编辑栏单击“确认”按钮✔，就可以看到合并后的效果，如图6-11所示。

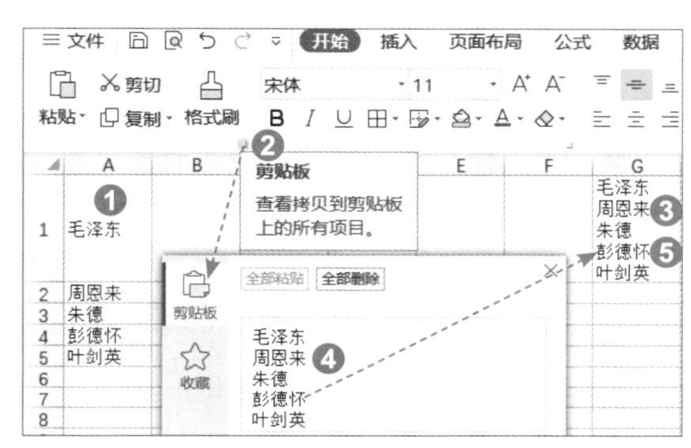

图 6-11　将一列内容转换为一格多行

6.1.3

6.1.4

6.1.4 将一格多行内容分拆为一列

这类转换可以不用剪贴板，但仍要在编辑状态下才能实现。

例6-4 请将一个单元格中呈多行显示的人名放在一列中。

双击一格多行内容所在单元格A1单元格，或者单击一格多行内容所在单元格，使之进入“编辑模式”，选择所有内容进行复制。

选择目标区域的左上角单元格或整个区域进行粘贴，如图6-12所示。

	A	B	C
1	拜登 特朗普 奥巴马 小布什 克林顿		拜登
2			特朗普
3			奥巴马
4			小布什
5			克林顿

图 6-12　将一格多行内容转换为一列

6.2 表格的拆分与合并

有时，为了方便查看或分发数据，可能需要将工作表按照内容拆分，或者将工作簿按照工作表拆分。有时，为了方便查看或汇总数据，可能需要根据同一内容对下级不同组织的工作簿及其工作表进行合并，也可能需要将自己建立的零散工作表进行合并或整合。这些拆分或合并表格的操作，WPS会员可使用“拆分表格”或“合并表格”功能，执行“数据”|“拆分表格”或“合并表格”命令，或执行“开始”|“工作表”|“拆分表格”或“合并表格”命令，都可以进行相关操作。

6.2.1 工作表按照内容拆分

6.2.1

6.2.2

例6–5 如图6-13所示，请将汇总的发货表按“到达省份”拆分为不同的文件。

	A	B	C	D	E
1	发货日期	到达省份	到达市区	到达县区	发货数量
2	8月15日	安徽	合肥	合肥	217
3	8月15日	安徽	合肥	长丰	206

图 6-13　发货表

在待拆分的工作表中，执行“数据”|“拆分表格”|“工作表按照内容拆分”命令，在打开的“拆分工作表”对话框中，检查已自动填写的“待拆分区域”是否正确，如不正确，则重新进行引用。查看是否需要勾选“数据包含标题”复选框。在“拆分的依据”下拉列表中选择“到达省份（列8）”选项。已默认选中“不同的新文件，保存路径”单选按钮，可以保留默认的保存路径，也可以单击“浏览”按钮自行选择保存路径。单击“开始拆分”按钮，在打开的“拆分表格”对话框中单击“打开文件夹”按钮，就可以查看拆分出来的文件了，如图6-14所示。

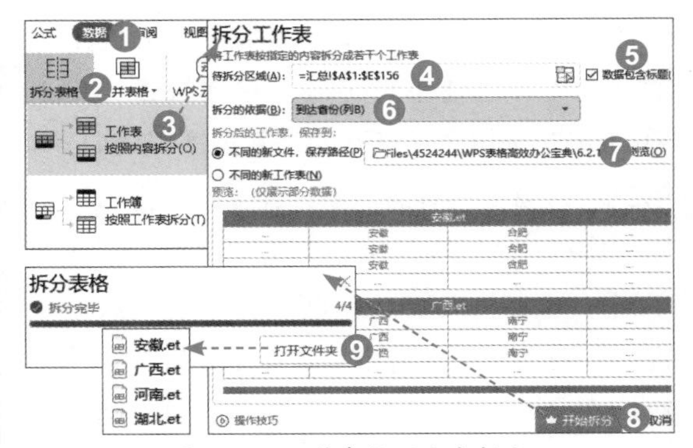

图 6-14　工作表按照内容拆分

在第7步时，可以将拆分后的工作表保存在“不同的工作表”。单击“开始拆分”按钮后，再在打开的“拆分表格”对话框中单击“查看”按钮，就可以在待拆分工作表所在工作簿中查看到按内容拆分后的工作表了，如图6-15所示。

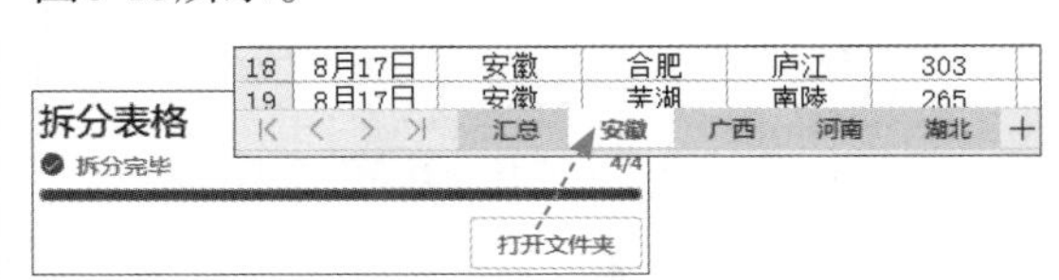

图 6-15　在同一工作簿中查看到按内容拆分后的工作表

在第6步时，如果“拆分的依据”选择“发货日期”选项，就还可以在右侧的下拉列表继续选择拆分的日期依据，如图6-16所示。

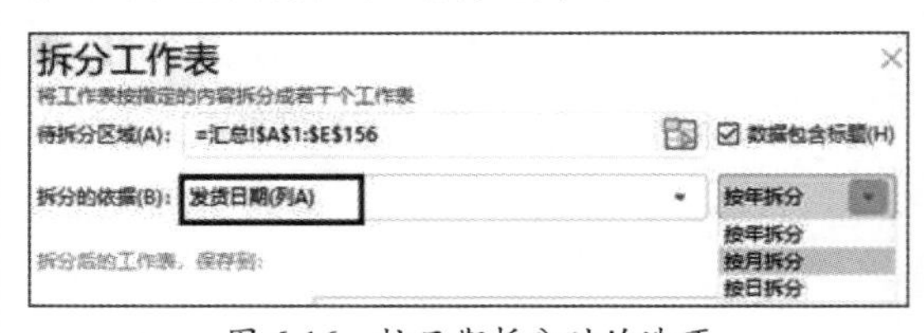

图 6-16　按日期拆分时的选项

6.2.2 工作簿按照工作表拆分

例6–6 4个省份的发货数据在一个工作簿中的不同工作表里，请将4个工作表放在不同的新工作簿中。

在待拆分的任意一个工作表中，执行“数据”|“拆分表格”|“工作簿按照工作表拆分”命令，在打开的“拆分工作簿”对话框中查看是否需要勾选“包含隐藏工作表”复选框。勾选待拆分的工作表。在“保存位置”

框中可以保留默认的保存路径，也可以单击“浏览”按钮自行选择保存路径。单击“开始拆分”按钮，在打开的“拆分表格”对话框中单击“打开文件夹”按钮，就可以查看拆分出来的文件，如图6-17所示。

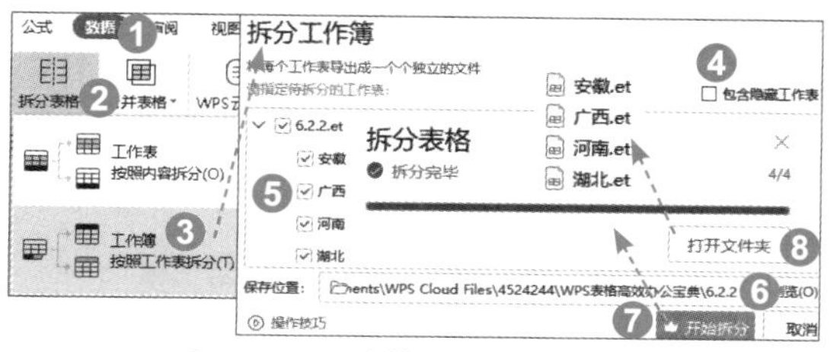

图 6-17　工作簿按照工作表拆分

6.2.3　合并成一个工作表

合并工作表是指将一个或多个工作簿中的多个工作表的内容合并在一个工作表中，是“工作表按照内容拆分”的逆向操作。表的结构和列标题完全相同时，才有合并的意义。

例6-7　每个村一个工作簿，每天一个工作表记录了“14天内旅居史”，请将2个村3日来记录的内容合并在一个工作表中。

执行“数据”|“合并表格”|“合并成一个工作表”命令，在打开的“合并成一个工作表”对话框中单击“添加文件”按钮，在打开的“打开”对话框中，在保存位置找到文件，单击“打开”按钮，如图6-18所示。

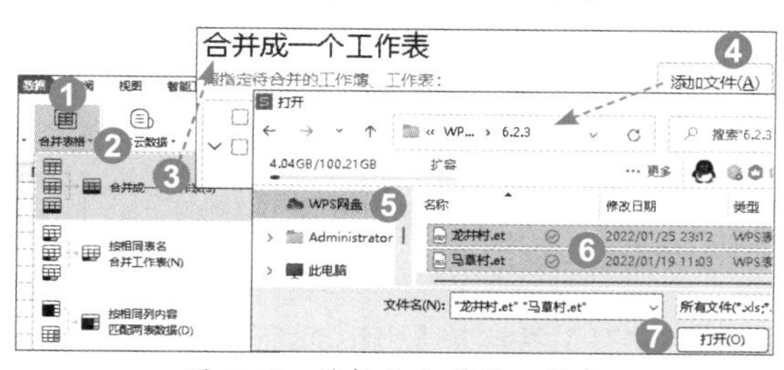

图 6-18　选择要合并的工作表

在返回到的“合并成一个工作表”对话框中，选择要合并的工作表（如要全选，就直接勾选“全选”复选框；选中文件时，可以移除不需要的文件），在“从第几行开始合并”框中输入或微调数字按钮，确保不合并列标题行，只保留唯一的列标题行，单击“开始合并”按钮。等待一会儿，就会在新的工作簿中显示“报告”和“总表”两个工作表。“报告”工作表会列出合并的工作簿及其工作表的目录，并有链接直达合并后的“总表”中相应的数据区域。“总表”工作表则显示出合并后的数据内容，首列显示的是工作簿及其工作表名称，如图6-19所示。

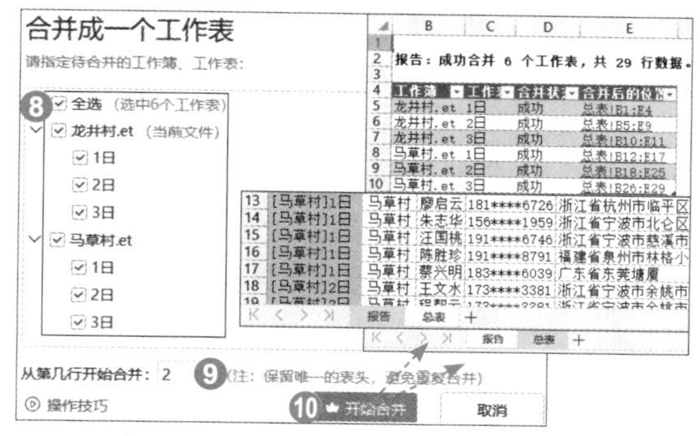

图 6-19　合并多个工作表成一个工作表

6.2.4　按相同表名合并工作表

按相同表名合并工作表是指可以将在多个工作簿中的多个同名工作表按表名将内容合并在一起。

例6-8　每个村一个工作簿，每天一个工作表记录了“14天内旅居史”，请将2个村3日来记录的内容按天数合并在相应工作表中。

执行“数据”|“合并表格”|“按相同表名合并工作表”命令，在打开的“合并同名工作表”对话框中单击“添加文件”按钮，在打开的“打开”对话框中，在保存位置找到文件，单击“打开”按钮，如图6-20所示。

6.2.3

6.2.4

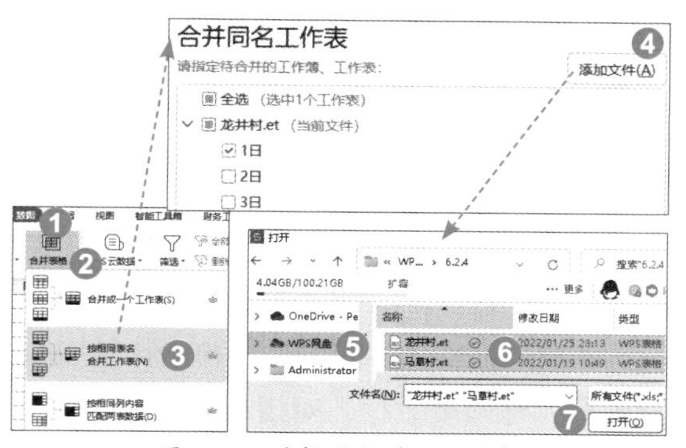

图 6-20　选择要合并的工作表

选择要合并的工作表，在“从第几行开始合并”框中输入行数，单击“开始合并”按钮。等待一会儿，就会在新的工作簿中显示“报告”和其他同名工作表。“报告”工作表会列出合并的工作簿及其工作表的目录，并有链接直达合并后的数据所在工作表的相应区域。其他工作表中则显示出合并后的数据内容，首列显示的是工作簿及其工作表名称，如图6-21所示。

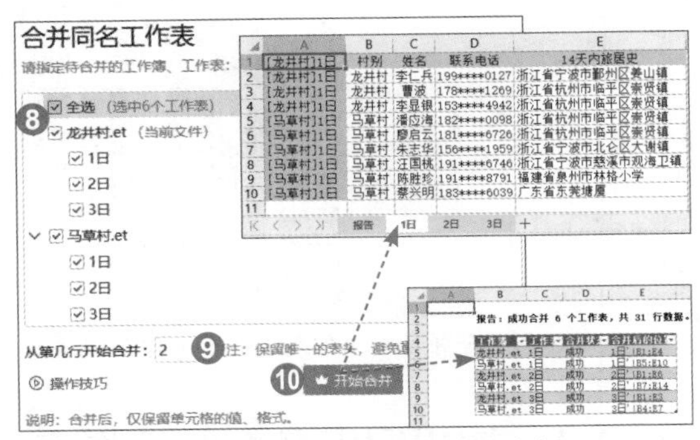

图 6-21　按相同表名合并工作表

6.2.5　按相同列内容匹配两表数据

对两表数据进行匹配，经常使用VLOOKUP函数。在不使用函数的情况下，也可以对两个表的内容（可在不同工作表中）进行匹配，而且在多条件或多列内容匹配时更为方便。如果用B表匹配A表，则B表的列数不能少于A表的列数，多出的列数也会匹配到新的表中。

例6-9 如图6-22所示，请用B表的数据匹配A表的数据。

	A	B	C	D	E	F	G
1	A表			B表			
2	员工	性别		员工	性别	工资	银行卡号
3	胡红学	男		陈美霞	女	5266	62284803****6674611
4	徐水艳	女		胡红学	男	5184	62284803****6674918
5	王占云	男		李兴	男	4321	62284803****6675311
6	李兴	女		李兴	女	4666	62284803****6675110
7	陈美霞	女		李娅肖	男	5473	62284803****6675519

图 6-22　A、B 两个表

执行“数据”|“合并表格”|“按相同列内容匹配两表数据”命令，在打开的“按相同列内容匹配两表数据”对话框中，在“区域1”引用框中引用A2:B9区域，在“区域2”引用框中引用D2:G11区域，勾选“数据包含标题”复选框，单击“合并到新工作表”按钮，如图6-23所示。

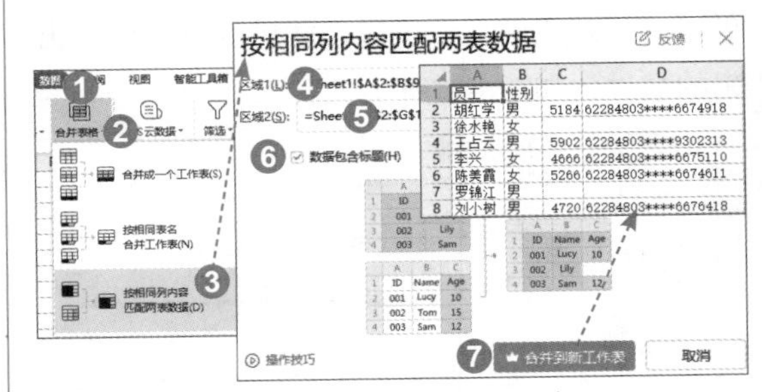

图 6-23　按相同列内容匹配两表数据

因B表中没有“徐水艳”，所以匹配后没有她的工资和银行卡号信息。因使用“员工”和“性别”两个字段匹配，又因在B表中“罗锦江”没有性别内容，无法精准匹配，因而匹配后也没有他的工资和银行卡号信息。在B表中有两个“李兴”，根据“员工”和“性别”两个字段匹配A表，所以就匹配出“女性”的“李兴”。

6.2.6　整合成一个工作簿

整合成一个工作簿是“工作表按照内容拆分”的逆向操作，多用于上级部门汇总电子表格文件。

例6-10 4个省份的发货数据在不同的工作簿中，请放到一个工作簿中。

执行“数据”|“合并表格”|“整合成一个工作簿”命令，在打开的“合并成一个工作簿”对话框中单击“添加文件”按钮，在打开的“打开”对话框中，在保存位置找到文件，单击“打开”按钮，如图6-24所示。

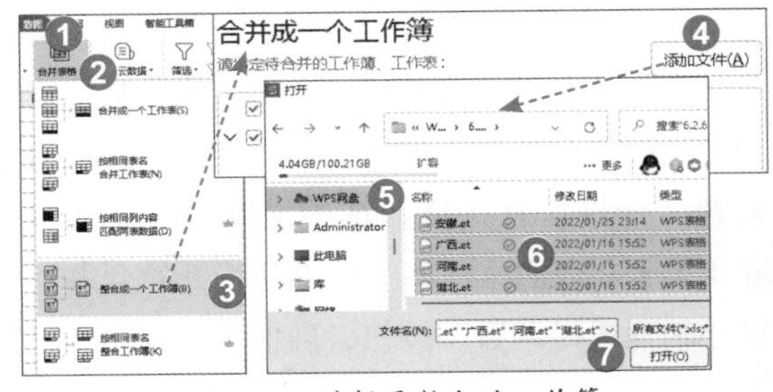

图 6-24　选择要整合的工作簿

返回“合并成一个工作簿”对话框，选择要合并的工作表。可以在“选项”下拉菜单中选择工作表命名选项。单击“开始合并”按钮。等待一会儿，就会在新的工作簿中显示“报告”和要合并的工作表。“报告”工作表会列出合并的工作簿及其工作表的目录，并有链接直达合并后的各工作表，如图6-25所示。

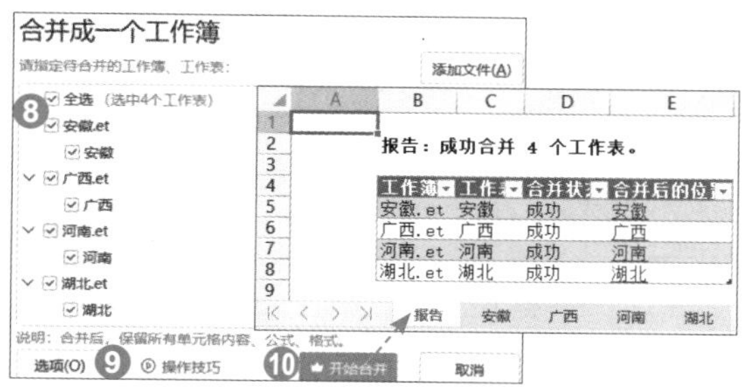

图 6-25　整合成一个工作簿

6.2.7　按相同表名整合工作簿

按相同表名整合工作簿是指将多个工作簿中的多个同名工作表，按相同的表名合并在不同的工作簿中。

例6-11　每个村一个工作簿，每天一个工作表记录了“14天内旅居史”，请将两个村3日来记录的内容按天数合并在不同的工作簿中。

执行“数据”|“合并表格”|“按相同表名整合工作簿”命令，在打开的“重组同名工作表”对话框中单击“添加文件”按钮，在打开的“打开”对话框中，在保存位置找到文件，单击“打开”按钮，如图6-26所示。

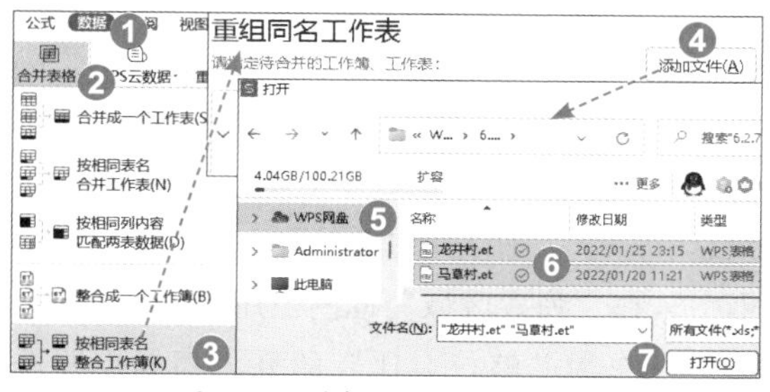

图 6-26　选择要整合的工作簿

选择要合并的工作表，保持默认的“保存位置”或“浏览”选择新的保存位置，单击“开始重组”按钮。等待一会儿，就会在新的工作簿中显示“报告”工作表。“报告”工作表会列出重组前的工作簿及其工作表的目录，并有链接直达合并后的位置，如图6-27所示。

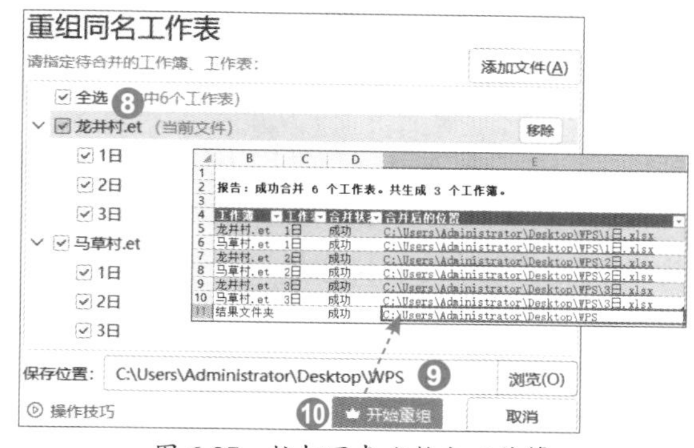

图 6-27　按相同表名整合工作簿

6.3　数据对比与去重

在日常工作中，有时需要核对数据，对唯一值或重复值进行标记或提取，甚至直接删除重复项，得到唯一值列表。WPS表格提供了“数据对比”和“重复项”两个现成工具。其中，对唯一值或重复值进行标记，是WPS表格条件格式功能的简便运用；对唯一值或重复值进行提取，是WPS表格筛选功能的简便运用。在这两个工具中，唯一值或重复值的概念是不一样的。以一列数据为例，如图6-28所示。

6.2.7

6.3.1

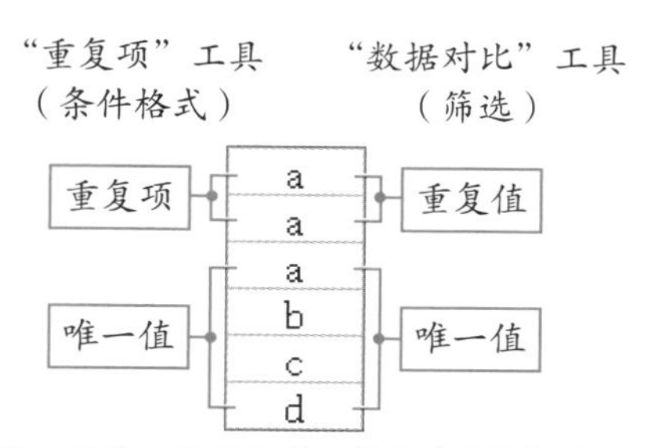

图 6-28　两种工具关于唯一值或重复值概念的区别

6.3.1　单区域重复与唯一数据的标记与提取

一个区域的数据，可以对重复数据与唯一数据进行标记与提取，还可以删除重复项。

例6-12 现有一个区域的数据，请体验对唯一值与重复值进行标记与提取。

1. 标记重复数据

（1）使用“数据对比”工具标记重复数据。

执行“数据”|“数据对比”|“标记重复数据”命令，在打开的“标记重复数据”对话框中，在“列表区域”框内引用A1:B9区域（可在启用工具之前选择此区域），选择要作为“整行对比”的列，选择“标记颜色”，单击“确认标记”按钮，如图6-29所示。“智能工具箱”中也有“数据对比”工具。

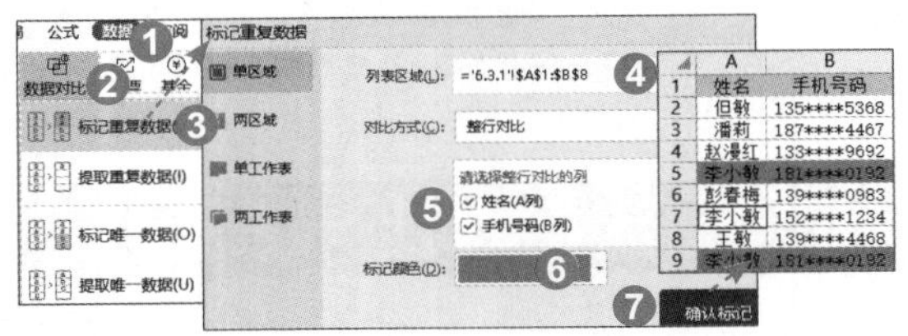

图 6-29　使用“数据对比”工具标记单区域的重复数据

（2）使用“重复项”工具标记重复数据。

“重复项”工具在标记重复数据时，不是按“数据对比”工具那种“整行对比”的方式进行匹配的，而是各列各自匹配。

执行“数据”|“重复项”|“设置高亮重复项”命令，在打开的“高亮显示重复值”对话框中，决定是否勾选“精确匹配15位以上的长数字”复选框（受WPS表格精度的限制，处理15位以上的长数字时，必须勾选此复选框），在引用框内引用A1:B9区域（可在启用工具之前选择），单击“确定”按钮，如图6-30所示。如果不想再高亮显示重复值，可以在选择数据区域后，执行“数据”|“重复项”|“清除高亮重复项”命令，随时清除高亮重复项。

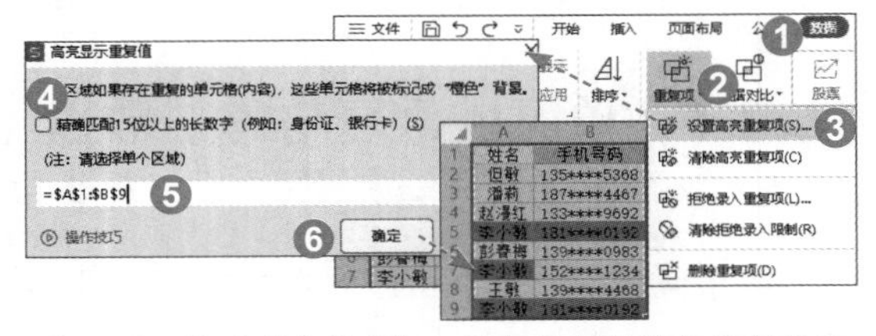

图 6-30　使用“重复项”工具标记单区域的重复数据

2. 标记唯一数据

执行“数据”|“数据对比”|“标记唯一数据”命令，在打开的“标记唯一数据”对话框中，在“列表区域”框内引用A1:B9区域（可在启用工具之前选择），选择要作为“整行对比”的列，选择“标记颜色”，单击“确认标记”按钮，如图6-31所示。

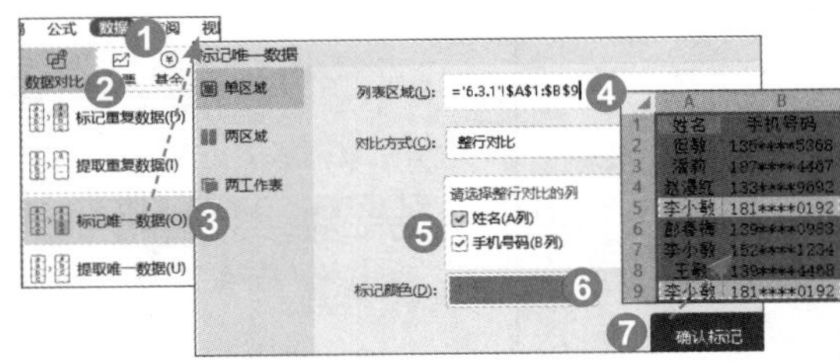

图 6-31　使用“数据对比”工具标记单区域的唯一数据

3. 提取重复数据

执行“数据”|“数据对比”|“提取重复数据”命令，在打开的“提取重复数据”对话框中，在“列表区域”框内引用A1:B9区域，选择要作为“整行对比”的列，根据需要决定是否勾选“数据包含标题”和“显示重复次数”复选框，单击“提取到新工作表”按钮，如图6-32所示。

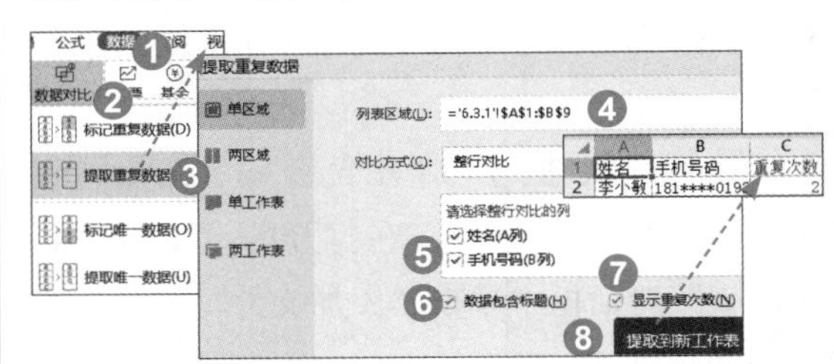

图 6-32　使用“数据对比”工具提取单区域的重复数据

4. 提取唯一数据

（1）使用“数据对比”工具提取唯一数据。

执行“数据”|“数据对比”|“提取唯一数据”命令，在打开的“提取唯一数据”对话框中，在“列表区域”框内引用A1:B9区域，选择要作为“整行对比”的列，根据需要选择“提取方式”，单击“提取到新工作表”按钮，如图6-33所示。

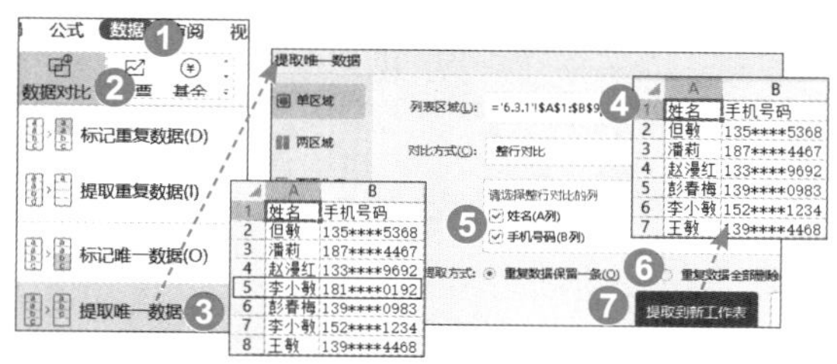

图 6-33　使用"数据对比"工具提取单区域的重复数据

（2）使用"重复项"工具删除重复项。

使用"重复项"工具在删除重复项时，是按"数据对比"工具中"重复数据保留一条"的提取方式在原数据区域保留唯一项的。可以选择一至多列进行匹配，当为全部列时，就是"数据对比"工具中"整行对比"的方式。

选择数据区域，执行"数据"|"重复项"|"删除重复项"命令，在打开的"删除重复项"对话框中，视数据情况决定是否勾选"数据包含标题"复选框，勾选所要匹配的列，单击"删除重复项"按钮，在弹出的提示框内，有重复项和唯一值数量的说明，单击"确定"按钮，得到唯一值列表，如图6-34所示。

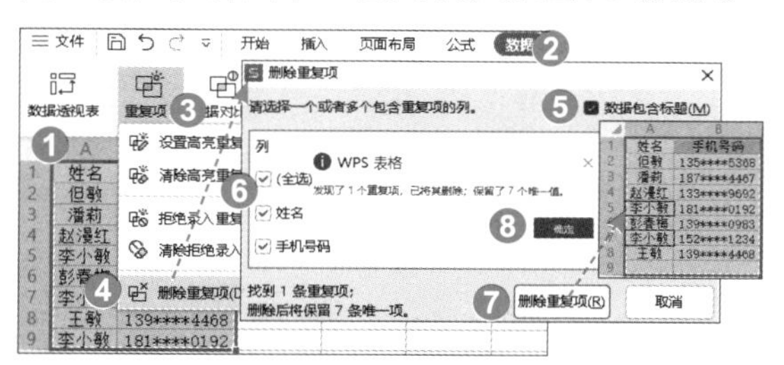

图 6-34　使用"重复项"工具删除单区域的重复项

6.3.2　两区域重复与唯一数据的标记与提取

两个区域的数据，也可以对重复数据与唯一数据进行标记与提取。

例6-13 现有两个区域的数据，请体验对唯一值与重复值进行标记与提取。

1. 标记重复数据

执行"数据"|"数据对比"|"标记重复数据"命令，在打开的"标记两区域中重复数据"对话框中，选择"两区域"类别，在"区域1"框内引用A2:B11区域，在"区域2"框内引用D2:E10区域，选择"标记颜色"，视数据引用情况决定是否勾选"数据包含标题"复选框，单击"确认标记"按钮，如图6-35所示。

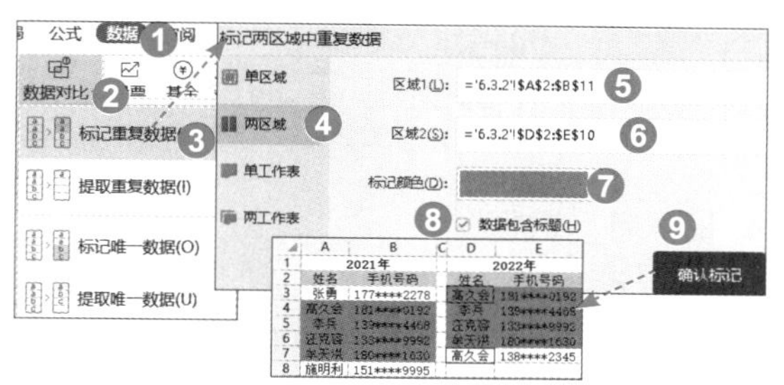

图 6-35　使用"数据对比"工具标记两区域的重复数据

2. 标记唯一数据

执行"数据"|"数据对比"|"标记唯一数据"命令，在打开的"标记两区域中唯一数据"对话框中，选择"两区域"类别，在"区域1"框内引用A2:B11区域，在"区域2"框内引用D2:E10区域，选择"标记颜色"，视数据引用情况决定是否勾选"数据包含标题"复选框，单击"确认标记"按钮，如图6-36所示。

6.3.2

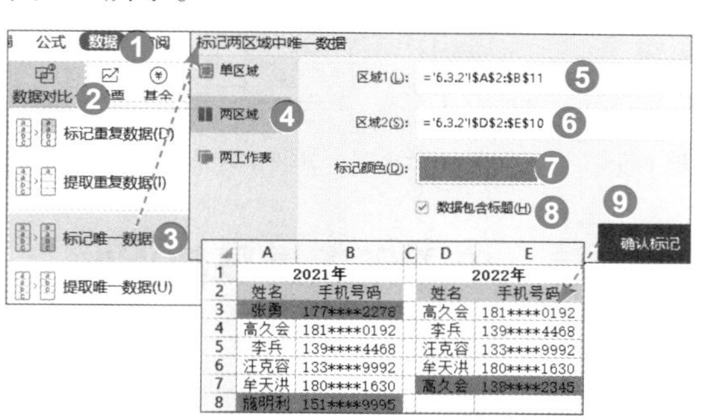

图 6-36　使用"数据对比"工具标记两区域的唯一数据

3. 提取重复数据

执行"数据"|"数据对比"|"提取重复数据"命令，在打开的"提取两区域中重复数据"对话框中，在左侧选择"两区域"类别，在"区域1"框内引用A2:B11区域，在"区域2"框内引用D2:E10区域，视数据引用情况决定是否勾选"数据包含标题"复选框，单击"提取到新工作表"按钮，如图6-37所示。

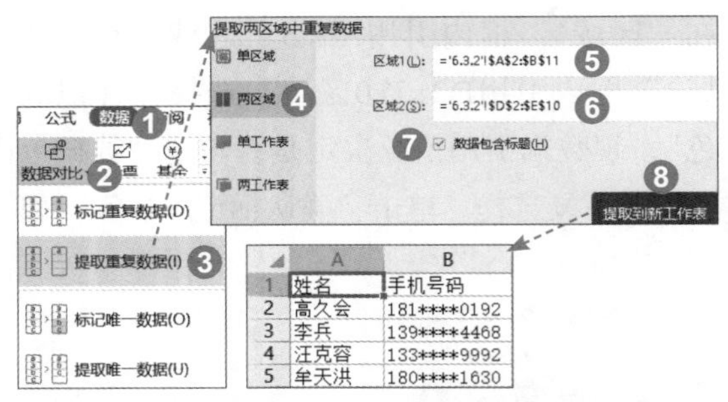

图 6-37　使用“数据对比”工具提取两区域的重复数据

4. 提取唯一数据

执行“数据”|“数据对比”|“提取唯一数据”命令，在打开的“提取两区域中唯一数据”对话框中，在左侧选择“两区域”类别，在“区域1”框内引用A2:B11区域，在“区域2”框内引用D2:E10区域，视数据引用情况决定是否勾选“数据包含标题”复选框，勾选“提取数据”的区域，单击“提取到新工作表”按钮，如图6-38所示。

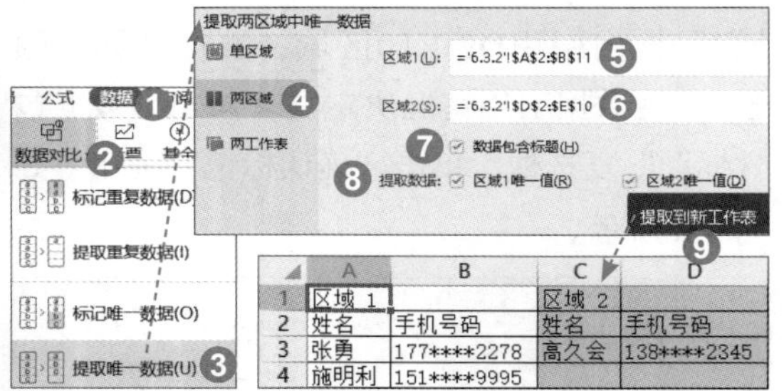

图 6-38　使用“数据对比”工具提取两区域的重复数据

6.3.3

6.3.4

6.3.3　单工作表重复数据的标记与提取

单工作表数据的对比仅限于对重复数据的标记与提取。

例6-14 现有一个工作表的数据，请对重复值进行标记与提取。

1. 标记重复数据

执行“数据”|“数据对比”|“标记重复数据”命令，在打开的“标记工作表中重复行”对话框中，在左侧选择“单工作表”类别，在右侧选择工作表，选择“标记颜色”，单击“确认标记”按钮，如图6-39所示。

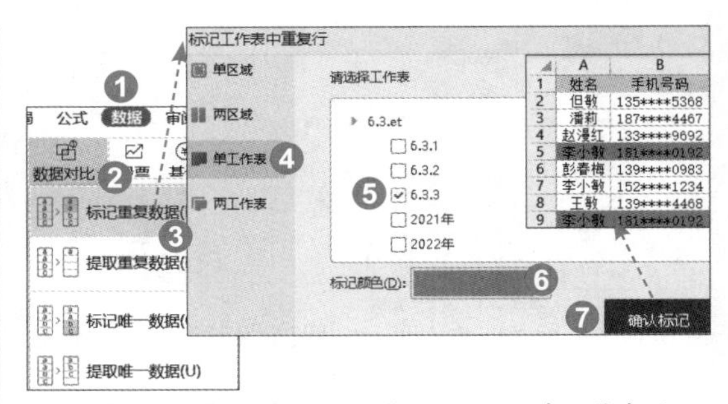

图 6-39　使用“数据对比”工具标记单工作表的重复数据

2. 提取重复数据

执行“数据”|“数据对比”|“提取重复数据”命令，在打开的“提取工作表中重复行”对话框中，在左侧选择“单工作表”类别，在右侧选择工作表，单击“提取到新工作表”按钮，如图6-40所示。

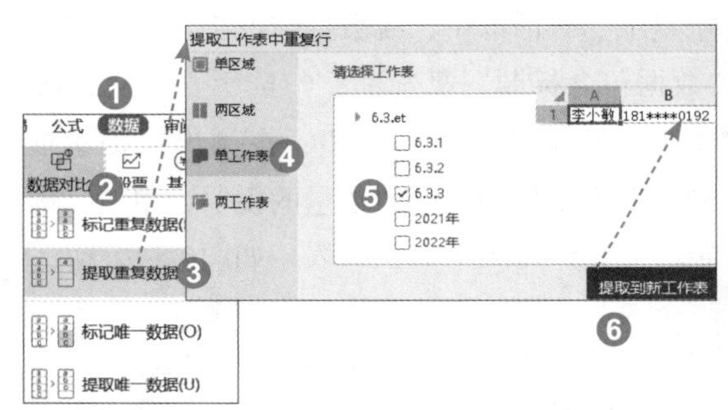

图 6-40　使用“数据对比”工具提取单工作表的重复数据

6.3.4　两工作表重复与唯一数据的标记与提取

两个工作表的数据，可以对重复数据与唯一数据进行标记与提取。

例6-15 现有2021年、2022年的数据在两表中，请体验对唯一值与重复值进行标记与提取。

1. 标记重复数据

执行“数据”|“数据对比”|“标记重复数据”命令，在打开的“标记两工作表中重复行”对话框中，在左侧选择“两工作表”类别，在右侧选择工作表，选择“标记颜色”，单击“确认标记”按钮，如图6-41所示。

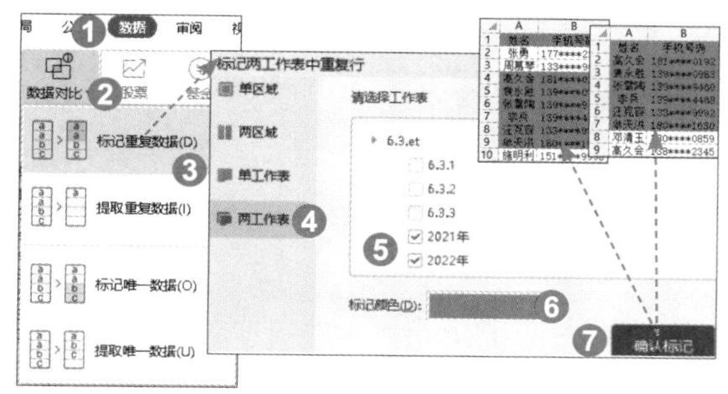

图 6-41　使用“数据对比”工具标记两工作表的重复数据

2. 标记唯一数据

执行“数据”|“数据对比”|“标记唯一数据”命令，在打开的“标记两工作表中唯一数据”对话框中，在左侧选择“两工作表”类别，在右侧选择工作表，选择“对比方式”，选择“标记颜色”，单击“确认标记”按钮，如图6-42所示。

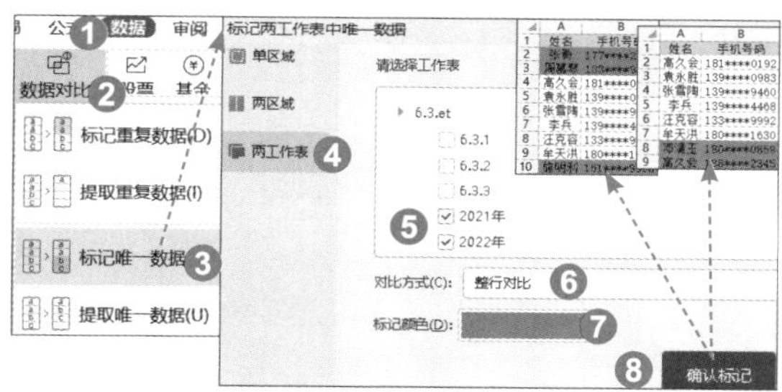

图 6-42　使用“数据对比”工具标记两工作表的唯一数据

3. 提取重复数据

执行“数据”|“数据对比”|“提取重复数据”命令，在打开的“提取两工作表重复行”对话框中，在左侧选择“两工作表”类别，在右侧选择工作表，单击“提取到新工作簿”按钮，如图6-43所示。

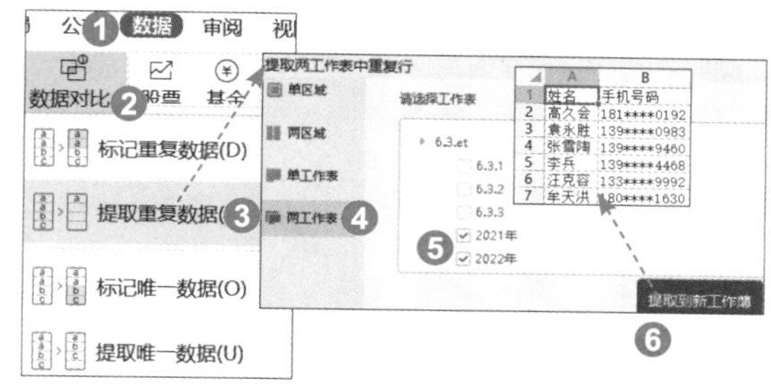

图 6-43　使用“数据对比”工具提取两工作表的重复数据

4. 提取唯一数据

确保两个表都有标题，例如“2021年”“2021年”，以示区分。执行“数据”|“数据对比”|“提取唯一数据”命令，在打开的“提取两工作表中唯一数据”对话框中，在左侧选择“两工作表”类别，在右侧选择工作表，选择“对比方式”，单击“提取到新工作簿”按钮，如图6-44所示。

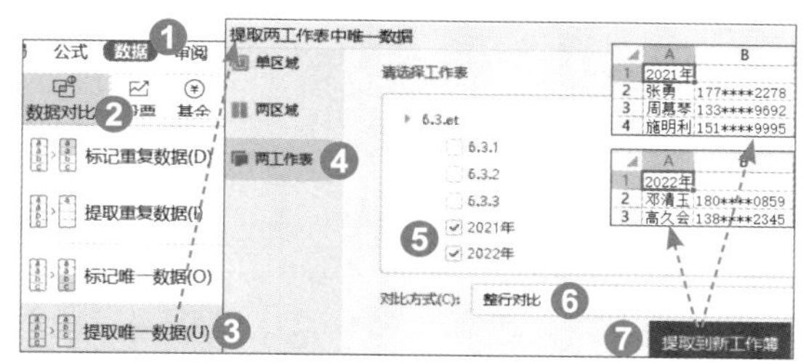

图 6-44　使用“数据对比”工具提取两工作表的唯一数据

读书笔记

第7章 排序与筛选

排序与筛选都是对数据进行处理和分析的重要手段，有助于用户更好地理解数据的特征和规律。对数据列表进行排序，可以改变每一条记录升序或降序的排列方式，让杂乱的数据变得井然有序。筛选功能可以根据某些条件“过滤”掉无用数据，暂时隐藏不必显示的行，或筛选出存放在其他位置的记录作为子集。“筛选”功能整合了“排序”功能。

7.1 数据的一般排序

排序时，可以直接利用升序或降序命令排序，也可以利用“排序”对话框自定义条件排序。为确保排序后数据总能回归原位，最好预设一列编号。

7.1.1 利用升序或降序命令排序

7.1.1

7.1.2

7.1.3

只使用一个条件（关键词）对单元格数值排序时，通常利用功能区或快捷菜单中单一的升序或降序命令按钮排序，这样更简单快速。对数值数据（包括日期时间）排序是比较数值大小；按升序方式排序时，最小的数值将排列在该列的顶端；按降序方式排序时，最大的数值将排列在该列的顶端。对文本数据排序时，要逐一比较每一个字符；按升序方式排序时，从上到下按A～Z的顺序排列，按降序方式排序时，从上到下按Z～A的顺序排列；空格可能会影响排序结果。

例7-1 请将表中的“出生日期”列按升序排序，以查看年长者有哪一些人。

在C列选择任一有数据的单元格（如C1单元格），在“数据”选项卡中单击“排序”按钮，如图7-1所示。执行“开始”|“排序”|“升序”命令，或者在右键快捷菜单中执行“排序”|“升序”命令，也能达到同样效果。

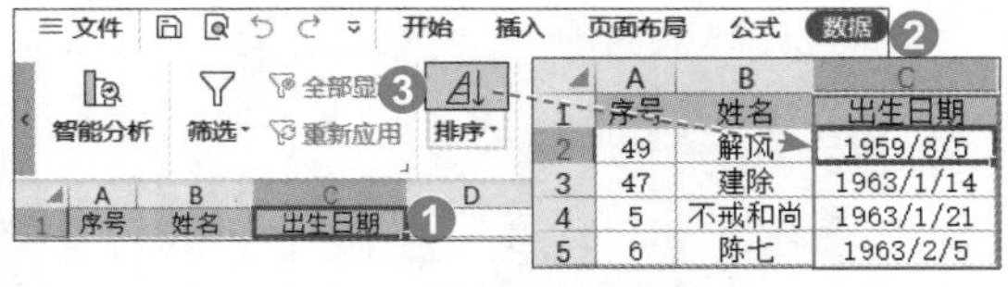

图 7-1　出生日期升序排序

7.1.2 按单元格值对科目和成绩排序

当排序的关键词不只一个时，可以利用“排序”对话框进行自定义排序。指定条件时，需要设置“主要关键字”和“次要关键字”，主要关键字是对该列所有值起作用的，次要关键字是对主要关键字的相同值起作用的。

例7-2 在成绩表中，请按科目和成绩排序，以查看各科排名靠前的情况。

在要排序的数据区域中选择任一单元格（如A2单元格），在“数据”选项卡中单击“排序”下拉按钮，在下拉菜单中选择“自定义排序”选项，此时数据表会自动处于被选中状态。在打开的“排序”对话框中，单击“添加条件”按钮。在“列”下的“主要关键字”下拉列表中选择“科目”选项，在“次要关键字”下拉列表中选择“成绩”选项，“排序依据”保持“单元格值”选项不变，在“次要关键字”的“次序”下拉列表中选择“降序”选项。单击“确定”按钮，完成排序，如图7-2所示。

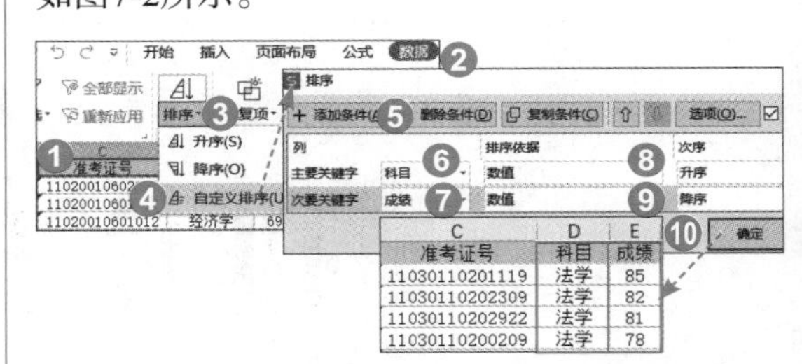

图 7-2　利用“排序”对话框按科目和成绩排序

也可以多次进行快速排序，但要注意，次要列要先排序，越是重要的列越要后排序。

7.1.3 按单元格颜色对极值成绩排序

当对单元格格式排序时，必须利用“排序”对话框来排序。

例7-3 “语文”列前后2名被分别标识了单元格颜色，请将它们排在一起。

事先在数据区域中选择任一单元格，打开“排序”对话框。在“列”下的“主要关键字”下拉列表中选择“语文”列。在“排序依据”下拉列表中选择“单元格颜色”选项。在“次序”下拉列表中选择前2名的单元格颜色。

在右侧框中，保留默认位置“在顶端”。单击“复制条件”按钮。在“次要关键字”的“次序”下拉列表中选择后2名的单元格颜色。单击“确定”按钮，如图7-3所示。

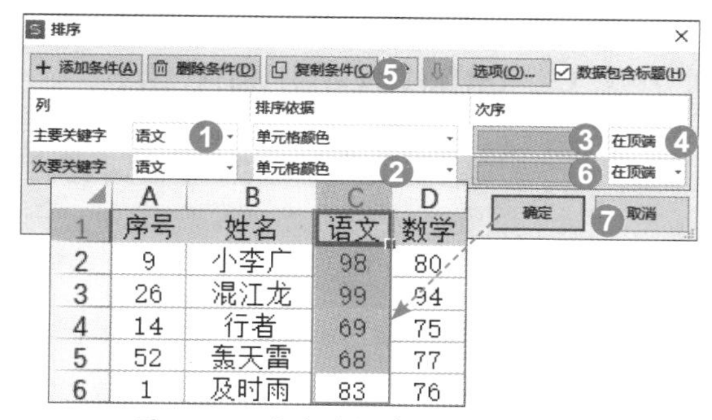

	A	B	C	D
1	序号	姓名	语文	数学
2	9	小李广	98	80
3	26	混江龙	99	94
4	14	行者	69	75
5	52	轰天雷	68	77
6	1	及时雨	83	76

图 7-3　语文成绩按单元格颜色排序

如果数据表没有标题行，则要在“排序”对话框中取消勾选“数据包含标题”复选框。

7.1.4　按条件格式图标对总分排序

例7-4　“总分”列被设置为“三向箭头（彩色）”的条件格式，请按上、中、下三等成绩排序。

事先在数据区域中选择任一单元格，打开“排序”对话框。在“列”下的“主要关键字”下拉列表中选择“总分”列。在“排序依据”下拉列表中选择“条件格式图标”选项。在“次序”下拉列表中选择绿色向下箭头图标。在右侧框中，保持默认位置“在顶端”。单击“复制条件”按钮两次。在下端的“次要关键字”的“次序”下拉列表中选择红色向下箭头图标。单击“确定”按钮，如图7-4所示。

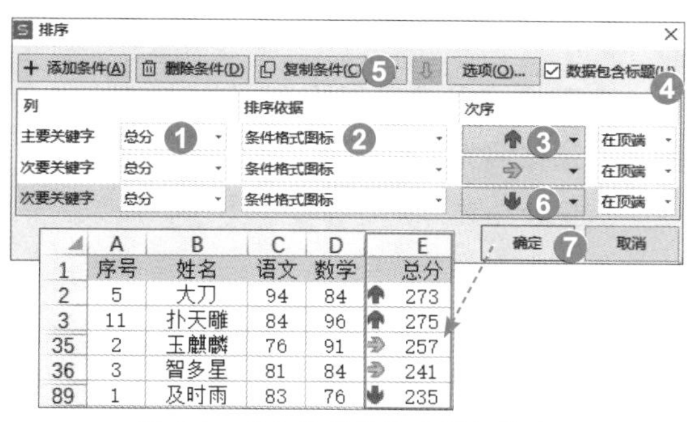

	A	B	C	D	E
1	序号	姓名	语文	数学	总分
2	5	大刀	94	84	273
3	11	扑天雕	84	96	275
35	2	玉麒麟	76	91	257
36	3	智多星	81	84	241
89	1	及时雨	83	76	235

图 7-4　总分按条件格式图标排序

如果需要各等次内部从高到低排序，可再对“总分”列增加降序排序。

7.1.5　按姓氏笔画数对姓名排序

对姓名进行排序时，有时需要按“姓氏笔画”升序排序。WPS表格的“笔画”排序规则大致是：按首字的笔画数多少排列，同笔画数的按起笔顺序排列（横、竖、撇、捺、折）；画数和笔形都相同的字，按字体结构排列，先左右，再上下，最后整体字；如果首字相同，则依次对第二、第三、第四个字进行排序处理，排序规则相同。

例7-5　请将“姓名”列按笔画升序排序。

事先在要排序的数据区域中选择任一单元格，打开“排序”对话框。在“排序”对话框“列”下的“主要关键字”下拉列表中选择要排序的“姓名”列，单击“选项”按钮，在“排序选项”对话框“方式”组中选中“笔画排序”单选按钮，单击“确定”按钮2次，完成排序操作，如图7-5所示。

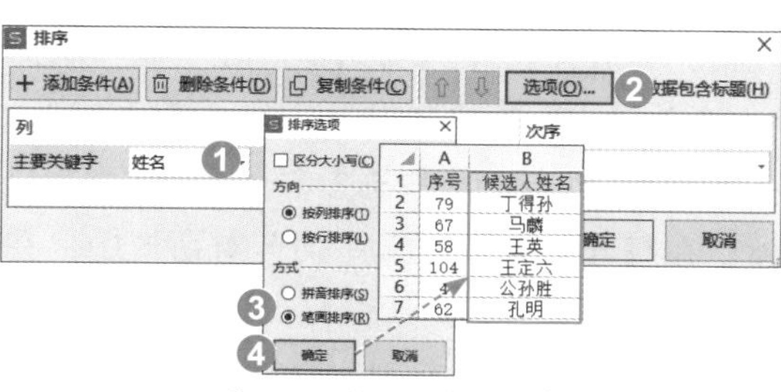

	A	B
1	序号	候选人姓名
2	79	丁得孙
3	67	马麟
4	58	王英
5	104	王定六
6	4	公孙胜
7	62	孔明

图 7-5　姓名按笔画排序

7.1.6　对表中数据按行横向排序

有时不需要对列排序，而是对行横向排序。

例7-6　请将卫生分数表第5行的“合计”分数按从高到低的顺序排序。

事先选定B1:F5区域，打开“排序”对话框。单击“选项”按钮。在“排序选项”对话框中，在“方向”组中选中“按行排序”

7.1.4

7.1.5

7.1.6

单选按钮，单击“确定”按钮。在返回到的“排序”对话框中，在“列”下的“主要关键字”下拉列表中选择“行5”选项，在“次序”下拉列表中选择“降序”选项，单击“确定”按钮，如图7-6所示。

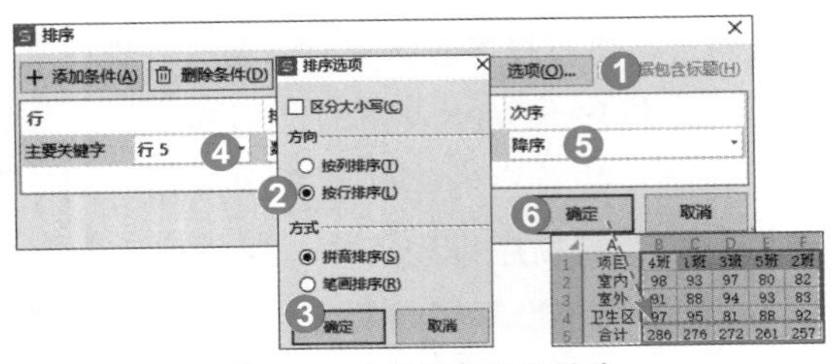

图 7-6　对数据表按行排序

7.1.7　按自定义序列对部门排序

当内置序列不能满足要求时，可以通过自定义序列，告知WPS表格按特定的序列来排序。

例7-7 请将“部门”列按“人力资源部、行政部、广告部、生产部、账务部”的顺序排序。

7.1.7

7.2.1

7.2.2

事先在要排序的数据区域中选择任一单元格，打开“排序”对话框。在“列”下的“主要关键字”下拉列表中选择“部门”列，在“次序”下拉列表中选择“自定义序列”选项。在打开的“自定义序列”对话框中，在“输入序列”文本框中输入“人力资源部,行政部,广告部,生产部,财务部”序列，单击“确定”按钮。返回后单击“确定”按钮，如图7-7所示。

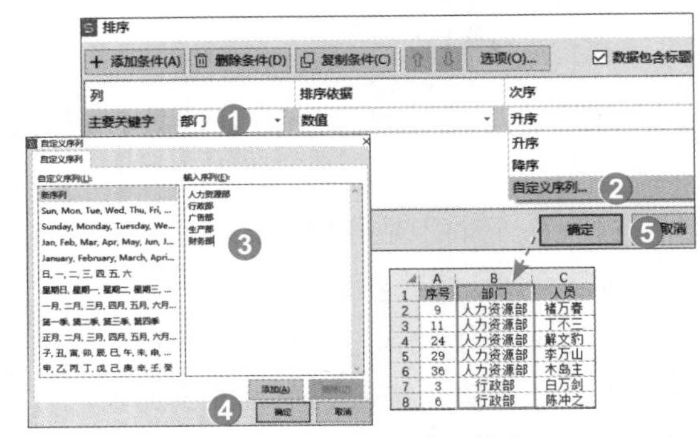

图 7-7　按自定义序列排序

7.2　排序功能拓展

结合一些特殊操作、函数公式或辅助列，排序功能将锦上添花，有所拓展。

7.2.1　如何按随机顺序排序

有时我们需要对数据进行随机排序，而不是按照某个关键字进行升序或降序排列，例如，抽取演讲序号，以体现机会均等。

例7-8 请将“演讲人员”列随机排序。

这需要借助函数公式和辅助列来实现。

C2=RAND()，在填充柄上双击，向下填充公式。式中，RAND函数会随着单元格的每一次刷新而产生新的随机数。

在C列选择任一有数据的单元格，在“数据”选项卡中单击“升序”按钮 。从A列看，顺序完全打乱了，重新填充序号即可。如不想重新填充序号，可选择B:C列，在“排序”对话框对C列进行排序，如图7-8所示。

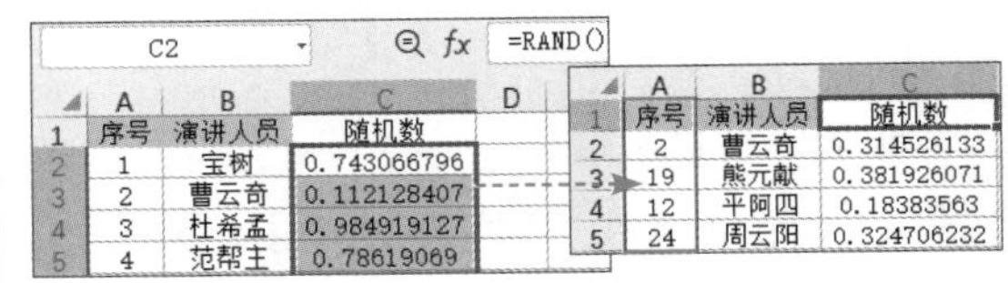

图 7-8　在辅助列输入随机函数

7.2.2　如何先字母后数字排序

在日常工作中，有一些数据混合了字母和数字，有时需要将此类数据按照先字母后数字的顺序排序，但WPS表格逐位比较的排序结果无法令人满意，这就需要借助其他手段来排序。

例7-9 C列的数据均有1个字母和2、3个数字，请按照先字母后数字的顺序升序排序。

这里介绍先分列后排序的方法，函数公式方法见示例文件。

（1）分列。C列数据规律性很强，很容易实现分列。WPS表格的“高级分列”功能要覆盖数据，为了保持数据原貌，最好使用

“分列”“智能分列”功能。这里不再赘述。

（2）排序。在数据表中选择任一单元格，打开“排序”对话框。在“列”下的“主要关键字”下拉列表中，选择后面一个只代表字母列的“编号”。单击“复制条件”按钮。在“列”下的“次要关键字”下拉列表中，选择要排序的“（列E）”列。单击“确定”按钮，如图7-9所示。

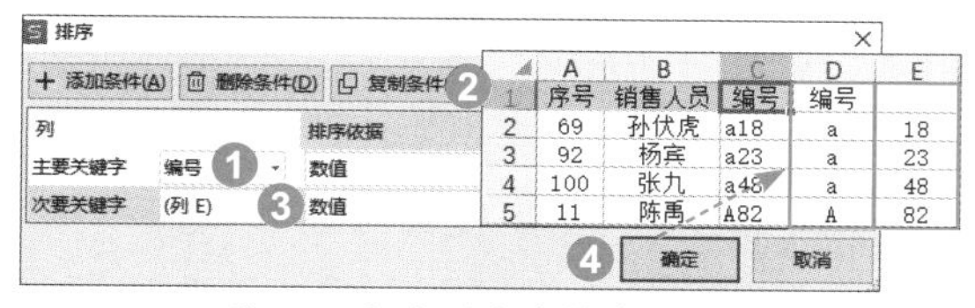

图 7-9　按分列内容排序的效果

如果对字母的排序要按照“aAbBcCdD……”的顺序排序，就在“排序”对话框中单击“选项”按钮，再在“排序选项”对话框中勾选“区分大小写”复选框。

7.2.3　如何隔行排序完成分层抽样

有时无须按照某些列数据的值或格式排序，只需要隔数行排序，例如科学研究中的分层抽样。

例7−10　请对B列学生隔3抽1参与科学研究。

最简单的方法是“填充+排序”。在D2单元格中填写1。选择D2:D5区域向下填充，得到抽样序号，然后再排序。填充抽样序号如图7-10所示。

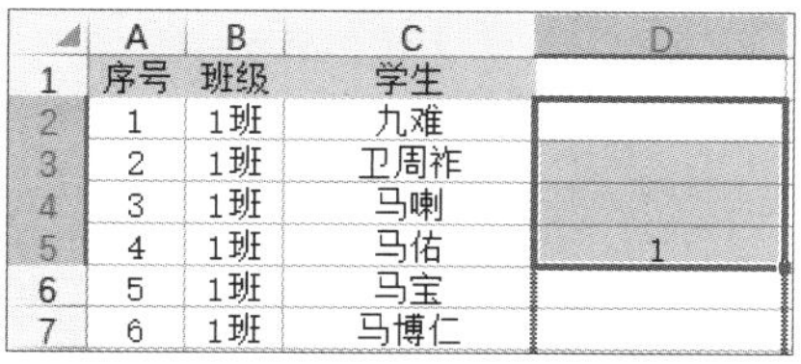

	A	B	C	D
1	序号	班级	学生	
2	1	1班	九难	
3	2	1班	卫周祚	
4	3	1班	马喇	
5	4	1班	马佑	1
6	5	1班	马宝	
7	6	1班	马博仁	

图 7-10　填充抽样序号

更复杂的抽样可以借助函数公式和辅助列来实现，通常使用IF、MOD、ROW等函数。

7.2.4　利用排序功能制作工资条

制作工资条、成绩条等，需要隔行填充列标题（列字段）。除了函数公式自动化实现的方法，还可以结合排序方法快速手动制作。

例7−11　现有一个工资表，请结合“排序”功能制作工资条。

1. 定位填充 + 排序

在工资表右侧按人数复制粘贴或填充序号，再将该序号（少最后1个）复制粘贴到该列的下面，接着将该列按升序排序。这样，就隔行插入了空行，如图7-11所示。

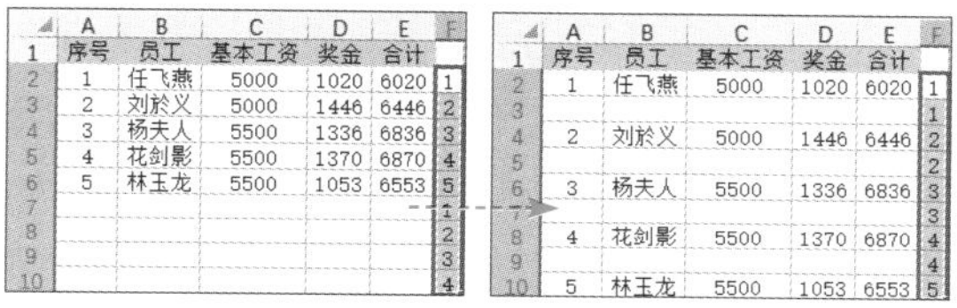

	A	B	C	D	E	F
1	序号	员工	基本工资	奖金	合计	
2	1	任飞燕	5000	1020	6020	1
3	2	刘於义	5000	1446	6446	2
4	3	杨夫人	5500	1336	6836	3
5	4	花剑影	5500	1370	6870	4
6	5	林玉龙	5500	1053	6553	5
7						1
8						2
9						3
10						4

	A	B	C	D	E	F
1	序号	员工	基本工资	奖金	合计	
2	1	任飞燕	5000	1020	6020	1
3						1
4	2	刘於义	5000	1446	6446	2
5						2
6	3	杨夫人	5500	1336	6836	3
7						3
8	4	花剑影	5500	1370	6870	4
9						4
10	5	林玉龙	5500	1053	6553	5

图 7-11　设置辅助列并排序

选择扩张后的工资表区域（不包含辅助列），使用Ctrl+G组合键或按F5键，在打开的“定位”对话框中选中“空值”单选按钮，单击“定位”按钮。输入公式“=A1”，使用Ctrl+Enter组合键确认，如图7-12所示。

7.2.3

7.2.4

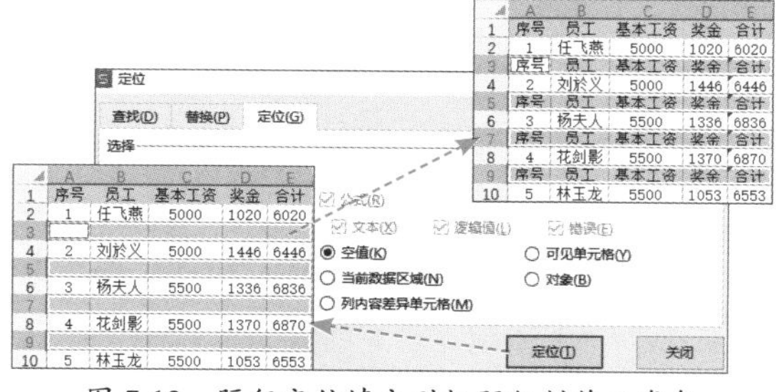

图 7-12　隔行定位填充列标题行制作工资条

隔行填充列标题后，再做一些格式美化工作，就可以得到便于打印和裁剪的工资条。

2. 复制粘贴 + 排序

在工资表右侧按人数复制粘贴或填充两组序号（末组少最后1个序号）。

复制标题行，选择工资表下面与复制粘贴序号等高的区域，执行“粘贴”命令。

在辅助列按升序排序，如图7-13所示。

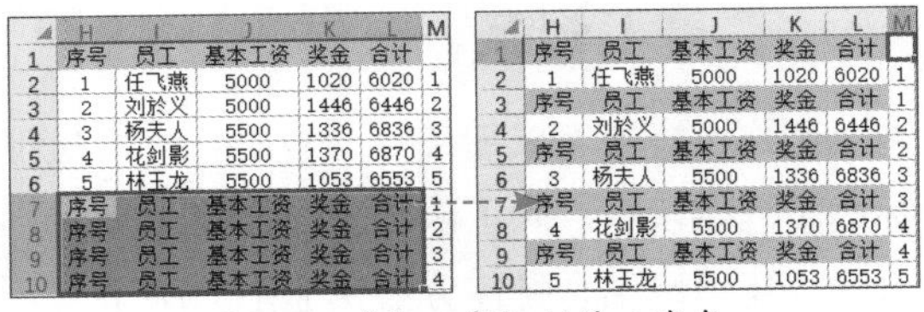

图 7-13 “快三步”制作工资条

7.3 自动筛选

自动筛选简称“筛选”，用于简单条件的筛选。在数据表中选择任一单元格（或列标题行）后，执行“数据”|“筛选”命令，可进入自动筛选，“筛选”按钮高亮显示，数据表列标题右侧出现筛选箭头，在筛选器中自动显示数据类型。再次单击“筛选”按钮，会退出自动筛选状态并清除所有的自动筛选，如图7-14所示。此外，执行“开始”|“筛选”命令或是创建“表格”和数据透视表，都能进入自动筛选状态。

7.3.1

7.3.2

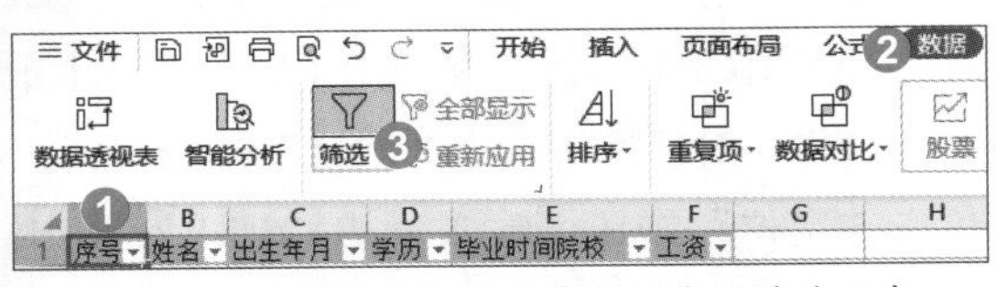

图 7-14 从“数据”选项卡进入自动筛选状态

7.3.1 文本如何按条件筛选

单击“文本筛选”的每一个选项，都会打开“自定义自动筛选方式”对话框。

例7-12 请筛选C列包含“四川”或“长江”字样的记录。

进入自动筛选状态后，单击C列的筛选箭头，在筛选器中选择“文本筛选”标签，选择“自定义筛选”选项。在打开的“自定义自动筛选方式”对话框中，在第一个条件左侧框下拉列表中选择“等于”条件，在右侧框里输入“*四川*”，也可以从下拉列表中选择后再修改。在两个条件之间选中“或”单选按钮。在第二个条件左侧框下拉列表中选择“包含”条件，在右侧框里输入“长江”，单击“确定”按钮，完成筛选，如图7-15所示。

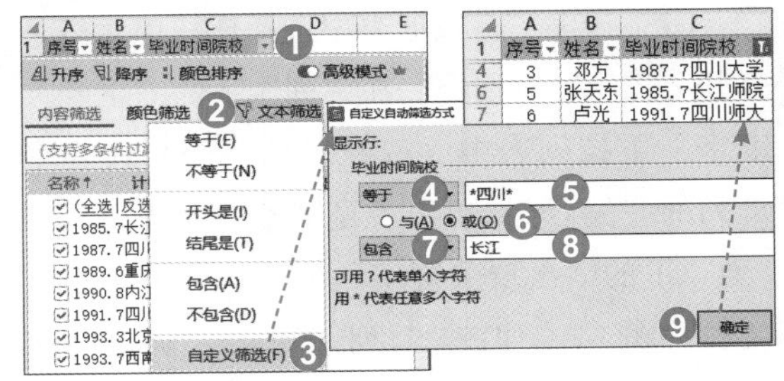

图 7-15 筛选E列包含“四川”或“长江”字样的记录

设置筛选条件时，通配符“?”代表单个字符，“*”代替任意多个字符；如果要查找这些特殊字符，必须在其前面加上“~”。

筛选完成后，被筛选字段的筛选箭头上会出现漏斗形图标，被筛选出来的数据的行号会呈现绿色，状态栏显示“在7个记录中筛选出3个”字样；如果数据有变，可以执行“数据”|“重新应用”命令，或执行“开始”|“筛选”|“重新应用”命令进行刷新。

要取消所有筛选，执行“数据”|“全部显示”命令即可；要取消对某列的筛选，就在筛选器中单击“清空条件”或“清除筛选”按钮，或在唯一值列表中勾选“全选”复选框，如图7-16所示。

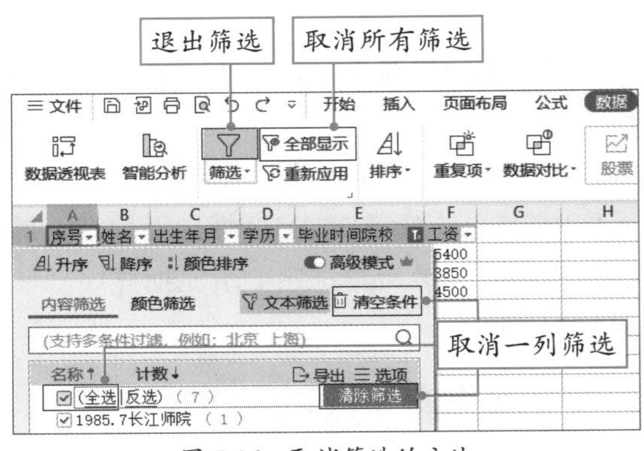

图 7-16 取消筛选的方法

7.3.2 数字如何按条件筛选

“数字筛选”的选项比较丰富，单击多数选项，会打开“自定义自动筛选方式”对话框，“高于平均值”“低于平均值”两项无须设置，单击时可以直接得到筛选结果。

例7-13 为开展后进生辅导工作，请筛选出E列总分名列后5%的记录。

单击E列“总分”筛选箭头，选择“数字筛选”标签，在下拉菜单中选择“前十项”选项。在打开的“自动筛选前10个”对话框中，在左侧下拉列表中选择“最小”选项，在中间文本框中输入或选择数字为5，在右侧下拉列表中选择“百分比”选项，单击“确定”按钮，如图7-17所示。

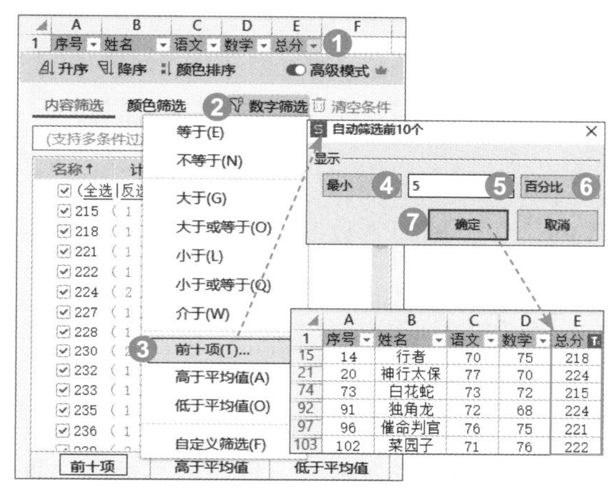

图 7-17 筛选“总分”列名列后 5% 的记录

7.3.3 日期如何按条件筛选

“日期筛选”除了能够进行“自定义自动筛选方式”外，还提供了“上月”“本月”“下月”这类动态日期。

例7-14 请筛选D列1965年1月1日之前出生的员工，以查看这几年退休的名单。

单击D列的筛选箭头，在筛选器中选择“日期筛选”标签，选择“之前”选项。在打开的“自定义自动筛选方式”对话框中，在第一个条件右侧的文本框中输入“1965/1/1”或“1965-1-1”或“1965年1月1日”，也可以在下拉列表中选择一个日期，还可以利用右侧的“日期筛选器”选择。单击“确定”按钮，完成筛选，如图7-18所示。

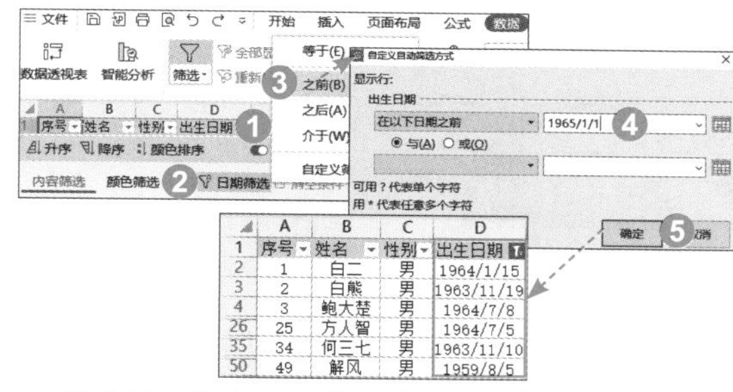

图 7-18 筛选 1965 年 1 月 1 日之前出生的员工

7.3.4 按颜色或图标筛选

7.3.3

不同的颜色可以标识数据的重要性和特殊性，WPS表格每次只能筛选出一种颜色或图标。

例7-15 “总分”列设置有“三向箭头（彩色）”的条件格式图标，请筛选出上等成绩。

进入筛选状态后，单击E列的筛选箭头，在筛选器中选择“颜色筛选”标签，在“按单元格图标筛选”组中选择绿色向上箭头，如图7-19所示。

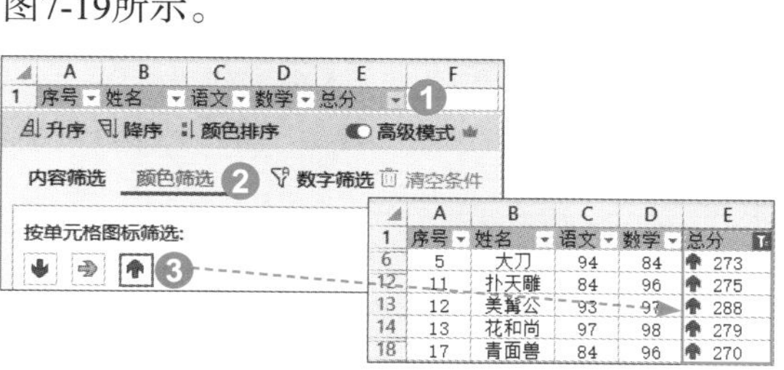

图 7-19 按图标筛选

7.3.4

7.3.5 奇妙的关键字筛选

7.3.5

关键字不区分字母大小写，支持通配符。不包含通配符时，是一种包含式筛选。关键字字符增多，筛选范围将逐步缩小。不仅可以搜索特定内容的记录，而且可以添加和清除记录。

例7-16 请筛选出10月份出生的员工，以便发放生日慰问卡。

进入筛选状态后，单击D列的筛选箭头，在筛选器搜索框中输入“10月”，单击“确定”按钮，如图7-20所示。

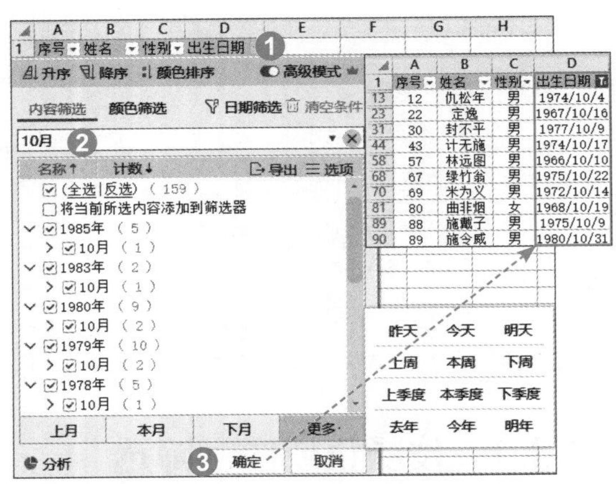

图 7-20　按关键字筛选 10 月份出生的员工

例7-17 请利用筛选器搜索框在E列筛选毕业于“师大”的人员，并添加在“北京”某校毕业的人员、清除在“重庆”某校毕业的人员。

进入筛选状态后，单击E列的筛选箭头。在筛选器搜索框中，输入“师大”二字，唯一值条目减少为3条。单击“确定”按钮，如图7-21所示。

7.3.6

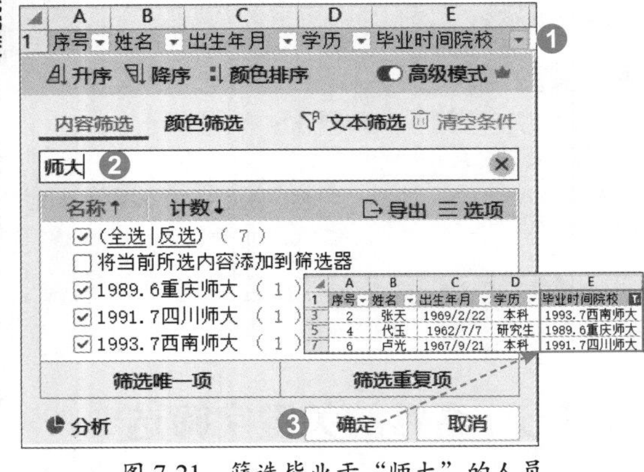

图 7-21　筛选毕业于“师大”的人员

再次单击E列的筛选箭头，在筛选器搜索框中，输入“北京”二字，勾选“将当前所选内容添加到筛选器”复选框，单击“确定”按钮，“北京”对应的记录就增加。再次单击E列的筛选箭头，在搜索框中输入“重庆”二字，勾选“将当前所选内容添加到筛选器”复选框，取消勾选包含“重庆”记录的复选框，单击“确定”按钮，“重庆”对应的记录就被清除，如图7-22所示。

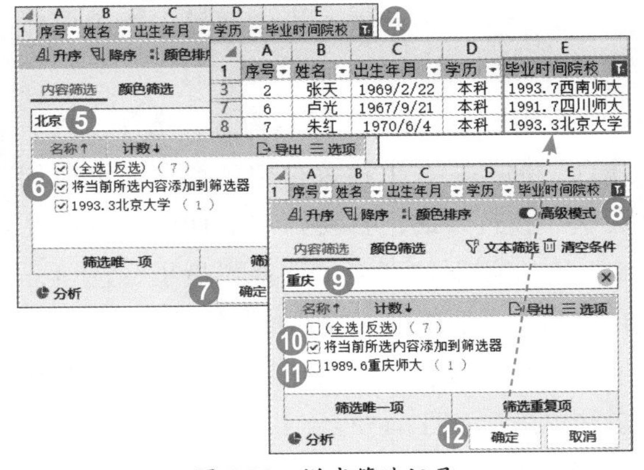

图 7-22　增减筛选记录

7.3.6　通过唯一值列表筛选

筛选器中的唯一值列表可以勾选。如果是WPS会员，则列表数据可以导出，还可以输出图表。

例7-18 请将C列销售员为“直销”的记录快速筛选出来。

进入筛选状态后，单击C列的筛选箭头，在筛选器唯一值列表中，将光标移动到“直销”记录上，单击“仅筛选此项”按钮，如图7-23所示。也可以在唯一值列表中，只勾选“直销”复选框，单击“确定”按钮。

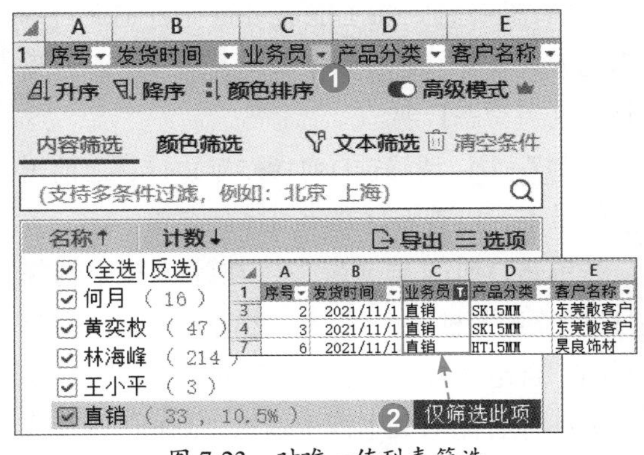

图 7-23　对唯一值列表筛选

例7-19 请按A列导出省市统计数据并显示分析结果，统计数据按降序排序。

进入筛选状态后，进入“高级模式”，单击A列的筛选箭头，单击“计数”按钮，再单击“导出”按钮。再次单击A列的筛选箭头，单击“分析”按钮，如图7-24所示。

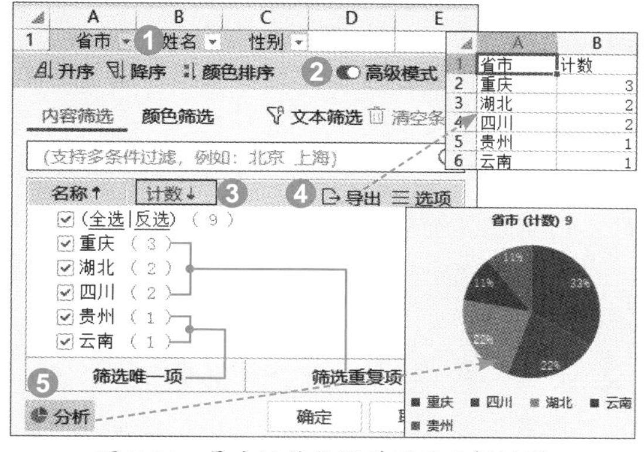

图 7-24　导出统计数据并显示分析结果

7.3.7　合并单元格的筛选

WPS表格能够对合并单元格进行筛选，这需要进入WPS会员的“高级模式”。

例7-20 D列按部门合并了单元格，请筛选办公室和行政部的记录。

进入筛选状态后，进入“高级模式”，单击D列的筛选箭头，在筛选器中，取消勾选“(全选|反选)”复选框，勾选“办公室”“行政部”复选框，单击“选项”下拉按钮，在下拉菜单中选择“允许筛选合并单元格”选项，单击“确定”按钮，如图7-25所示。

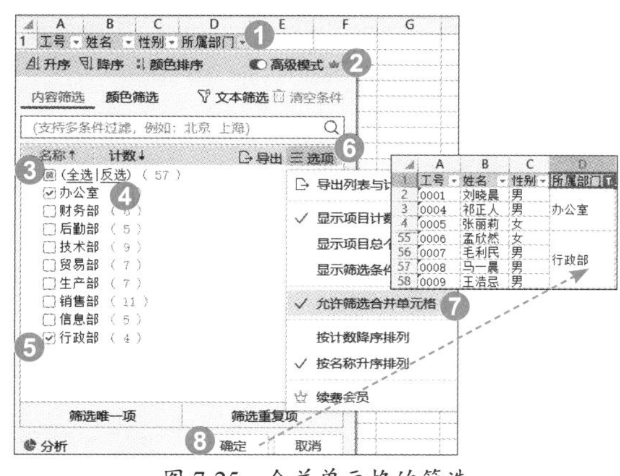

图 7-25　合并单元格的筛选

7.3.8　多列多次自动筛选

自动筛选可以实现在多个字段进行多次筛选。

例7-21 请将原值大于或等于30万元的车床设备筛选出来。

进入筛选状态后，单击C列的筛选箭头，在筛选器中选择“数字筛选”标签，在下拉菜单中选择“大于或等于”选项，在打开的“自定义自动筛选方式”对话框中，在第一个条件的右框中输入“300000”，单击“确定”按钮，如图7-26所示。

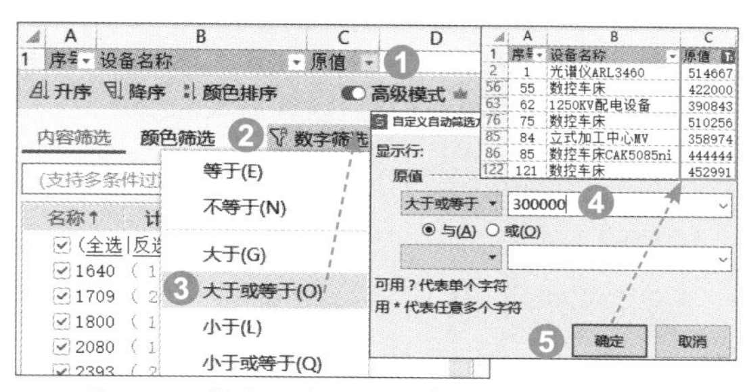

图 7-26　筛选原值大于或等于 30 万元的设备

单击B列的筛选箭头，在搜索框中输入“车床”，单击“确定”按钮，如图7-27所示。

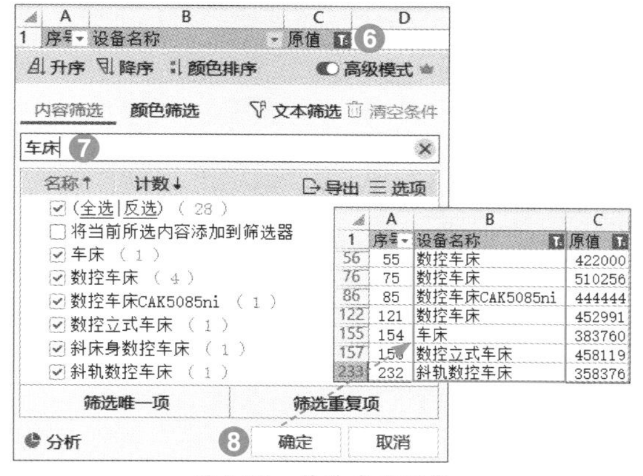

图 7-27　筛选车床设备

7.3.9　筛选数字开头的记录

当数据为混合式的文本数据，常规的筛选和使用通配符筛选都难以实现目的时，可以使用辅助列结合函数公式来实现筛选。

例7-22 请将C列数字开头的“型号”记录筛选出来。

添加辅助列，E2=LEFT(C2)<="9"，将公式向下填充至需要的地方。

进入筛选状态后，单击E列的筛选箭头，在唯一值列表中，在TRUE选项右侧单击“仅筛选此项”按钮，如图7-28所示。

7.3.7

7.3.8

7.3.9

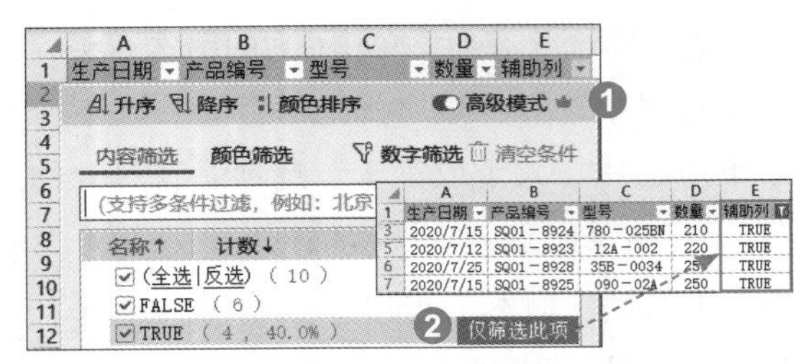

图 7-28　筛选 TRUE

7.3.10　对特定值的快捷筛选

对单一特定值的快捷筛选是WPS会员的一项功能。

例7-23 请使用“快捷筛选”功能将属于“洗衣机”的记录快速筛选出来。

选择有“洗衣机”内容的任一单元格，在“数据”选项卡中单击“筛选”下拉按钮，在下拉菜单中选择“快捷筛选”选项。筛选完成后，数据表会进入自动筛选状态，如图7-29所示。

7.3.10

图 7-29　对特定值的快捷筛选

7.3.11

进入自动筛选状态，可以在右键快捷菜单中对多个特定值进行筛选，如图7-30所示。

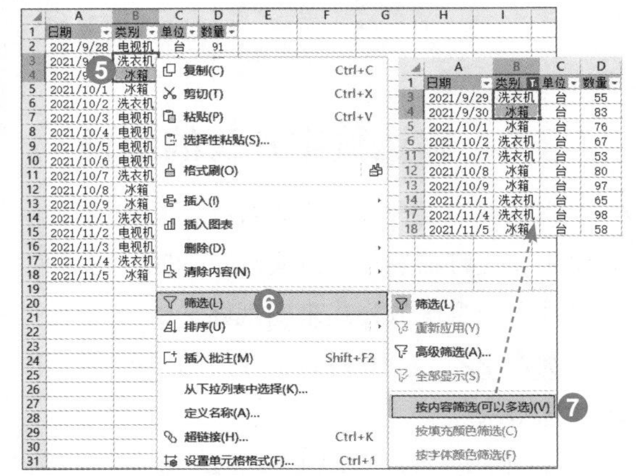

图 7-30　在右键快捷菜单中筛选多个特定值

7.3.11　固化自动筛选结果

如果用户不想重新设置筛选条件，又想能够方便地切换回曾经筛选过的筛选结果，就需要将该次筛选结果固化下来。固化筛选结果要使用到“自定义视图”功能。

例7-24 已经将最大的5笔金额筛选出来，请将该筛选结果固化下来。

在“视图”选项卡中单击“自定义视图”按钮，在打开的“视图管理器”对话框中单击“添加”按钮，在打开的“添加视图”对话框的“名称”框里输入“最大的5笔金额”，单击“确定”按钮，视图就定义好了，如图7-31所示。

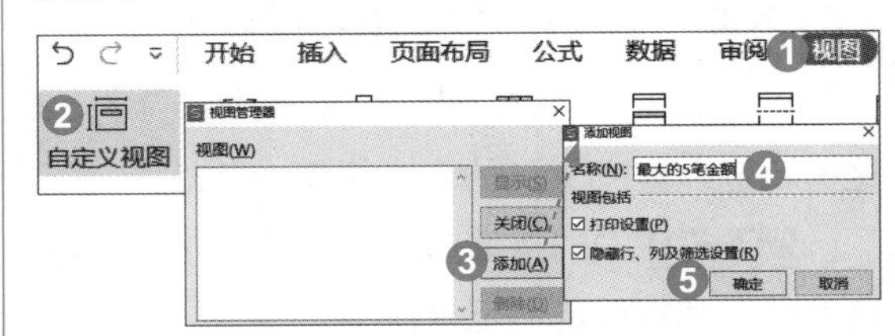

图 7-31　自定义视图

多次筛选后，如果要回归该视图，可在“视图管理器”对话框中的“视图”列表中找到需要显示的视图，单击“显示”按钮，该视图就还原了。

还可以变换筛选条件添加新的自定义视图。改变筛选条件、清除筛选或退出筛选模式，不影响已经保存好的自定义视图。

7.4　高级筛选

高级筛选需要设置一个条件区域，条件区域至少要包括两行内容：第一行是列标题，第二行是筛选条件。可以直接复制粘贴数据表的列标题作为条件区域的列标题，同名列标题相当于条件区域和数据表之间的桥梁。与筛选过程无关的列标题不会使用，使用公式值作为筛选条件时不需要列标题，特殊情况下会用到两个同名列标题。

高级筛选的关键是书写筛选条件。同一行中的条件之间的关系是逻辑“与”，同一列中的条件之间的关系是逻辑“或”，空白单元格表示任何条件。

受隐藏行的影响，如果高级筛选“在原有区域显示筛选结果”，则条件区域不宜在数据表的左右，宜在数据表上方、下方或其他工作表中。

7.4.1 多条件“与”的高级筛选

WPS表格高级筛选条件区域同一行多个条件之间逻辑“与”的关系，是指多个条件必须同时满足要求。用于同类数值时，是“介于”条件，例如成绩大于或等于60分且小于80分，需要设置两个同名列字段。

例7-25 请筛选入库日期早于2021/7/1、所入仓库在上海仓、入库数量大于200的记录。

首先填写好条件区域，然后进行高级筛选。将光标放置于数据表中的任一单元格。在“数据”选项卡中单击“筛选”下拉按钮，在下拉列表中选择“高级筛选”选项，在打开的“高级筛选”对话框中，“列表区域”已自动填写数据表区域。将光标放置于“条件区域”引用框内，拖动鼠标选择B1:F2区域。单击“确定”按钮，如图7-32所示。

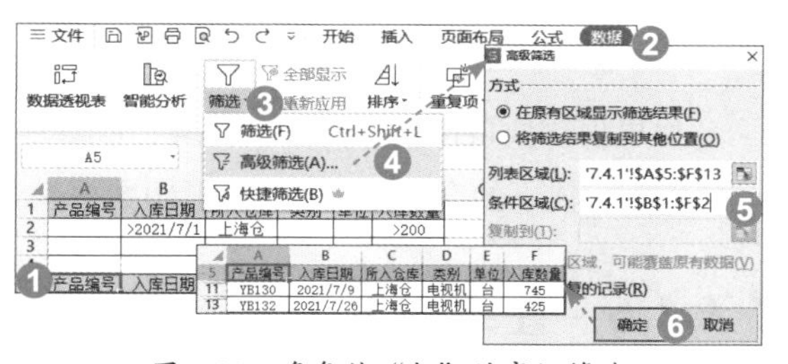

图 7-32 多条件“与”的高级筛选

注意事项 执行“开始”|“筛选”|“高级筛选”命令，或在右键快捷菜单中执行“筛选”|“高级筛选”命令，也能进行高级筛选。“在原有区域显示筛选结果”的高级筛选是可逆的操作，可以撤销或清除。清除筛选结果时，执行“数据”|“筛选”|“全部显示”命令，或执行“开始”|“筛选”|“全部显示”命令，或在右键快捷菜单中执行“筛选”|“全部显示”命令。可以使用通配符“*”“？”设置筛选条件，日期型和数值型数据通常限定范围。

7.4.2 多条件“或”的高级筛选

WPS表格高级筛选条件区域同一列的多个条件之间逻辑“或”关系，是指多个条件只要满足一个条件即可，为“多选一”。用于同类数值时，是“其外”条件，例如成绩小于60分或大于90分，只需要设置一个列字段。

例7-26 请筛选学历为研究生或专科的员工。

首先填写好条件区域，然后进行高级筛选。将光标放在数据表中，调出“高级筛选”对话框，“列表区域”自动填写了数据表区域，“条件区域”选择D1:D3区域，单击“确定”按钮，如图7-33所示。

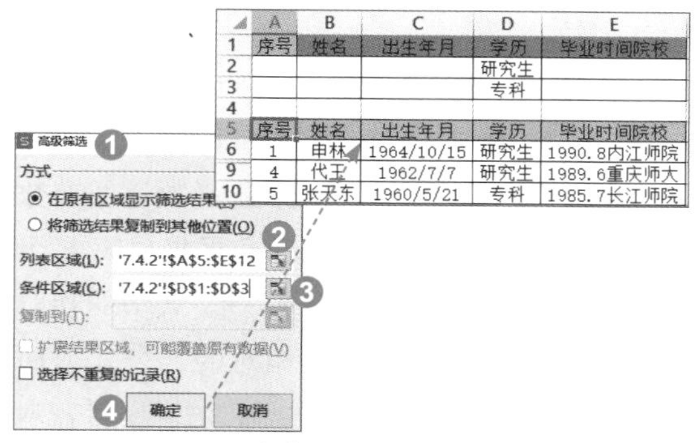

图 7-33 多条件“或”的高级筛选

多条件的“或”，也可以是不同行的不同字段，例如学历、工资。

7.4.1

7.4.2

7.4.3

7.4.3 复合“与”“或”条件的筛选

每一行条件内部是“与”的关系，不同行条件之间是“或”的关系，构成复合条件。

例7-27 请筛选“产品为CDROM、产地在南非、销量大于或等于1500”和“产品为HDD、产地在希腊、销量大于或等于1500”的记录。

首先填写好条件区域，然后进行高级筛选。将光标放在数据表中，调出“高级筛选”对话框，“列表区域”自动填写了数据表区域，“条件区域”框引用B1:D3区域，单击“确定”按钮，如图7-34所示。

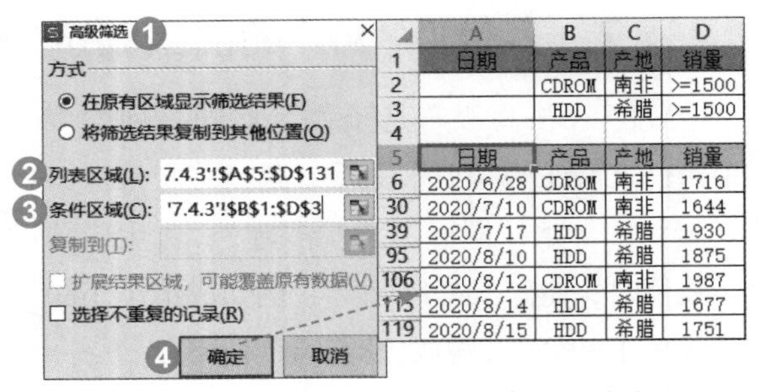

图 7-34　复合“与”“或”条件的筛选

7.4.4　使用函数公式值的筛选

WPS表格高级筛选功能可以借助函数公式值进行随心所欲的筛选。

例7-28 请筛选语文成绩高于学科平均分和数学成绩前5名或者英语成绩大于等于145分的记录。

首先填写好条件区域。A2=(C6>AVERAGE($C$6:$C$13))*(D6>=LARGE($D$6:$D$13,6))+(E6>=145)。式中，AVERAGE函数返回参数的平均值，LARGE函数返回数据集里第 k 个最大值，其语法为LARGE（数组, K）。式中的相对引用表示单元格的位置是相对的，公式返回错误值也不会影响筛选。“*”“+”分别表示AND、OR函数，本式可改写为“=OR(AND(C6>AVERAGE($C$6:$C$13),D6>=LARGE($D$6:$D$13,6)),E6>=145)”。

然后进行高级筛选。将光标放在数据表中，调出“高级筛选”对话框，在“方式”组中选中“将筛选结果复制到其他位置”单选按钮，“列表区域”保持自动引用，“条件区域”框引用A1:A2区域，“复制到”框引用A15单元格（存放区域左上角），单击“确定”按钮，如图7-35所示。

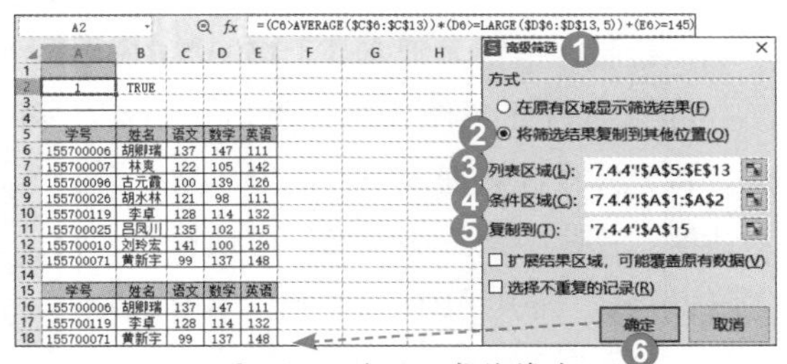

图 7-35　使用公式值筛选

7.4.5　在横向上按子集字段筛选

在高级筛选时，可以妙用“将筛选结果复制到其他位置”选项，实现在横向上按子集字段筛选，这样就可以减少或重组字段，按特定字段筛选。

例7-29 请筛选女性员工，并减少“入职日期”字段，还要将“籍贯”字段放在最后。

首先填写好条件区域B1:B2区域和放置筛选结果的字段区域A12:E12区域，然后进行高级筛选。将光标放在数据表中，调出“高级筛选”对话框，在“方式”组中选中“将筛选结果复制到其他位置”单选按钮，“列表区域”自动填写了数据表区域，“条件区域”框引用B1:B2区域，“复制到”框引用A12:E12区域，单击“确定”按钮，如图7-36所示。

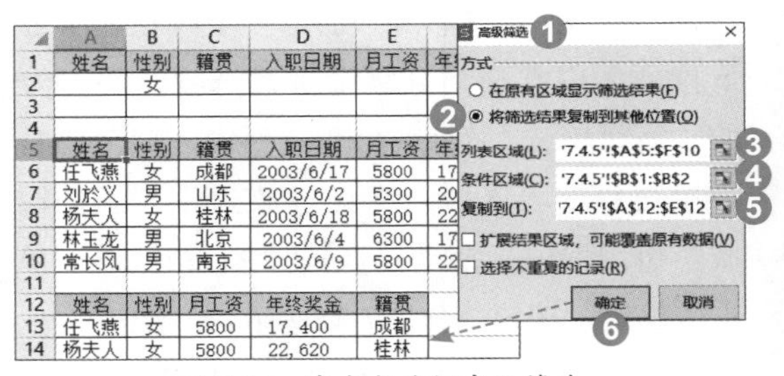

图 7-36　减少或重组字段筛选

如果将筛选条件设置为空白区域，就会得到所保留字段下的全部数据，巧妙重组数据表。

7.4.6　在纵向上按子集条目筛选

有时需要按照特定条目进行匹配式筛选，这时纵向的特定条目是数据表的一个子集，在横向上还可以同时减少或重组字段。特定条目与特定字段构成一个表，这要求数据表和特定条目的次序要一致，否则筛选结果会错位。这种高级筛选也被称为多对多筛选。

例7-30 如图7-37所示，请按A8:D11区域的姓名条目和有关字段筛选。

	A	B	C	D	E	F
1	姓名	性别	籍贯	入职日期	月工资	年终奖金
2	任飞燕	女	成都	2003/6/17	5800	17,400
3	刘於义	男	山东	2003/6/2	5300	20,670
4	杨夫人	女	桂林	2003/6/18	5800	22,620
5	林玉龙	男	北京	2003/6/4	6300	17,010
6	常长风	男	南京	2003/6/9	5800	24,880
7						
8	姓名	性别	籍贯	年终奖金		
9	常长风					
10	任飞燕					
11	杨夫人					

图 7-37 工资奖金表、条件区域和特定字段

1. 使用“高级筛选”功能匹配

首先对数据表和条件区域的姓名列都按升序排序。如果不事先排序，条目匹配可能会出错。

然后进行高级筛选。将光标放在数据表中，调出“高级筛选”对话框。在“方式”组中选中“将筛选结果复制到其他位置”单选按钮，“列表区域”框自动填写了数据表区域，“条件区域”框引用A8:A11区域，“复制到”框引用B8:D8区域，单击“确定”按钮，如图7-38所示。

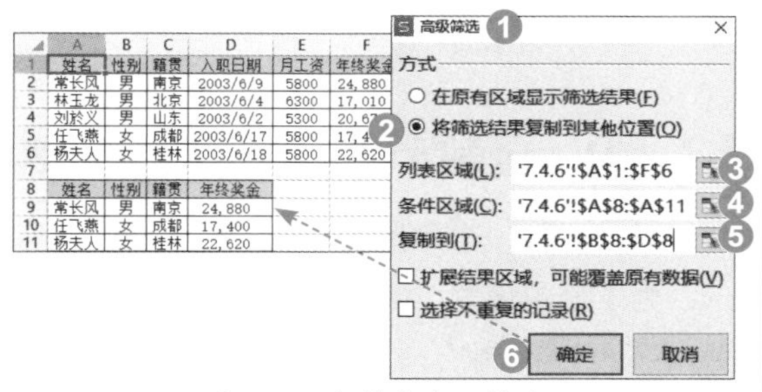

图 7-38 按特定条目筛选

2. 使用“查找录入”功能匹配

“查找录入”功能可以将一个表格中的数据，根据表头匹配到另一个表中，例VLOOKUP函数操作更简单、功能更强大，而且无须像“高级筛选”功能那样必须先对数据表和条件区域的姓名列都排序以求匹配。

在“数据”选项卡中单击“查找录入”按钮，在打开的“查找录入”对话框中，在“数据源表区域”框中引用A1:F6区域，在“待填写区域”框中引用“A8:D11”区域，单击“下一步”按钮，如图7-39所示。

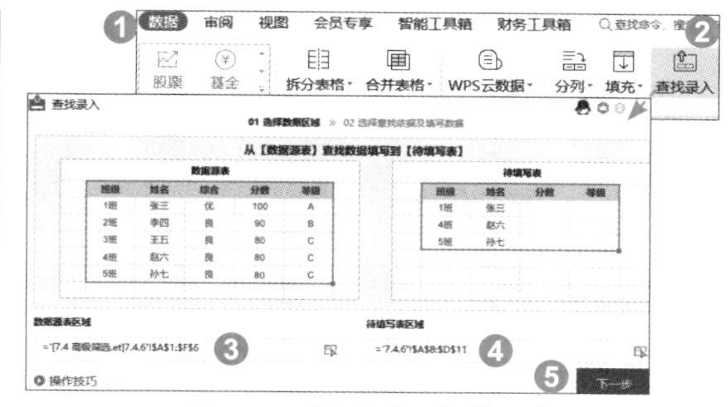

图 7-39 “查找录入”第 1 步

检查“查找依据”和“填写数据”各字段自动匹配是否正确，选中“完全覆盖”单选按钮，单击“开始录入”按钮，等待一会儿后在“录入完成”对话框单击“确定”按钮，如图7-40所示。

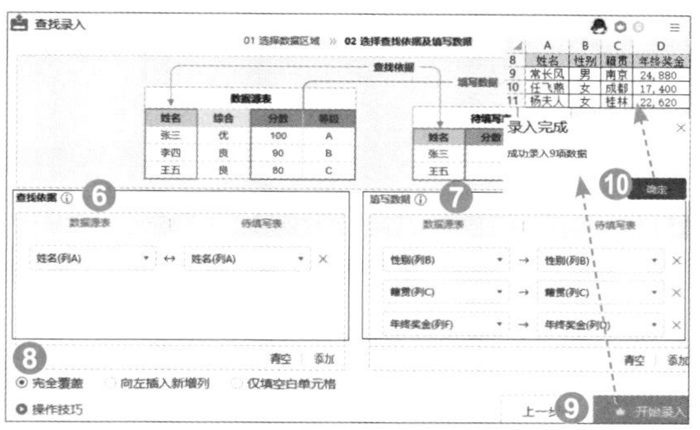

图 7-40 “查找录入”第 2 步

7.4.7

7.4.7 对两组数据进行对比式筛选

WPS表格高级筛选还能对两组多列数据异同进行对比式筛选。

例7−31 请筛选数据表A和数据表B的共有记录、A有B无的记录、B有A无的记录。

筛选A、B共有记录时，将光标放在数据表A中，调出“高级筛选”对话框。在“方式”组中选中“将筛选结果复制到其他位置”按钮，“列表区域”框自动填写了数据表区域，“条件区域”框引用D3:D10区域，“复制到”框引用G3单元格，单击“确定”按钮，A和B的共集就按数据A的顺序被筛选出来了，如图7-41所示。“列表区域”“条件区域”可以互换。

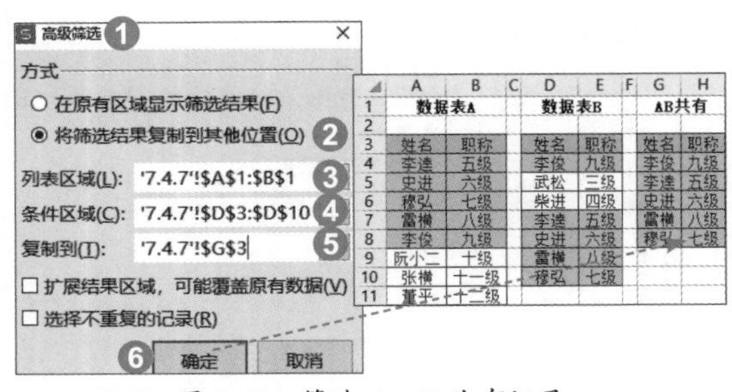

图 7-41　筛选 A、B 共有记录

筛选A有B无的记录时，需要设置函数公式。J2=ISERROR(MATCH(A4,$D$4:$D$500,)。式中，MATCH函数查找A4单元格姓名在D列姓名列中的位置，其语法为MATCH（查找值，查找区域，[匹配类型]），省略了第3个参数值0，表示精确查找。若MATCH函数的返回值为错误值，用ISERROR函数判断则为TRUE，就为A列独有的姓名。

调出“高级筛选”对话框。在“方式”组中选中“将筛选结果复制到其他位置”单选按钮，“列表区域”框自动填写了数据表区域，“条件区域”框引用J1:J2区域，“复制到”框引用J3单元格，单击“确定”按钮，如图7-42所示。

7.4.8

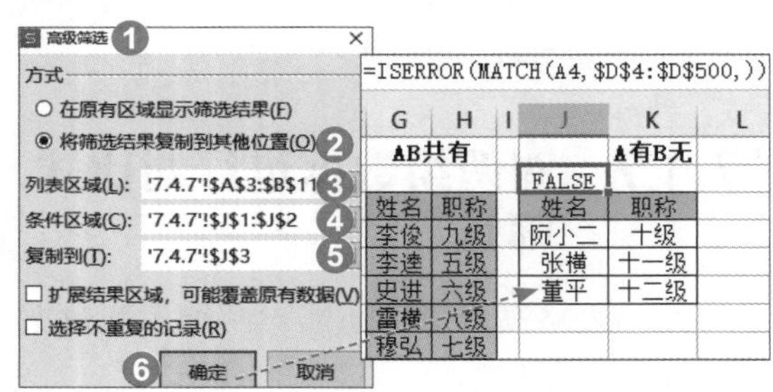

图 7-42　筛选 A 有 B 无的记录

筛选B有A无的记录，公式为“=ISERROR(MATCH(D4,$A$4:$A$500,0))”，如图7-43所示。

图 7-43　筛选 B 有 A 无的记录

7.4.8　无条件筛选不重复记录

重复记录是指一行内容完全一样的多条记录。WPS表格在“数据”选项卡的“重复项”下拉列表中提供了“删除重复项”功能。此外，WPS表格还能筛选不重复记录。

例7-32 表中有内容完全相同的记录，请筛选出不重复记录。

将光标放在数据表中，在“方式”组中选中“将筛选结果复制到其他位置”单选按钮，“列表区域”框自动填写了数据表区域，在“复制到”框引用E1单元格，勾选“选择不重复的记录”复选框，单击“确定”按钮，如图7-44所示。

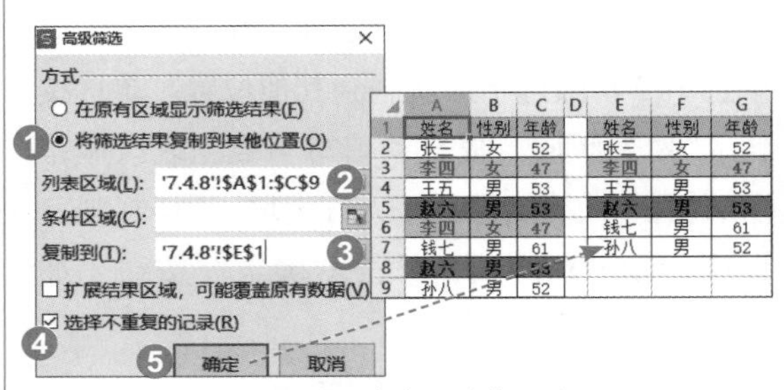

图 7-44　筛选不重复记录

7.4.9　录制宏实现一键高级筛选

如果要在一个数据表中比较频繁地进行筛选，为了避免设置“筛选”对话框时的重复性劳动，可以录制宏来一键搞定高级筛选。不过，目前VBA宏功能仅限购买了商业标准版或者商业高级版的企业用户使用，这里仅介绍一下思路。

例7-33 请设置一键筛选。初始筛选条件：品名为B，日期为2021年6月份。

设置筛选条件。

将数据表创建为动态智能“表格”。

在“选项”对话框中调出“开发工具”选项卡。

利用工作表状态栏处的“录制宏”按钮将筛选过程录制为宏。

绘制宏按钮和指定宏。

第8章 合并计算与汇总

孤立的数据往往意义不大。为快速掌握数据面貌，对一个或多个表的数据一并快速汇总计算，合并计算和分类汇总是两个简单的工具，它们比函数公式更简单易用。

8.1 合并计算

“合并计算”功能主要用于将结构或内容相似的多个数据源区域的数据，按照求和、计数、平均值、最大值、最小值、乘积、计数值、标准偏差、总体标准偏差、方差、总体方差等函数功能，匹配式地合并汇总到一个新的区域中。

8.1.1 合并计算的标准动作

几个源表无论字段名或记录排列顺序是否一致，要将跨表数据合并在一起计算，首选工具就是“合并计算”。

例8-1 如图8-1所示，两个分表的结构完全相同，请按“品名”合并汇总“产量”。

	A	B	C	D	E	F	G
1	月份	品名	产量		月份	品名	产量
2	1月	空调	6480		4月	空调	6086
3	2月	冰箱	6448		5月	冰箱	6607
4	3月	洗衣机	9317		6月	洗衣机	8165

图 8-1　两个产量表

8.1.1

8.1.2

选择存放合并计算结果的起始单元格，单击“数据”选项卡，再单击“合并计算”按钮，在打开的“合并计算”对话框中，保持“函数”的默认选项为“求和”，在“引用位置”框中引用B1:C4区域，单击“添加”按钮，再在“引用位置”框中引用F1:G4区域，单击“删除”按钮。在“标签位置”组中勾选“首行”和“最左列”复选框。单击“确定”按钮，如图8-2所示。

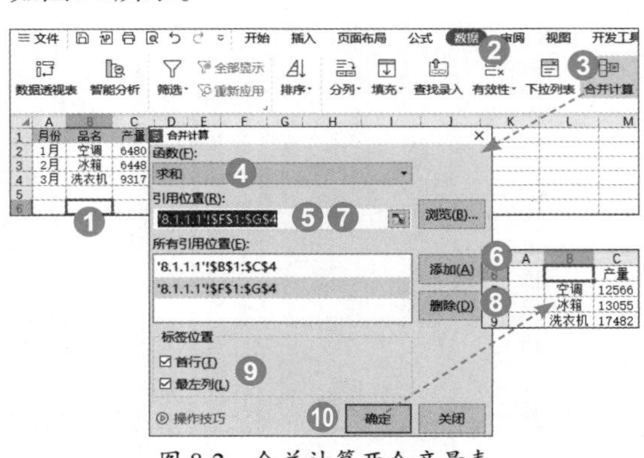

图 8-2　合并计算两个产量表

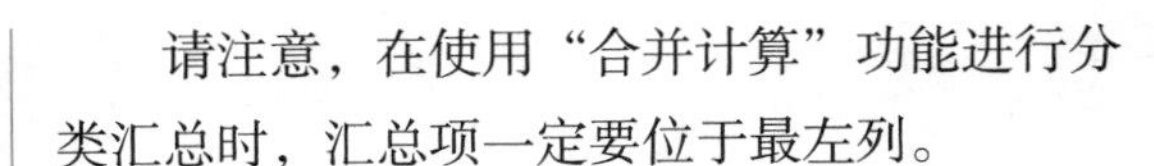

请注意，在使用“合并计算”功能进行分类汇总时，汇总项一定要位于最左列。

作为合并计算的数据表，可以是同一工作表中的不同数据表，也可以是位于同一工作簿中的不同工作表，还可以是位于不同的工作簿中。

例8-2 如图8-3所示，有1～6月的工资表，每个月的人数可能不同，请将每个人的收入情况汇总到“汇总表”工作表中。

	A	B	C	D
1	姓名	基本工资	奖金	合计
2	袁宇航	10000	2403	12403
3	卢燕	9500	2209	11709
4	康志豪	9000	4142	13142
5	袁静	8500	2837	11337
6	江欢	8000	2140	10140
7	张明杰	7500	4610	12110
8	刘俊	7000	3360	10360
9	袁洪	6500	2950	9450
10	刘昆	6000	4366	10366
11				

	A	B	C	D
1	姓名	基本工资	奖金	合计
2	袁宇航	10000	3601	13601
3	卢燕	9500	3280	12780
4	康志豪	9000	3944	12944
5	袁静	8500	2760	11260
6	江欢	8000	2089	10089
7	张明杰	7500	4967	12467
8	刘俊	7000	2258	9258
9	袁洪	5500	4057	9557
10	刘昆	5000	3456	8456
11	吴高萍	4500	4871	9371

1月　2月　3月　4月　5月　6月　汇总表

图 8-3　工资表

选择“汇总表”工作表A1单元格，打开“合并计算”对话框，保持“函数”的默认选项为“求和”，“引用位置”引用框分别添加每个月的工资表区域，勾选“首行”“最左列”复选框，单击“确定”按钮，如图8-4所示。

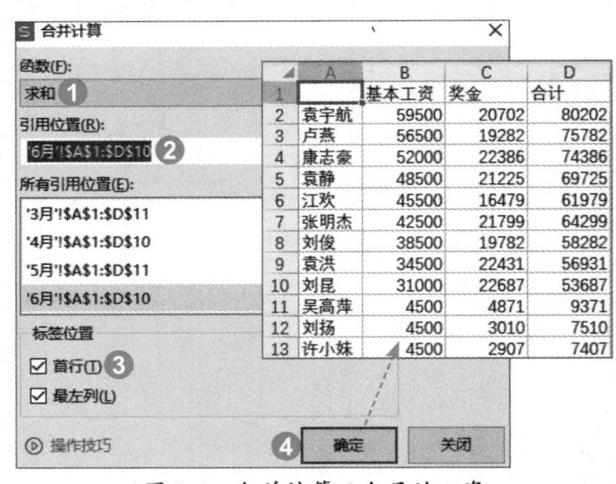

	A	B	C	D
1		基本工资	奖金	合计
2	袁宇航	59500	20702	80202
3	卢燕	56500	19282	75782
4	康志豪	52000	22386	74386
5	袁静	48500	21225	69725
6	江欢	45500	16479	61979
7	张明杰	42500	21799	64299
8	刘俊	38500	19782	58282
9	袁洪	34500	22431	56931
10	刘昆	31000	22687	53687
11	吴高萍	4500	4871	9371
12	刘扬	4500	3010	7510
13	许小妹	4500	2907	7407

图 8-4　合并计算 6 个月的工资

8.1.2 合并计算时分类汇总

合并计算还适用于对一个数据表的分类汇总，而且汇总项无须排序。

例8-3 如图8-5所示，请按班级分学科及总分计算平均值。

	A	B	C	D	E	F	G	H	I
1	序号	班级	学号	姓名	性别	语文	数学	英语	总分
2	1	1班	155700006	胡卿瑞	男	137	147	111	395
3	2	2班	155700007	林爽	男	122	105	142	369
4	3	3班	155700010	刘玲宏	男	141	100	126	367
5	4	3班	155700021	温圆圆	女	142	95	140	377
6	5	2班	155700025	吕凤川	男	135	102	115	352
7	6	1班	155700026	胡水林	男	121	98	111	330
8	7	1班	155700054	李勇	男	131	128	94	353
9	8	1班	155700071	黄新宇	男	99	137	148	384
10	9	3班	155700096	古元霞	女	100	139	126	365
11	10	2班	155700119	李卓	男	128	114	132	374

图 8-5　成绩表

选择B14单元格，打开“合并计算”对话框，“函数”选择“平均值”选项，“引用位置”框引用B1:I11区域（确保班级处于第1列），勾选“首行”“最左列”复选框，单击“确定”按钮，如图8-6所示。

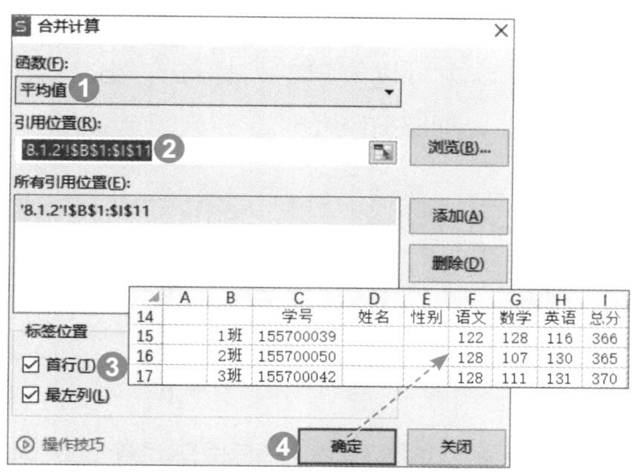

图 8-6　按班级分学科及总分计算平均值

8.1.3　按户头创建汇总报表

变换分表的列标题，可以将分表按“户头”巧妙创建成汇总报表。

例8-4　如图8-7所示，请将3个分表的数据汇总到一个表中，并按地区呈现各产品的销量情况。

	A	B	C	D	E	F	G	H
1	重庆			四川			贵州	
2	品名	产量		品名	产量		品名	产量
3	A产品	1612		A产品	1720		B产品	657
4	C产品	716		B产品	736		C产品	1837
5	D产品	643		D产品	1859		D产品	949
6	E产品	1770					E产品	816

图 8-7　3 个分表

首先将3个分表的列标题“产量”分别修改为有区分度的列标题，例如“重庆”“四川”“贵州”，如图8-8所示。

	A	B	C	D	E	F	G	H
1	重庆			四川			贵州	
2	品名	重庆		品名	四川		品名	贵州
3	A产品	1612		A产品	1720		B产品	657
4	C产品	716		B产品	736		C产品	1837
5	D产品	643		D产品	1859		D产品	949
6	E产品	1770					E产品	816

图 8-8　修改三个表的列标题

选择A9单元格，打开“合并计算”对话框，“引用位置”引用框分别添加A2:B6、D2:E5、G2:H6区域，勾选“首行”和“最左列”复选框，单击“确定”按钮，如图8-9所示。

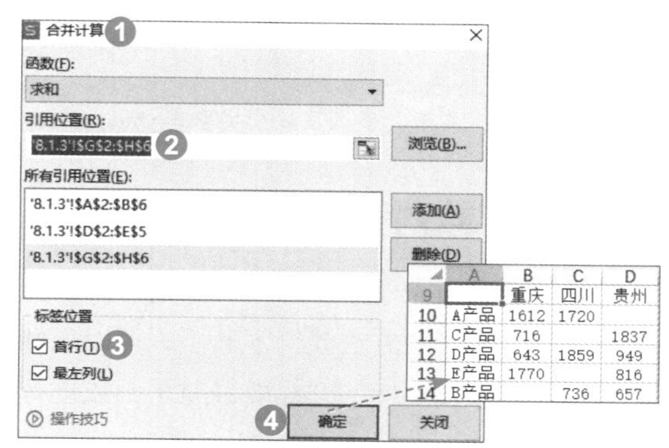

图 8-9　按户头创建汇总报表

8.1.3

8.1.4　在多行多列区域中提取唯一值

8.1.4

在多行多列区域中提取唯一值列表是一件比较麻烦的事情，常用函数公式、数据透视表、排成一列再删除重复项等方法，使用WPS表格“合并计算”功能提取不重复值的方法相对来说比较简单。

例8-5　任课表中有重复姓名，请使用“合并计算”功能列出不重复值。

合并计算的意思是在合并时计算，因此合并之时就是在提取唯一值列表，同时因为要计算，所以每个合并区域至少要有2列。在任课表中每科名单后面插入1列空列，如图8-10所示。

	A	B	C	D	E	F	G
1	班级	语文		数学		英语	
2	1	司马		单于		司寇	
3	2	司马		单于		司寇	
4	3	夏侯		公孙		端木	
5	4	夏侯		公孙		端木	
6	5	闻人		轩辕		公西	
7	6	闻人		轩辕		公西	

	A	B	C	D
1	班级	语文	数学	英语
2	1	司马	单于	司寇
3	2	司马	单于	司寇
4	3	夏侯	公孙	端木
5	4	夏侯	公孙	端木
6	5	闻人	轩辕	公西
7	6	闻人	轩辕	公西

图 8-10　在每科名单后面插入 1 列空列

选择H1单元格，打开“合并计算”对话框，“引用位置”引用框分别添加B2:C7、D2:E7、F2:G7区域，只勾选“最左列”复选框，单击“确定”按钮，如图8-11所示。

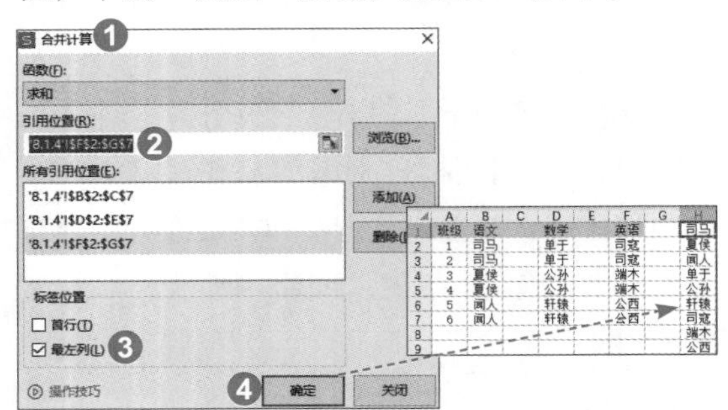

图 8-11　在多行多列区域中提取唯一值

8.1.5　核对两表数据的差异

在两表数据顺序不一致时，要核对两表数据的差异，一般的方法就行不通了，可以巧妙地利用合并计算功能的“标准偏差”函数进行核对。

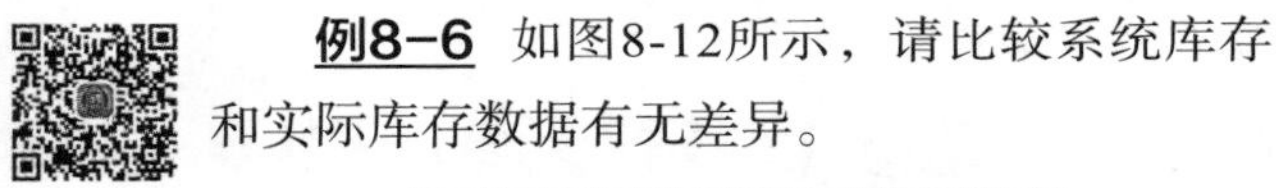

例8-6 如图8-12所示，请比较系统库存和实际库存数据有无差异。

8.1.5

8.1.6

8.1.7

	A	B	C	D	E
1	产品	系统库存		产品	实际库存
2	毛巾	82		毛巾	82
3	浴巾	96		棉被	79
4	床单	75		浴巾	96
5	被套	76		床单	74
6	毛毯	76		空调被	95
7	被芯	93		被套	76
8	棉被	79		毛毯	75
9	空调被	95		被芯	91

图 8-12　系统库存与实际库存表

选择G1单元格，打开“合并计算”对话框，在“函数”下拉列表中选择“标准偏差”选项，“引用位置”引用框分别添加A1:B9、D1:E9区域，勾选“最左列”复选框，单击“确定”按钮，如图8-13所示。

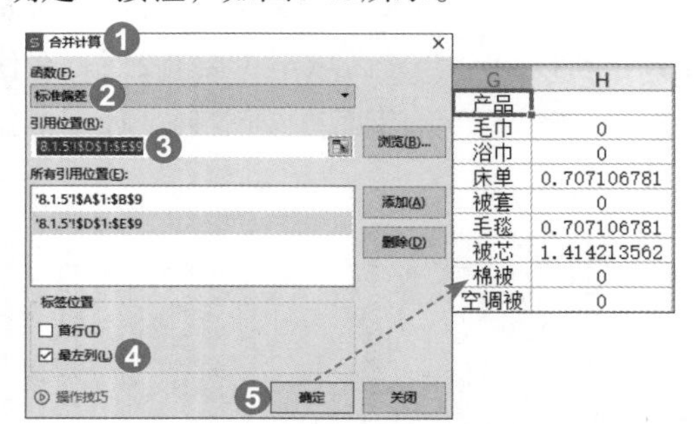

图 8-13　使用标准偏差函数核对数据差异

H列为0的行表示无差异，非0的行表示有差异。如果想生成具体的差异数量，可以把其中一个表的数字设置成负数（辅助列公式=E2*-1，或在选择性粘贴时乘以-1），合并计算的函数选择“求和”选项即可。

8.1.6　核对两列文本数据

合并计算功能既能生成不重复值列表，又能进行“计数”计算，借助辅助列，可以巧妙地核对文本型数据。

例8-7 两列姓名有同有异，请利用“合并计算”功能比较异同。

将两列姓名都向右填充一列，并分别将列标题修改为可以辨识的列标题，例如“表A”“表B”，如图8-14所示。

	A	B	C	D	E
1	姓名			姓名	
2	李逵			李俊	
3	史进			武松	
4	穆弘			柴进	
5	雷横			李逵	
6	李俊			史进	
7	阮小二			雷横	
8	张横			穆弘	
9	董平				

	A	B	C	D	E
1	姓名	表A		姓名	表B
2	李逵	李逵		李俊	李俊
3	史进	史进		武松	武松
4	穆弘	穆弘		柴进	柴进
5	雷横	雷横		李逵	李逵
6	李俊	李俊		史进	史进
7	阮小二	阮小二		雷横	雷横
8	张横	张横		穆弘	穆弘
9	董平	董平			

图 8-14　两列姓名填充名单

选择A12单元格，打开“合并计算”对话框，在“函数”下拉列表中选择“计数”选项，“引用位置”引用框分别添加A1:B9、D1:E8区域，勾选“首行”“最左列”复选框，单击“确定”按钮，如图8-15所示。

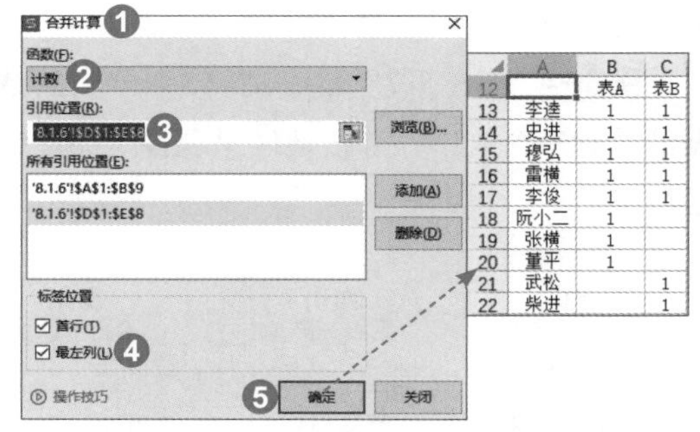

图 8-15　巧妙核对两列文本

8.1.7　对多个字段合并计算

合并计算可以依据列标题即“最左列”进行合并计算，如果能够借助辅助列将多个字段合并成一个字段，合并计算的“功力”就提升了。

例8-8 如图8-16所示，请将两个表按产品和型号合并计算，并按地区形成汇总报表。

	A	B	C	D	E	F	G	H	I
1			重庆					四川	
2		产品	型号	订单数			产品	型号	订单数
3		A产品	10M	100			A产品	10M	550
4		A产品	15M	200			A产品	15M	650
5		B产品	15M	150			B产品	15M	380
6		B产品	20M	350			B产品	20M	270

图 8-16　两个预订数表

A2=B2&","&C2，将公式向下填充至A6单元格。公式相当于将后面2列内容用逗号连接起来。将A2:A6区域复制粘贴到F2:F6区域。将“订单数”字段修改为地区名“重庆”“四川”，如图8-17所示。

A2　=B2&","&C2

	A	B	C	D	E	F	G	H	I
1			重庆					四川	
2	产品,型号	产品	型号	重庆		产品,型号	产品	型号	四川
3	A产品,10M	A产品	10M	100		A产品,10M	A产品	10M	550
4	A产品,15M	A产品	15M	200		A产品,15M	A产品	15M	650
5	B产品,15M	B产品	15M	150		B产品,15M	B产品	15M	380
6	B产品,20M	B产品	20M	350		B产品,20M	B产品	20M	270

图 8-17　完善辅助列并修改字段名

选择A9单元格，打开“合并计算”对话框，“引用位置”引用框分别添加A2:D6、F2:I6区域，勾选“首行”“最左列”复选框，单击“确定”按钮，如图8-18所示。

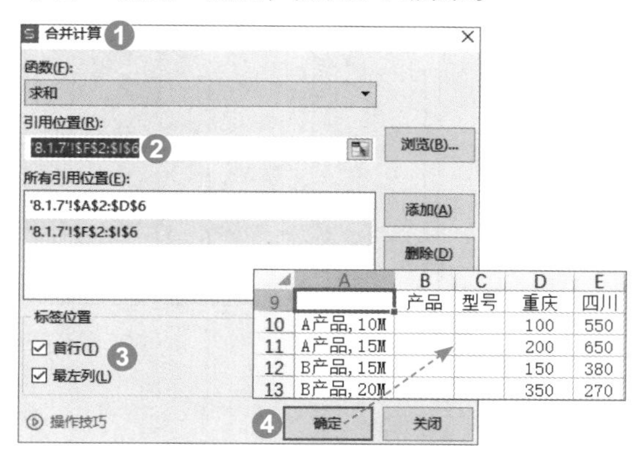

图 8-18　对多个字段合并计算

选择A10:A13区域，利用“分列”功能，按“逗号”进行分列，效果如图8-19所示。

	A	B	C	D	E
9		产品	型号	重庆	四川
10	A产品,10M	A产品	10M	100	550
11	A产品,15M	A产品	15M	200	650
12	B产品,15M	B产品	15M	150	380
13	B产品,20M	B产品	20M	350	270

图 8-19　分列效果

最后可将辅助列删除，并作适当的美化。

8.2　分类汇总

顾名思义，分类汇总就是必须先分类，再汇总。分类排序是分类汇总必然首先完成的关键步骤。由于分类汇总只能在明细表中进行，会破坏明细表的结构，可能会对后续的数据分析带来难以挽回的影响，今后为了顺利分析数据，可能又要删除分类汇总，操作较为烦琐，因而不太受人青睐。其实，在分类汇总之前，复制该工作表作一个备份即可。

8.2.1　简单快速的分类汇总

8.2.1

简单快速的分类汇总是指对数据表中的某一列以一种汇总方式分门别类地进行汇总。汇总方式与合并计算一样，包括求和、计数、平均值、最大值、最小值、乘积、数值计数、标准偏差、总体标准偏差、方差、总体方差，但汇总项更为灵活。分类汇总后，会分级显示汇总的结果，帮助用户快速统计分析与决策判断。

例8-9 请在入库表中按“类别”进行汇总求和。

先对入库表C列按升序排序，如图8-20所示。

	A	B	C	D
1	序号	入库日期	类别	入库数量
2	1	2022/8/20	电视机	107
3	2	2022/8/22	洗衣机	68
4	3	2022/9/6	冰箱	58
5	4	2022/9/20	冰箱	66

	A	B	C	D
1	序号	入库日期	类别	入库数量
2	3	2022/9/6	冰箱	58
3	4	2022/9/20	冰箱	66
4	1	2022/8/20	电视机	107
5	6	2022/9/26	电视机	115

图 8-20　对入库表 C 列按升序排序

然后进行汇总统计。光标保持在数据表中，例如C1单元格（数据表有标题时，应当选择除标题外的汇总区域），在“数据”选项卡中单击“分类汇总”按钮。在打开的“分类汇总”对话框中，在“分类字段”下拉列表中选择“序号”选项，“汇总方式”保持默认汇总方式为“求和”，在“选定汇总项”列表中保持勾选“入库数量”复选框，单击“确定”按钮，如图8-21所示。

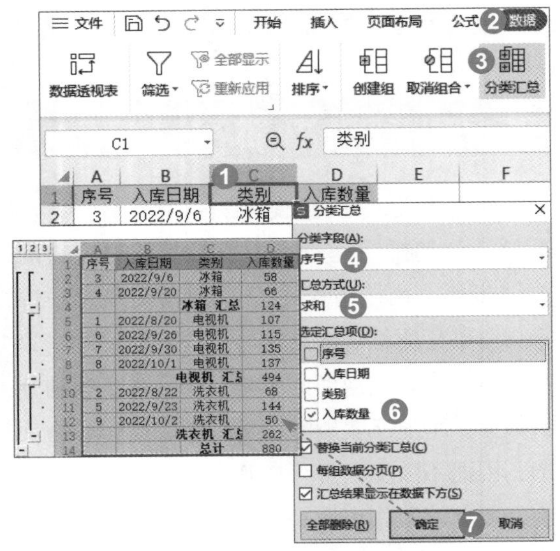

图 8-21　简单快速的分类汇总

分类汇总表的左侧为分组显示数字按钮 1 2 3 和折叠展开按钮 - +。“1”代表最高层级的汇总，“2”代表各类别的汇总，“3”代表明细数据。“-”代表可以折叠，通过单击功能区中的“折叠明细”按钮也能实现；“+”代表可以展开，通过单击功能区中的“展开明细”按钮也能实现。

8.2.2

如果要删除分类汇总，打开“分类汇总”对话框，单击“全部删除”按钮即可。

注意事项 一般的复制粘贴方法会将分类汇总的汇总结果和隐藏的明细数据全部粘贴出去。如果只需要将分类汇总的汇总结果复制粘贴出去，就在复制粘贴之前，选中汇总区域，再按F5键或使用Ctrl+G组合键，打开“定位”对话框，选中“可见单元格”单选按钮，单击“定位”按钮。这样，就只有可见单元格被选中了，再进行复制粘贴就没有任何问题了，如图8-22所示。

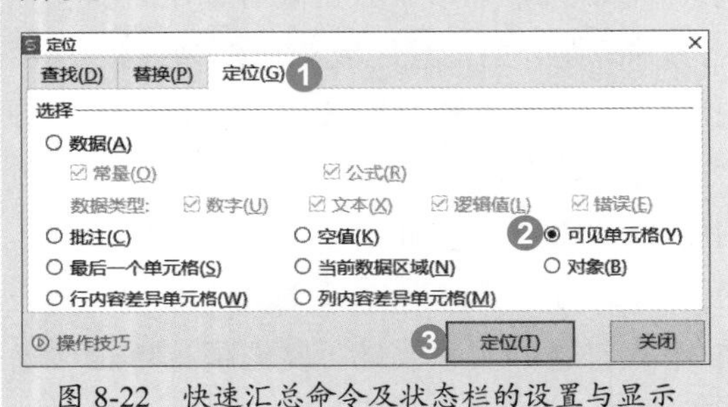

图 8-22　快速汇总命令及状态栏的设置与显示

8.2.2　同一字段的多重分类汇总

多重分类汇总是对数据表中的某列数据选择两种及其以上的分类汇总方式进行汇总，每次的“分类字段”总是相同的，只是汇总方式不同，而且第二次汇总运算是基于第一次汇总运算的。

例8-10 请在成绩表中对各班各科成绩和总分计算平均值和最高分。

先对成绩表“班级”列按升序排序，如图8-23所示。

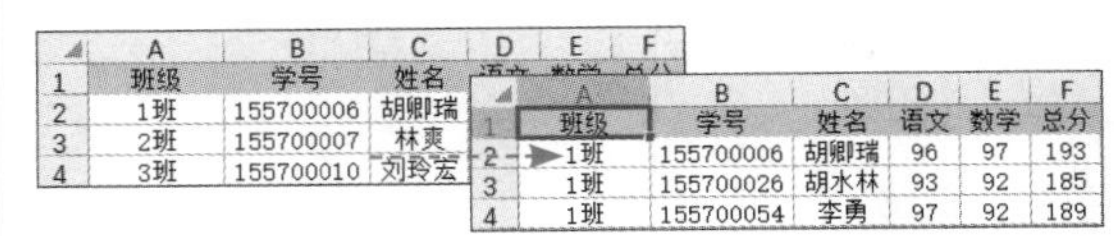

图 8-23　对成绩表“班级”列按升序排序

第一次分类汇总时，“分类字段”保持数据表“班级”字段，“汇总方式”选择“平均值”选项，“选定汇总项”勾选“语文”“数学”和“总分”复选框，单击“确定”按钮，如图8-24所示。

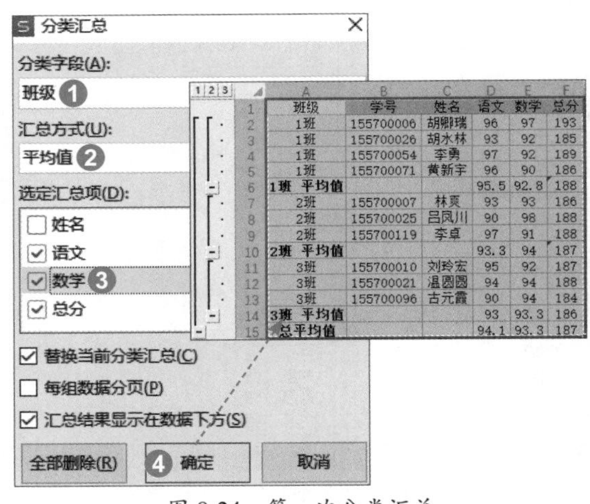

图 8-24　第一次分类汇总

第二次分类汇总时，“分类字段”保持数据表“班级”字段，“汇总方式”选择“最大值”选项，“选定汇总项”勾选“语文”“数学”和“总分”复选框，务必取消勾选“替换当前分类汇总”复选框，单击“确定”按钮，如图8-25所示。

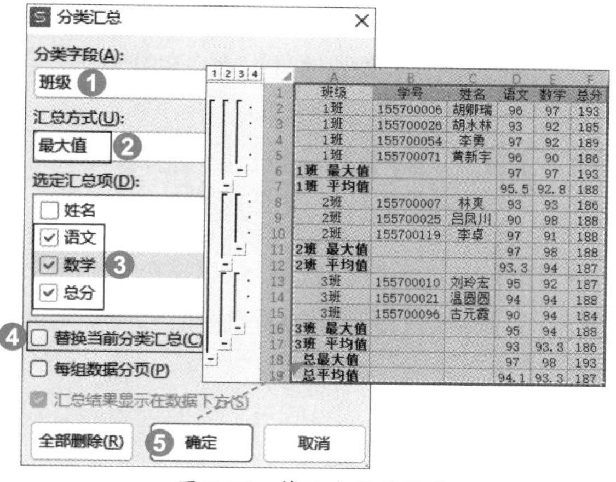

图 8-25　第二次分类汇总

8.2.3　不同字段的嵌套分类汇总

嵌套分类汇总就是多字段分类汇总，要求按照分类次序，多次执行分类汇总，每次分类汇总的字段是不同的。

例8-11　如图8-26所示，请在销售表中先按“产品名称”对“销量”和“销售额”汇总，再按“业务员”对“销量”和“销售额”汇总。

	A	B	C	D	E
1	产品名称	销量	售价	销售额	业务员
2	洗衣机	19	800	15, 200	王丽敏
3	冰箱	74	3900	288, 600	赵天长
4	空调	75	2700	202, 500	赵天长

图 8-26　销售表

分别以“产品名称”“业务员”为“主要关键字”“次要关键字”进行排序，如图8-27所示。

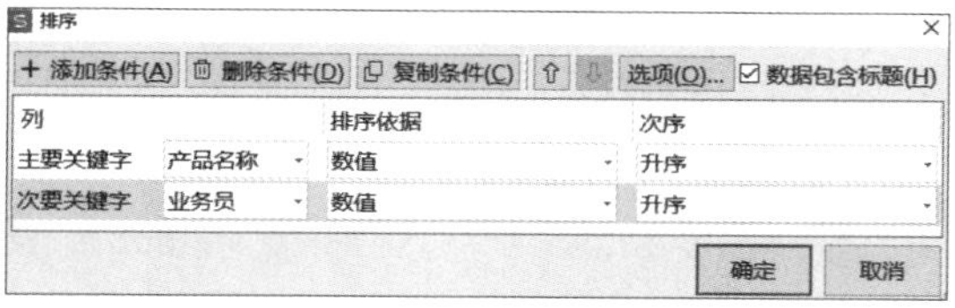

列		排序依据	次序
主要关键字	产品名称	数值	升序
次要关键字	业务员	数值	升序

图 8-27　按“产品名称”和“业务员”排序

第一次分类汇总时，“分类字段”选择“产品名称”选项，“汇总方式”选择“求和”选项，“选定汇总项”勾选“销量”和“销售额”复选框，取消勾选“业务员”复选框，单击“确定”按钮，如图8-28所示。

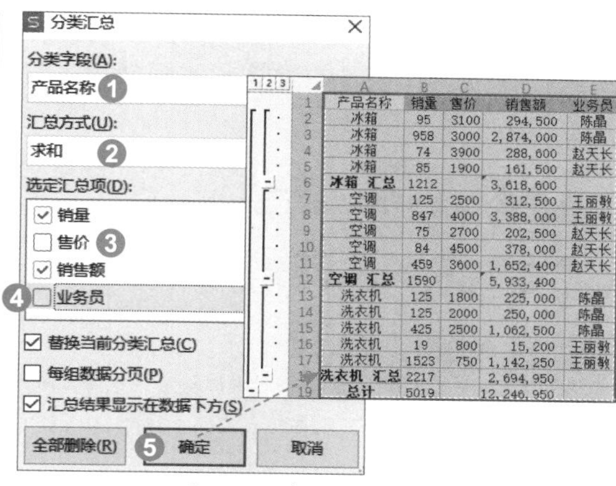

图 8-28　第一次分类汇总

第二次分类汇总时，“分类字段”选择“业务员”选项，“汇总方式”选择“求和”选项，“选定汇总项”勾选“销量”和“销售额”复选框，取消勾选“业务员”复选框，务必取消勾选“替换当前分类汇总”复选框，单击“确定”按钮，如图8-29所示。

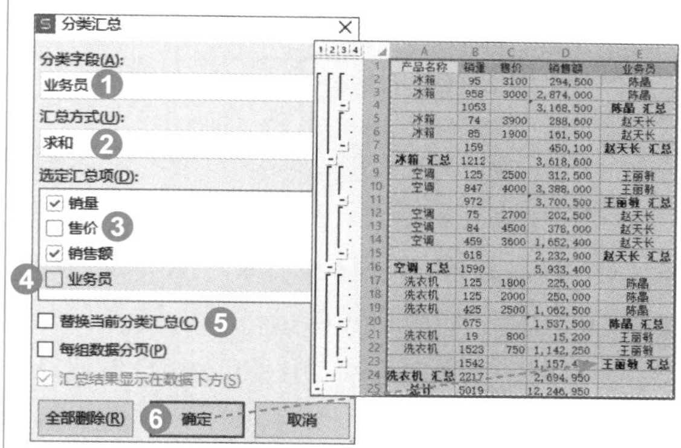

图 8-29　第二次分类汇总

进行嵌套分类汇总后，分组数字按钮会增加第4级。

8.2.3

8.3.1

8.3　函数汇总方法

可用于汇总的函数较多，这里略举几例。

8.3.1　SUM函数对多表求和

在几个源表的结构一致、行列标题名和顺序完全一致的情况下，可以利用SUM函数求和公式对多表在相同位置上的数据进行汇总计算。

例8-12 如图8-30所示，请使用函数公式将各部门1～6月的预算和实际费用进行汇总。

	A	B	C	D	E	F
1	部门	预算费用	实际费用			
2	采购部	121247	168017			
3	技术部	114624	136717			
4	人事部	164282	196499			
5	生产部	129971	169099			
6	营业部	166255	213525			
7	账务部	185475	205478			
8	质检部	183194	215914			

汇总 1月 2月 3月 4月 5月 6月

图 8-30 各部门预算表

在“汇总”工作表中，B2=SUM('1月:6月'!B2)，将公式向右、向下填充至C8单元格，如图8-31所示。

B2 =SUM('1月:6月'!B2:B2)

	A	B	C	D	E
1	部门	预算费用	实际费用		
2	采购部	928664	1160489		
3	技术部	814167	1013224		
4	人事部	1039531	1257946		
5	生产部	880054	1104189		
6	营业部	889765	1099730		
7	账务部	869623	1098889		
8	质检部	906344	1090002		

图 8-31 SUM 函数对多表求和的效果

在填写引用区域时，先选中第一个工作表，即“1月”工作表，再按住Shift键，选中最后一个工作表，即“6月”工作表，接着单击B2单元格。如果在填写公式前，选择的是B2:C8区域，则最后使用Ctrl+Enter组合键确认公式，以批量填写公式。

8.3.2

8.3.3

8.3.4

8.3.2 SUMIF函数按条件求和

条件求和在实际工作中比较常见，使用SUMIF等函数比较方便。

例8-13 如图8-32所示，请使用函数公式按人汇总退休待遇金额。

G2 =SUMIF(A:A,F2,C:C)

	A	B	C	D	E	F	G
1	姓名	待遇类别	待遇金额	待遇开始时间		姓名	金额
2	李大明	2016年调待	290	201601		李大明	5834
3	顾仲	2016年调待	235	201601		顾仲	4640
4	李大明	2017年调待	215	201701			
5	顾仲	2017年调待	175	201701			

图 8-32 SUMIF 函数按条件求和

G2=SUMIF(A:A,F2,C:C)，将公式向下填充。式中，SUMIF函数根据指定条件对若干单元格求和，其语法为SUMIF（区域，条件，[求和区域]）。此外，SUMIFS函数能够进行多条件求和。

8.3.3 AVERAGEIF使用通配符求均值

按条件计算均值在实际工作中也比较常见，而且能够使用条件的函数一般都能使用通配符组成条件。

例8-14 如图8-33所示，请使用函数公式按车间和部门（均为3个字）计算人均值。

F2 =AVERAGEIF(A:A,E2,C:C)

	A	B	C	D	E	F	G
1	部门	姓名	费用		部门	平均费用	
2	第1车间	吴邪	7555		*车间	8314	
3	财务部	王胖子	7674		???	7326	
4	第1车间	王盟	8210				
5	第1车间	吴三省	9352				
6	信息部	潘子	6051				

图 8-33 AVERAGEIF 函数使用通配符求均值

F2=AVERAGEIF(A:A,E2,C:C)。式中，AVERAGEIF函数返回某个区域内满足给定条件的所有单元格的算术平均值，其语法为AVERAGEIF（区域，条件，[求平均值区域]）。此外，AVERAGEIFS函数能够按照多条件计算算术平均值。

8.3.4 插入“表格”快速总计

当只有一个数据表，想让数据表有自动扩展功能又能快速总计时，最好的方式就是将数据表变成智能“表格”。

例8-15 请将该销售表转换为智能“表格”，并进行总计。

选中数据表的任意一个单元格（例如A1单元格），单击“开始”选项卡，再单击“表格样式”下拉按钮，在下拉菜单中选择“表样式浅色2”选项，在打开的“套用表格样式”对话框中选中“转换成表格，并套用表格样式”单选按钮，单击“确定”按钮，如图8-34所示。选中A1单元格后，执行“插入”|“表格”|“确定”|“表格工具”|“表样式浅色

2”命令，也能将普通表格转换为智能“表格”。

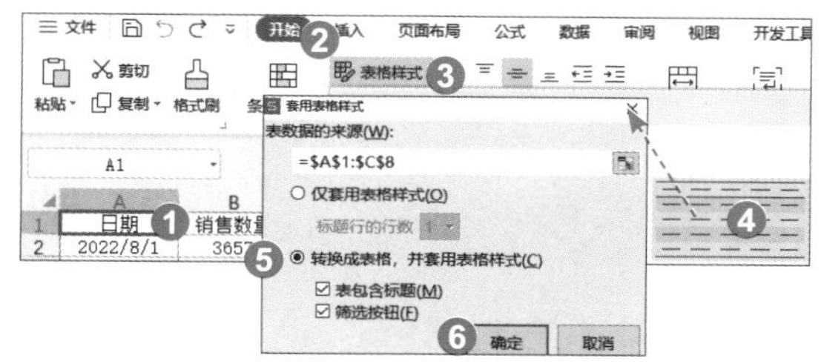

图 8-34　将普通表格转换为智能“表格”

在自动弹出的“表格工具”选项卡中，勾选“汇总行”复选框。在“表格”的汇总行单击下拉按钮，在下拉菜单中可以选择汇总方式。从编辑栏可以看到汇总所使用的函数公式，如图8-35所示。

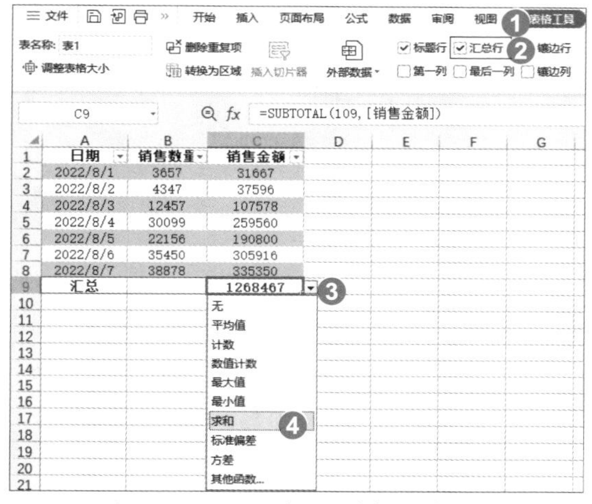

图 8-35　添加汇总行和选择汇总方式

注意事项 选定数据区域后，在状态栏可实时显示汇总情况，并可在右键快捷菜单中设置常用汇总方式，如图8-36所示。

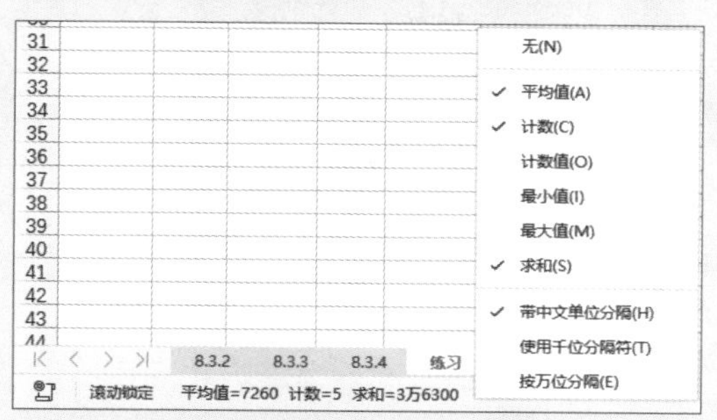

图 8-36　快速汇总命令及状态栏的设置与显示

读书笔记

第9章 数据透视表

数据透视表是一种交互式动态汇总报表，综合了排序、筛选、分类汇总、合并计算等工具的优势，是WPS表格中功能强大的数据分析工具，无须使用复杂的函数公式，仅仅通过拖动字段“摆放”，就能将纷繁复杂的数据汇总起来，帮助用户全方位、多角度、立体式地观察、分析数据，发现数据特征、联系和规律，得到有价值的信息。

数据透视表依赖于规范的数据表，数据表要做到两个规范：一要结构规范，第一行为列标题，没有多行或多列标题，没有合并单元格，整个数据表没有空行空列，没有小计行或总计行；二要数据规范，每一列为一种数据类型，不用文本型数字表示数量，没有非法日期时间，没有不必要的空格或特殊字符，没有换行符。

9.1 数据透视表的创建与设计

9.1.1 创建普通的数据透视表

如果数据表的行、列数固定不变，则可以很轻易地创建普通的数据透视表。

创建数据透视表时，要选择数据区域，只需要单击数据区域中的任一单元格就可以，数据透视表会自动识别。如果数据区域不规范，则可以选择数据区域，再创建数据透视表。一般不在打开“创建数据透视表”对话框后再选择数据区域，因为数据区域较大时，拖动选择数据区域比较麻烦，也最好不要在列标上选择全部列，一是数据透视表会自动对数据表的全部列进行计算，产生不必要的计算量，影响速度，二是会出现空白项目，影响美观。

9.1.1

9.1.2

例9-1 如图9-1所示，请利用数据透视表快速汇总各店铺的金额。

	A	B	C	D	E	F
1	日期	店铺	品牌	销售量	单价	金额
2	2021/12/1	西单店	APPLE	100	6666	666600
3	2021/12/1	东城店	SAMSUNG	343	800	274400
4	2021/12/1	中关村店	APPLE	30	1875	56250

图 9-1 手机产品销售表

单击销售表中的任一单元格（例如A1单元格），在“数据”或“插入”选项卡中单击“数据透视表”按钮，在打开的“创建数据透视表”对话框中，检查“请选择单元格区域”框中自动填写的数据区域是否正确（如不正确可重新选择），在“请选择放置数据透视表的位置”栏中选中“现有工作表”单选按钮，在其下的框中引用H1单元格，单击“确定”按钮。在“数据透视表”任务窗格的“字段列表”中，勾选“店铺”“金额”两个复选框，或分别拖动这两个字段至“数据透视表区域”中的“行”和“值”区域，如图9-2所示。数据透视表的字段名是可以修改的，但不能与数据表字段名完全重名，哪怕多一个空格都行。

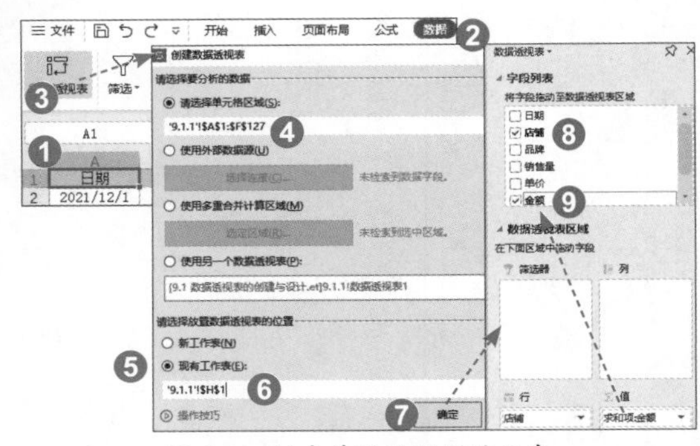

图 9-2 创建普通的数据透视表

数据透视表的布局就是字段的安排，有3种方式。

一是勾选字段。在“字段列表”中勾选字段，文本型字段会自动进入“行”区域，数值型字段会自动进入“值”区域（日期时间数据除外）。可以取消勾选字段。

二是拖放字段。“字段列表”中的字段和“筛选器”“行”“列”“值”各区域的字段都可以使用鼠标左键随心所欲地拖放。位于下面的字段将被嵌套在位于上面的字段的项中。如果不再需要某个字段，将该字段直接拖出“筛选器”“行”“列”“值”各区域即可。

三是通过菜单调整字段。在“字段列表”里，在字段的右键快捷菜单中，可以选择字段的摆放位置；在“筛选”“行”“列”“值”各区域里，可以在字段的下拉菜单中选择相应的选项以调整或管理字段。

在数据透视表处于活动状态时，可在“分析”选项卡的“数据透视表名称”框中查看和修改数据透视表的名字，该名字是基于各自工作表依次命名的，如图9-3所示。

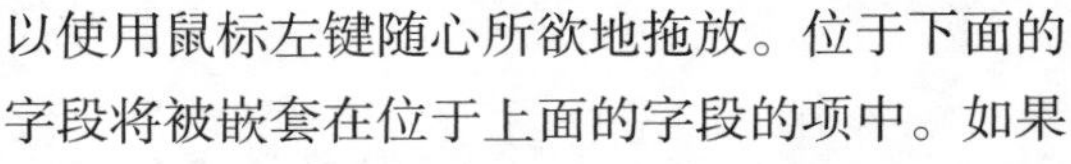

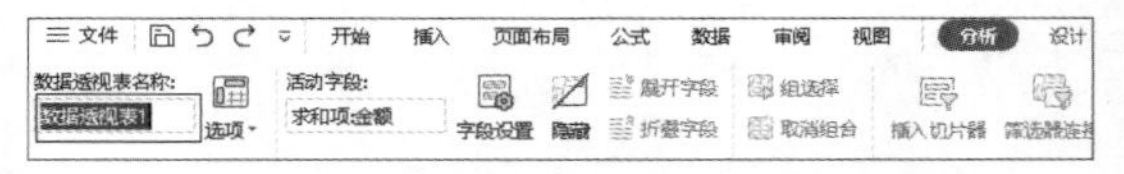

图 9-3 查看和修改数据透视表的名字

9.1.2 创建动态的数据透视表

在实际工作中，有时需要增加数据记录。为了在数据源发生变化后得到正确结果，就需要更改数据源。操作步骤为：单击“分析”选项卡，再单击“更改数据源”按钮（或在其下拉菜单中选择“更改数据源”选项），在打开的“更改数据透视表数据源”对话框中修改“请选择单元格区域”框中的单元格引用，如图9-4所示。

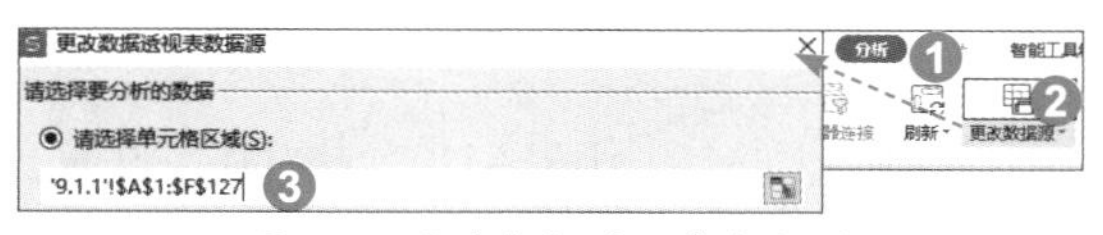

图 9-4　更改数据透视表数据源

为了避免更改数据源的频繁操作，可以将数据源定义为动态名称或转换为有自动扩展功能的智能“表格”，从而可以创建动态的数据透视表。

例9-2　如图9-5所示，请创建为动态的数据透视表，统计各公司各产品的数量。

	A	B	C	D	E
1	产品	分公司	日期	数量	金额
2	A产品	上海分公司	2021/12/1	4800	26160
3	C产品	上海分公司	2021/12/2	8200	51496
12	C产品	海口分公司	2021/12/15	2400	15072

图 9-5　各公司产品销售情况表

将数据源定义为动态名称。在“公式”选项卡中单击“名称管理器”按钮（这两步可简化为使用Ctrl+F3组合键），在打开的“名称管理器”对话框中单击“新建”按钮，在打开的“新建名称”对话框中，在“名称”框中输入“data”，在“引用位置”框中输入公式“=OFFSET($A$1,,,COUNTA($A:$A),COUNTA($1:$1))”，单击“确定”按钮，关闭“新建名称”对话框。单击“关闭”按钮关闭“名称管理器”对话框，如图9-6所示。

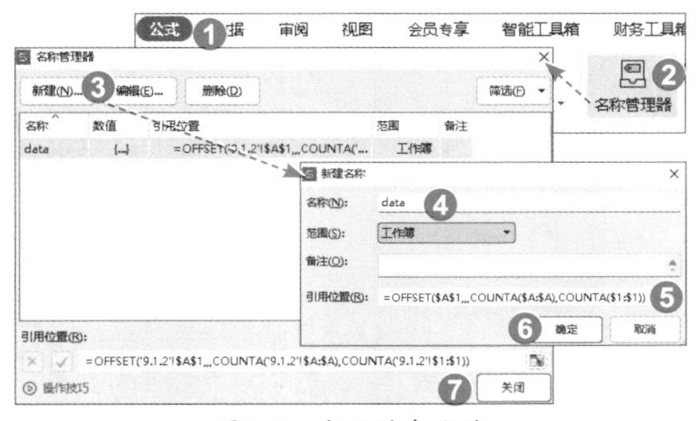

图 9-6　定义动态名称

式中，COUNTA函数计算区域中不为空的单元格的个数，分别得到A列和第1行的计数结果，分别作为OFFSET函数的第4、5个参数。OFFSET函数以A1单元格为起点进行指定行数、列数、高度、宽度的偏移，得到动态区域，其语法为`OFFSET（参照区域，行数，列数，[高度]，[宽度]）`。由于COUNTA函数计数的原因，在数据表中的A列和第1行中，不能有空单元格，否则计数错误，公式就不能返回正确区域；同理，在数据表外的A列和第1行中，不能有其他数据。

也可以这样将数据源转换为智能“表格”：选中数据表任一单元格，执行“插入”|“表格”|“确定”命令。

无须选中数据表，在“数据”或“插入”选项卡中单击“数据透视表”按钮，在打开的“创建数据透视表”对话框中，在“请选择单元格区域”框中输入“data”或“表格1”。选中“现有工作表”单选按钮，在其下面的框中引用G2单元格，单击“确定”按钮。在“数据透视表”任务窗格的“字段列表”中，勾选“分公司”“金额”两个复选框，或分别拖动这两个字段至“数据透视表区域”的“行”和“值”区域，如图9-7所示。

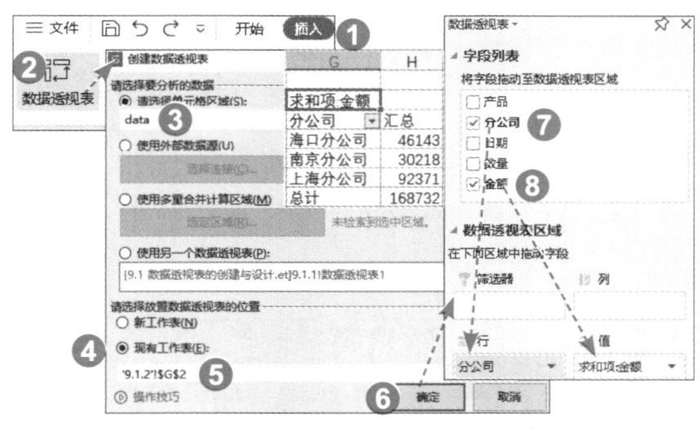

图 9-7　创建动态的数据透视表

数据发生变化时，刷新数据透视表即可。刷新数据透视表有两种方式。

一是手动刷新数据透视表。在数据透视表右键快捷菜单中执行“刷新”命令即可。或是在数据透视表处于激活状态时，在“分析”选项卡中单击“刷新”按钮，或是在“刷新”下拉菜单中选择相应选项，如图9-8所示。

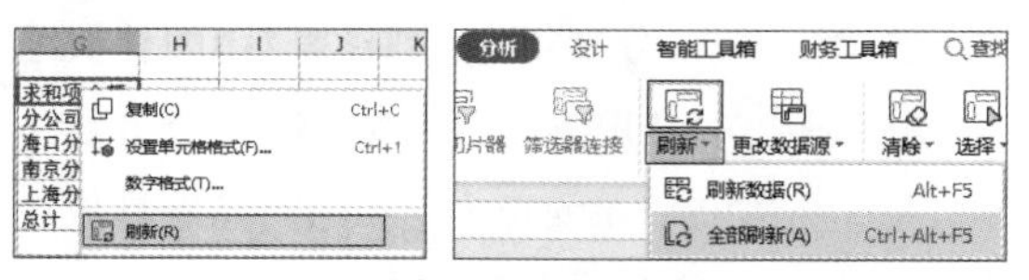

图 9-8　手动刷新数据透视表

二是设置打开工作簿时刷新。为了避免数据源的数据被修改后忘记了刷新数据透视表，引起数据源与汇总结果的不一致，可以设置打开工作簿时刷新。方法是：执行“分析”|“选项”命令，或在“选项”下拉菜单中选择“选项”选项，或在数据透视表右键快捷菜单中执行“数据透视表选项”命令，打开“数据透视表选项”对话框；单击“数据”标签，勾选“打开文件时刷新数据”复选框，还可以视情况在“布局和格式”标签下勾选或取消勾选“更新时自动调整列宽”“更新时保留单元格格式”复选框，如图9-9所示。

9.1.3

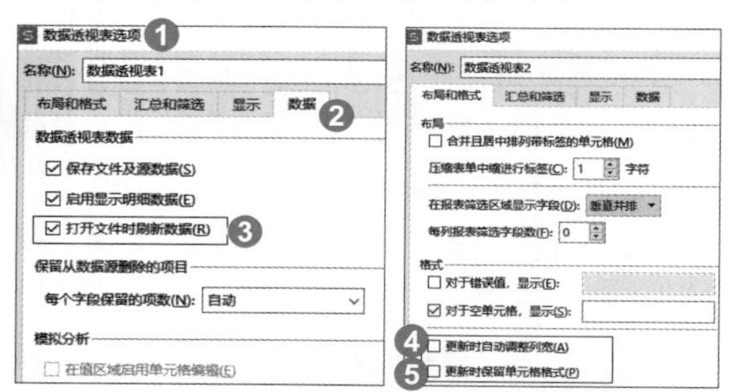

图 9-9　设置打开工作簿时刷新数据透视表

在智能“表格”处于活动状态时，可在“表格工具”选项卡的“表名称”框中查看和修改“表格”的名字，如图9-10所示。

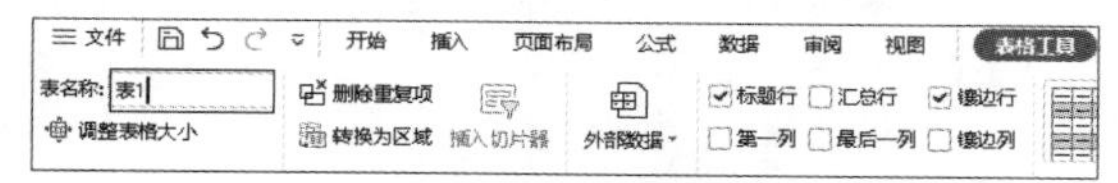

图 9-10　查看和修改智能“表格”的名字

9.1.3　创建多重合并计算的透视表

能够进行合并计算的多个数据表，或者单个的二维表，都能利用多重合并计算区域的数据透视表来进行汇总分析。

例9-3　如图9-11所示，不同月份的数据在不同的工作表中，每月的人数不尽相同，请利用数据透视表将每个人1～3月的收入进行汇总。

	A	B	C	D	E
1	姓名	基本工资	奖金	合计	
2	袁宇航	10000	2403	12403	
3	卢燕	9500	2209	11709	
20					

图 9-11　收入表

选择“汇总”工作表A1单元格，在“数据”或“插入”选项卡中单击“数据透视表”按钮，在打开的“创建数据透视表”对话框中，选中“使用多重合并计算数据区域”单选按钮（这四步可以通过依次按键盘上的Alt、D、P键来实现），单击“选定区域”按钮。

在打开的“数据透视表向导 - 第1步，共2步”对话框中，保持选中“创建单页字段”单选按钮，单击“下一步”按钮。

在打开的“数据透视表向导 - 第2步，共2步”对话框中，在“选定区域”框中，引用“1月”工作表的数据区域，单击“添加”按钮，所选区域进入“所有区域”列表框中。在“选定区域”框中，继续引用“2月”工作表的数据区域，单击“添加”按钮。在“选定区域”框中，继续引用“3月”工作表的数据区域，单击“添加”按钮。单击“完成”按钮。

在返回到的“创建数据透视表”对话框中，检查“现有工作表”框中的引用是否正确，单击“确定”按钮。操作过程如图9-12所示，效果如图9-13所示。

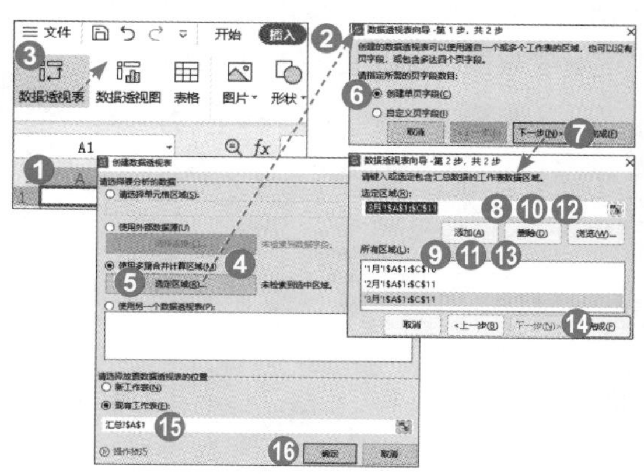

图 9-12　创建多重合并计算数据区域的透视表

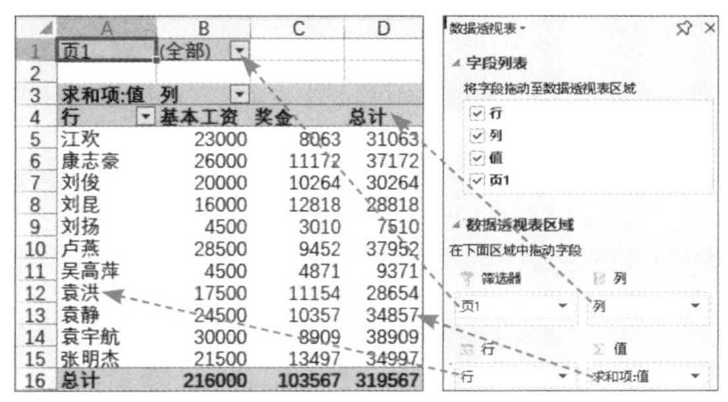

	A	B	C	D
1	页1	(全部)		
2				
3	求和项:值	列		
4	行	基本工资	奖金	总计
5	江欢	23000	8063	31063
6	康志豪	26000	11172	37172
7	刘俊	20000	10264	30264
8	刘昆	16000	12818	28818
9	刘扬	4500	3010	7510
10	卢燕	28500	9452	37952
11	吴高萍	4500	4871	9371
12	袁洪	17500	11154	28654
13	袁静	24500	10357	34857
14	袁宇航	30000	8909	38909
15	张明杰	21500	13497	34997
16	总计	216000	103567	319567

图 9-13　创建多重合并计算数据透视表的效果

如果想把每人每月明细数据同时显示在数据透视表中，可以将“页1”字段拖放到“列”区域，将“列”字段拖出去，如图9-14所示。“项1”“项2”“项3”可分别修改为月份。

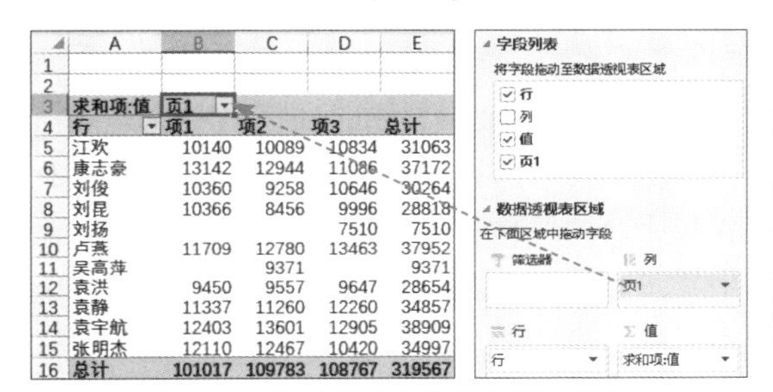

	A	B	C	D	E
1					
2					
3	求和项:值	页1			
4	行	项1	项2	项3	总计
5	江欢	10140	10089	10834	31063
6	康志豪	13142	12944	11086	37172
7	刘俊	10360	9258	10646	30264
8	刘昆	10366	8456	9996	28818
9	刘扬			7510	7510
10	卢燕	11709	12780	13463	37952
11	吴高萍		9371		9371
12	袁洪	9450	9557	9647	28654
13	袁静	11337	11260	12260	34857
14	袁宇航	12403	13601	12905	38909
15	张明杰	12110	12467	10420	34997
16	总计	101017	109783	108767	319567

图 9-14　显示每个人每月的明细数据

9.1.4　设置报表布局及其项目标签

数据透视表有3种报表布局，体现在项目标签（行字段）位置的区别，可以进行更改：选中数据透视表中的任一单元格以激活数据透视表，在“设计”选项卡中单击“报表布局”下拉按钮，在下拉菜单中选择一种报表布局，如图9-15所示。

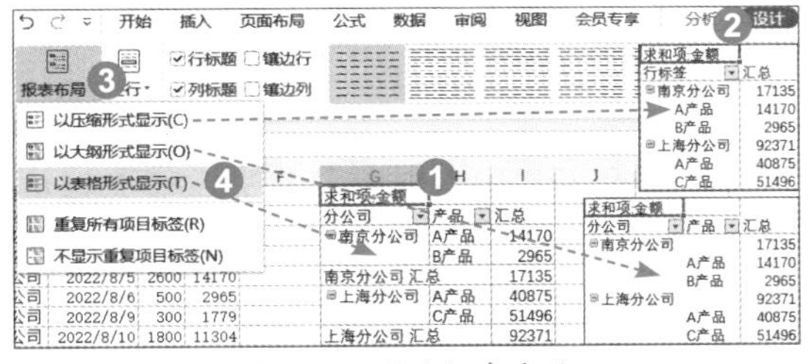

图 9-15　更改报表布局

选择“以压缩形式显示”布局时，将行字段都压缩在最左列，以不同缩进量来反映字段间的层级关系。这种布局占用字段列少，但当行字段较多时，看数据时就不方便。分类汇总显示在父项同一行。

选择“以大纲形式显示”布局时，不同的行字段占用不同的列来显示，分类汇总显示在父项同一行。

选择“以表格形式显示”布局时，不同的行字段占用不同的列来显示，分类汇总显示在父项底部。这种报表形式是WPS表格默认的布局形式，便于复制粘贴，也便于显示合并单元格的外观。

后两种报表布局，不同的行字段均占用不同的列来显示，父项必然留出空白单元格。如果要显示父项标签，可以在“报表布局”下拉菜单里选择“重复所有项目标签”选项。要取消显示父项标签，则选择“不重复所有项目标签”选项，如图9-16所示。

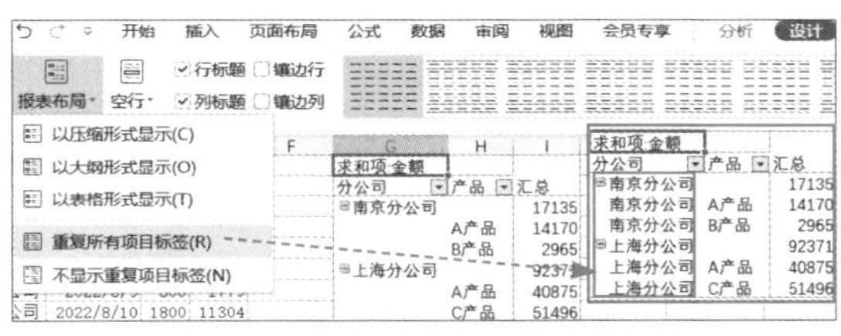

图 9-16　重复显示行字段项目标签

9.1.5　设置分类汇总及其汇总方式

创建数据透视表时，WPS表格同时创建了父级字段的分类汇总，可以这样设置是否显示分类汇总：激活数据透视表，在“设计”选项卡中单击“分类汇总”下拉按钮，在下拉菜单中选择一种分类汇总方式，如图9-17所示。还可以在字段的右键快捷菜单中取消勾选“分类汇总‘区域’”选项。

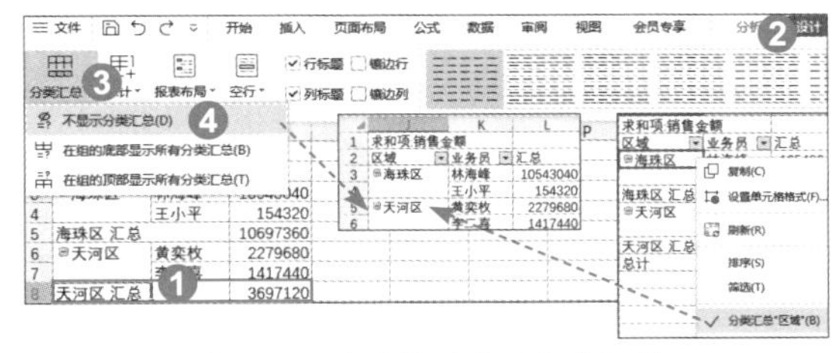

图 9-17　设置是否显示分类汇总

还可以更改分类汇总方式：在分类汇总组父级项目字段的任一单元格，在右键快捷菜单中执行“字段设置”命令，在打开的“字段设置”对话框中，保持默认选择“分类汇总和筛选”标签，在“分类汇总”组中选中“自定义”单选按钮，在“选择一个或多个函数”列表中选择一个或多个函数，单击“确定”按钮，如图9-18所示。在数据透视表处于激活状态时，执行“分析”|“字段设置”命令，也能打开“字段设置”对话框。

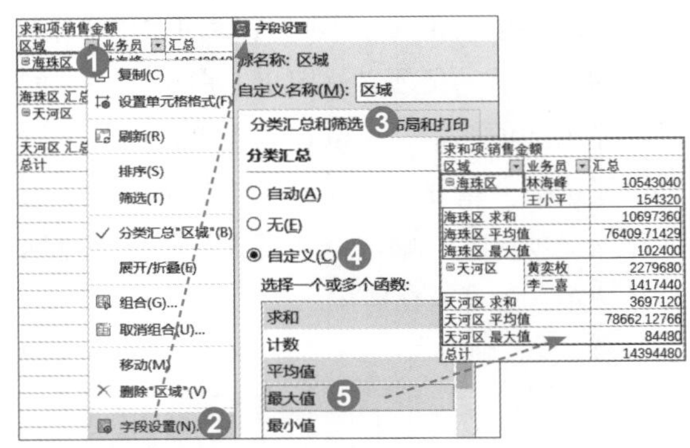

图 9-18　设置分类汇总方式

9.1.6

9.1.6　禁用或启用行总计或列总计

新建的数据透视表默认启用了总计，可以根据需要禁用或启用：激活数据透视表，在“设计”选项卡中单击“总计”下拉按钮，在下拉菜单中根据需要选择，如图9-19所示。在“数据透视表选项”对话框“汇总和筛选”标签下，和“总计”二字所在单元格的快捷菜单中都可以进行设置。

9.1.7

9.1.8

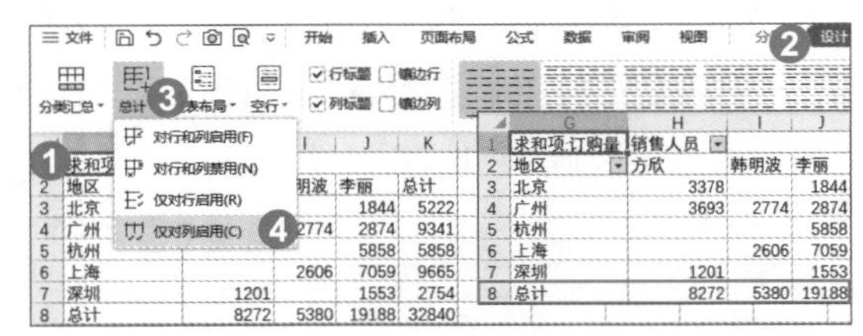

图 9-19　通过功能区命令禁用/启用总计

行总计、列总计、总计行、总计列4个概念容易混淆，要仔细区分。

行总计是某一行的总计，K3单元格就是行总计。

列总计是某一列的总计，J8单元格就是列总计。

总计行是列总计所在的行，图9-19中第8行就是总计行。

总计列是行总计所在的列，图9-19中K列就是总计列。

9.1.7　父项呈现合并单元格外观

当数据透视表选择“以表格形式显示”布局时，不同的行字段均占用不同的列显示，父项必然留出空白单元格。当有同类项时，合并单元格更能直观地体现数据之间的层级关系。

激活数据透视表，在“分析”选项卡中单击“选项”按钮，在打开的“数据透视表选项”对话框中，保持默认选择“布局和格式”标签，在“布局”组中勾选“合并且居中排列带标签的单元格”复选框，单击“确定”按钮，如图9-20所示。

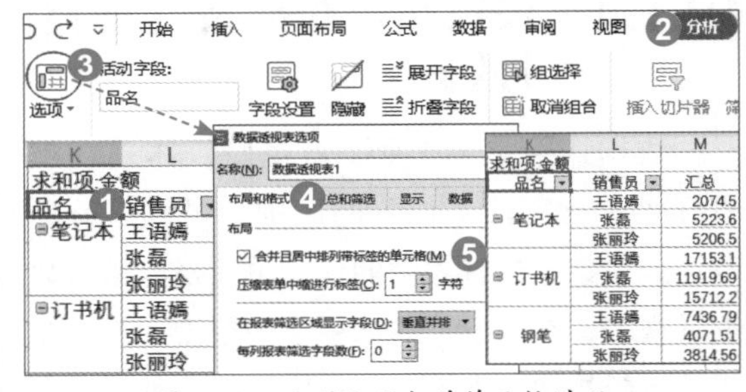

图 9-20　父项呈现合并单元格外观

9.1.8　手动调整透视表字段的位置

WPS表格数据透视表中的字段或项，是按升序排列的，可以手动调整其位置。

1. 拖动字段

选中要拖动的字段或项所在的单元格，待光标在单元格边沿变为四向箭头时，按住鼠标左键，拖动光标到需要插入的地方，当出现“⟼”或“I”时，松开鼠标左键即可，如图9-21

所示。

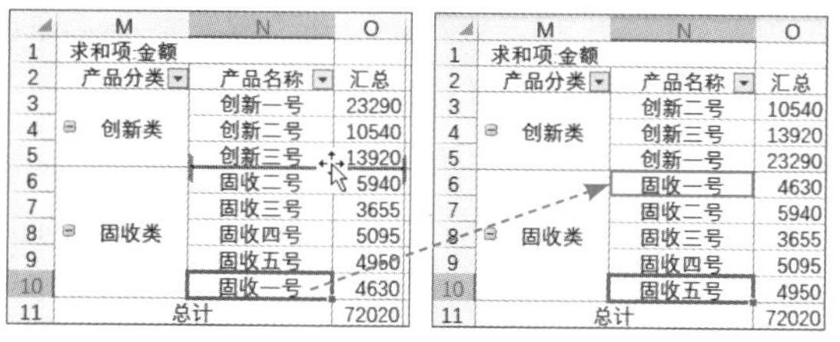

图 9-21 拖动字段以调整位置

2. 修改字段名

选中要存放其他字段名或项名所在的单元格，在编辑栏内进行修改即可。当然，子项只能在父项范围内调整，如图9-22所示。

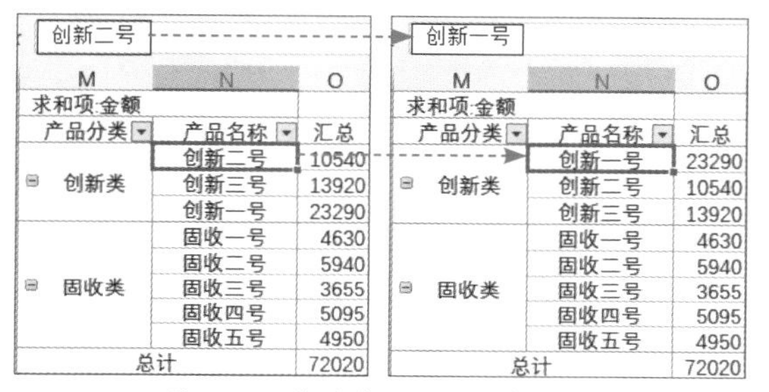

图 9-22 修改字段名以调整位置

3. 调用快捷菜单命令

选中要调整字段或项所在的单元格，在右键快捷菜单中执行“移动”命令，再在级联菜单中进一步选择将要移动到的位置，如图9-23所示。

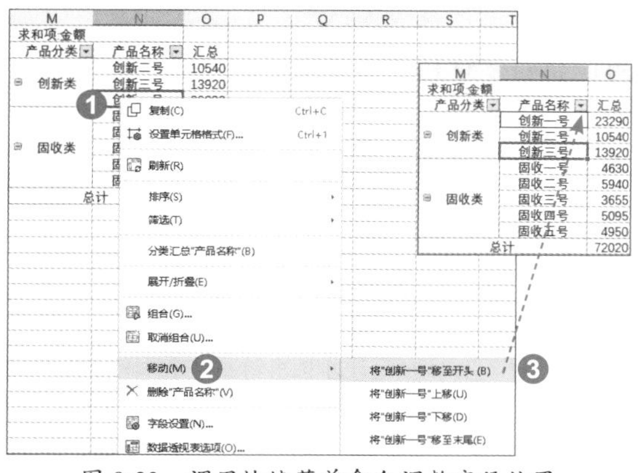

图 9-23 调用快捷菜单命令调整字段位置

9.1.9 在透视表空白单元格中填充内容

在默认情况下，当数据透视表单元格中没有统计值时，会显示为空白。在这些空白单元格中，虽然不能输入数据，但可以通过设置“数据透视表选项”来填充内容，例如填充0、备注等。

激活数据透视表，在“分析”选项卡中单击“选项”按钮，在打开的“数据透视表选项”对话框中，保持默认选择“布局和格式”标签，在“格式”组中保持默认勾选“对于空单元格，显示”复选框，并在其框中填写文本“待核查”，单击“确定”按钮，如图9-24所示。

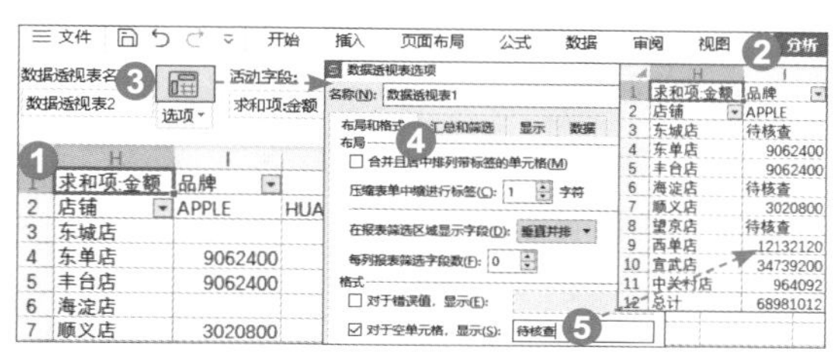

图 9-24 在透视表空白单元格中填充内容

9.2 数据透视表的分组与计算

9.1.9

9.2.1 对字段项目自定义分组

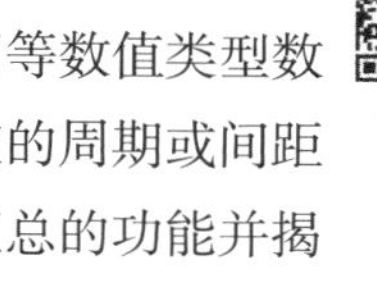

9.2.1

当字段的项目为日期、时间等数值类型数据时，数据透视表可以按照一定的周期或间距自动分组，这有助于增强分类汇总的功能并揭示数据的本质。

例9-4 请对数据透视表“售出日期”字段按周（周一～周日）分组。

单击数据透视表行字段区域的任一单元格（如I2单元格），在“分析”选项卡中单击“组选择”按钮（或在I2单元格右键快捷菜单中执行“组合”命令）。在打开的“组合”对话框中，修改“起始于”框中的值为星期一的那个日期，并且不晚于数据源的第一天，例如“2019/12/30”，保持“终止于”框中的自动值不变。在“步长”列表中只选择“日”选项（可多选，例如年和季度），在“天数”值框中输入或微调其值为“7”。单击“确定”按钮，数据就按“周”统计了，如图9-25所示。

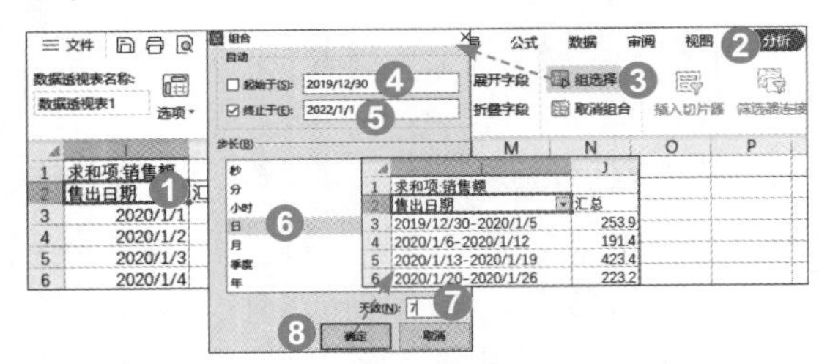

图 9-25　按周汇总数据的透视表

一般数值的分组相对更为简单。调出“组合”对话框，修改“起始于”“终止于”“步长”框中的值即可，如图9-26所示。

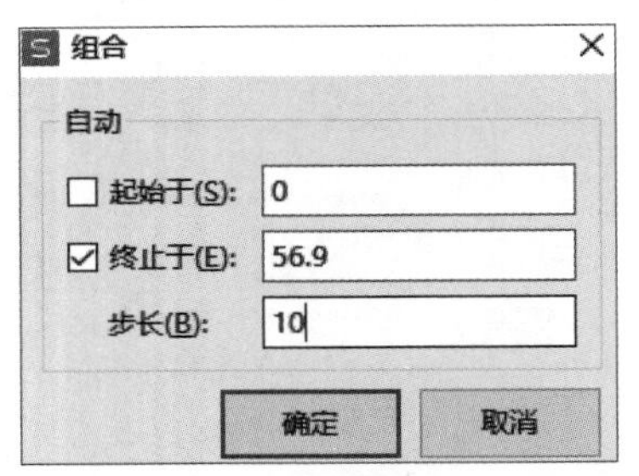

图 9-26　按商品单价区间汇总数据透视表

9.2.2

9.2.3

文本型数据也可以分组。方法是：选择字段项要组合的单元格区域，利用“分析”选项卡中的“组选择”功能进行分组，或者在右键快捷菜单中执行“组合”命令，将出现的“数据组1”更名为需要的名字。然后再继续分组。

9.2.2　选择字段的多种汇总依据

WPS表格提供11种值汇总依据，默认为对文本类型数据“计数”，对其他类型数据“求和”。

例9-5 如图9-27所示，请利用数据透视表快速统计各班人数及总分的平均分、最高分。

	A	B	C	D	E	F	G	H
1	学号	姓名	班级	语文	数学	英语	综合	总分
2	16500120111080	朱小瑞	1	123	95	70	170	458
3	16500120111070	冷敏	1	103	72	105	167	447
4	16500120111062	张粤	1	98	94	71	175	438

图 9-27　成绩表

创建数据透视表时，将“班级”字段拖放到“行”区域，连续3次将“总分”字段拖放到“值”区域。在“求和项:总分”列任一单元格（例如K2单元格），在右键快捷菜单中执行“值汇总依据”|“计数”命令，后面两列则分别选择“平均值”“最大值”选项。在数据透视表中将后面3列的列标题分别修改为“人数”“平均分”“最高分”，如图9-28所示。也可执行“分析”|“字段设置”命令进行设置。

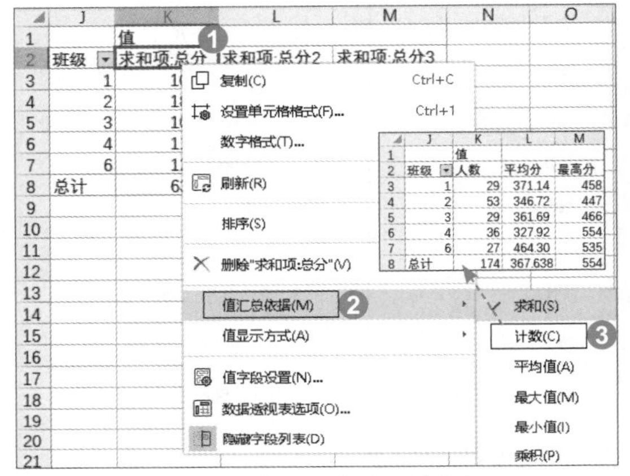

图 9-28　字段的多种汇总依据

9.2.3　显示总计的百分比及指数

在数据透视表值区域的右键快捷菜单中，可以执行多达15种的“值显示方式”命令。

例9-6 如图9-29所示，请利用数据透视表对各营业部商品的重要性作一个比较分析。

	A	B	C	D	E	F
1	营业部	商品	销售日期	数量	单价	总金额
2	天河	显示器	2021/1/1	2	2154	4308
3	越秀	鼠标	2021/1/5	25	36	900
4	天河	硬盘	2021/1/25	25	568	14200

图 9-29　计算机器材销售表

可以通过数据透视表“总计的百分比”“行总计的百分比”“列总计的百分比”以及“指数”来分析。

创建数据透视表时，在“数据透视表”任务窗格中，将“营业部”字段拖放到“行”区域，将“商品”字段拖放到“列”区域，将

“总金额”字段拖放到“值”区域。再依法创建或者复制、粘贴3个同样的数据透视表。

在第1个数据透视表值区域的任一单元格的右键快捷菜单中，执行“值显示方式”|“总计的百分比”命令。其他3个数据透视表则分别选择“行总计的百分比”“列总计的百分比”“指数”选项，效果如图9-30所示。

	H	I	J	K	L	M	N	O	P	Q	R
1	总计的百分比						列汇总的百分比				
2	求和项:总金额	商品					求和项:总金额	商品			
3	营业部	鼠标	显示器	硬盘	总计		营业部	鼠标	显示器	硬盘	总计
4	黄埔	1.07%	8.79%	5.35%	15.21%		黄埔	25.00%	14.94%	14.49%	15.21%
5	荔湾	0.66%	20.96%	6.95%	28.56%		荔湾	15.26%	35.63%	18.84%	28.56%
6	天河	0.36%	12.84%	22.99%	36.20%		天河	8.42%	21.84%	62.32%	36.20%
7	越秀	2.20%	16.22%	1.60%	20.03%		越秀	51.32%	27.59%	4.35%	20.03%
8	总计	4.29%	58.81%	36.90%	100.00%		总计	100.00%	100.00%	100.00%	100.00%
9											
10	行汇总的百分比						指数				
11	求和项:总金额	商品					求和项:总金额	商品			
12	营业部	鼠标	显示器	硬盘	总计		营业部	鼠标	显示器	硬盘	总计
13	黄埔	7.06%	57.78%	35.16%	100.00%		黄埔	1.644	0.983	0.953	1
14	荔湾	2.29%	73.37%	24.34%	100.00%		荔湾	0.534	1.248	0.660	1
15	天河	1.00%	35.48%	63.52%	100.00%		天河	0.233	0.603	1.722	1
16	越秀	11.00%	80.99%	8.01%	100.00%		越秀	2.562	1.377	0.217	1
17	总计	4.29%	58.81%	36.90%	100.00%		总计	1	1	1	1

图 9-30　总计的百分比及指数

可以看出，“总计的百分比”是指各项数值占全表汇总数的百分比。

“行总计的百分比”是指各行的数值占其汇总数的百分比。

“列总计的百分比”是指各列的数值占其汇总数的百分比。

“指数”按公式“=(单元格的值 × 总计)/(行总计 × 列总计)”进行计算，综合考虑了行和列的数据的权重，数值越大越显得重要。例如，从总体上说，“硬盘”在“黄埔”地区的销售额比在“荔湾”地区重要。

9.2.4　显示确定基准点的定基比

例9-7　如图9-31所示，请利用透视表计算2～8月每月销售额与1月销售额的比率。

	A	B	C	D	E	F	G
1	员工编号	货品名称	货品编号	单价	数量	销售额	售出日期
2	246347201	心相印卷纸	612608	25.6	2	51.2	2021/1/2
3	246347201	洗厕王	601243	3.2	3	9.6	2021/1/2
4	246347201	德芙榛仁巧克力	820366	32.7	2	65.4	2021/1/3

图 9-31　销售表

创建数据透视表时，在“数据透视表”任务窗格中，将“售出日期”字段拖放到“行”区域，分2次将“销售额”字段拖放到“值”区域，如图9-32所示。

	I	J	K
1		值	
2	售出日期	求和项:销售额	求和项:销售额2
3	2022/1/2	60.8	60.8
4	2022/1/3	75	75
5	2022/1/4	8.8	8.8

图 9-32　数据透视表

单击数据透视表行字段区域的任一单元格（如I2单元格），在“分析”选项卡中单击“组选择”按钮（或在I2单元格右键快捷菜单中执行“组合”命令），在打开的“组合”对话框中，确保在“步长”列表中只选择“月”选项，单击“确定”按钮。选中要设置比率的任一单元格（如K2单元格），在“分析”选项卡中单击“字段设置”按钮，在打开的“值字段设置”对话框中，单击“值显示方式”标签，在“值显示方式”下拉列表中选择“百分比”选项，在“基本字段”列表中选择“售出日期”选项，在“基本项”列表中选择“1月”选项，单击“确定”按钮。再在数据透视表中将后面2列的列标题分别修改为“ 销售额”（注意字符中的空格）和“定基比”，如图9-33所示。

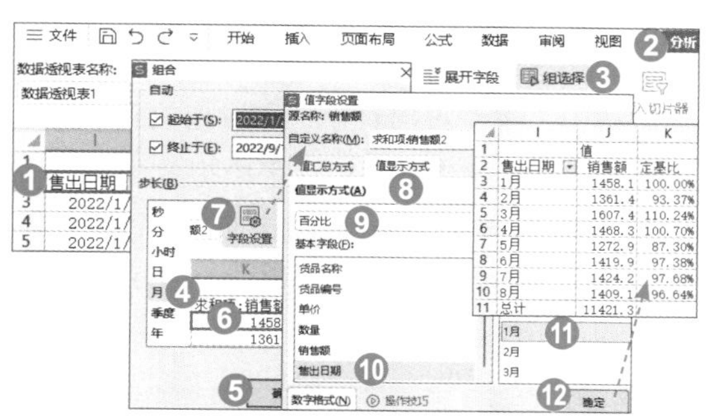

图 9-33　按月分组并在“值字段设置”对话框中设置定基比

设置“定基比”时，也可以选中要设置比率的任一单元格，在右键快捷菜单中执行“值显示方式”|“百分比”命令，在打开的“值显示方式”对话框中，确保“基本字段”为“售出日期”字段，“基本项”为“1月”，单击“确定”按钮，如图9-34所示。

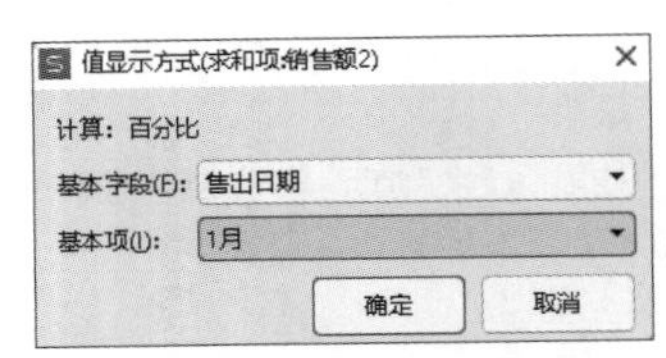

图 9-34　利用右键快捷菜单设置定基比

本例所求的“定基比”是一种发展速度，也叫总速度，是报告期水平与某一固定时期水平之比，表明这种现象在较长时期内总的发展速度。例如，以2022年1月为基准，2022年2月、3月、4月……与之相比。

9.2.5　显示差异量及差异百分比

例9-8　如图9-35所示，请利用数据透视表统计2021年各季度与2020年同期各季度销售额的差异量和差异百分比（同比），并统计后一个季度与前一个季度销售额的差异量和差异百分比（环比）。

9.2.5

	A	B	C	D	E	F	G
1	员工编号	货品名称	货品编号	单价	数量	销售额	售出日期
2	102896301	玉兰油润肤露	300217	39	2	78	2020/1/1
3	102896301	康师傅妙芙蛋糕	800376	7.9	3	23.7	2020/1/1
4	276834001	心相印抽纸	612508	4.7	1	4.7	2020/1/1

图 9-35　两年的销售表

创建数据透视表时，在“数据透视表”任务窗格中，将“售出日期”字段拖放到“行”区域，分3次将“销售额”字段拖放到“值”区域。在数据透视表中将后面3列的列标题分别修改为“ 销售额”“差异量”“差异百分比”，如图9-36所示。

	I	J	K	L
1	差异量及差异百分比（同比）			
2		值		
3	售出日期	销售额	差异量	差异百分比
4	2020/1/1	106.4	106.4	106.4
5	2020/1/2	60.8	60.8	60.8

图 9-36　数据透视表

单击数据透视表行字段区域的任一单元格（如I4单元格），在“分析”选项卡中单击“组选择”按钮（或在I4单元格右键快捷菜单中执行“组合”命令），在打开的“组合”对话框中，确保在“步长”列表中只选择“季度”“年”选项，单击“确定”按钮。将该数据透视表复制一个，如图9-37所示。

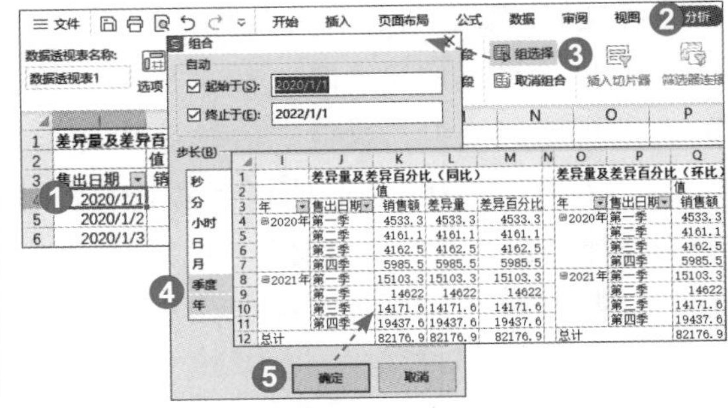

图 9-37　按月分组并显示确定基准点的定基比

在第一个数据透视表“差异量”字段值区域的任一单元格，在右键快捷菜单中执行“值显示方式”|“差异”命令，在打开的“值显示方式（差异量）”对话框中，在“基本字段”下拉列表中选择“年”选项，在“基本项”下拉列表中选择“上一个”选项。单击“确定”按钮，完成差异量的同比设置。

同理，对第一个数据透视表“差异百分比”字段值区域设置“值显示方式”时选择“差异百分比”选项，其他不变。

对第二个数据透视表设置时，只是将“基本字段”改为“售出日期”，其他不变，如图9-38所示。

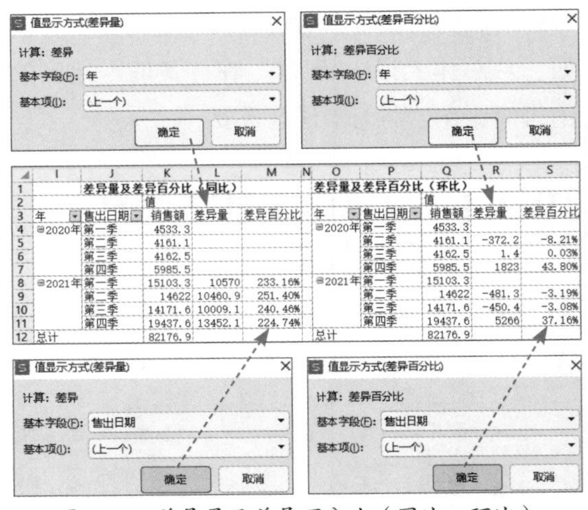

图 9-38　差异量及差异百分比（同比、环比）

同比是与去年同期相比，环比是与上期相比。

一般情况下，同比是今年第n月（季）与去年第n月（季）相比。例如，今年2月与去年2月相比，今年第3季度与去年第3季度相比等。“值显示方式”的“差异”选项用于同比时，是指绝对量的增量。例如，2021年第一季的销售额为15103.3，比起2020年第一季的销售额4533.3，差异量=15103.3-4533.3=10570。“值显示方式”的“差异百分比”选项用于同比时，是指同比增长速度，主要是为了消除季节变动的影响，用以说明本期发展水平与去年同期发展水平对比而达到的相对增长速度。其公式为“同比增长速度=（本期发展水平-去年同期水平）/去年同期水平×100%”。例如，2021年第一季的销售额15103.3，比起2020年第一季的销售额4533.3，差异百分比=（15103.3-4533.3）/4533.3*100%=233.16%。

环比是本期统计数据与上期比较，如一年内各月与前一个月对比，即2月与1月相比，3月与2月相比，4月与3月相比……，说明逐月的发展程度。如分析某个特定日期某些经济现象的发展趋势，环比比同比更能说明问题。“差异”用于环比时，是指绝对量的增量。例如，2021年第二季的销售额14622比起2021年第一季的销售额15103.3，差异量=14622-15103.3=-481.3。“差异百分比”用于环比时，是指环比增长速度，反映本期比上期增长了百分之几，公式为“环比增长率=（本期数－上期数）/上期数×100%”。2021年第二季度环比性质的差异百分比=（14622-15103.3）/15103.3*100%=-3.19%。

9.2.6 显示子项占分类汇总的百分比

例9-9 如图9-39所示，请利用数据透视表统计各品种占分类汇总的百分比。

	A	B	C	D	E
1	品种	分公司	金额	日期	数量
2	A产品	上海分公司	26160	2020/8/1	4800
3	B产品	上海分公司	51496	2020/8/1	8200

图 9-39 销售表

创建数据透视表时，在“数据透视表”任务窗格中，将“品种”和“分公司”字段拖放到“行”区域，分3次将“金额”字段拖放到“值”区域。在数据透视表中将后面3列的列标题分别修改为“金额”“父行汇总的百分比”“父级汇总的百分比”。

在“父行汇总的百分比”字段值区域的任一单元格，在右键快捷菜单中执行“值显示方式”|“父行汇总的百分比”命令。

在“父级汇总的百分比”字段值区域的任一单元格，在右键快捷菜单中执行“值显示方式”|“父级汇总的百分比”命令，在打开的“值显示方式（父级汇总的百分比）”对话框中，在“基本字段”下拉列表框中选择“品种”字段，单击“确定”按钮，结果如图9-40所示。

	G	H	I	J	K
1			值		
2	品种	分公司	金额	父行汇总的百分比	父级汇总的百分比
3	⊟A产品	南京分公司	27795	40.48%	40.48%
4		上海分公司	40875	59.52%	59.52%
5	A产品 汇总		68670	37.98%	100.00%
6	⊟B产品	南京分公司	33632	29.99%	29.99%
7		上海分公司	78500	70.01%	70.01%
8	B产品 汇总		112132	62.02%	100.00%
9	总计		180802	100.00%	

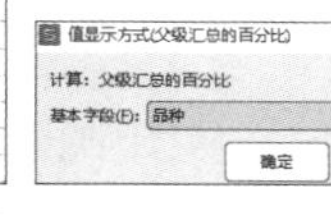

图 9-40 分类百分比

9.2.6

可以看出，“父行汇总的百分比”和“父级汇总的百分比”都是子项占分类汇总的百分比，但前者的分类汇总还要占列总计的百分比。

9.2.7

“父列汇总的百分比”与“父行汇总的百分比”类似，只是行、列方向的变化。

9.2.7 显示累计量及其百分比

例9-10 如图9-41所示，请利用数据透视表统计每月的累计销售额及累计百分比。

	A	B	C	D	E	F	G
1	员工编号	货品名称	货品编号	单价	数量	销售额	售出日期
2	246347201	心相印卷纸	612608	25.6	2	51.2	2021/1/2
3	246347201	洗厕王	601243	3.2	3	9.6	2021/1/2
4	246347201	德芙榛仁巧克力	820366	32.7	2	65.4	2021/1/3
5	246347201	宏圣牌笔记本	590012	5.8	1	5.8	2021/1/3

图 9-41 日常用品销售表

创建数据透视表时，在“数据透视表”任务窗格中，将“售出日期”字段拖放到“行”区域，分3次将“销售额”字段拖放到“值”区域。在数据透视表中将后面3列的列标题分别修改为“销售额”“累积量”“累计百分比”，按月进行分组。

在“累积量”字段值区域中任一单元格，在右键快捷菜单中执行“值显示方式”|“按某一字段汇总”命令，在打开的“值显示方式（累积量）”对话框中，“基本字段”下拉列表框中只有唯一的“售出日期”字段，保持默认不变。单击“确定”按钮，完成设置。

同理，在“累计百分比”字段值区域中任一单元格，在右键快捷菜单中执行“值显示方式”|“按某一字段汇总的百分比”命令，其他操作不变，结果如图9-42所示。

值显示方式(累积量)
计算：按某一字段汇总
基本字段(F)：售出日期
确定

	I	J	K	L
1		值		
2	售出日期	销售额	累积量	累计百分比
3	1月	1458.1	1458.1	12.77%
4	2月	1361.4	2819.5	24.69%
5	3月	1607.4	4426.9	38.76%
6	4月	1468.3	5895.2	51.62%
7	5月	1272.9	7168.1	62.76%
8	6月	1419.9	8588	75.19%
9	7月	1424.2	10012.2	87.66%
10	8月	1409.1	11421.3	100.00%
11	总计	11421.3		

图 9-42　累积量及其百分比

9.2.8

从图中可以看出，累积量是销售额的逐月累积。累积百分比则是当月累积量占“销售额”字段列总计11421.3的百分比。

9.2.9

9.2.8　显示总排名及分类排名

例9-11 如图9-43所示，请利用数据透视表列出学生在全年级和本班的排名。

	A	B	C	D	E	F	G
1	姓名	班级	性别	语文	数学	外语	总分
2	文进	1班	男	82	105	82	269
3	肖丁胜	1班	男	83	90	84	257
4	刘仁杰	1班	男	83	89	100	272

图 9-43　入学成绩表

创建数据透视表时，在“数据透视表”任务窗格中，将“姓名”字段拖放到“行”区域，分2次将“总分”字段拖放到“值”区域。

再创建一个数据透视表，在“数据透视表”任务窗格中，将“班级”和“姓名”字段拖放到“行”区域，分2次将“总分”字段拖放到“值”区域。设置“不显示分类汇总”。

将第一个透视表后面2列的列标题分别修改为“总分”“全级排名”。

将第二个透视表后面2列的列标题分别修改为“总分”“本班排名”。

在第一个数据透视表“全级排名”字段值区域中的任一单元格，在右键快捷菜单中执行“值显示方式”|“降序”命令，在打开的“值显示方式（全级排名）”对话框中，在“基本字段”下拉列表框中选择“姓名”字段，单击“确定”按钮。

同理，在第二个数据透视表完成本班排名设置，如图9-44所示。

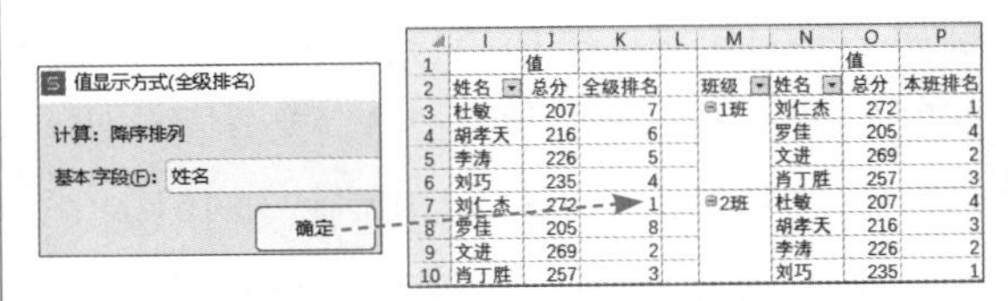

值显示方式(全级排名)
计算：降序排列
基本字段(F)：姓名
确定

	I	J	K	L	M	N	O	P
1		值					值	
2	姓名	总分	全级排名		班级	姓名	总分	本班排名
3	杜敏	207	7		⊟1班	刘仁杰	272	1
4	胡孝天	216	6			罗佳	205	4
5	李涛	226	5			文进	269	2
6	刘巧	235	4			肖丁胜	257	3
7	刘仁杰	272	1		⊟2班	杜敏	207	4
8	罗佳	205	8			胡孝天	216	3
9	文进	269	2			李涛	226	2
10	肖丁胜	257	3			刘巧	235	1

图 9-44　总排名及分类排名

9.2.9　添加计算字段：加权平均单价

计算字段是对数据透视表现有字段计算后得到的新字段，属于自定义计算。计算字段只能在数据透视表的“值”区域内使用。

例9-12 如图9-45所示，请在数据透视表中计算各类商品的加权平均单价。

	A	B	C	D
1	商品	数量	单价	金额
2	商品A	12	80	960
3	商品A	8	50	400
4	商品B	14	60	840
5	商品B	16	120	1920

图 9-45　销售表

创建数据透视表时，在“数据透视表”任务窗格中，将“商品”字段拖放到“行”区域，将“金额”和“数量”字段拖放到“值”区域。

选择数据透视表区域的任一单元格，执行“分析”|“字段、项目”|“计算字段”命令，在“插入计算字段”对话框的“名称”框中输入“加权平均单价”，在“公式”框中输入公式“=金额/数量”（可以在“字段”列表中双击需要的字段名或者选中后单击“插入字段”按钮），单击“添加”按钮，再单击“确

定”按钮。在数据透视表中将右面3列的列标题分别修改为“金额”“数量”“加权平均单价”，如图9-46所示。

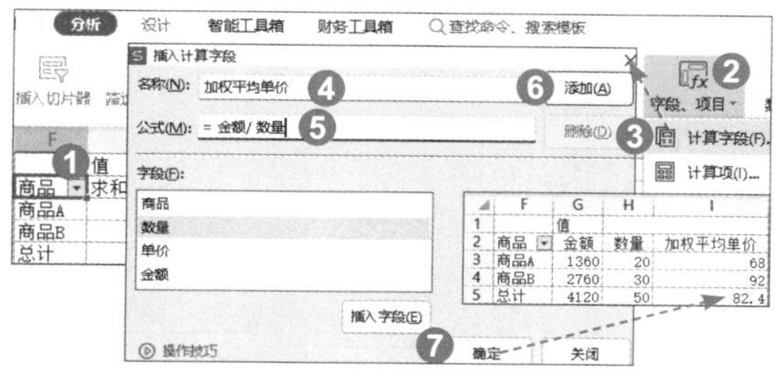

图 9-46　设置计算字段“加权平均单价”

新计算字段“加权平均单价”考虑了商品数量的权重，例如商品A的加权平均单价=（960+400）/（12+8）=68。如果只计算平均单价，只会得到(80+50)/2=65。

9.2.10　添加计算项：售罄率

计算项是通过对数据透视表中的现有某一字段内的项进行计算后得到的新项。计算项不能在数据透视表的“值”区域使用，只能在“行”区域、“列”区域内使用。

例9-13 如图9-47所示，请在数据透视表中计算各店男、女装的销售率。

	A	B	C	D
1	店铺	类型	男装	女装
2	1店	库存	50	60
3	2店	库存	60	80
4	1店	销售	110	140
5	2店	销售	100	120

图 9-47　销售表

本例涉及“类型”字段的“库存”“销售”项，所以应当插入“计算项”。

创建数据透视表时，在“数据透视表”任务窗格中，将“店铺”字段拖放到“行”区域，将“类型”字段拖放到“列”区域，将“男装”和“女装”字段拖放到“值”区域。设置“仅对列启用”总计。

单击数据透视表列字段标题所在区域的任一单元格（例如G2单元格），在“分析”选项卡中单击“字段、项目”下拉按钮，在下拉菜单中选择“计算项”选项，在打开的“在‘类型’中插入计算字段”对话框中，在“名称”框中输入“销售率”，在“公式”框中输入公式“=销售/（库存+销售）”（可以在“项”列表中双击需要的项名或者选中后单击“插入项”按钮），单击“添加”按钮，再单击“确定”按钮，编辑栏将出现“计算项”公式。在数据透视表中将涉及男、女装的列标题分别修改为“男装”“女装”，将K4:L6区域的单元格格式设置为“百分比”显示，如图9-48所示。

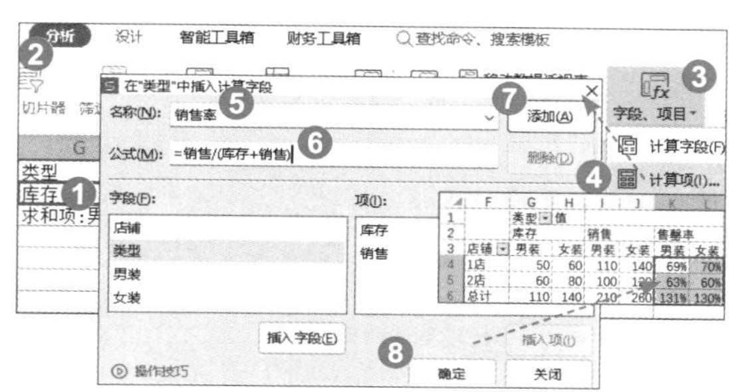

图 9-48　设置计算项“销售率”

9.2.11　从多行多列中提取唯一值

9.2.10

9.2.11

利用WPS表格数据透视表的多区域合并功能，可以从多行多列中提取唯一值，这是一个非常简便的方法。

例9-14 请利用数据透视表从任课表中提取唯一值姓名。

按9.1.3节的方法创建一个单页字段的多重合并计算的数据透视表，将“值”字段拖放到“行”区域，“筛选器”“列”“值”3个区域不要任何字段，如图9-49所示。

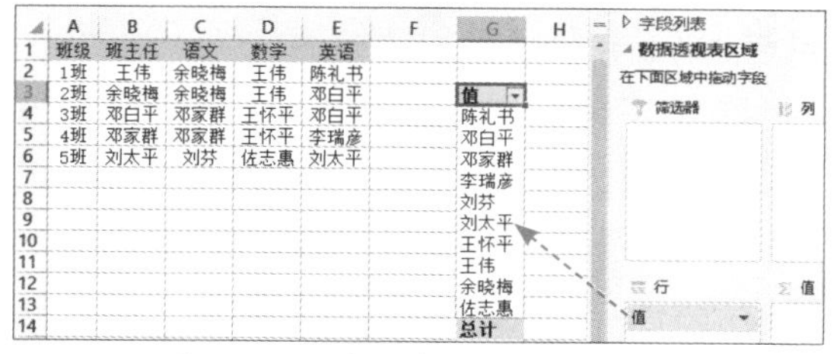

图 9-49　从多行多列中提取唯一值

9.3 数据透视表技能提升

9.3.1 按班级和个人成绩排序

在数据透视表中排序和在普通表中排序的方法大体相同，稍有特殊之处。

例9-15 请在数据透视表中将班级平均分和班内每个人的成绩均按降序排序。

选择分类汇总行中平均值所在的任一单元格（例如G2单元格），在右键快捷菜单中执行“排序”|“降序”命令。再选择个人成绩值任一单元格（例如G3单元格），在右键快捷菜单中执行“排序”|“降序”命令，如图9-50所示。

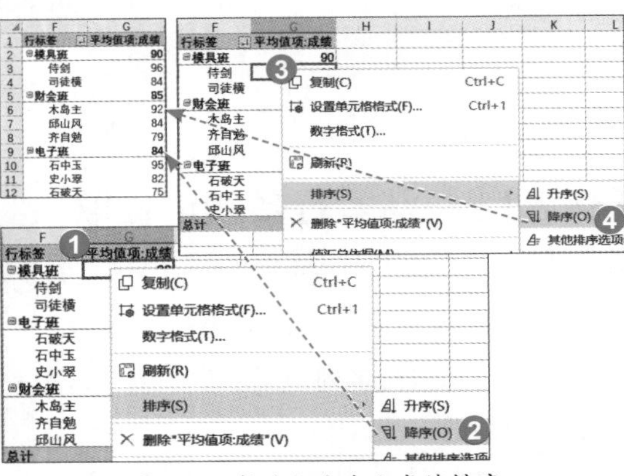

图 9-50 按班级和个人成绩排序

9.3.1

9.3.2

9.3.3

9.3.2 对同一字段多次筛选

在数据透视表中筛选和在普通表中筛选的方法大体相同，稍有特殊之处。

例9-16 请在数据透视表中筛选北京公司和上海公司金额前2名的产品。

单击“销售公司”筛选箭头，在唯一值列表中只勾选“北京公司”“上海公司”复选框，单击“确定”按钮。单击“产品大类”筛选箭头，在“值筛选”的级联菜单中选择“前10项”选项，在打开的“前10个筛选（产品大类）”对话框中，在值框中输入“2”，单击“确定”按钮，如图9-51所示。

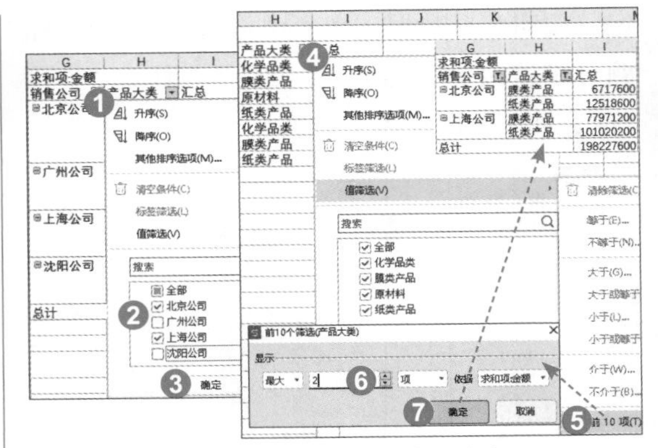

图 9-51 对同一字段多次筛选

在数据透视表中，可能有一些列标题没有筛选箭头，如果要筛选，在紧邻透视表的右侧单元格中，在“数据”选项卡中单击“筛选”按钮即可。

9.3.3 分析销量下降的原因

字段之间不同的排列组合，配合数据透视图，可以直观地找出数据隐藏的秘密。

例9-17 如图9-52所示，从数据透视表显示，某商品5月份的销量比4月份下降了很多，请分析原因。

	A	B	C	D	E	F	G	H
1	日期	销售地	销售员	售价	销量		求和项:销量	
2	2021/4/1	成都	刘小燕	130	349		月	汇总
3	2021/4/2	昆明	方敏	135	329		4月	11758
4	2021/4/3	北京	张国栋	130	369		5月	6526

图 9-52 某商品的销售情况

从数据源可以看出，影响销量的可能因素有销售地、销售员、售价。

1. 分析售价与销量的关系

复制粘贴该数据透视表并激活，在“数据透视表”任务窗格中，在“行”区域，将“月”字段拖出去，将“日期”字段拖进来；将“售价”字段拖到“值”区域中，如图9-53所示。

	值	
日期	求和项:销量	求和项:售价
4月1日	349	130
4月2日	329	135
4月3日	369	130

图 9-53 售价、销量透视表

在“分析”选项卡中单击“数据透视图”按钮，在打开的“图表”对话框中，在左侧选择“折线图”图表，在右侧选择一种折线图，如图9-54所示。可见，从总体来说，销量在后半程明显降低，而售价处于平稳状态，所以售价不是销量显著下降的主要原因。

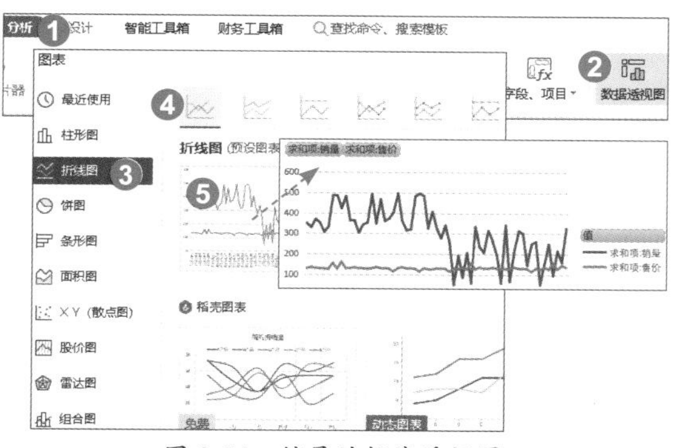

图 9-54　销量的折线透视图

2. 分析销售地与销量的关系

重新创建一个数据透视表，在“数据透视表”的任务窗格中，将“日期”“销售地”“销量”字段分别放到“行”“列”“值”区域，不显示总计，按月进行分组，利用透视表的数据创建柱形图，如图9-55所示。可见，北京地区的销量急剧下降，成都地区的销量逆势增长，其他地区都有不同程度的下降。可以把北京和成都地区作为重点关注对象。

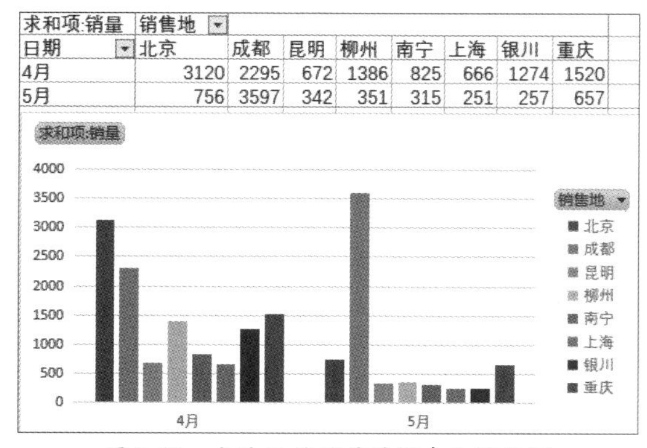

求和项:销量	销售地							
日期	北京	成都	昆明	柳州	南宁	上海	银川	重庆
4月	3120	2295	672	1386	825	666	1274	1520
5月	756	3597	342	351	315	251	257	657

图 9-55　分地区的销量透视表和透视图

3. 分析销售员与销量的关系

复制第二个数据透视表，将“销售员”字段放到“行”区域的顶端，取消分类汇总，如图9-56所示。

求和项:销量		销售地							
销售员	日期	北京	成都	昆明	柳州	南宁	上海	银川	重庆
⊟方敏	4月	1210	466	329	407	403	319	968	
	5月	210	1234	276			251	207	
⊟李强	4月	856	363		482		347		352
	5月		745		351				249
⊟刘小燕	4月	685	681	343	497	422			315
	5月	206	1401	66		315			95
⊟张国栋	4月	369	785					306	853
	5月	340	217					50	313

图 9-56　将“销售员”字段放到“行”区域的顶端

利用透视表数据创建柱形统计图，在“销售地”下拉箭头中筛选“北京”“成都”，如图9-57所示。从总体上来说，所有销售员在北京地区的销量都下降了，尤其是方敏和李强从巅峰跌到了低谷，只有张国栋略有下降。奇怪的是，张国栋在成都的销量下降很多，而其他人则逆势增长。

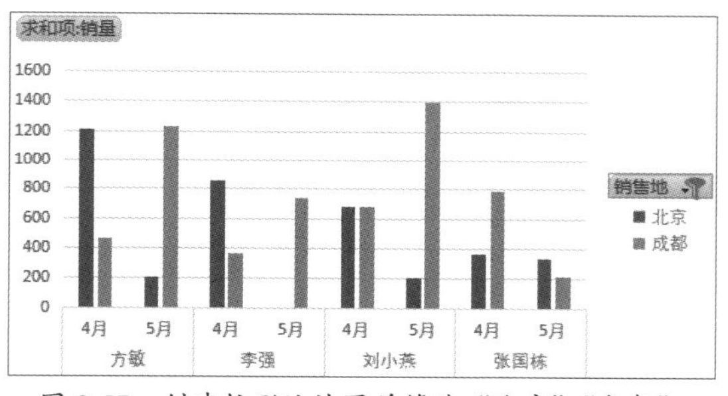

图 9-57　创建柱形统计图并筛选“北京”“成都”

综合起来，该商品5月份销量下降的主要原因是地区环境，其次可能也有销售员的原因。

9.3.4　快速发现最赚钱的商品

字段不同的排列组合，配合数据透视图，可以直观地发现数据中不易察觉的秘密。

例9-18　如图9-58所示，在没有成本数据的情况下，能够利用数据透视表快速发现最赚钱的商品吗？

	A	B	C	D	E
1	日期	商品编号	销量	售价	销售额
2	2021/3/1	商品A	325	569	184925
3	2021/3/1	商品B	125	241	30125
4	2021/3/1	商品C	215	319	68585

图 9-58　多种商品的销售情况

创建数据透视表时，在“数据透视表”任务窗格中，勾选“商品编号”“销量”“销售额”3个字段，“值显示方式”均为“总计的百

9.3.4

分比”，如图9-59所示。

G	H	I
	值	
商品编号	求和项:销量	求和项:销售额
商品A	22.48%	40.56%
商品B	6.54%	5.00%
商品C	9.08%	9.18%
商品D	36.57%	27.37%
商品E	7.52%	5.75%
商品F	17.82%	12.15%
总计	100.00%	100.00%

图 9-59　多种商品的销售占比

利用透视表的数据创建柱形图，添加数据标签，如图9-60所示。可见，商品A仅仅以22.48%的销量就占据了40.56%的销售额，因而商品A是最赚钱的商品。

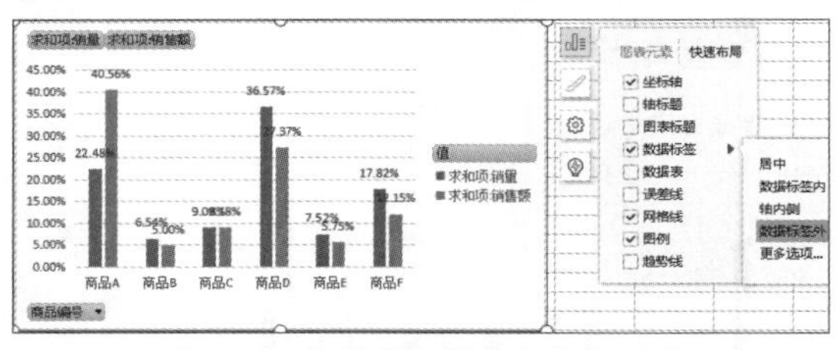

图 9-60　多种商品销售占比柱形图

9.3.5

9.3.6

9.3.5　将透视表拆分为多个报表

创建数据透视表时，如果在“筛选器”区域设置有字段，则数据透视表可以进行报表筛选，每一次筛选会显示一个页面，这些页面都在数据透视表所在的工作表，可以将这些页面独立地显示在多个工作表中。

例9-19 已创建一个带筛选页的数据透视表，请将透视表拆分为多个报表。

激活数据透视表，执行“分析”|“选项”|“显示报表筛选页”命令，在“显示报表筛选页”对话框列表中选择要显示的筛选字段，单击“确定”按钮，如图9-61所示。

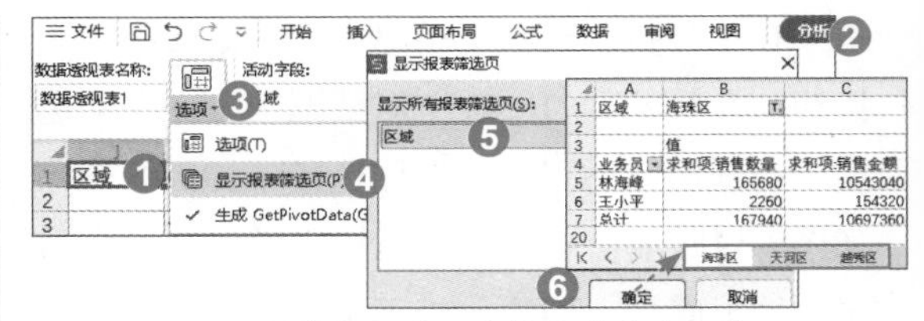

图 9-61　将数据透视表拆分为多个报表

9.3.6　查看汇总数据的明细数据

数据透视表是对数据源大量数据的分类汇总，如果想查看某一汇总数据的明细数据，可以不用去数据源表中进行筛选，很简单的操作就能得到该汇总数据的明细数据。

例9-20 请在数据透视表中查看某一汇总数据的明细数据。

选择想要查看的某一汇总数据，在右键快捷菜单中执行“显示详细信息”命令，就会在一个新工作表显示该汇总数据的明细数据，如图9-62所示。

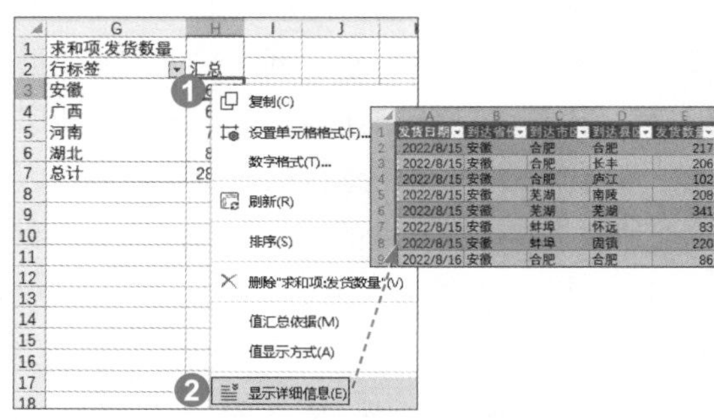

图 9-62　查看汇总数据的明细数据

直接双击某汇总数据，也能得到该汇总数据的明细数据。

将一个二维表创建为多重合并计算的数据透视表后，可以通过查看明细数据的方法巧妙地将二维表转化为一维表。

第10章 可视化图表

在表达数据特征方面，一图胜过千言。WPS表格图表能够化繁为简，将数据直观、形象、生动、实时地展现出来，反映数据的大致面貌、变化趋势、比例关系、结构特征、差异特质等，有助于发现在其他情况下容易被忽略的趋势或模式。

10.1 图表创建与编辑

10.1.1 图表类型与元素

WPS表格的内置（预设）图表包括柱形图、条形图、折线图、面积图、饼图、圆环图、雷达图、气泡图、XY散点图、股价图和组合图等类型，在线图表还有玫瑰图、桑基图、词云图、漏斗图、水波图、矩形树图等类型。在线图表中，有一些免费图表和大量精美的稻壳会员图表，大大降低了使用图表的难度。使用时，要根据表达的意图和图表的特点选择恰当的图表类型。

图表通常由图表区、绘图区、坐标轴（垂直轴、水平轴）、图表标题、数据系列、图例、网格线、数据标签、数据系列等元素构成。当光标悬停在图表中的某个元素上时，屏幕提示将显示该元素的名称，如图10-1所示。

10.1.1

10.1.2

图 10-1 图表的组成元素

- 图表标题：用于对图表要展示的核心思想进行说明，起画龙点睛的作用。
- 图表区：指图表的全部范围，当选中图表区时，将显示图表边框，有6个控制点用于拖动调整图表大小。选中图表区，可以对图表中的文本进行统一设置。
- 绘图区：指图表区内的图形区域，绘图区的内容会随着图表区大小的变化而变化。
- 坐标轴：分为主要横坐标轴（水平轴）、次要横坐标轴、主要纵坐标轴（垂直轴）和次要纵坐标轴4种，分别位于绘图区的左右下上4个方向，一般的图表只需要主要横坐标轴和主要纵坐标轴。可以根据需要设置刻度值大小、刻度线、坐标轴交叉、标签的数字格式与单位。
- 数据系列：由一个或多个数据点构成，每个数据点对应于一个单元格内的数据，每个数据系列对应于数据表中的一行或一列数据。
- 数据标签：显示数据系列上的数据。数据标签的位置可以移动。
- 图例：用于对图表中的数据系列进行说明标识，当图表只有一个数据系列时，默认不显示图例，当超过一个数据系列时，图例则默认显示在绘图区下方。

此外，可以在一些图表中添加趋势线、误差线、线条及涨跌柱线等元素，还可以借助文本框、艺术字、单元格等添加数据来源等信息。

10.1.2 创建内置或在线图表

创建图表一般有4个步骤。

1. 准备图表数据

WPS表格图表一般都是使用统计数据来制作。想要图表达到特殊效果，可能需要构造辅助列或对数据进行特殊排列。

2. 选择数据区域

当需要使用整个数据区域创建图表时，可以全选整个数据区域，也可以选择该区域任一单元格，WPS表格会自动识别整个数据区域。当需要使用部分数据区域创建图表时，就选择这部分数据区域。有时需要结合Ctrl键选择不连续的区域。

3. 插入图表

在“插入”选项卡中选择一种图表。

4. 完善图表

使用工具和命令来更改图表外观或布局，或者修改、添加、删除图表元素。

例10-1 请使用一种在线免费图表来展

现5类商品的存货量数据。

本例商品类别少，数据又是离散的，因此插入柱形图、面积图等图表都是可以的。

单击数据区域任一单元格（例如A1单元格），在“插入”选项卡中单击“全部图表”下拉按钮，在下拉菜单中选择“在线图表”选项，在“在线图表”对话框的左侧选择“柱形图”选项，右侧选择“免费”选项，选择一种在线免费图表，修改图表标题为“五类商品存货情况”，如图10-2所示。

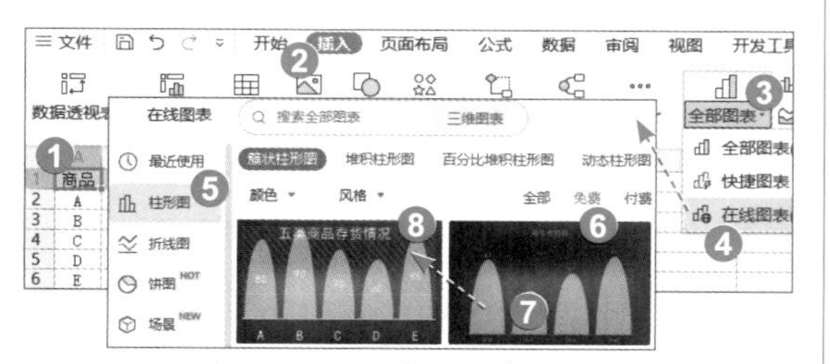

图 10-2　插入在线免费柱形图

创建图表后，如果要移动图表到其他工作表，选中图表，使用“图表工具”选项卡中的“移动图表”命令（或者在图表的右键快捷菜单中执行“移动图表”命令）进行设置。

10.1.3　如何对图表快速布局

想要图表达到一定的特殊效果，就必须对图表进行设计美化。可喜的是，WPS表格提供了快速布局样式，有时可以直接使用这些样式。

例10-2　如图10-3所示，请对该图表进行快速布局。

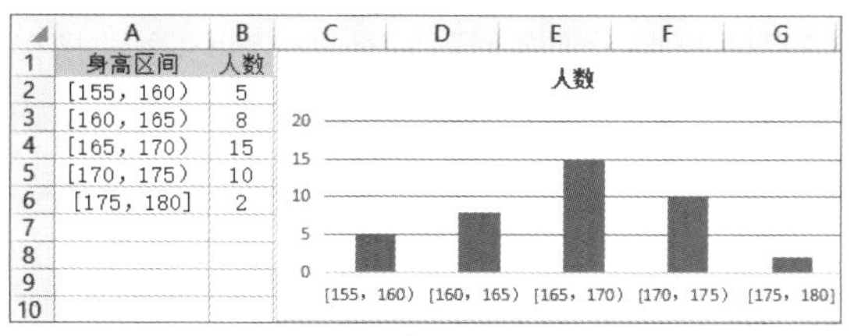

	A	B
1	身高区间	人数
2	[155，160）	5
3	[160，165）	8
4	[165，170）	15
5	[170，175）	10
6	[175，180]	2

图 10-3　某班各身高区间人数柱形图

普通的柱形图适用于表现离散变量，而身高数据是连续变量，因而需要将分类间距调整为0，让柱形图柱体紧紧相连在一起，这种图表就是直方图。本例直接进行快速布局就能实现这种需求。

选中图表，单击“图表元素”按钮，再单击“快速布局”标签，在各类布局中选择“布局8”选项，如图10-4所示。在“图表工具”选项卡中的“快速布局”下拉列表中也能选择快速布局样式。WPS表格图表布局样式没有包含配色方案。

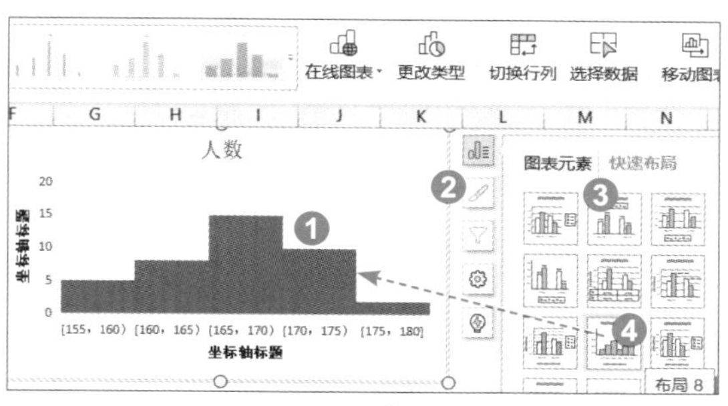

图 10-4　对图表快速布局

10.1.4　添加和减少图表元素

10.1.3

10.1.4

在图表元素中，有一些图表元素是必不可少的，例如图表区、绘图区、系列等，而有一些图表元素可以根据需要自行添加或减少。设置图表元素的顺序没有严格的步骤。

例10-3　请为一个柱形图去掉轴标题，添加数据标签。

选中图表，单击“图表元素”按钮，再单击“图表元素”标签，取消勾选“轴标题”复选框，勾选“数据标签”复选框（或在下一级菜单中选择），如图10-5所示。在“图表工具”选项卡中的“图表元素”下拉菜单的级联菜单中也可以进行设置。很多时候，选择某个图表元素，可以直接按Delete键进行删除。

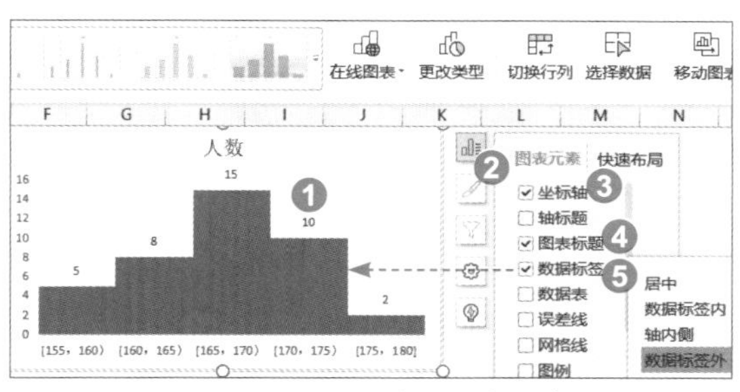

图 10-5　添加和减少图表元素

10.1.5 选择图表元素设置格式

10.1.5

10.1.6

设置图表格式时，需要选择图表元素。激活图表后，选择图表元素有5种方式。

一是直接单击某一图表元素，这是比较常用的方法。

二是使用键盘上的上下方向键在图表元素之间切换。

三是在“属性（图表格式）”任务窗格中，在“图表选项”下拉列表中选择。

四是在“图表工具”选项卡中，在“图表元素”下拉列表中选择。

五是在图表右键快捷菜单中，在浮动工具栏的“图表元素”下拉列表中选择。

后3种方式如图10-6所示。

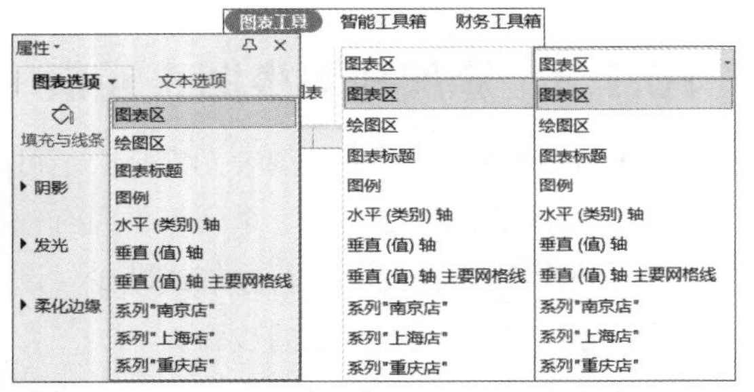

图 10-6　选择图表元素的 3 种方式

在WPS表格“选项”对话框中，可以在“视图”栏目中设置是否显示浮动工具栏。

图表元素的格式通常在“属性”（图表格式）任务窗格中设置。调出“属性”任务窗格有5种方式，如图10-7所示。

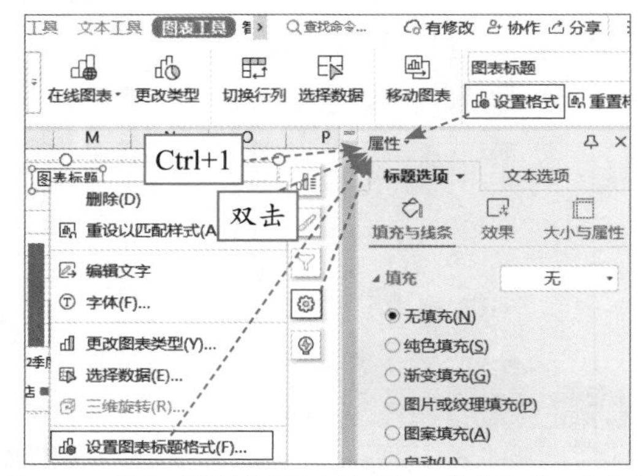

图 10-7　调出“属性”（图表格式）任务窗格的 5 种方式

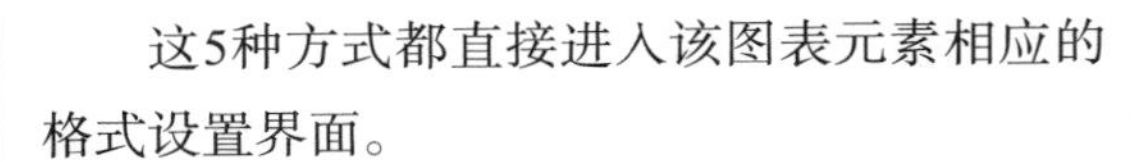

这5种方式都直接进入该图表元素相应的格式设置界面。

一是单击某一图表元素，单击“设置图表区域格式”快捷按钮⚙。

二是单击某一图表元素，在“图表工具”选项卡中单击“设置格式”按钮。

三是单击某一图表元素，使用Ctrl+1组合键。

四是双击某一图表元素。

五是在某一图表元素的右键快捷菜单中，执行该元素的“设置格式”命令。

有些图表元素由多项组成，例如系列、图例和数据标签。要选择某个特定的数据点，例如图表系列元素的某一数据点，则需要单击两次：第一次单击以选中整个系列，然后再在系列内单击要选择的具体的元素。选择元素项后，用户即可将格式应用到系列中的特定数据点上。图表系列、图例和数据标签的项，都可以使用键盘上的左右方向键进行切换。

此外，由于图表中包含图形、文本，因此可以在“绘图工具”“文本工具”选项卡中进行设置。涉及字体方面的格式，还可以在“开始”选项卡中设置。

如果图表格式设置乱了，可以激活图表，在“图表工具”选项卡中单击“重置样式”按钮，可一键恢复图表格式。

10.1.6 更改图表类型和外观

图表创建成功后，想要更改为另一大类、子类的图表，或者另外一种外观的图表，是很简单的，更改图表类型、外观就可以，不必删除原有图表而重新创建新的图表。

例10-4 请将已有图表更改为另外一种图表外观。

这里更改为同类的免费图表。选中已有图表，在“图表工具”选项卡中单击“在线图表”下拉按钮，在“在线图表”下拉列表左侧选择“免费”选项，在右侧选择一个大类（例如仍为柱形图），在下面选择一个图表样式，如图10-8所示。

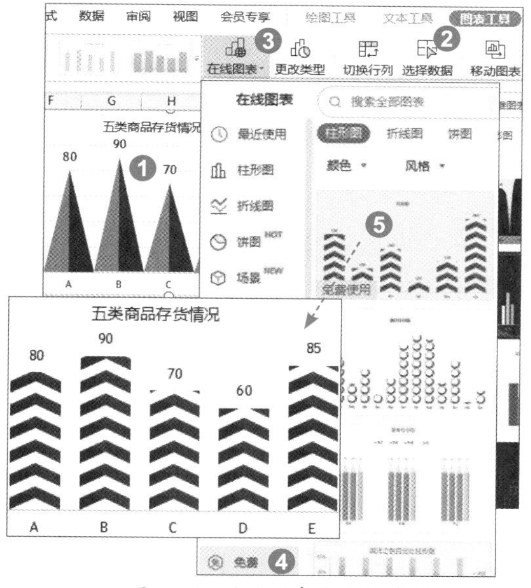

图 10-8　更改图表类型和外观

也可以在“图表工具”选项卡中单击“更改类型”按钮，或在图表的右键快捷菜单中执行“更改图表类型”命令，打开“更改图表类型”对话框后，再选择另外的图表类型或外观。

10.1.7　更改数据区域大小和方向

仅仅设置图表就可以改变WPS表格图表数据的区域大小、方向，无须改动数据源。

例10-5 如图10-9所示，柱形图将各店和各季度的销售合计数都包含进去了，为了不影响阅读，请去掉合计数，再将图表表现的各季度（类别）各店（系列）销售情况改为各店各季度销售情况。

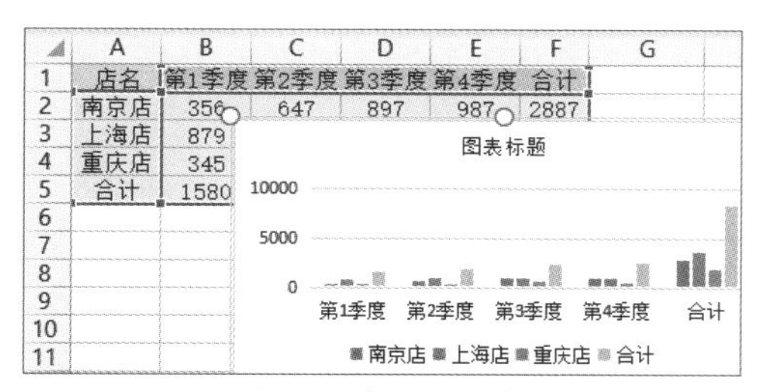

店名	第1季度	第2季度	第3季度	第4季度	合计
南京店	356	647	897	987	2887
上海店	879				
重庆店	345				
合计	1580				

图 10-9　各店各季度销售情况柱形图

选中图表以激活图表，在“图表工具”选项卡中单击“选择数据”按钮，在打开的“编辑数据源”对话框中，在“图表数据区域”框中重新引用A1:E4区域，在“系列生成方向”下拉列表中选择“每列数据作为一个系列”选项，单击“确定”按钮，如图10-10所示。

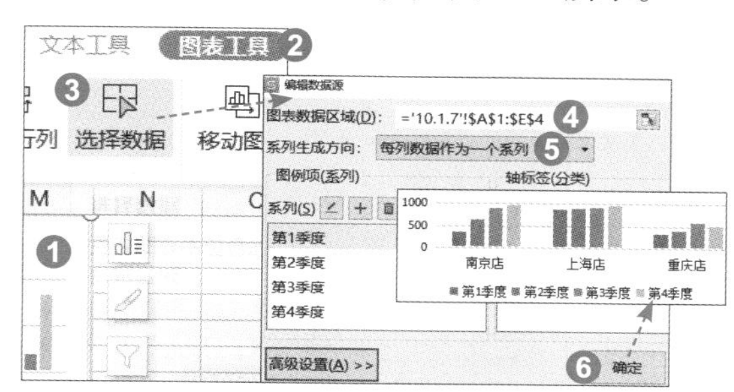

图 10-10　各季度各店销售情况柱形图

其中，改变图表数据方向，可以直接在“图表工具”选项卡中单击“切换行列”按钮。

此外，在“编辑数据源”对话框中，可以对图表的系列进行编辑、添加和删除。

10.1.8　创建和使用图表模板

对图表进行个性化设置后，可以将其保存为模板。这样，以后在创建相同类型图表时，可以快速调用该模板，从而减少重复性劳动。

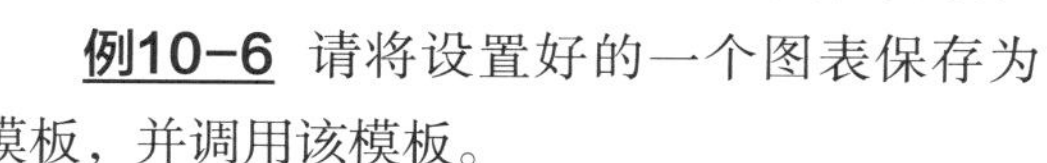

例10-6 请将设置好的一个图表保存为模板，并调用该模板。

选中图表区，在右键快捷菜单中执行“另存为模板”命令，在打开的“另存文件”对话框中，在“文件名”框中输入文件名称，如“柱线图”，单击“保存”按钮。这样就在默认文件地址保存了图表模板，如图10-11所示。

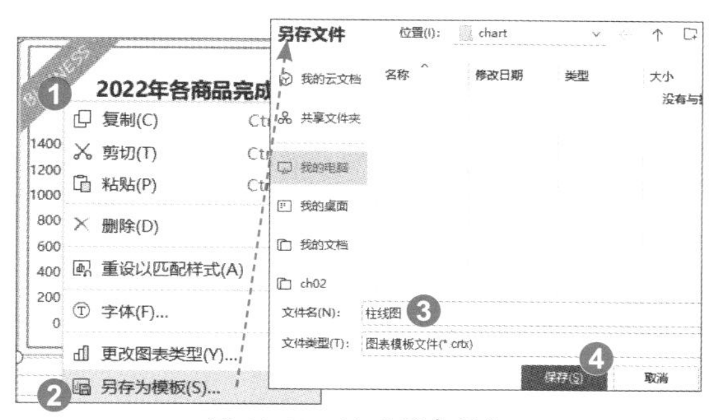

图 10-11　保存图表模板

调用该模板制作图表时，单击数据区域任一单元格（例如A20单元格），在“插入”选项卡中单击“全部图表”按钮，在打开的“图表”对话框中，在左侧选择“模板”类别，在右侧预览界面中单击自定义的“柱线图”图表，如图10-12所示。

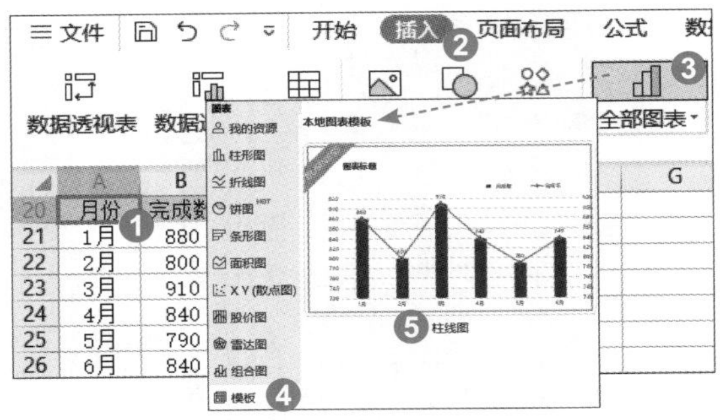

图 10-12　调用图表模板

10.2　比较差异的柱形图和条形图

10.2.1

柱形图和条形图都是使用直条表示离散变量差异大小的图表。有正负数或有日期变化特征时，最好使用柱形图；数据标签较长或数据量较多时，最好使用条形图，使其有充足的排列空间。二者都很简单，但稍微改变构图元素，就会收到意想不到的效果。

10.2.1　有包含关系的柱形图

多行多列数据可以制作为堆积柱形图。当有合计数据时，要较好地展现合计数据与明细数据之间的关系，就需要另辟蹊径。

例10-7　有3个店4个季度的销售数据，请绘制图表直观地反映汇总与明细数据。

1. 柱中柱效果的柱形图

当数据系列有总分或包含关系时，将子项设置为次坐标轴，减小“合计”系列的分类间距，可以做出柱中柱的效果，同时展现个体和总体。

（1）插入堆积柱形图。单击数据区域任一单元格（例如A1单元格），执行“插入”|“柱形图”|“堆积柱形图”命令，如图10-13所示。

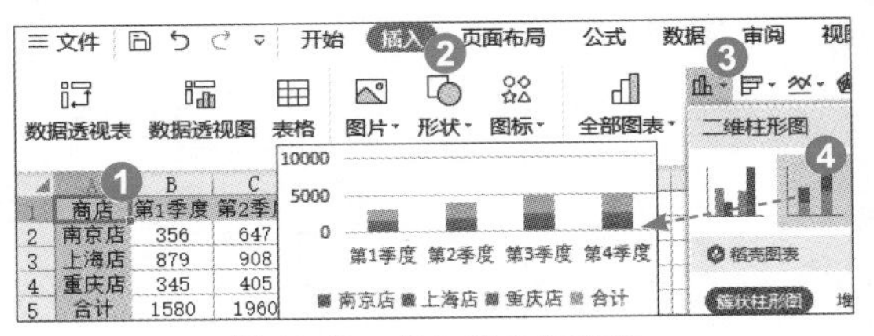

图 10-13　插入堆积柱形图

（2）设置次坐标轴。在“图表选项”下拉菜单中选择“系列‘南京店’”选项，单击“系列”标签，选中“次坐标轴”单选按钮，如图10-14所示。同理设置其他两店。

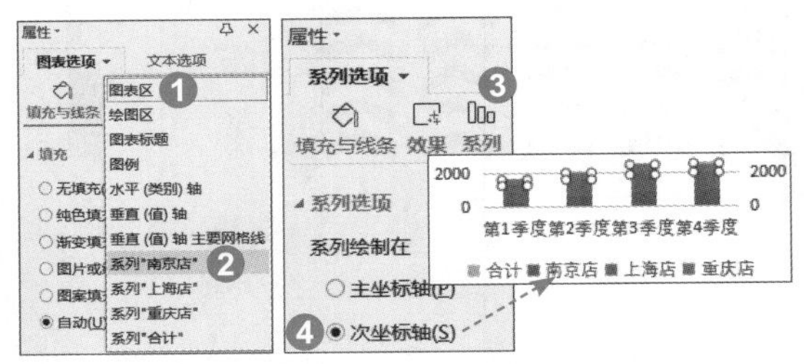

图 10-14　设置次坐标轴

（3）减小“合计”系列的分类间距。在“系列选项”下拉菜单中选中“系列‘合计’”，减小“分类间距”，如图10-15所示。

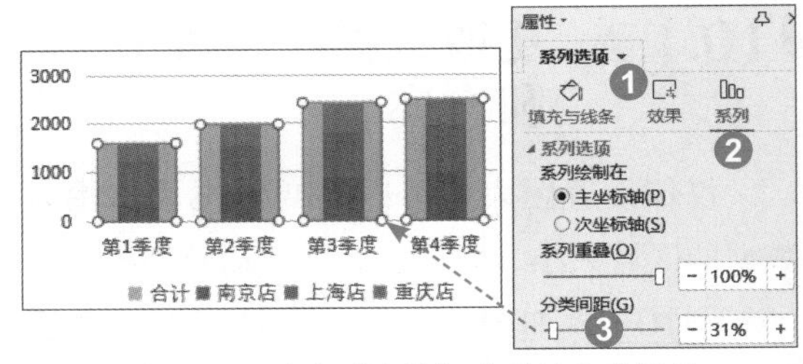

图 10-15　减小“合计”系列的分类间距

（4）添加数据标签。选中图表，单击“图表元素”按钮，再单击“图表元素”标签，勾选“数据标签”复选框，将“合计”系列的标签逐一拖放到柱体上端。如图10-16所示。

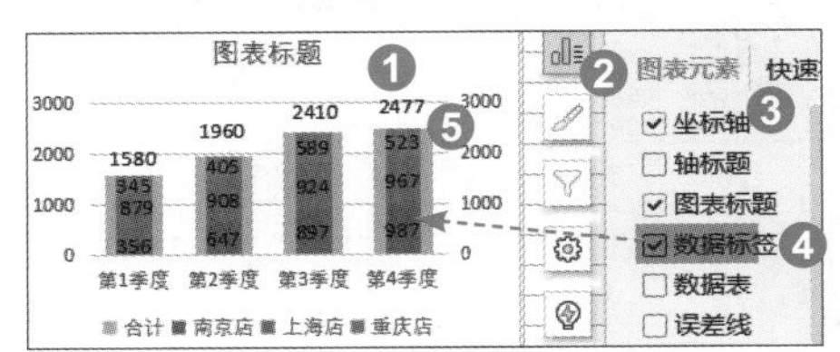

图 10-16　添加数据标签

这种图表常用于对比目标任务与实际情况，当目标任务数都大于实际完成数时，就是所谓的“温度计图表”。

2. 一对多效果的柱形图

将“合计”作为游离的系列，并减小系列分类间距，就可以作出一对多效果的柱形图。

（1）构建数据源并插入堆积柱形图。使用选择性粘贴的方法，将数据源转置，季度之间插入2个空行，合计数据与季度明细数据错行，纯空行将作为季度之间的间隔。以构造的数据源插入堆积柱形图，更改标题，添加数据标签，删除空行的数据标签，如图10-17所示。

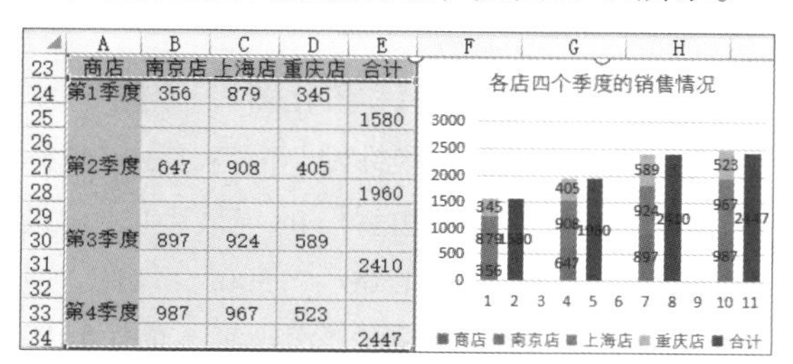

图 10-17　构建数据源并插入堆积柱形图

（2）将“合计”系列的分类间距调整为0%，如图10-18所示。

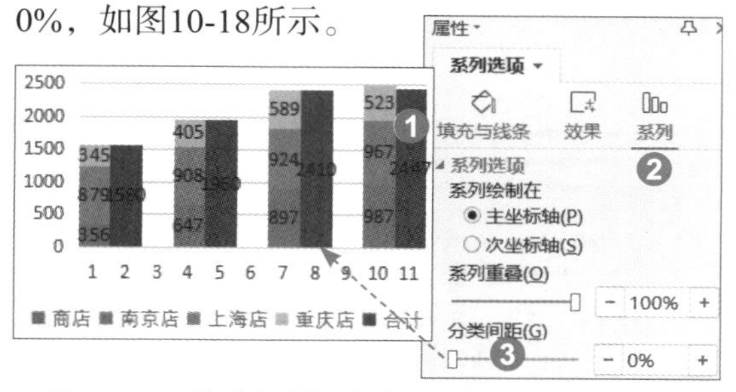

图 10-18　将“合计”系列的分类间距调整为 0%

10.2.2　用堆积柱形图制作瀑布图

瀑布图形适用于表达数个特定数值之间数量的累积变化关系。WPS表格可以借助辅助数据基于堆积柱形图制作瀑布图。

例10-8 已知本月各项支出金额和支出合计，请在WPS表格中绘制一个瀑布图，以较好地显示各个项目的变化情况及与合计数之间的关系。

（1）构造图表数据源。插入辅助列，B2=SUM(C$1:C1)，将公式向下填充至B7单元格。

（2）插入堆积柱形图。单击数据区域任一单元格（例如B2单元格），执行“插入”|“柱形图”|“堆积柱形图”命令，如图10-19所示。

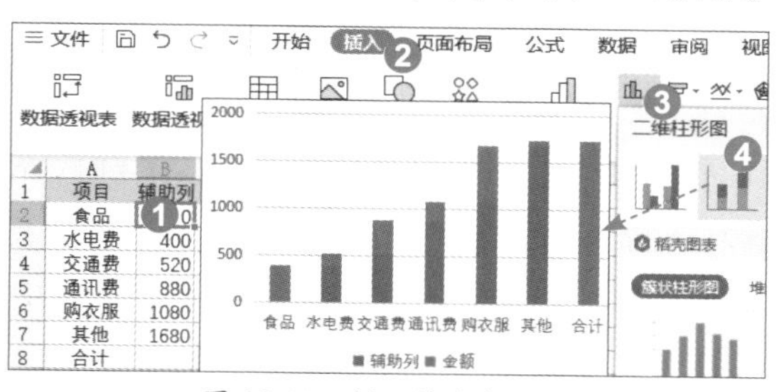

图 10-19　插入堆积柱形图

（3）设置填充色。选择“辅助列”系列，在格式设置任务窗格中的“填充与线条”标签下，选中“无填充”单选按钮，如图10-20所示。

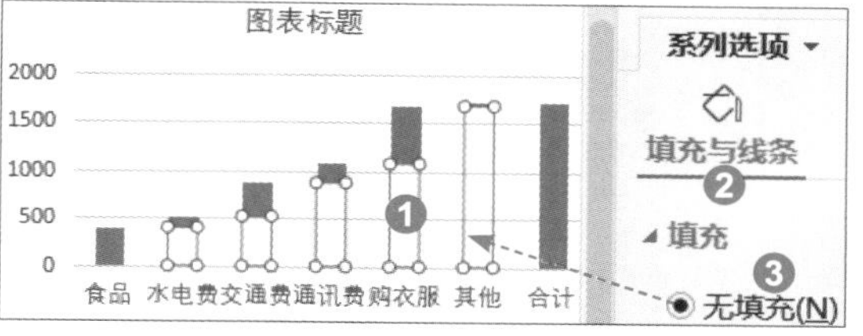

图 10-20　设置填充色

（4）添加数据标签。选择“金额”系列，单击“图表元素”按钮，再单击“图表元素”标签，勾选“数据标签”复选框，如图10-21所示。

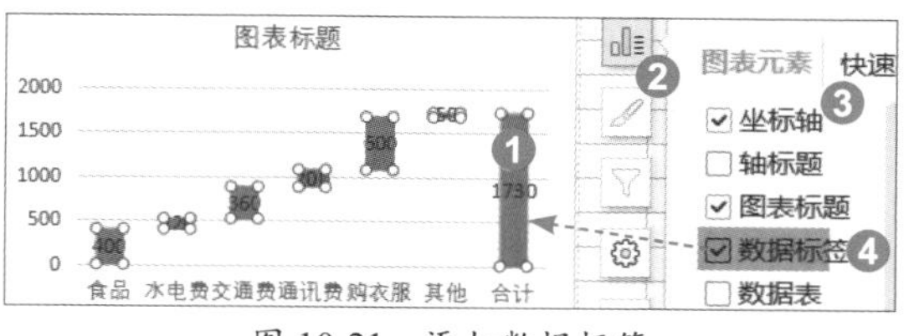

图 10-21　添加数据标签

例10-9 已知本月各项收入与支出金额在一列中，支出金额为负数，请在WPS表格中绘制一个瀑布图，以较好地显示本月各项收支情况。

（1）构造图表数据源。增加3列，C22=SUM(B$21:B21)，D22=IF(B22>0,C22,C22+B22)，E22=ABS(B22)，将C22、D22、

10.2.2

E22单元格的公式分别向下填充至C26、D26、E27单元格，如图10-22所示。

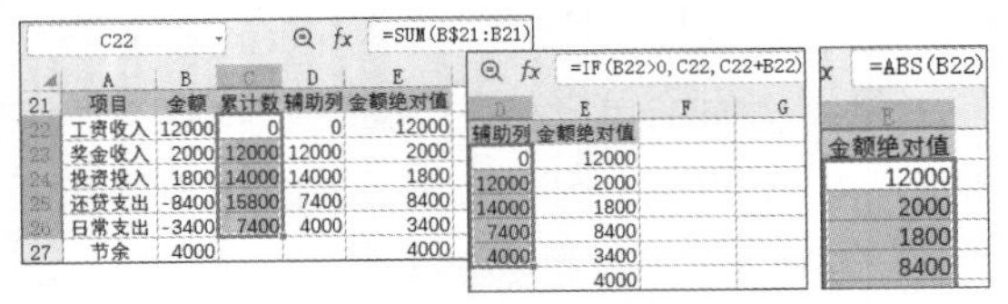

图 10-22　构造图表数据源

（2）插入堆积柱形图。借助Ctrl键选择A21:A27、D21:E27区域，在“插入”选项卡中单击“柱形图”下拉按钮，在下拉菜单中选择“二维柱形图”中的“堆积柱形图”选项，如图10-23所示。

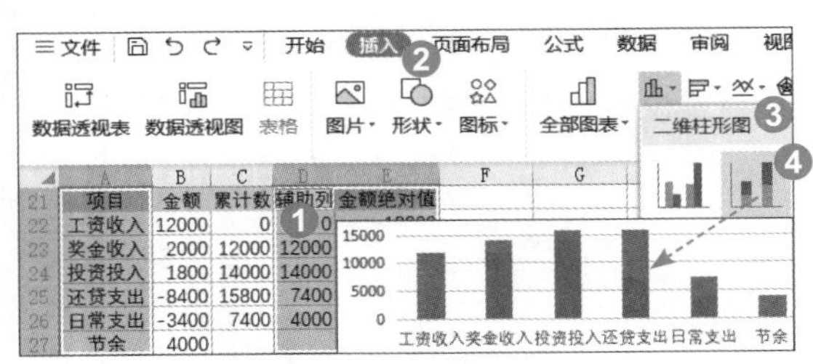

图 10-23　插入堆积柱形图

（3）设置填充色。选择“辅助列”系列，在格式设置任务窗格中的“填充与线条”标签下，选中“无填充”单选按钮，如图10-24所示。

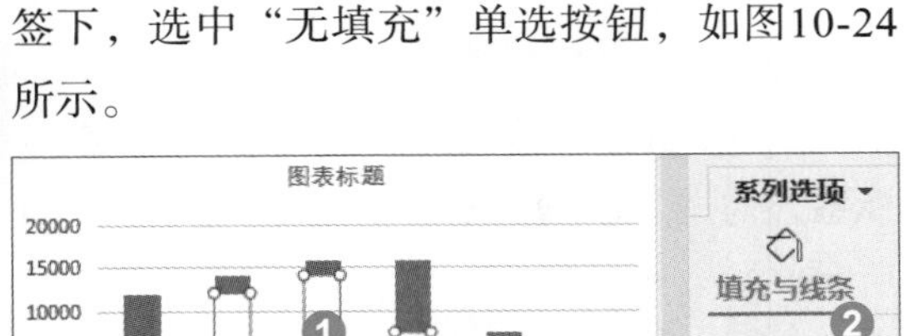

图 10-24　设置填充色

（4）添加数据标签。选择“金额绝对值”系列，单击“图表元素”按钮，再单击“图表元素”标签，勾选“数据标签”复选框，如图10-25所示。

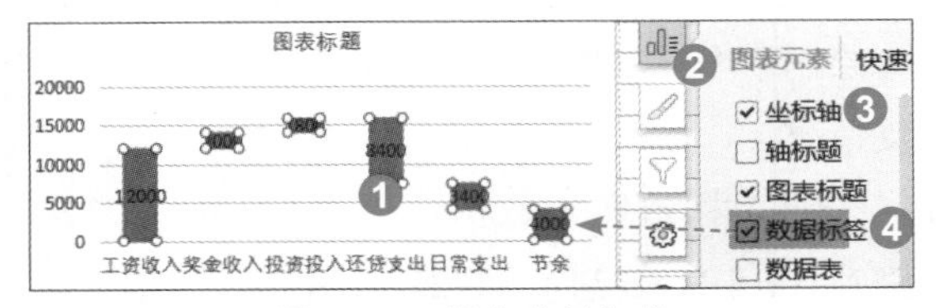

图 10-25　添加数据标签

10.2.3　反向对比的旋风图

旋风图使用左右方向相反的两个条形图来反映两类事物的对比。

例10-10　现有两个公司1～6月的销售额，请绘制图表，直观对比销售额情况。

（1）插入“簇状条形图”，将“B公司”设置为“次坐标轴”，如图10-26所示。

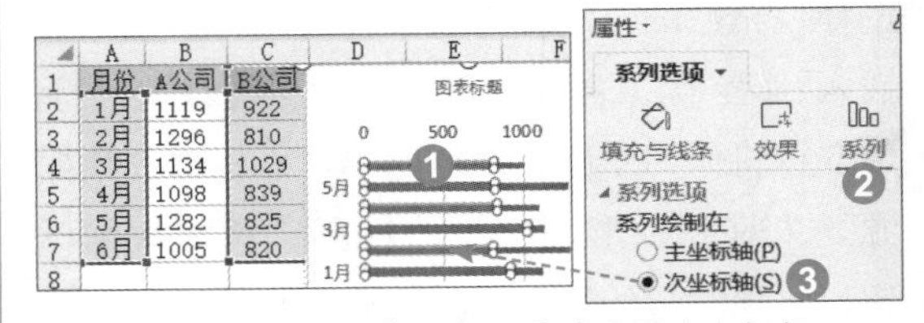

图 10-26　插入簇状条形图并设置次坐标轴

（2）更改坐标轴值和美化图表。选中“水平（值）轴”，单击“坐标轴”标签，在“坐标轴选项”栏中，将“边界”的“最小值”“最大值”分别更改为“-1500”“1500”，勾选“逆序刻度值”复选框。再将“次水平（值）轴”的“最小值”“最大值”分别改为“-1500”“1500”。修改图表标题，添加数据标签，如图10-27所示。

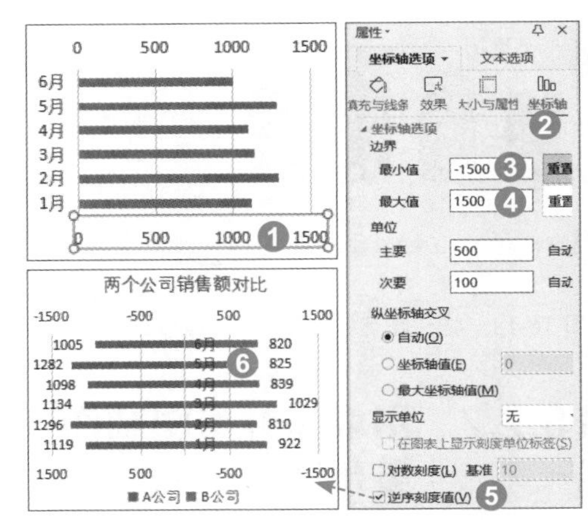

图 10-27　更改水平（值）轴值并美化图表

10.2.4　管理项目的甘特图

甘特图属于条形图，经常用于项目工期管理。

例10-11　已知5个项目的开工日期和任务天数，请绘制一个图表以直观显示。

本例可以在堆积条形图的基础上制作甘特图。

（1）准备图表数据，如图10-28所示。

E2 =IF($I$1>D2,C2,IF($I$1>B2,$I$1-B2,""))

	A	B	C	D	E	F	G	H	I
1	项目	开始日期	任务天数	完成日期	已完成天数	未完成天数		今天	2022/11/6
2	项目A	44851	35	2022/11/21	20	15		日期最小值	44851
3	项目B	44852	50	2022/12/7	19	31		日期最大值	44902
4	项目C	44853	40	2022/11/28	18	22			
5	项目D	44854	30	2022/11/19	17	13			
6	项目E	44855	25	2022/11/15	16	9			

图 10-28　得到甘特图辅助数据

表中，D2=B2+C2。将公式向下填充至D6。

E2=IF($I$1>D2,C2,IF($I$1>B2,$I$1-B2,""))，计算“任务天数”的“已完成天数”。

F2=IF($I$1<=B2,C2,IF($I$1<D2,D2-$I$1,""))，计算“任务天数”的“未完成天数”。

I1=TODAY()。

I2=MIN(B:B)。MIN函数返回最小值。数值作为图表水平（值）轴的最小值。

I3=MAX(D:D)。MAX函数返回最大值。数值作为图表水平（值）轴的最大值。

I2:I3区域的格式为常规。B2:B6区域的数据在插入图表前，单元格格式为常规。

（2）插入堆积条形图。选择A1:B6、E1:F6区域插入堆积条形图，如图10-29所示。

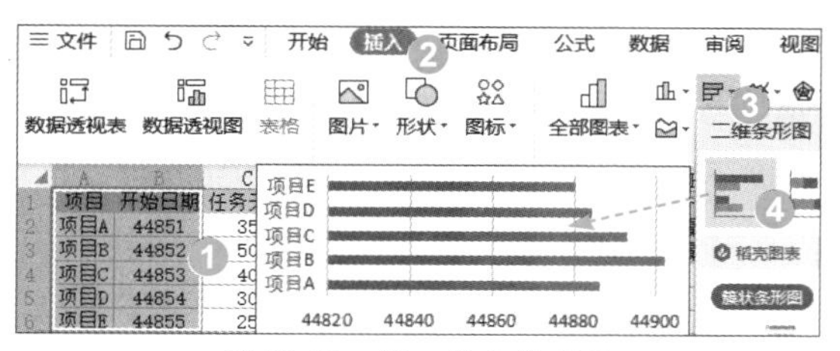

图 10-29　插入堆积条形图

（3）设置填充色并添加数据标签。将“开始日期”系列设置为“无填充”。为“已完成天数”“未完成天数”序列添加数据标签，如图10-30所示。

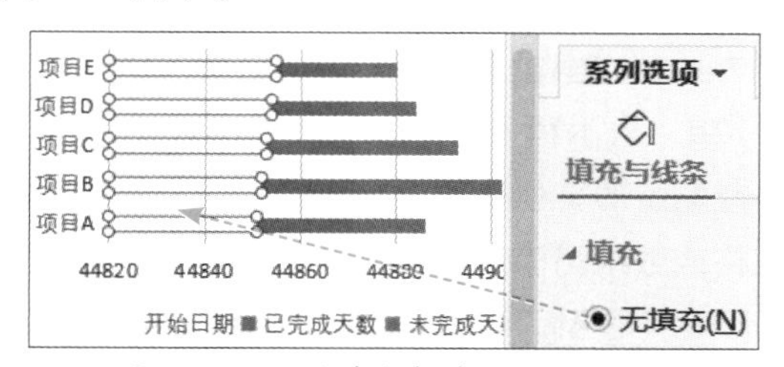

图 10-30　设置填充色并添加数据标签

（4）设置坐标轴。选中“水平（值）轴”，单击“坐标轴”标签，将“边界”的“最小值”改为“44851”，“最大值”改为“44902”，在“标签”栏中，在“标签位置”下拉列表中选择“高”选项。选中“垂直（值）轴”，勾选“逆序类别”复选框，如图10-31所示。将B2:B6区域的单元格格式设置为“短日期”。

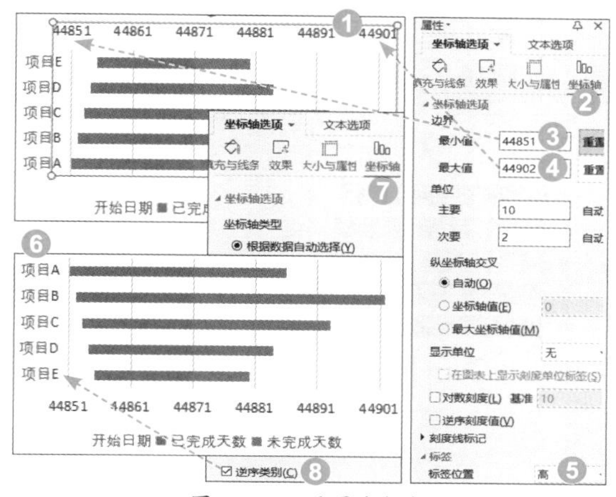

图 10-31　设置坐标轴

10.2.5　用图标填充的直条图

10.2.5

在WPS表格图表中，呈现条块状的数据系列都可以使用图形对象填充，因而可以变得新奇漂亮、生动形象，让人刮目相看。尤其是柱形图和条形图，使用图标填充的效果很理想。

例10-12 已创建各校学生人数的普通柱形图，请使用图标来更加直观地显示人数。

选中“学生人数”数据系列，执行“插入”|“图标”命令，在打开的“稻壳图标”对话框中，在“精选”标签下选择一种免费的人物图标，如图10-32所示。

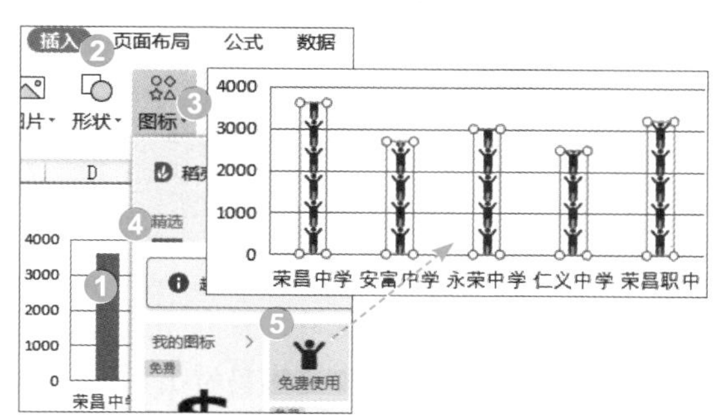

图 10-32　用图标填充柱形图

这种通过插入图标进行填充的方式，对全部数据系列都会起作用。而通过设置“填充”格式，可以对指定数据系列的数据点单独起作用。

例10-13 已创建某地肉类产量条形图，请使用不同的图标显示不同肉类。已准备好图标。

（1）缩小分类间距。选中“产量（吨）”数据系列，在格式设置任务窗格中，单击“系列”标签，缩小“分类间距”，让条形区域更宽，如图10-33所示。

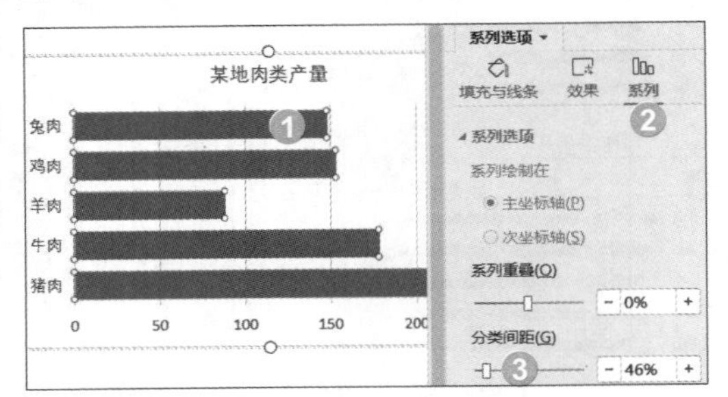

图 10-33　缩小分类间距

（2）填充图标。使用Ctrl+C组合键复制兔子图标，在“兔肉”条形上单击2次，在格式设置任务窗格中，选择“填充与线条”标签，在“填充”组中选中“图片或纹理填充”单选按钮，选中“层叠”单选按钮。如未成功，就继续在“图片填充”下拉列表中选择“剪贴板”选项，如图10-34所示。同理，对其他肉类条形填充图标。

10.2.6

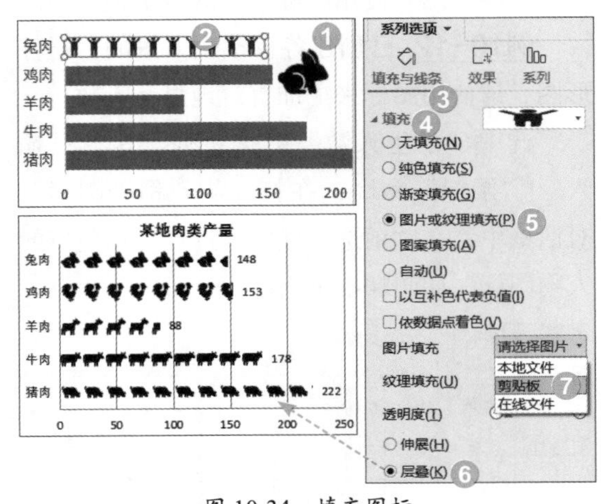

图 10-34　填充图标

制作条形图时，如果数据量大，可将数据排序后再制作图表，这样更容易看出数据变化的规律。

10.2.6　带下拉列表的交互式图表

如果数据系列过多，图表会显得很拥挤，这时常使用带下拉列表的交互式图表。

例10-14 有4个产品在7大地区的销量，请按产品选择，制作交互式图表。

1. 数据有效性 +VLOOKUP+MATCH 函数方法

（1）设置数据有效性。选中H1单元格，在“数据”选项卡中单击“下拉列表”按钮，在打开的“插入下拉列表”对话框中选中“从单元格选择下拉选项”单选按钮，在其框中引用B1:E1区域，单击“确定”按钮，如图10-35所示。

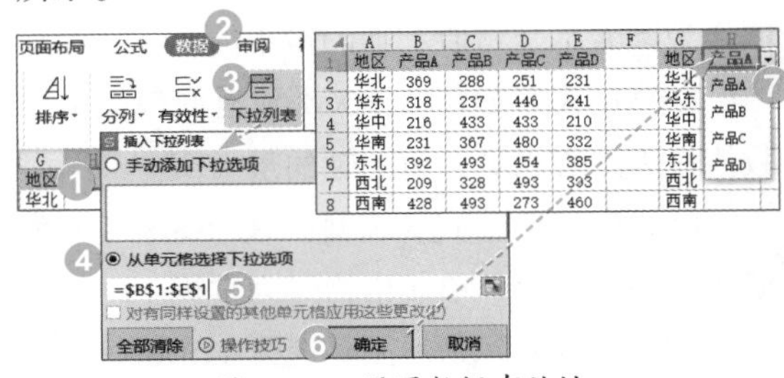

图 10-35　设置数据有效性

（2）设置函数公式。H2=VLOOKUP(G2,$A$1:$E$8,MATCH($H$1,$A$1:$E$1,),)，将公式向下填充至H8单元格，如图10-36所示。

H2　=VLOOKUP(G2, $A$1:$E$8, MATCH($H$1, $A$1:$E$1,),)

	A	B	C	D	E	F	G	H
1	地区	产品A	产品B	产品C	产品D		地区	产品A
2	华北	369	288	251	231		华北	369
3	华东	318	237	446	241		华东	318
4	华中	216	433	433	210		华中	216
5	华南	231	367	480	332		华南	231
6	东北	392	493	454	385		东北	392
7	西北	209	328	493	303		西北	209
8	西南	428	493	273	460		西南	428

图 10-36　设置函数公式

式中，MATCH 函数返回在指定方式下与指定数组匹配的数组中元素的相应位置，其语法为 `MATCH（查找值，查找区域，[匹配类型]）`，省略第3个参数0，表示精确查找。VLOOKUP函数在表格或数组的首列查找指定的数值，并由此返回表格或数组当前行中指定列处的数值，其语法为 `VLOOKUP（查找值，数据表，列序数，[匹配条件]）`，省略第3个参数0，表示精确查找。

（3）插入簇状柱形图并进行设置。选择G1:H8区域，插入簇状柱形图，修改标题，添加数据标签。此后就可以在H1单元格的下拉列表中进行选择，效果如图10-37所示。

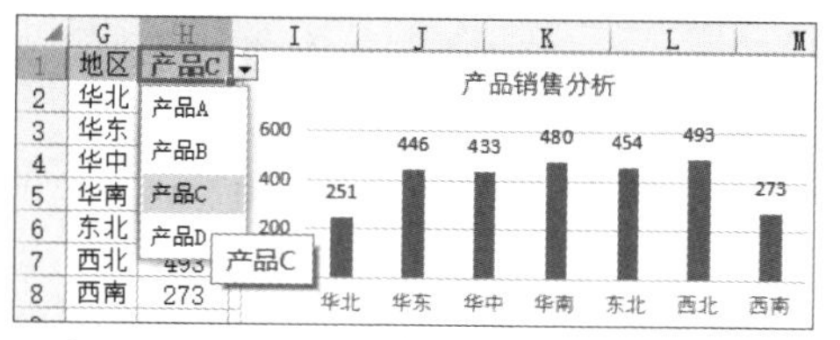

图 10-37　借助数据有效性创建的动态图表

2. 控件 +INDEX 方法

（1）构造图表所需数据源。H21:H27区域为数组公式“{=INDEX(B21:E27,,F20)}”，花括号使用Ctrl+Shift+Enter组合键输入，如图10-38所示。

H21　{=INDEX(B21:E27,,F20)}

	A	B	C	D	E	F	G	H
20	地区	产品A	产品B	产品C	产品D	1	地区	销量
21	华北	369	288	251	231	产品A	华北	369
22	华东	318	237	446	241	产品B	华东	318
23	华中	216	433	433	210	产品C	华中	216
24	华南	231	367	480	332	产品D	华南	231
25	东北	392	493	454	385		东北	392
26	西北	209	328	493	303		西北	209
27	西南	428	493	273	460		西南	428

图 10-38　构造图表所需数据源

（2）绘制和设置组合框。在“插入”选项卡中单击“窗体”下拉按钮，在下拉菜单中选择“组合框”选项，绘制一个组合框。在组合框的右键快捷菜单中，执行“设置对象格式”命令，在打开的“设置对象格式”对话框中单击“控制”标签，在“数据源区域”框中引用F21:F24区域，在“单元格链接”框中引用F20单元格，单击“确定”按钮，如图10-39所示。

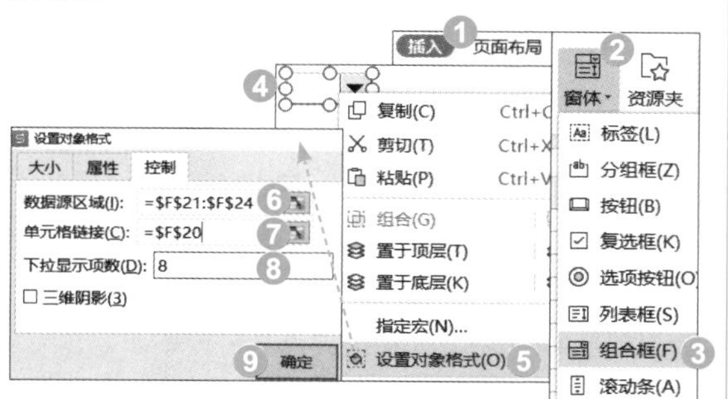

图 10-39　绘制和设置组合框

（3）插入簇状柱形图并进行设置。选择G20:H27区域，插入簇状柱形图，修改标题，添加数据标签，调整好图表与组合框的大小位置与图层，并进行组合，就可以利用组合框下拉列表选择产品，效果如图10-40所示。

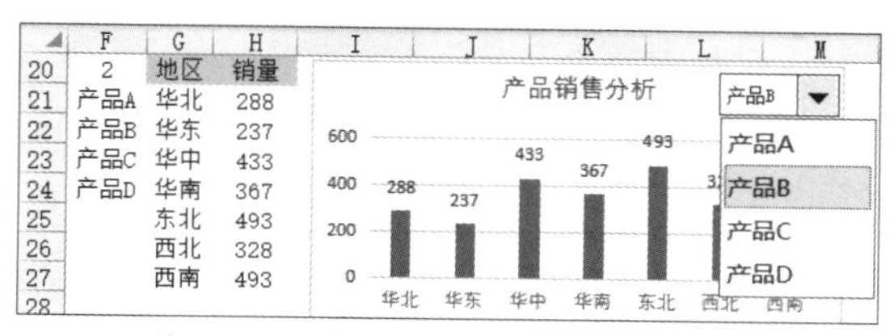

图 10-40　借助组合框创建的动态图表

由于使用了控件，重新打开文件时，会弹出“启用宏”的警告。

此外，利用OFFSET函数生成数据区域的动态引用，或者将数据表“插入”为智能“表格”，可以制作出动态图表。

10.3　显示占比的饼图和圆环图

10.3.1

百分比堆积柱形图和百分比堆积条形图能够跨类别比较每个值占各自合计值的百分比，但其数据标签却不能标注百分比数值，而饼图和圆环图则可以。

10.3.1　有主次之分的复合饼图

当一个系列的数据较多、又有一些较小的数据，且要反映占比情况时，一般的饼图就无能为力了，这时可以使用复合饼图或复合条饼图来实现。

例10-15　现有某公司8个店的订单数，请绘制一个图表恰当地显示各店的占比情况。

（1）插入复合饼图。单击数据区域任一单元格（例如A1单元格），执行“插入”|“插入饼图或圆环图”|“复合饼图”命令，如图10-41所示。

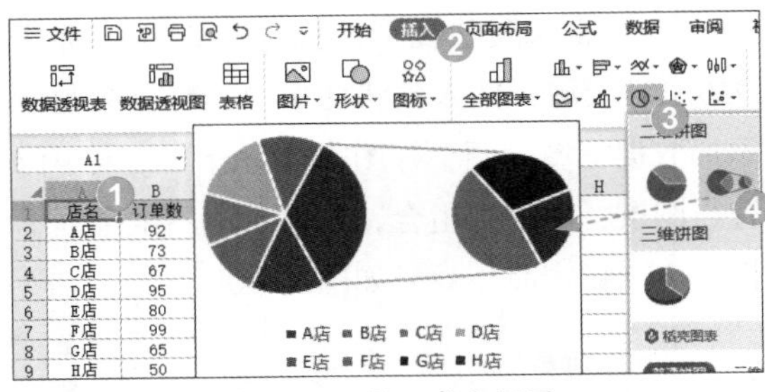

图 10-41　插入复合饼图

（2）设置第二绘图区。双击饼图，在格式设置任务窗格中，单击“系列”标签，在“系列分割依据”下拉列表中选择“百分比值”选项，将“小于该值的值”框中的值改为“11%”，以较好地集中展示较小的数据，如图10-42所示。

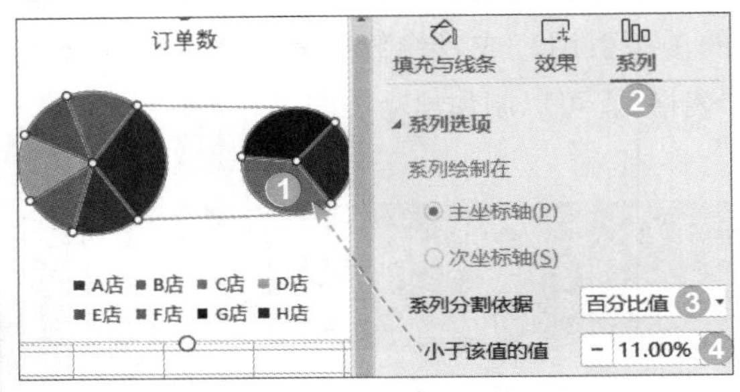

图 10-42　设置第二绘图区

（3）美化图表。修改图表标题。单击“图表元素”按钮，再单击“快速布局”标签，选择“布局1”选项，如图10-43所示。

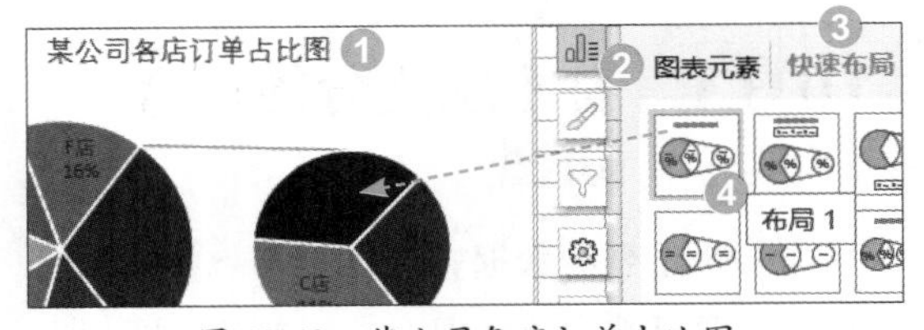

图 10-43　某公司各店订单占比图

（4）调整数据标签位置。选中数据标签，在格式设置任务窗格中，单击“标签”标签，再单击“标签选项”按钮，在“标签位置”组中选中“数据标签外”单选按钮，如图10-44所示。

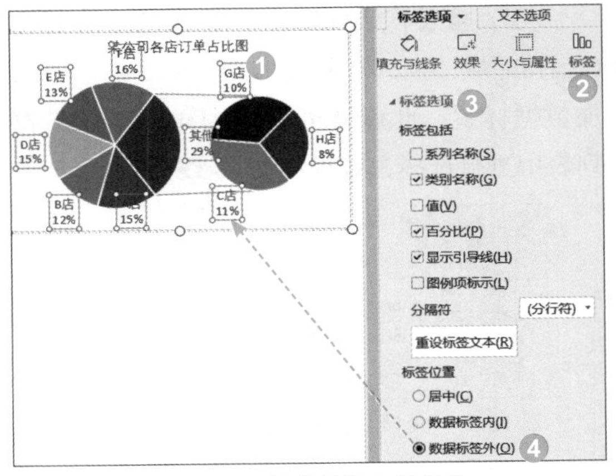

图 10-44　调整数据标签位置

10.3.2　在线质感渐变环状图

例10-16 任务数为180，已完成100，请绘制一个图表恰当地显示已完成、未完成的比例。

按已完成、未完成数制作数据表，单击数据区域任一单元格（例如A1单元格），在“插入”选项卡中单击“全部图表”下拉按钮，在下拉菜单中选择“在线图表”选项，在显示的“在线图表”对话框中，在左侧选择“圆环图”选项，在右侧选择“免费”选项，在下面选择一种中意的在线免费质感渐变环状图，如图10-45所示。

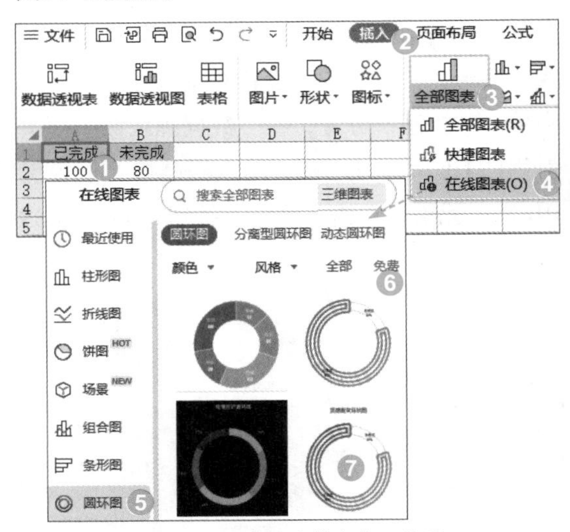

图 10-45　选择质感渐变环状图

10.3.3 能多次比较的圆环图

饼图只能直接表示一个数据系列，而圆环图大圆套小圆，可以表示多个数据系列。

例10-17 表中有半年以来3人的销量，请绘制图表恰当地显示每月每人的销售占比。

（1）插入圆环图。单击数据区域任一单元格（例如A1单元格），在“插入”选项卡中单击“插入饼图或圆环图”下拉按钮，在下拉菜单中选择“圆环图”选项，如图10-46所示。

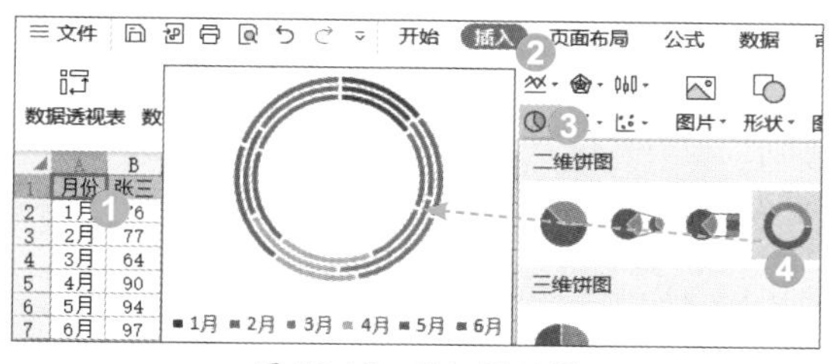

图 10-46 插入圆环图

（2）调整圆环图布局。单击“图表元素”按钮，再单击“快速布局”标签，在下面的各类布局中选择“布局6”选项，如图10-47所示。

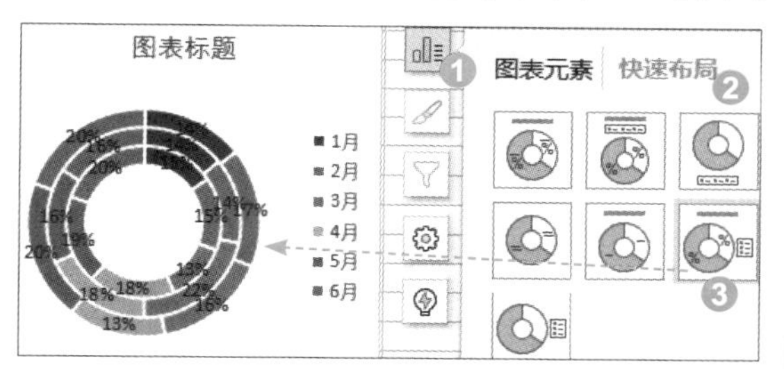

图 10-47 调整圆环图布局

10.4 显示趋势的折线图和面积图

折线图是用线段将各数据点连接起来而组成的图形，以折线方式显示数据的变化趋势。面积图相当于一个在折线下面填充颜色的折线图，也能看出整体变化趋势。

10.4.1 自定义时间轴的折线图

折线图强调随时间变化的幅度，其时间轴是可以自定义的。

例10-18 表中列出了某公司的订单数，请绘制图表恰当地显示订单趋势。

（1）插入“带数据标记的折线图”。单击数据区域任一单元格（例如A1单元格），执行“插入”|“插入折线图”|“带数据标记的折线图”命令，如图10-48所示。

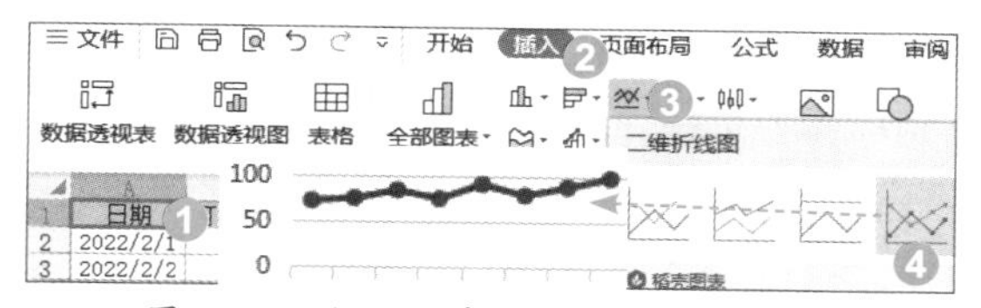

图 10-48 插入“带数据标记的折线图”

（2）添加数据标签。单击“图表元素”按钮，再单击“图表元素”标签，勾选“数据标签”复选框，如图10-49所示。

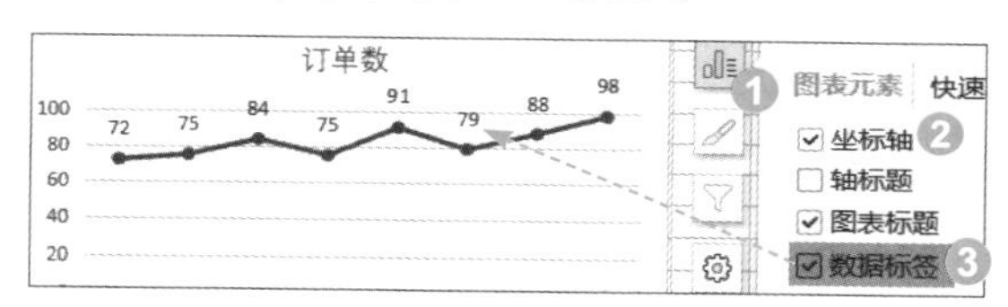

图 10-49 添加数据标签

（3）设置水平（类别）轴数字格式。选中“水平（类别）轴”，在格式设置任务窗格中，单击“坐标轴”标签，在“数字”栏中，在“类别”下拉菜单中选择“自定义”选项，在“类型”下拉菜单中选择“m/d”选项，单击“添加”按钮，如图10-50所示。

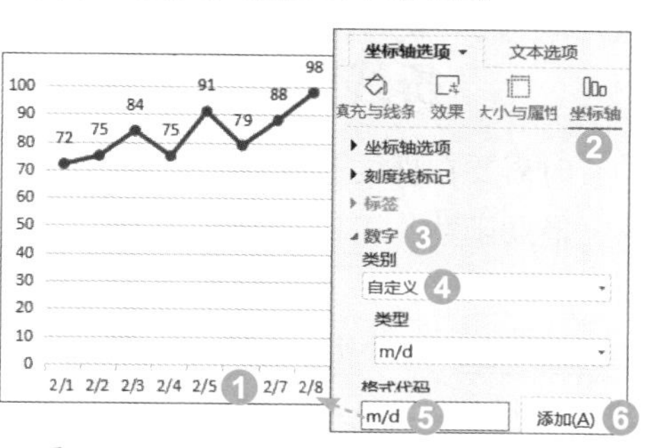

图 10-50 设置水平（类别）轴数字格式

10.4.2 带有合格线的折线图

折线图简单、清晰、明了，有时候想一目了然地看出合格线或平均线上下的数据，只需要在数据源中增加合格线或平均线的辅助列即可。

10.3.3

10.4.1

10.4.2

例10-19 表中列出了某公司每月的利润，每月的盈亏线为70万元，请绘制图表恰当地显示利润变化情况和每月盈亏情况。

（1）准备数据并插入折线图。将盈亏线单独作为辅助列，单击数据区域任一单元格（例如A1单元格），在“插入”选项卡中单击“插入折线图”下拉按钮，在下拉菜单中选择“折线图”选项，如图10-51所示。

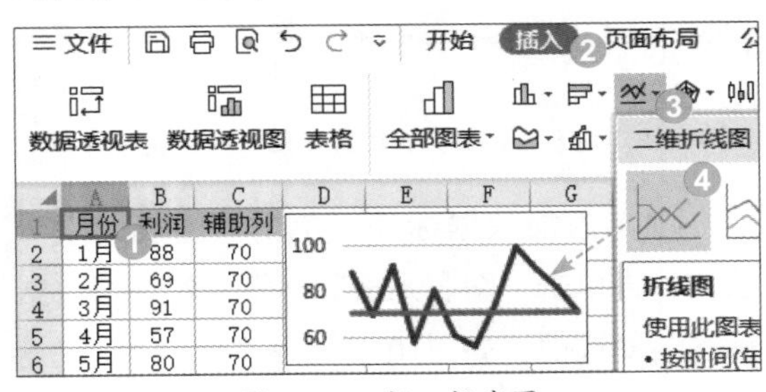

	A	B	C
1	月份	利润	辅助列
2	1月	88	70
3	2月	69	70
4	3月	91	70
5	4月	57	70
6	5月	80	70

图 10-51 插入折线图

（2）添加数据标签。选择“利润”系列，单击“图表元素”按钮，再单击“图表元素”标签，勾选“数据标签”复选框，如图10-52所示。

图 10-52 添加数据标签

10.4.3

10.4.4

10.4.3 突出显示极值的折线图

有时需要在折线图中突出显示最大值和最小值，借助函数公式和辅助列，可以实现这种需求。

例10-20 表中列出了某公司的订单数，请绘制图表恰当地显示订单趋势，并标识出最大值和最小值。

（1）构造图表数据源。C2=IF(B2=MAX($B$2:$B$13),B2,NA())，将公式向下填充至C13单元格。D2=IF(B2=MIN($B$2:$B$13),B2,NA())，将公式向下填充至D13单元格，如图10-53所示。

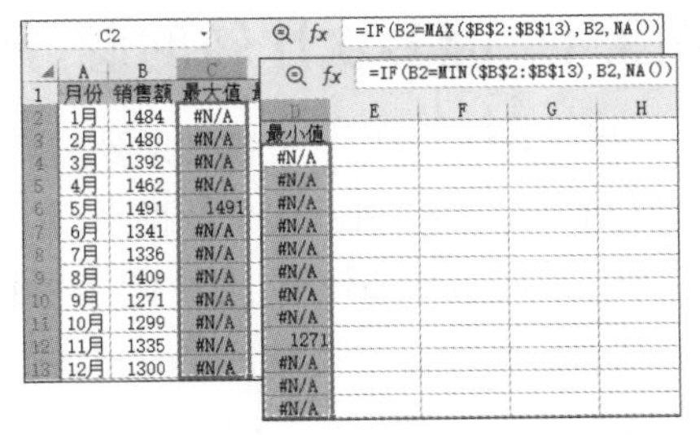

	A	B	C	D
1	月份	销售额	最大值	最小值
2	1月	1484	#N/A	#N/A
3	2月	1480	#N/A	#N/A
4	3月	1392	#N/A	#N/A
5	4月	1462	#N/A	#N/A
6	5月	1491	1491	#N/A
7	6月	1341	#N/A	#N/A
8	7月	1336	#N/A	#N/A
9	8月	1409	#N/A	#N/A
10	9月	1271	#N/A	1271
11	10月	1299	#N/A	#N/A
12	11月	1335	#N/A	#N/A
13	12月	1300	#N/A	#N/A

图 10-53 构造图表数据源

（2）插入“带数据标记的折线图”。单击数据区域任一单元格，在“插入”选项卡中单击“插入折线图”下拉按钮，在下拉菜单中选择“带数据标记的折线图”选项，如图10-54所示。

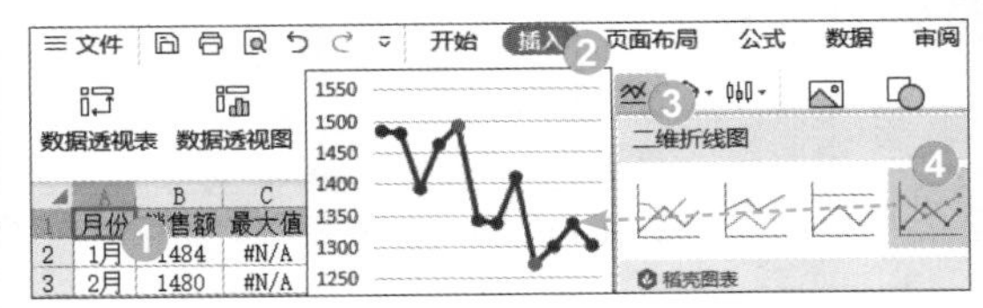

图 10-54 插入“带数据标记的折线图”

（3）添加数据标签。选中“最大值”系列，单击“图表元素”按钮，再单击“图表元素”标签，勾选“数据标签”复选框，如图10-55所示。同理，设置“最小值”系列的数据标签。

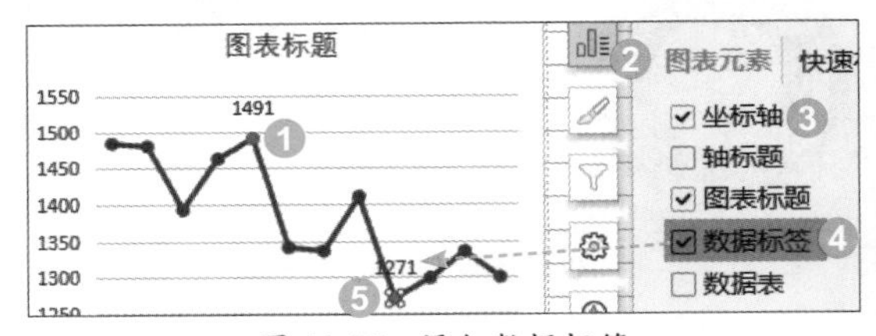

图 10-55 添加数据标签

10.4.4 面积图

面积图有多个系列时，最好进行透明度设置。

例10-21 表中列出了两个公司半年的销售量，请绘制图表恰当地显示趋势并进行对比分析。

（1）插入面积图。单击数据区域任一单元格（例如A1单元格），在“插入”选项卡中单击“插入面积图”下拉按钮，在下拉菜单中选择“面积图”选项，如图10-56所示。

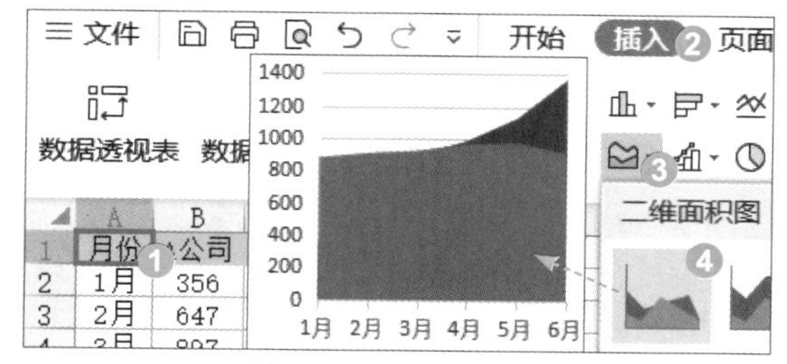
图 10-56 插入面积图

（2）设置透明度。选中位于绘图区上层的“B公司”系列，在格式设置任务窗格中，在“填充与线条”标签下修改“透明度”值，如图10-57所示。

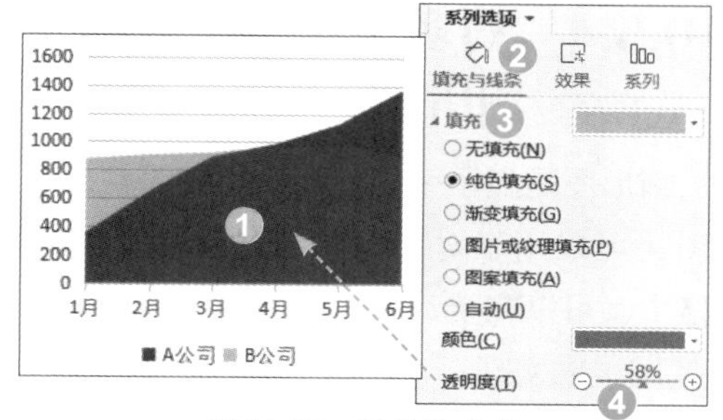
图 10-57 设置透明度

10.5 显示多个变量关系的图表

10.5.1 两个变量构成的散点图

散点图用两组数据构成多个坐标点，考察坐标点的分布，判断两变量之间是否存在某种关联或分布模式，可以选择合适的函数来拟合因变量随自变量变化的大致趋势。在WPS表格中，散点图是直接使用原始数据的图表。

例10-22 表中列出了30人的视听反应，请绘制图表恰当地显示30人的视、听趋势。

（1）插入“散点图”。选择B1:C31区域，执行“插入”|“插入散点图（X、Y）”|“散点图”命令，如图10-58所示。

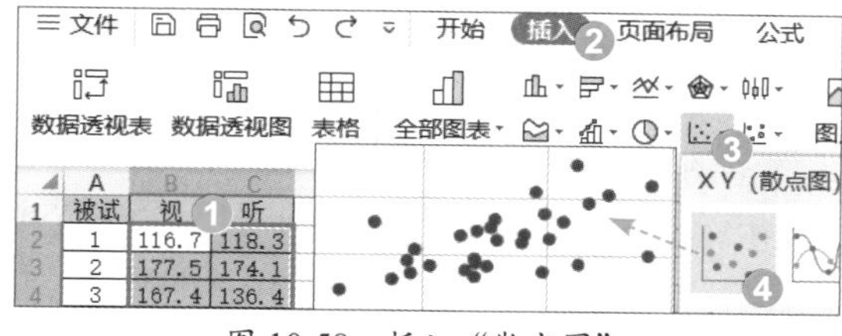
图 10-58 插入“散点图”

（2）更改坐标轴值。双击“垂直（值）轴”，在格式设置任务窗格中，单击“坐标轴”标签，在“坐标轴选项”下，将“坐标轴选项”组中“边界”的“最小值”修改为“100”，让散点更为集中。同理，将水平（值）轴“边界”的“最小值”也修改为“100”，如图10-59所示。

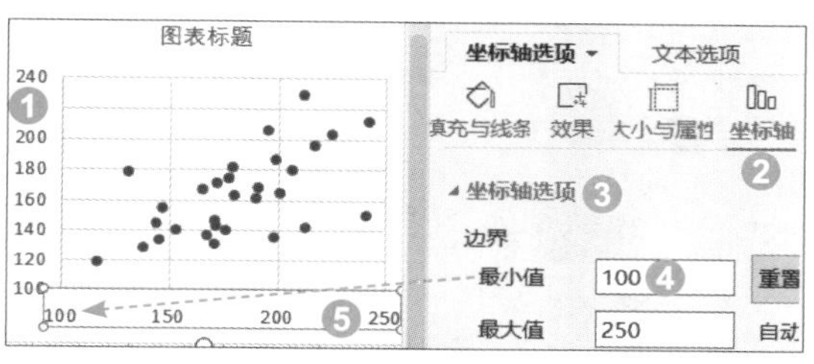
图 10-59 更改轴的边界值

10.5.1

10.5.2

（3）快速布局。单击“图表元素”按钮，再单击“快速布局”标签，选择“布局9”，这样就添加了趋势线，显示公式和R平方值，如图10-60所示。

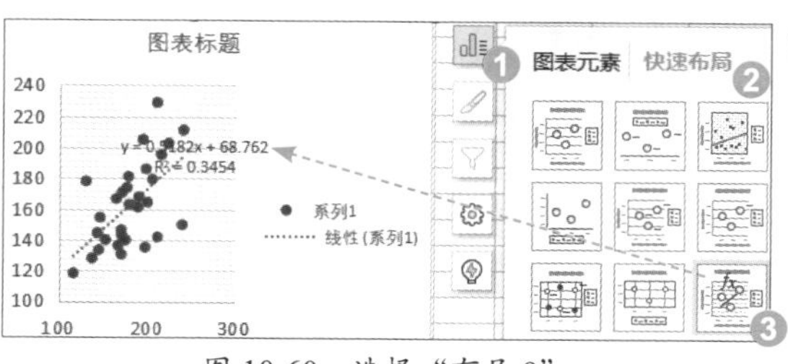
图 10-60 选择“布局 9”

10.5.2 三个变量构成的气泡图

气泡图可用于展示三个变量之间的关系，绘制时将一个变量放在横轴，另一个变量放在纵轴，第三个变量则用气泡的大小来表示。

例10-23 表中有某公司的产品数、销售额和市场份额占比，请绘制图表恰当地显示三个变量之间的关系。

（1）插入气泡图。单击数据区域任一单元格（例如A1单元格），执行“插入”|“插入气泡图”|“气泡图”命令，如图10-61所示。

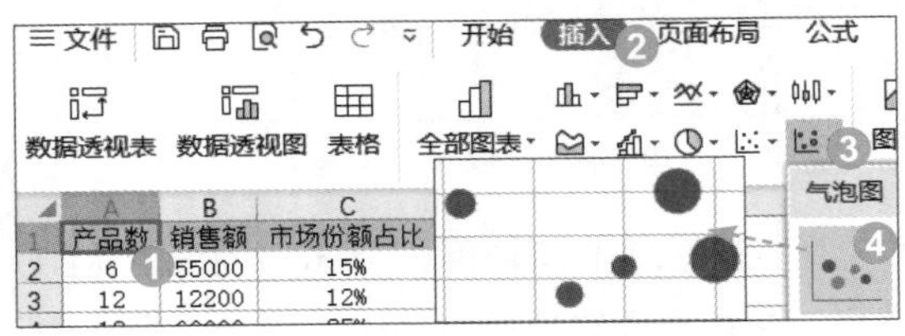

图 10-61　插入气泡图

（2）快速布局。单击“图表元素”按钮，再单击“快速布局”标签，选择“布局7”，这样就添加了数据标签，如图10-62所示。

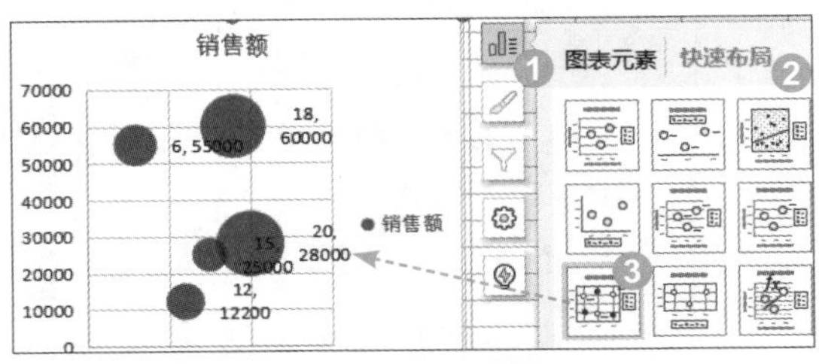

图 10-62　选择“布局 7”

10.5.3

10.5.4

（3）显示气泡大小值。选择数据标签，在格式设置任务窗格中单击“标签”标签，在“标签选项”组中勾选“气泡大小”复选框，如图10-63所示。

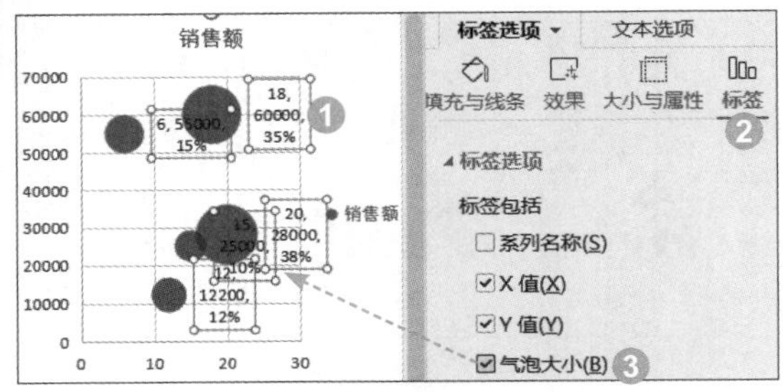

图 10-63　显示气泡大小值

10.5.3　多维角度分析的雷达图

雷达图由一条轴和多个同心多边形组成，用于对多维指标体系的比较分析。如果数据源数据量级不一致，则需要事先进行处理。

例10-24 表中有4人在思维能力六个方面的分值，请绘制图表进行比较分析。

单击数据区域任一单元格（例如A1单元格），执行“插入”|“插入雷达图”|“雷达图”命令，如图10-64所示。

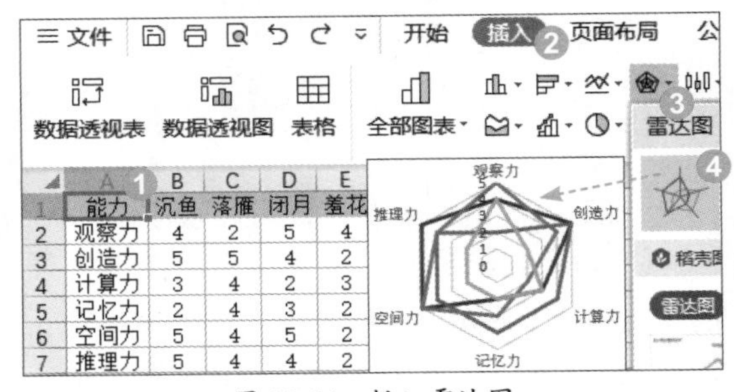

图 10-64　插入雷达图

10.5.4　对多个样本比较的箱形图

箱形图是显示一组数据集中与否情况的统计图，可以用于对多个样本的比较。在WPS表格中，可以在统计数据的基础上借助股价图（K线图）来实现。

箱形图从上到下的五条横线分别是最大值、75%四分位数、中位数、25%四分位数、最小值。股价图同样也是由一个箱体和两条线段构成，但股价图没有中位数特征值。用WPS表格绘制箱形图时，先生成股价图，再加入中位数系列，稍做修改，就是一幅标准的箱形图。

例10-25 现有某级4个班体育成绩，请绘制图表恰当地显示数据集中与分散情况。

（1）构造图表数据源。在F2～F6单元格中输入公式。

F2{=PERCENTILE(IF($A$2:$A$200=F1,$C$2:$C$200),0.25)}。式中，IF函数相当于“筛选”指定班级的数据。PERCENTILE函数返回区域中数值的第 K 个百分点的值，其语法为 PERCENTILE（数组，百分比）。数组公式标志“{}”使用Ctrl+Shift+Enter组合键输入。

F3=MINIFS($C$2:$C$200,$A$2:$A$200,F1)。式中，MINIFS函数是在多条件下取最小值，其语法为 MINIFS（最小所在区域，区域1，条件1，[区域2，条件2]，...）。

F4=MAXIFS($C$2:$C$200,$A$2: $A$200, F1)。式中，MAXIFS函数是在多条件下取最大值，其语法为 MAXIFS（最大所在区域，区域1，条件1，[区域2，条件2]，...）。

F5{=PERCENTILE(IF($A$2:$A$200=F1, $C$2:$C$200),0.75)}。

F6{=MEDIAN(IF($A$2:$A$200=F1,$C$2:$C$200))}。式中，MEDIAN函数返回给定数值集合的中值，中值是在一组数据中居于中间的数值，不同于算术平均值。

将F2:F6区域的公式向右填充至I6单元格。构造图表数据源如图10-65所示。

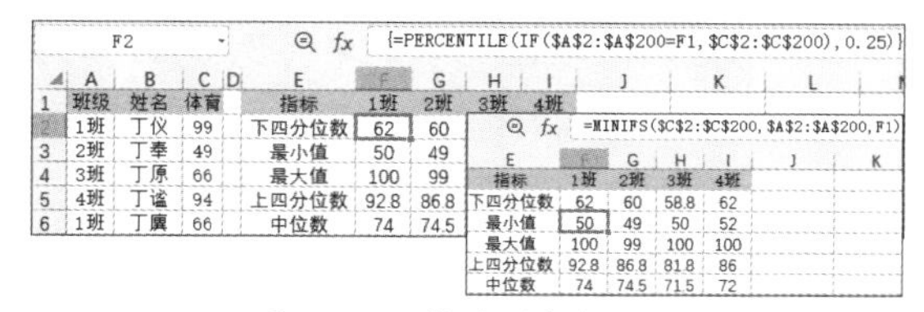

图 10-65 构造图表数据源

（2）插入股价图。选择E1:I5区域，执行“插入”|“插入股价图”|“开盘-盘高-盘低-收盘图”命令，如图10-66所示。

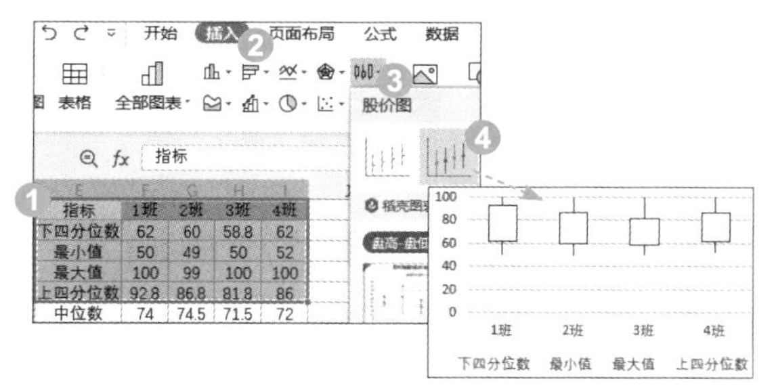

图 10-66 插入股价图

（3）添加系列。在“图表工具”选项卡中单击“选择数据”按钮，在打开的“编辑数据源”对话框中单击“添加”按钮，在打开的“编辑数据系列”对话框中，在“系列名称”框中引用E6单元格，在“系列值”框中引用F6:I6区域，单击“确定”按钮。在返回到的“编辑数据源”对话框中，勾选“中位数”复选框，单击向上箭头按钮2次，将“中位数”系列调到五个系列的中间，单击“确定”按钮，如图10-67所示。

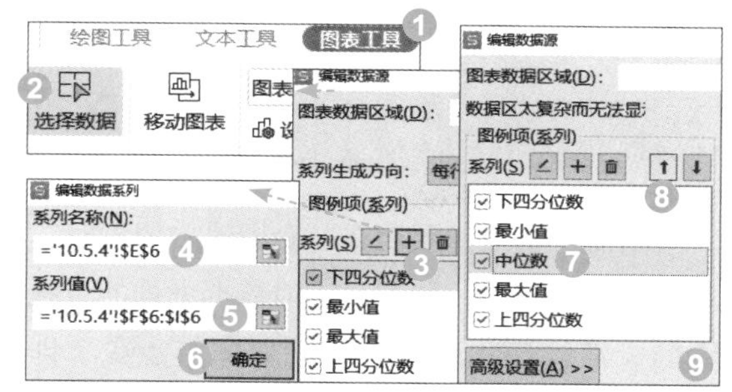

图 10-67 添加“中位数”系列

（4）设置数据标记。在“图表工具”选项卡中单击“图表区”下拉按钮，在下拉列表中选择“系列‘中位数’”选项。在设置格式任务窗格中，单击“标记”标签，在“数据标记选项”栏中选中“内置”单选按钮，在“类型”下拉列表中选择长横线，调整“大小”框中的值，选择一种“填充”颜色，设置“线条”为“无”，如图10-68所示。同理，设置“最大值”“最小值”系列的数据标记。

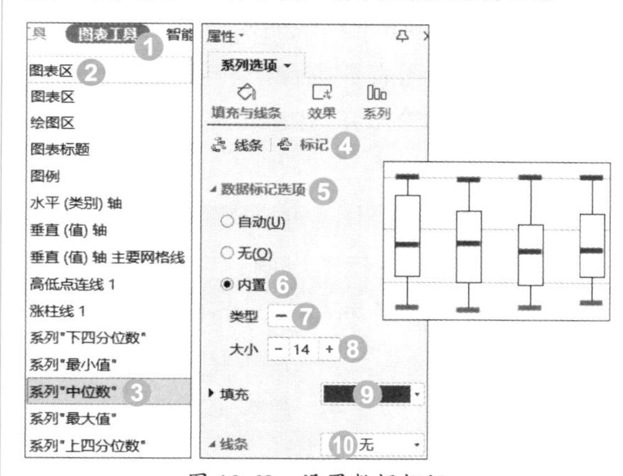

图 10-68 设置数据标记

（5）设置垂直（值）轴。选中“垂直（值）轴”，在设置格式任务窗格单击“坐标轴”标签，将“边界”的“最小值”“最大值”分别修改为“40”“100”，如图10-69所示。

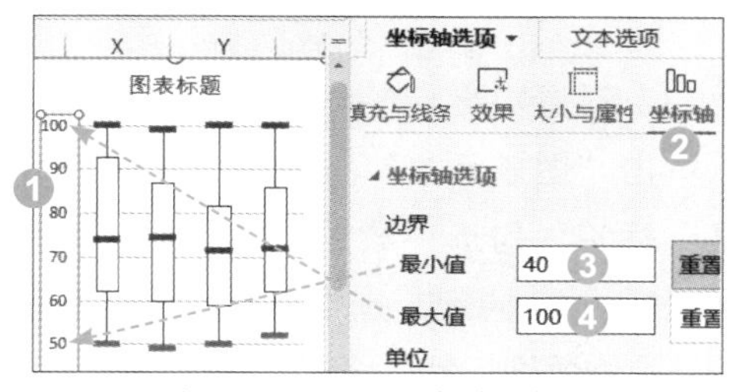

图 10-69 设置垂直（值）轴

10.6 多图或双轴的组合图表

当需要将几种图表在一个图表中展现时，或者虽然只使用一种图表，但数据系列的量级不同，需要使用双坐标轴优化操作步骤（即省去添加“系列”步骤）时，就需要使用组合图表。最常用的组合图表是柱形图和折线图的组合。

10.6.1 制作带平均线的柱形图

有时需要查看数据是否达到平均值或者是否达标，这时可以在柱形图中用折线图来设置平均线或目标参考线。

10.6.1

10.6.2

10.6.3

例10-26 现有某公司在几个城市的销售额数据，请制作带平均线的柱形图。

（1）构造图表数据源。将平均值作为辅助列。C2=AVERAGE($B$2:$B$9)，将公式向下填充至C9单元格。

（2）插入组合图。单击数据区域任一单元格（例如C2单元格），执行“插入”|“组合图”|“簇状柱形图-折线图”命令，如图10-70所示。

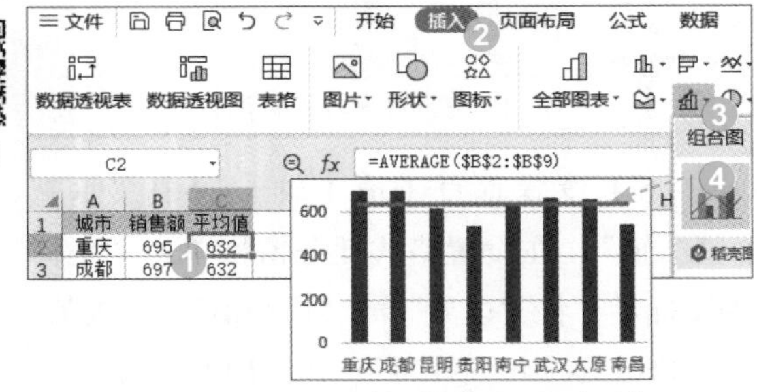

图 10-70 插入“簇状柱形图 - 折线图”

（3）设置数据标签。选中“销售额”系列，单击“图表元素”按钮，再单击“图表元素”标签，勾选“数据标签”复选框，如图10-71所示。同理，选中“平均值”系列，单击最右侧数据标签，设置其数据标签。

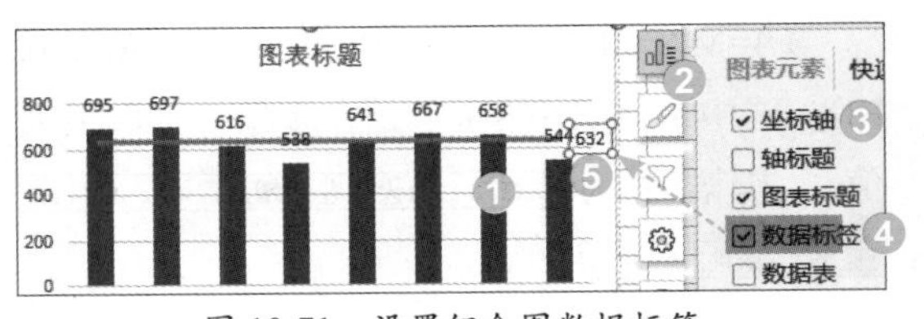

图 10-71 设置组合图数据标签

10.6.2 数据量级不同的柱线图

当不同系列数据量级不同时，就有必要使用组合图表并以主、次轴分别显示。

例10-27 现有某厂产品的利润和销量情况，请绘制图表进行直观分析。

单击数据区域任一单元格（例如A1单元格），执行“插入”|“组合图”|“簇状柱形图-次坐标上的折线图”命令，添加数据标签，如图10-72所示。

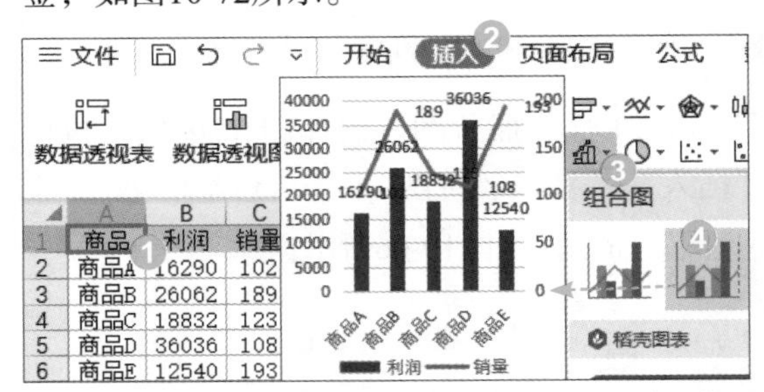

图 10-72 插入“簇状柱形图 - 次坐标上的折线图”

10.6.3 柱形和折线组成的排列图

排列图是按照发生频率大小顺序绘制的直方图，用于质量管理找出关键因素时被称作“柏拉图”。在WPS表格中不能像Excel那样可以直接根据统计次数创建，只能依托辅助列（次轴）使用一条累积曲线表示累积数。

例10-28 现有不良产品的分布频率，请在WPS表格中创建一个排列图。

（1）构造图表数据源。增加2列辅助列，C2=B2/SUM($B$2:$B$7)，D2=SUM(C$1:C2)，将公式向下填充，如图10-73所示。

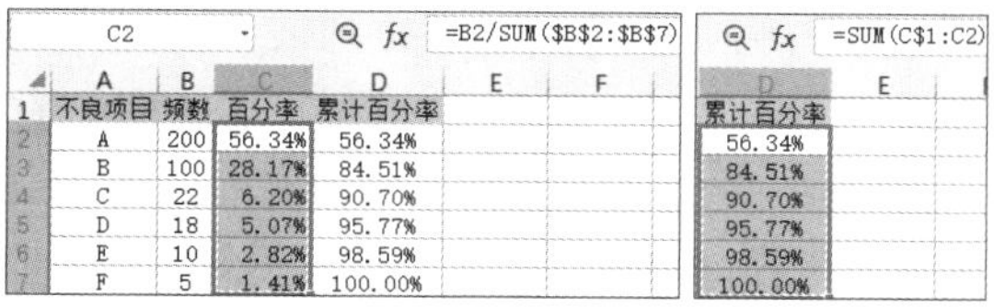

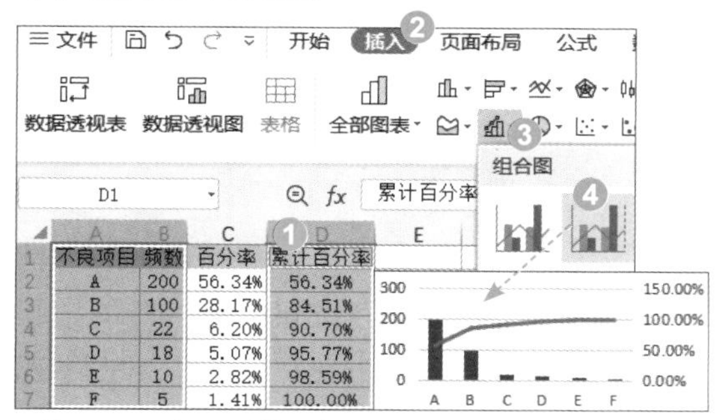
图 10-73　构造图表数据源

（2）插入组合图。借助Ctrl键选择A1:B7和D1:D7两个不连续区域，执行“插入”|“组合图”|“簇状柱形图-次坐标上的折线图”命令，如图10-74所示。

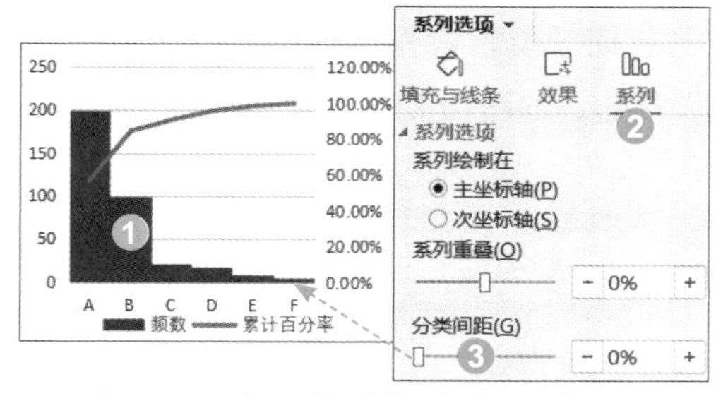
图 10-74　插入“簇状柱形图 - 次坐标上的折线图”

（3）减小分类间距。选中“频数”系列，在格式设置任务窗格中，选中“系列”标签，将“分类间距”调整为0%，如图10-75所示。

图 10-75　减小“频数”系列的分类间距

10.6.4　条形图散点图合成滑珠图

在条形图每个系列上的值，形似可以滑动的珠子，故此命名为“滑珠图”。

例10-29　现有每个人的任务完成率数据，请在WPS表格中创建一个滑珠图。

（1）构造图表数据源。C列所有数据填写为100%，用于制作滑珠的滑轨。D列首行数据填写为0.5，以步长1依次向下添加，用以控制滑珠Y轴之间的间距。

（2）插入组合图。借助Ctrl键选择A1:A5和C1:D5两个不连续区域，在“插入”选项卡中单击“全部图表”按钮，在打开的“图表”对话框中，在左侧选择“组合图”选项，在右侧勾选“纵轴”的“次坐标轴”复选框，在“纵轴”下拉列表中选择“散点图”选项，在“辅助列”下拉列表中选择“簇状条形图”选项，单击“插入预设图表”按钮，如图10-76所示。

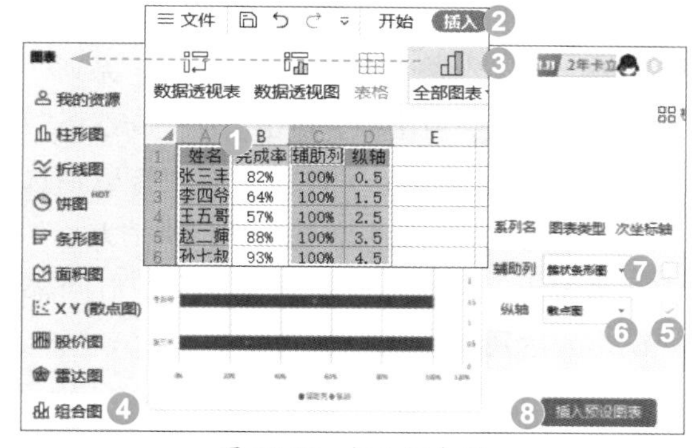
图 10-76　插入组合图

10.6.4

（3）编辑数据源。单击“图表工具”选项卡，再单击“选择数据”按钮，在打开的“编辑数据源”对话框中，在“系列”列表中选择“纵轴”系列，单击“系列”的“编辑”按钮，在打开的“编辑数据系列”对话框中，在“X轴系列值”框中引用B2:B6区域，在“Y轴系列值”框中引用D2:D6区域，单击“确定”按钮。在返回的“编辑数据源”对话框中，单击“确定”按钮，如图10-77所示。

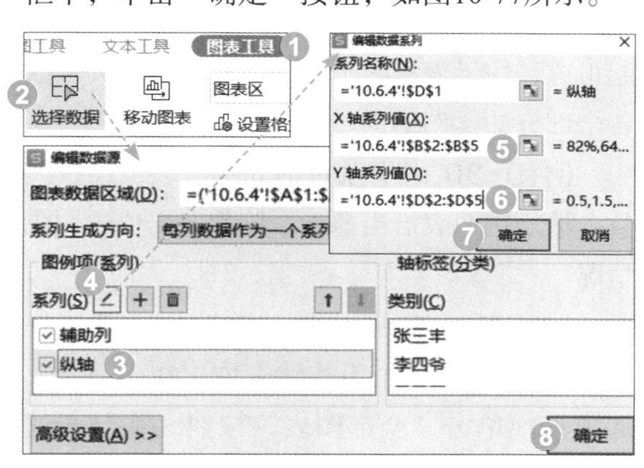
图 10-77　编辑数据源

（4）调整水平（值）轴。双击“水平（值）轴”，在格式设置任务窗格中，单击“坐标轴”标签，在“坐标轴选项”组中，将“边界”的“最大值”调整为“1”，如图10-78所示。

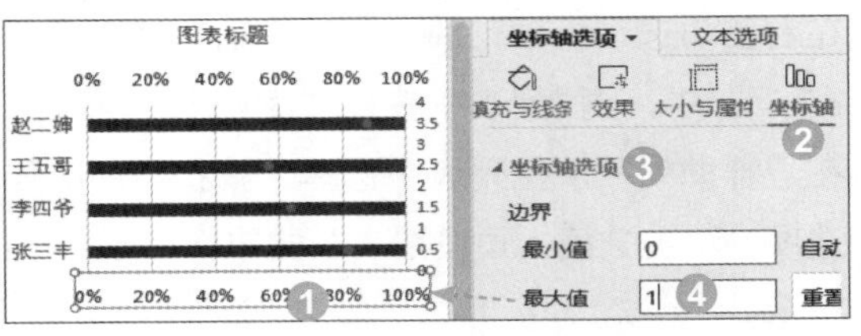

图 10-78　调整水平（值）轴

（5）设置滑珠效果。选中“纵轴”系列，在格式设置任务窗格中，单击“填充与线条”标签，再单击“标记”按钮，在“坐标轴选项”组中选中“内置”单选按钮，将“大小”值适当调大，如图10-79所示。另外，还可添加阴影，达到立体效果。

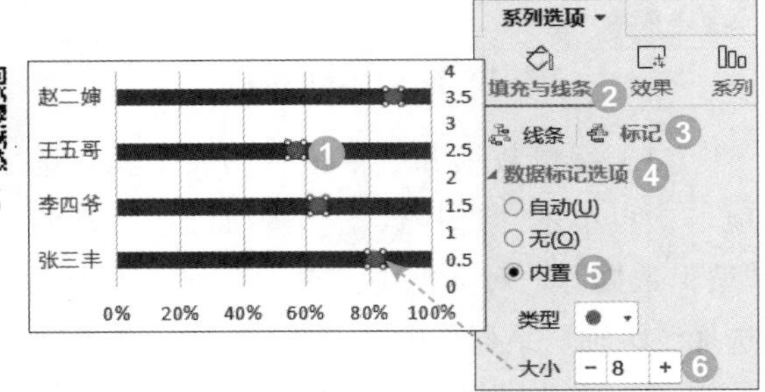

图 10-79　设置滑珠效果

10.6.5

10.6.5　有包含关系的双层饼图

双层饼图由大小不同的两个饼图叠加在一起组成，用于表示两个数据系列有包含关系的各个部分的比例结构。

例10-30 现有某校的职称人数及岗位人数，请绘制图表恰当地显示职称及岗位的构成情况。

（1）插入双层饼图。借助Ctrl键选择B1:B9和D1:D9两个不连续区域，在“插入”选项卡中单击“全部图表”按钮，在打开的“图表”对话框中，在左侧选择“组合图”选项，在右侧“职称数”下拉列表中选择“饼图”选项，勾选“次坐标轴”复选框，在“岗位数”下拉列表中选择“饼图”选项，单击“插入预设图表”按钮，如图10-80所示。

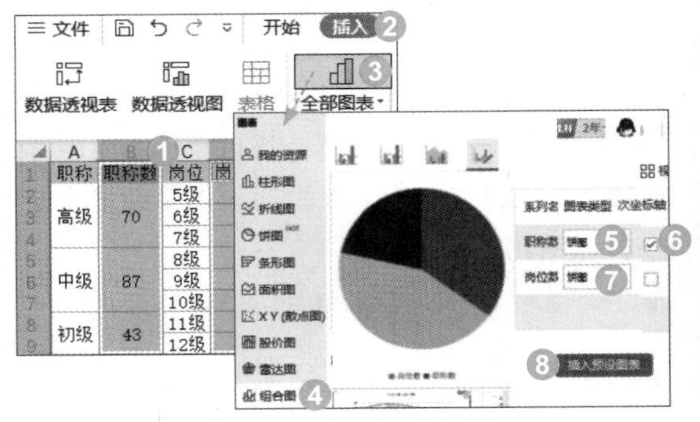

图 10-80　插入双层饼图

（2）编辑数据源。单击“图表工具”选项卡中的“选择数据”按钮，在打开的“编辑数据源”对话框中，在“系列”列表中选择“职称数”系列，单击“类别”中的“编辑”按钮，在打开的“轴标签”对话框中，在“轴标签区域”框中引用A2:A9区域，单击“确定”按钮。同理，“岗位数”系列的“轴标签区域”引用C2:C9区域，单击“确定”按钮，返回“编辑数据源”对话框，单击“确定”按钮，如图10-81所示。

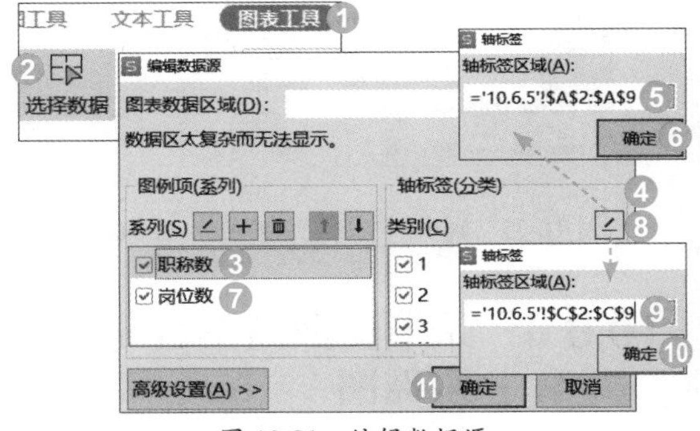

图 10-81　编辑数据源

（3）缩小内圈饼图。双击“职称数”系列，在格式设置任务窗格中，单击“系列”标签，在“系列选项”栏中，将“饼图分离程度”的值适当调大。再分别选中分散的扇形，将“点爆炸型”的值调为0%，效果如图10-82所示。

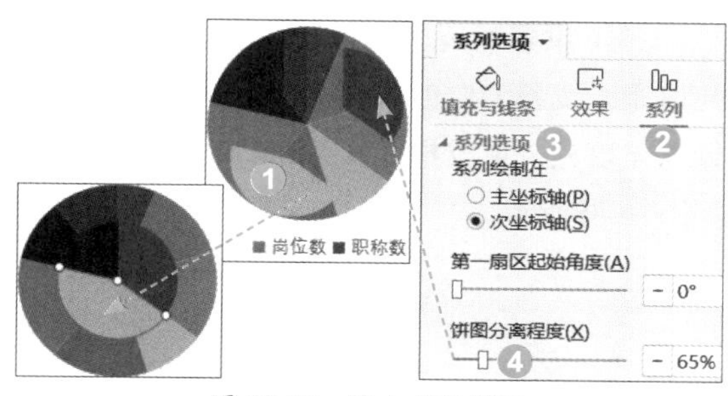

图 10-82　缩小内圈饼图

（4）添加数据标签。选中图表区，单击“图表元素”按钮，再单击“图表元素”标签，勾选“数据标签”复选框，取消勾选“图例”复选框。

（5）设置数据标签。选中“岗位数”系列的数据标签，在格式设置任务窗格中单击“标签”标签，在“标签选项”组中，勾选“类别名称”复选框，取消勾选“值”复选框，勾选“百分比”复选框，选中“数据标签外”单选按钮。同样设置“职称数”系列的数据标签，单击“填充与线条”标签，选中“纯色填充”单选按钮，如图10-83所示。

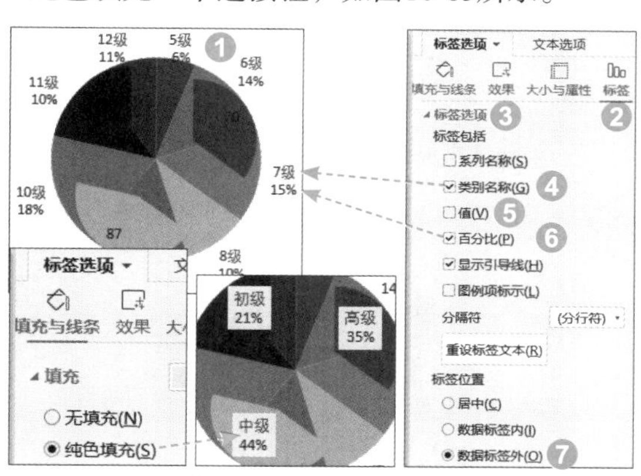

图 10-83　设置数据标签

本例也可以分别使用“职称数”“岗位数”为主轴、次轴以制作双层圆环图，还可以分别用“职称数”“岗位数”为饼图主轴、圆环图次轴，以制作组合图。

10.6.6　制作半圆仪表盘图表

仪表盘图表是模拟汽车速度表盘的一种图表，适用于单项占比的数据，常用来反映完成率、增长率等指标。仪表盘有两部分，一部分是表盘图，一部分是指针图。

例10-31　本月新增100辆轿车，其中新能源轿车75辆，请制作半圆仪表盘图表。

（1）构造图表数据源。表盘半圆等分为10份，每份18°，剩余半圆为180°，一共360°。指针数据分为3部分：指针角度、指针大小、余数，一共360°。刻度（标签）数据为表盘和指针要显示的数据，指针大小的数据可以调整，整理数据如图10-84所示。

E7　=E3/E2*180

	A	B	C	D	E	F
1	圆环图数据			新增车辆数据		
2	表盘值	刻度值		新增车辆	100	
3	18	0%		其中新能源车辆	75	
4	18	10%				
5	18	20%		指针图数据		
6	18	30%		扇区	指针值	刻度值
7	18	40%		扇区1（指针角度）	135	
8	18	50%		指针扇区（指针大小）	5	75%
9	18	60%		扇区2（余数）	220	
10	18	70%				
11	18	80%				
12	18	90%				
13	180	100%				

图 10-84　构造仪表盘图表数据源

E7=E3/E2*180。E9=360-E7-E8。F8=E3/E2。

（2）插入组合图。借助Ctrl键选择A2:A13和E6:E10两个不连续区域，在“插入”选项卡中单击“全部图表”按钮，在打开的“图表”对话框中，在左侧选择“组合图”选项，在右侧“表盘值”下拉列表中选择“圆环图”选项，勾选“次坐标轴”复选框，在“指针值”下拉列表中选择“饼图”选项，单击“插入预设图表”按钮，如图10-85所示。

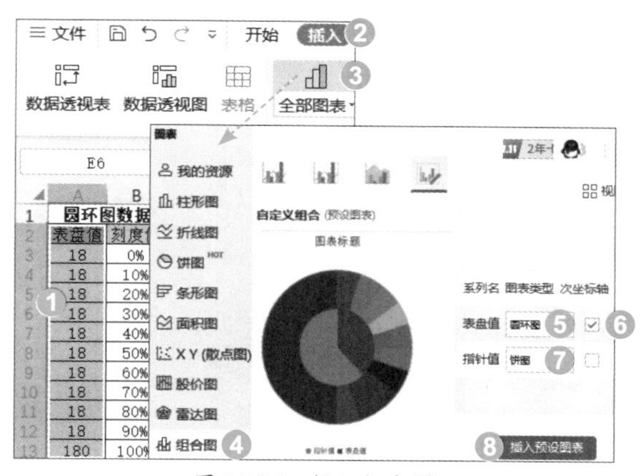

图 10-85　插入组合图

（3）设置扇区角度和大小。选中“表盘值”系列，单击“系列”标签，将“第一扇区起始角度”调整为270°，增大“圆环图内径大小”。选中“指针值”系列，将“第一扇区起始角度”调整为270°，增大“饼图分离程度”。只选择指针扇区，将“点爆炸型”数值调整为0%，如图10-86所示。

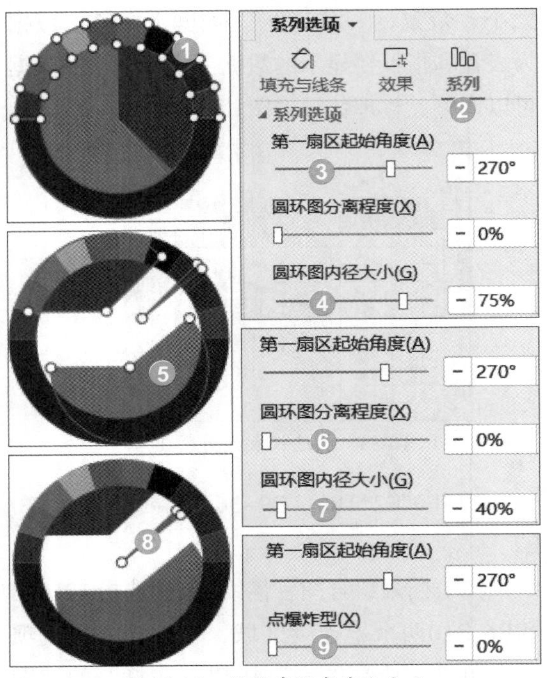

图 10-86　设置扇区角度和大小

（4）编辑数据源。单击“图表工具”选项卡，再单击“选择数据”按钮，在“系列”列表中选择“表盘值”系列，单击“类别”的“编辑”按钮。在“轴标签区域”框中引用B3:B13区域，单击“确定”按钮。同理，“指针值”系列引用F7:F9区域，如图10-87所示。

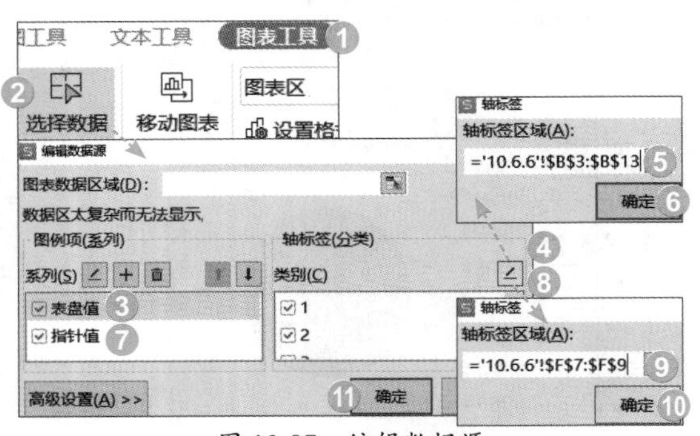

图 10-87　编辑数据源

（5）设置填充色。将表盘半圆部分改为无填充，线条为白色。将指针以外的饼图都设置为无填充，更改指针线条和填充颜色，效果如图10-88所示。

图 10-88　设置填充色

（6）美化图表。删除图例，修改标题，并拖动标题到图表下端。为表盘添加数据标签，只显示“类别名称”，加大字号，逐一拖动数据标签到刻度线处。只为指针添加数据标签，只显示“类别名称”，加大字号，标签位置设置为“居中”，效果如图10-89所示。

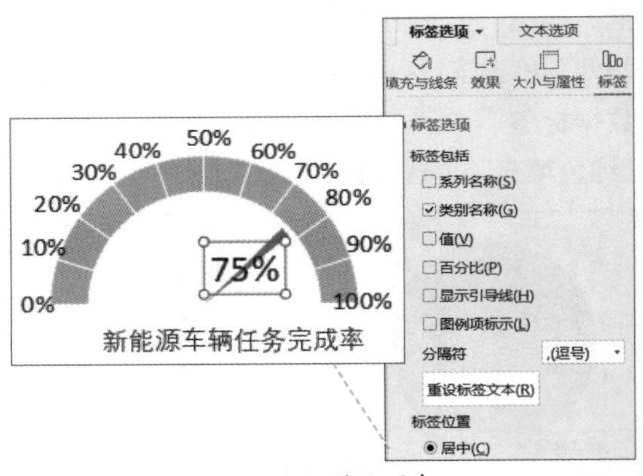

图 10-89　美化图表

第11章 公式与函数

WPS表格可使用函数公式实现自动化计算。函数公式是WPS表格的灵魂，在排序、筛选、条件格式、数据有效性、数据透视表、动态图表、交互式图表等重要应用中都能见到其活跃的身影。精通WPS表格数十个函数公式，很多计算与分析问题都能迎刃而解，从而实现高效办公。

11.1 函数公式基础

11.1.1 运算符优先级

WPS表格公式相当于数学公式（表达式），等号在前，由运算符、常量、单元格引用、名称、函数、括号等元素组成，自动得到计算结果。

引用、算术、文本、比较4类运算符依次具有优先级，算术运算符内部还有不同的优先级，这些优先级构成公式的运算规则，如表11-1所示。

11.1.1

11.1.2

表11-1 WPS表格中运算符的优先顺序

符号类别	优先顺序	符号	符号称谓	说明
	0	( )	小括号	提高运算优先级，多级括号时为由内到外的计算顺序
引用运算符	1	:	冒号：区域运算符	“A1:B10”表示A1至B10这个矩形区域
		,	逗号：联合运算符	“A1:A5,C1:C5”表示两个区域的联合
		空格	空格：交叉运算符	“A1:D5 B2:C7”表示两个区域的交叉区域B2:C5
算术运算符	2	-	负号	
	3	%	百分号	
	4	^	乘幂	
	5	* /	乘、除	
	6	+ -	加、减	
文本运算符	7	&	连接符	连接两个文本
比较运算符	8	= <> < <= > >=	等于 不等于 小于 小于或等于 大于 大于或等于	进行比较运算，<>不能写成><或≠，<=不能写成≤，>=不能写成≥，没有介于写法，60>=A1<80必须写成A1>=60、A1<80两个条件

例11-1 请直观显示公式“=5--3^2”的运算过程，体会运算的优先级。

单击写有公式的单元格，在“公式”选项卡中单击“=公式求值”按钮，在打开的“公式求值”对话框中，在“求值”框中，可以看到公式中的“-3^2”带有下画线，可见，按照优先级，“-”与“3”组合成负数“-3”，然后通过“^”与“2”进行乘幂运算。单击“求值”按钮，得到“9”，最后计算“5-9”，如图11-1所示。

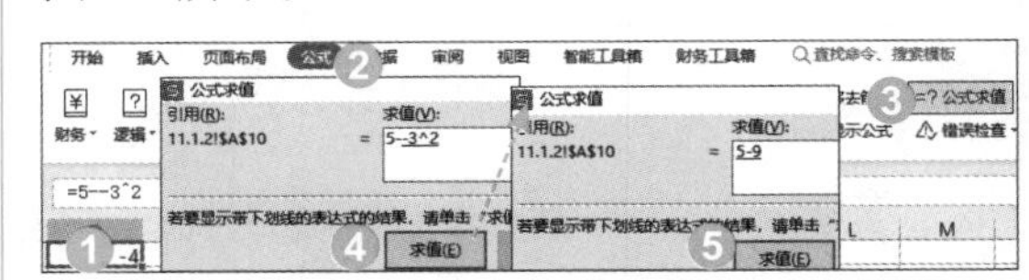
图 11-1 公式“=5--3^2”的运算过程

11.1.2 引用样式与方式

单元格引用的作用在于标识位置和使用数据，比起常量，在公式中使用单元格引用，可以实现动态计算。单元格引用中的字母不区分大小写。

WPS表格有A1和R1C1两种引用样式，其中A1引用样式是默认的引用样式。A1引用样式是用单元格所在列标和行号表示其位置的引用，如C5表示C列第5行。R1C1引用样式中的R表示行、C表示列。

在复制或填充公式时，根据单元格引用是否变化，可以将单元格引用分为相对引用、绝对引用和混合引用3种引用方式。下面介绍A1引用样式的引用方式，如图11-2所示。

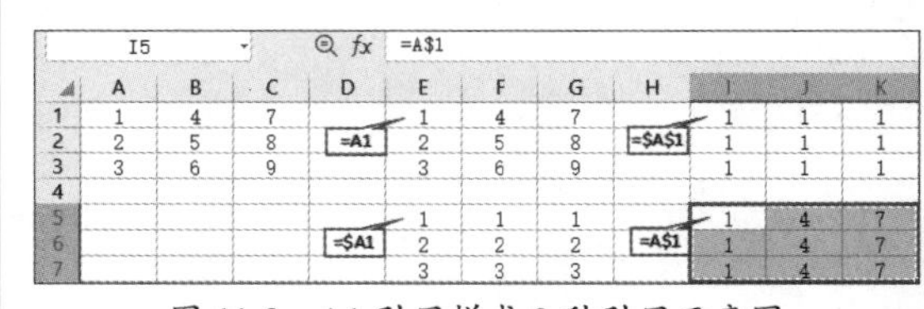
图 11-2 A1 引用样式 3 种引用示意图

相对引用。单元格引用会随着公式所在单元格位置的变化而变化，二者保持一种相对关系。例如公式“=A1”，当公式向右边填充时，列标会随之递增变化；当公式向下边填充时，行号会随之递增变化；当公式向右再向下填充时，列标行号都会随之递增变化。

绝对引用。单元格引用不会随着公式所在单元格位置的改变而改变，单元格引用的地址是绝对的。绝对引用的列标和行号的前面都要加上锁定符号“$”，例如公式“$A$1”，当公式向右、向下填充时，列标和行号都原封不动。

混合引用。单元格引用中列标和行号中只有一项会随着公式所在单元格位置的变化而变化，这种引用就是混合引用。列标或行号前面要加上锁定符号“$”，例如公式“=$A1”“=A$1”。“$A1”锁列不锁行，是绝对列相对行引用，只有行号在向下填充时会发生变化；“A$1”锁行不锁列，是列相对行绝对引用，只有列标在向右填充时会发生变化。

例11-2 试通过计算各楼各房水费和存款利息体会三种引用方式。

D15=B15*$D$12，将公式向右向下填充至E20单元格。可见，对楼层、房号水表度数的单元格引用是相对引用，将公式向右、向下填充时，列标和行号都要根据相对位置发生变化；对水费单价的引用是绝对引用，将公式向右、向下填充时，单价单元格的绝对位置不变，如图11-3所示。

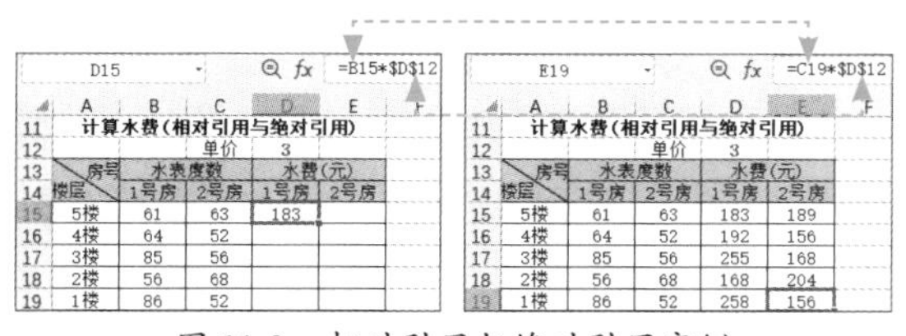

图 11-3　相对引用与绝对引用实例

H15=$G15*H$14，将公式向右、向下填充至K20单元格。对存款数的单元格引用$G15是列绝对行相对引用，将公式向右、向下填充时，只有行号发生变化；对利率的单元格引用H$14是列相对行绝对引用，将公式向右、向下填充时，只有列标发生变化，如图11-4所示。

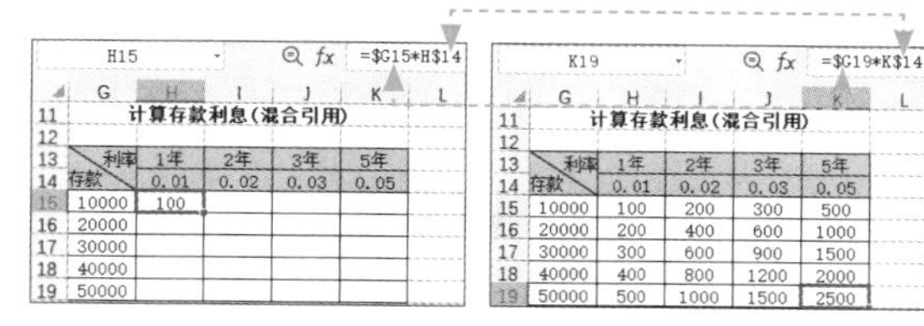

图 11-4　混合引用实例

可以按F4键从默认的A1开始快速循环转换引用方式，如图11-5所示。

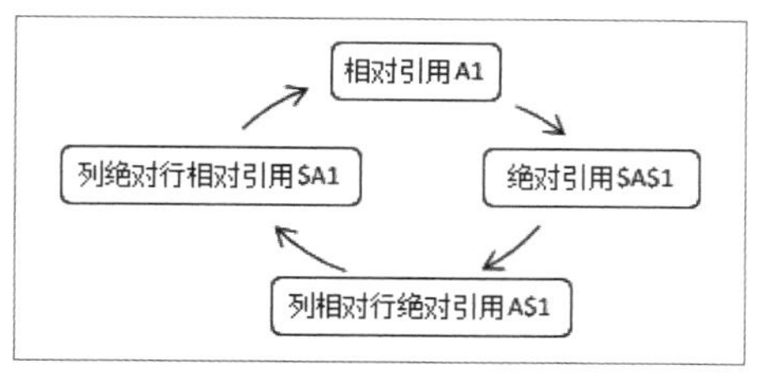

图 11-5　按 F4 键快速转换引用方式

引用其他工作表、工作簿的数据时，需要注意格式规范，如表11-2所示。

表11-2　引用其他工作表、其他工作簿数据时的格式规范

引用来源	格式	用法
引用同一工作簿中其他工作表上的数据	工作表名称！单元格地址	激活工作簿，单击工作表标签并选择单元格，可以快速填写单元格引用
所引用工作簿打开时	[工作簿名称]工作表名称！单元格地址	
所引用工作簿关闭时	C:\我的文档\[工作簿名称]工作表名称！单元格地址	需要写出完整路径
工作表或工作簿名称中有空格或数字时	工作表名称'！单元格地址 [工作簿名称]工作表名称'！单元格地址	用单引号包括工作表标签，甚至工作簿名称

11.1.3

11.1.3　创建区域名称

名称是一种自定义公式，可以对单元格区域、一组常量、一个表格和普通公式定义名称。在公式中使用名称，可以简化公式，更方便地输入公式，使公式更容易理解、更安全、好维护，还能快速定位，动态更新数据，支持条件格式和数据有效性跨表使用，减

小文件大小。区域名称使用频率较高，有3种创建方法。

1. 利用“名称框”创建名称

选择需要命名的区域（例如A2:A6区域），单击编辑栏左端的“名称框”，键入名称（例如“班级”），按Enter键确认，如图11-6所示。

名称框：班级

	A	B	C
1	班级	学生	语文
2	1	林黛玉	99
3	1	贾宝玉	85
4	1	薛宝钗	90
5	2	贾元春	59
6	2	贾迎春	79

图 11-6　使用“名称框”创建名称

2. 利用“新建名称”对话框创建名称

11.1.4

选择需要命名的区域（例如B2:B6区域），在“公式”选项卡中单击“名称管理器”按钮，在打开的“名称管理器”对话框中单击“新建”按钮，在打开的“新建名称”对话框中，在“名称”框中输入名称（例如“学生”），在“引用位置”框已自动引用之前选定的区域，单击“确定”按钮，如图11-7所示。如果名称“范围”选择某一工作表，就会创建工作表及名称。

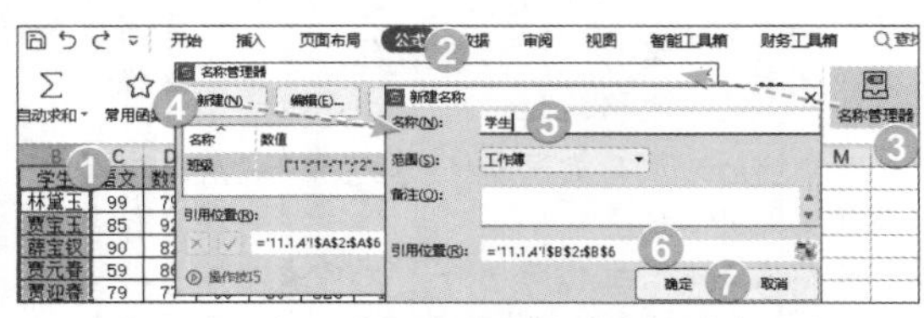
图 11-7　使用“新建名称”对话框创建名称

3. 利用行、列标志批量创建名称

选择需要命名的区域（例如B2:G6区域），执行“公式”|“指定”命令，在“指定名称”对话框中通过勾选“首行”“最左列”或“末行”“最右列”复选框来指定标志的位置，单击“确定”按钮，如图11-8所示。

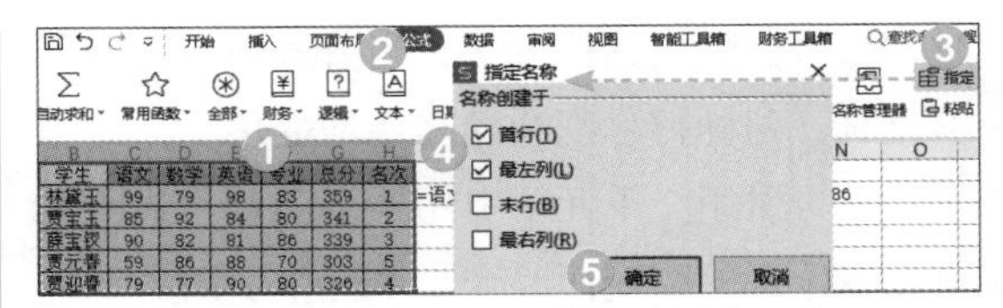
图 11-8　利用行列标志批量创建名称

这类标志性名称结合交叉引用符（空格），能方便地用于定位。例如，公式“=贾元春 数学”，会定位到“贾元春”的“数学”成绩“86”。结构相同的多个工作表的同一区域，可只创建一个共用名称，格式为“=!单元格区域”。

名称可用于计算，例如“总分=语文+数学+英语+专业”“名次=RANK.EQ(总分,总分)”。

创建区域名称后，可以在“名称框”下拉列表中选择名称，以跳转到相应的区域。

所有已定义的名称都可以在“名称管理器”对话框查看、编辑、删除，甚至筛选。

11.1.4　数组运算规则

在WPS表格中，两个二维及以下维度的数组可以直接进行加、减、乘、除、乘幂、文本合并等多项运算。数组存在维度和方向的变化，数组运算有5种类型，运算结果不会超过二维。

WPS表格暂不支持动态数组。确认数组公式时，需要使用Ctrl+Shift+Enter组合键，可在编辑栏里看到数组公式的外面自动生成一对大括号{}。数组运算后产生的内存数组可供进一步运算。根据数组公式结果所占用的单元格多少，可以分为单元格数组公式和多单元格数组公式。

1. 单个元素与数组的运算

D5:E7{=B5:C7*D2}。如图11-9所示，单个元素与数组运算时，单个元素将与数组中的每个元素分别运算并返回结果。这个元素具有扩展性，可以自我复制，扩展到与之运算的数组的大小。

D5	{=B5:C7*D2}				
	A	B	C	D	E
1	计算水费（单值与数组的运算）				
2			单价	3	
3	房号 楼层	水表度数		水费（元）	
4		1号房	2号房	1号房	2号房
5	3楼	85	56	255	168
6	2楼	56	68	168	204
7	1楼	86	52	258	156

图 11-9　单值与数组的运算

2. 同向一维数组的运算

L4:L7{=J4:J7*K4:K7}。如图11-10所示，同向一维数组运算时，对应位置的元素一一运算。如果两个数组的大小不相同，多余部分会返回错误值。

L4	{=J4:J7*K4:K7}				
	H	I	J	K	L
1	计算蔬菜金额（同向一维数组的运算）				
2					
3	序号	蔬菜	单价	数量	金额
4	1	南瓜	1.5	60	90
5	3	甜瓜	2	75	150
6	4	四季豆	2.5	84	210
7	5	土豆	2	62	124

图 11-10　同向一维数组的运算

3. 异向一维数组的运算

B15:E17{=A15:A17*B14:E14}。如图11-11所示，异向一维数组的运算时，两个数组的每一元素分别运算并返回结果。一维垂直数组若有M行，一维水平数组若有N列，两个异向一维数组运算将有M*N次运算，得到M*N的矩阵。

B15	{=A15:A17*B14:E14}				
	A	B	C	D	E
12	计算存款利息（异向一维数组的运算）				
13	利率	1年	2年	3年	5年
14	存款	0.01	0.02	0.03	0.05
15	10000	100	200	300	500
16	20000	200	400	600	1000
17	30000	300	600	900	1500

图 11-11　异向一维数组的运算

4. 一维与二维数组的运算

K15:L17{=H15:H17*I15:J17}。如图11-12所示，一维数组与二维数组运算时，要求二维数组与一维数组在同一方向上的大小要相同，例如M*N的二维数组与M行或者N列的一维数组运算。以左上角单元格为基准，在同向上，类似于一维数组之间的位置对应；在异向上，类似于单值与数组之间的运算。

K15	{=H15:H17*I15:J17}				
	H	I	J	K	L
12	计算金额（一维与二维数组的运算）				
13	单价	数量		金额	
14		1月	2月	1月	2月
15	27	65	52	1755	1404
16	33	64	60	2112	1980
17	27	76	77	2052	2079

图 11-12　一维数组与二维数组的运算

5. 二维数组之间的运算

E25:F27{=A25:B27*C25:D27}。如图11-13所示，二维数组之间运算时，相同位置的元素一一对应运算。如果两个数组的大小不相同，多余部分会返回错误值。

E25	{=A25:B27*C25:D27}					
	A	B	C	D	E	F
22	计算金额（二维与二维数组的运算）					
23	单价		数量		金额	
24	3月	4月	3月	4月	3月	4月
25	13	15	80	74	1040	1110
26	22	25	72	80	1584	2000
27	40	38	51	70	2040	2660

图 11-13　二维数组之间的运算

11.1.5

11.1.5　函数结构与参数

WPS表格函数是预先编写好的固化了的公式，返回一个或多个值。WPS表格中内置有9大类400多个工作表函数，每一个函数都至少能实现一个功能，多个函数巧妙配合，可以完成很多复杂或困难的任务。掌握常用的几十个函数，至少可以解决职场日常办公80%以上的问题。

函数一般由函数名、参数、逗号、一对圆括号组成。函数名称后面是用圆括号包括起来的参数，参数之间用英文半角逗号分隔。函数在结构上大同小异，函数的结构形式为：

函数名（参数1,参数2,参数3…）

函数名为需要执行某种运算的函数的名称。绝大多数函数有参数。参数是函数中最复杂的组成部分，规定了函数的运算对象、顺序或结构等，构成函数规则，是学习函数用法的重难点。

有一些函数有可选参数。例如，SUM函数最多有255个参数，这类函数参数太多，从第2个参数开始的可选参数就用省略号代替了。又如，OFFSET函数有5个参数，第4、第5个参数为可选参数，这类函数参数不算太多，可选参数就使用半角中括号来标识，如图11-14所示。

SUM（**数值1**，...）　OFFSET（**参照区域**，行数，列数，[高度]，[宽度]）

图 11-14　SUM 函数和 OFFSET 函数的可选参数

参数可以是数字、文本、逻辑值、错误值、引用、名称、表达式、数组、其他函数等。

可省略的参数有TRUE 、FALSE、1、区域引用、区域行列数等。

可省略的参数值有FALSE、0、1、空文本等，有人称之为参数简写。省略参数值时，其前面用于占位的半角逗号不可以省略，否则就变成省略参数的情况了。

11.1.6

通过函数语法提示框的参数链接，可以快速选定某一参数，该参数会以蓝色背景高亮显示，配合F9键公式求值功能，可以查看计算结果，如图11-15所示。

图 11-15　通过函数参数选择相应公式段

11.1.6　输入公式和函数

输入公式和函数有一些“门道”“窍门”。同时使用键盘、鼠标，配合命令、快捷键，多管其下，可以又快又准地轻松输入公式和函数。单元格或区域引用，可使用鼠标选择，并按F4键转换引用方式。

输入函数时，如果知道函数名称的开头字母或连续的几个字母，可以利用函数列表来选择函数。在公式中输入函数名称的一个或几个连续字母后，会出现一个函数列表。处于选中状态的函数会高亮显示，函数旁边有一个关于该函数功能的屏幕提示框。若用鼠标选择函数，可结合滚动条滚动，单击为选择函数，双击为插入函数。用键盘选择函数时，按键盘上的上、下方向键为选择函数，按Tab键、空格键或Enter键为插入函数。激活单元格或激活编辑栏输入函数名及左括号后，会在单元格或编辑栏下面自动弹出该函数的语法提示框。

输入函数时，如果仅知道函数的功能或所属大类，则只能利用编辑栏等处的“插入函数”命令fx来插入函数，并在“函数参数”对话框中书写函数参数。在输入函数前或过程中，使用Shift+F3组合键可打开“函数参数”对话框。

可以在公式中直接输入定义好的名称，或者执行“公式”|“粘贴”命令，在打开的“粘贴名称”对话框中，从下拉列表中选择所需名称。已定义的名称用在公式中，不能像普通文本那样在其外面加英文双引号。

例11-3　如图11-16所示，根据工龄确定每人的提成比例，请在D3单元格输入公式“=VLOOKUP(C3,$F$3:$H$6,IF(B3<3,2,3),2)”，体会输入公式的方法。

D3　=VLOOKUP(C3, $F$3:$H$6, IF(B3<3, 2, 3), 2)

	A	B	C	D	E	F	G	H	I
1						提成比例			
2	销售员	工龄	销售额	提成比例		销售额分段点	工龄<3年	工龄>=3年	
3	李欣	1	4800	1.50%		0	1.5%	2.0%	
4	张桐	2	135000			50000	2.5%	3.0%	
5	李小红	3	258000			100000	3.5%	5.0%	
6	赵小刚	5	120000			200000	5.0%	6.0%	

图 11-16　工龄与提成比例

单击D3单元格，单击编辑栏，输入公式“=vl”，选择VLOOKUP函数，如图11-17所示。

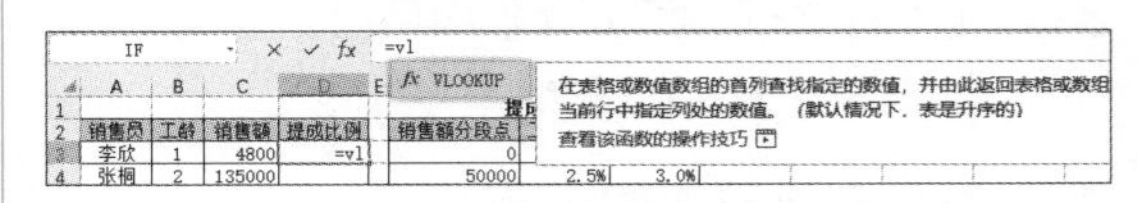

图 11-17　输入 VLOOKUP 函数

选择C3单元格，输入半角逗号，再选择F3:H6区域（会呈现活动虚线粗框），按F4键使之转换为绝对引用$F$3:$H$6，输入半角逗号，在“名称框”下拉列表中选择IF函数（或单击“其他函数”按钮，继续搜索或查找）。在打开的“函数参数”对话框中，在“测试条件”框中，引用B3单元格(不同的引用有不同的颜色)，并输入“<3”；在“真值”框中输入2；在“假值”框中输入3；单击“确定”按钮，如图11-18所示。

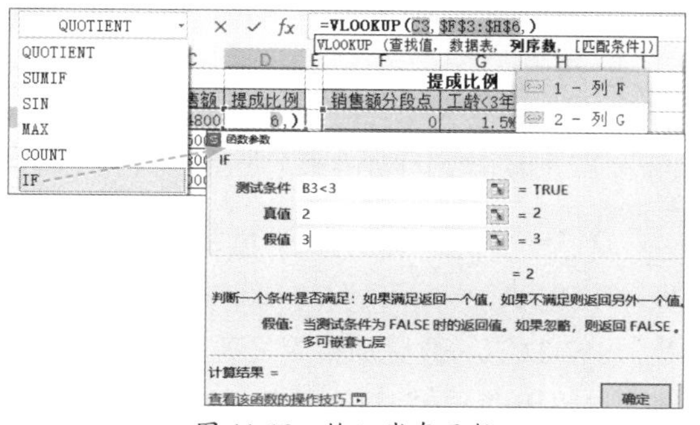

图 11-18 输入嵌套函数

公式值和表达式快速切换的快捷键是Ctrl+~。如果公式不完善，又想暂留下来，可以在公式等号前输入字符或符号（例如单引用），使公式变成文本而不被计算。在编辑栏中或双击单元格后复制公式，都可以保证公式中的相对引用不变。为节约篇幅，后面介绍在单元格中输入公式时，都简写为“单元格=公式”的形式，不再提及公式的填充过程。

11.2 逻辑判断函数

逻辑函数用于检验、判断，常配合其他函数以实现更多的功能。

11.2.1 单条件判断真假的IF函数

11.2.1

IF函数使用频率超高，可以作出非此即彼的二元判断，即根据指定单个条件的“真”（TRUE）、“假”（FALSE），返回相应的内容。其语法为IF（测试条件，真值，[假值]）。

在WPS表格中，由于TRUE相当于1，FALSE相当于0，所以在很多时候可以使用数字来代替IF函数的逻辑条件，这时，非0数字都相当于TRUE，这样可以减少一次判断。

例11-4 已知任务数和完成数，请使用函数公式判断是否完成任务。如完成，则标识“完成”；如未完成，则无须标识。

D2=IF(C2>=B2,"完成","")，如图11-19所示。

D2 =IF(C2>=B2,"完成","")

	A	B	C	D	E	F
1	姓名	任务数	完成数	是否完成		
2	玉臂匠	53	79	完成		
3	铁笛仙	91	73			
4	出洞蛟	88				
5	翻江蜃	80	73			
6	玉幡竿		54	完成		

图 11-19 任务完成情况

IF函数的3个参数，都可以再嵌套IF函数。但自从有了IFS函数后，IF函数多层嵌套就用得少多了。巧妙利用TRUE为1、FALSE为0的原理，有时可以简化IF函数公式。例如，男性60岁退休，女性55岁退休，根据A1单元格的性别来判断退休年龄，IF函数公式“=IF(A1="男",60,55)”，可简化为“=55+(A1="男")*5”。

11.2.2 多重判断的IFS和SWITCH函数

11.2.2

IFS和SWITCH函数是IF函数的升级版本，可以轻松解决IF函数多条件判断时层数过多、容易出错的问题，而且更方便阅读。两个函数的语法及功能如表11-3所示。

表11-3 两个多重判断函数的语法及功能

函数语法	函数功能	备注
IFS（测试条件1,真值1,[测试条件2,真值2],…）	检查是否满足一个或多个条件，且返回与第一个TRUE条件对应的值	条件与真值要配对，条件为TRUE或FALSE
SWITCHS（表达式，值1，结果1，[默认值或值2，结果2],…）	根据值列表计算表达式并返回与第一个匹配值对应的结果，如果没有匹配项，则返回可选默认值	值与结果要配对，表达式可为值或引用

例11-5 请将90～100分标识为A、80～89分标识为B、70～79分标识为C、60～69分标识为D、60分以下标识为E，请使用IFS和SWITCH函数快速实现。

C2=IFS(B2>89,"A",B2>79,"B",B2>69,"C",B2>59,"D",TRUE,"E")。式中，如果前4个条件都不符合，即为FALSE时，那么最后一个条件值必须为B2<=59、TRUE或一个非0数值，才能得到等级E，如图11-20所示。

C2　=IFS(B2>89,"A",B2>79,"B",B2>69,"C",B2>59,"D",TRUE,"E")

	A	B	C	D	E	F	G
1	姓名	分数	IFS判定等级	SWITCH判定等级		分数	等级
2	九尾龟	75	C			90～100	A
3	铁扇子	90	A			80～89	B
4	铁叫子	88	B			70～79	C
5	花项虎	59	E			60～69	D
6	中箭虎	62	D			1～59	E
7	小遮拦	58	E				
8	摸着天	68	D				

图 11-20　IFS 函数判定等级

D2=SWITCH(TRUE,B2>89,"A",B2>79,"B",B2>69,"C",B2>59,"D","E")。式中，第1个参数之所以写成TRUE，是因为后面的几个条件值为TRUE或FALSE。最后一对值与结果的配对，可直接写出结果，如图11-21所示。

D2　=SWITCH(TRUE,B2>89,"A",B2>79,"B",B2>69,"C",B2>59,"D","E")

	A	B	C	D	E	F	G
1	姓名	分数	IFS判定等级	SWITCH判定等级		分数	等级
2	九尾龟	75	C	C		90～100	A
3	铁扇子	90	A	A		80～89	B
4	铁叫子	88	B	B		70～79	C
5	花项虎	59	E	E		60～69	D
6	中箭虎	62	D	D		1～59	E
7	小遮拦	58	E	E			
8	摸着天	68	D	D			

图 11-21　SWITCH 函数判定等级

如果使用IF函数的多层嵌套，公式则为"=IF(B2>89,"A",IF(B2>79,"B",IF(B2>69,"C",IF(B2>59,"D","E"))))"，如图11-22所示。

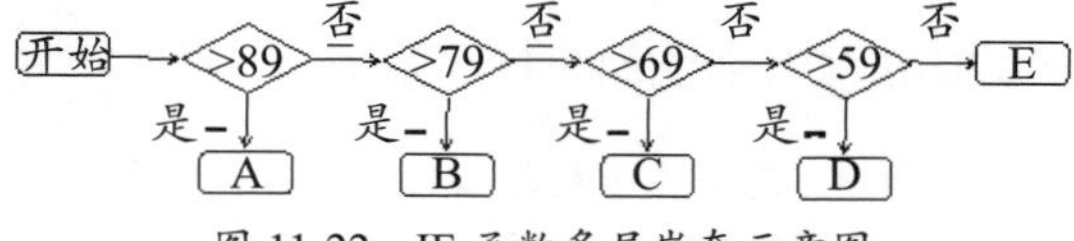

图 11-22　IF 函数多层嵌套示意图

IFS和SWITCH 函数除了可以按区间匹配，还可以按固定值匹配。

例11-6 拟将"一班"改为"模具班"，将"二班"改为"机电班"，将"三班"改为"礼仪班"，请使用IFS和SWITCH函数快速实现。

C13=IFS(A13="一班","模具班",A13="二班","机电班",TRUE,"礼仪班")。式中，如果前2个条件都不符合，即为FALSE时，那么最后一个条件值必须为A13="三班"、TRUE，或一个非0数值，才能得到"礼仪班"，如图11-23所示。

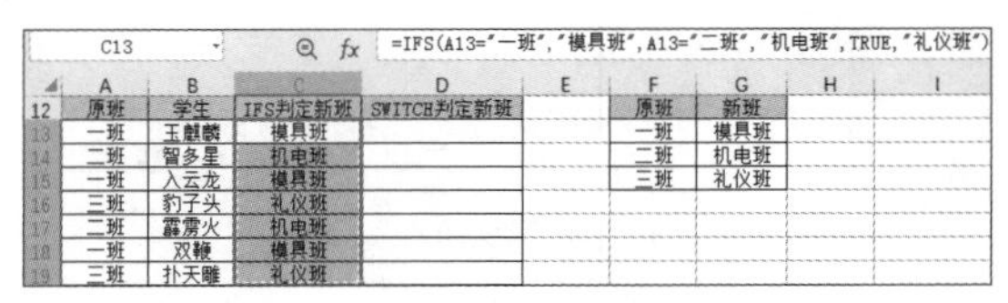

C13　=IFS(A13="一班","模具班",A13="二班","机电班",TRUE,"礼仪班")

	A	B	C	D	E	F	G
12	原班	学生	IFS判定新班	SWITCH判定新班		原班	新班
13	一班	玉麒麟	模具班			一班	模具班
14	二班	智多星	机电班			二班	机电班
15	一班	入云龙	模具班			三班	礼仪班
16	三班	豹子头	礼仪班				
17	二班	霹雳火	机电班				
18	一班	双鞭	模具班				
19	三班	扑天雕	礼仪班				

图 11-23　IFS 函数将原班改为新班

D13=SWITCH(A13,"一班","模具班","二班","机电班","三班","礼仪班")。较之IFS函数，SWITCH函数更加精简之处在于代表值的单元格引用"A12"只需要写一次，如图11-24所示。

D13　=SWITCH(A13,"一班","模具班","二班","机电班","三班","礼仪班")

	A	B	C	D	E	F	G
12	原班	学生	IFS判定新班	SWITCH判定新班		原班	新班
13	一班	玉麒麟	模具班	模具班		一班	模具班
14	二班	智多星	机电班	机电班		二班	机电班
15	一班	入云龙	模具班	模具班		三班	礼仪班
16	三班	豹子头	礼仪班	礼仪班			
17	二班	霹雳火	机电班	机电班			
18	一班	双鞭	模具班	模具班			
19	三班	扑天雕	礼仪班	礼仪班			

图 11-24　SWITCH 函数将原班改为新班

如果使用IF函数的多层嵌套，公式则为"=IF(A12="一班","模具班",IF(A12="二班","机电班","礼仪班"))"。

例11-7 请根据A列的日期返回星期，如果日期为星期六或星期日，则返回"周末"。

D24=SWITCH(WEEKDAY(C24,2),1,"星期一",2,"星期二",3,"星期三",4,"星期四",5,"星期五","周末")。式中，WEEKDAY函数返回的数字 1～7分别代表星期一～星期日。再使用SWITCH函数进行判断，如果WEEKDAY函数返回的结果为1～5，则分别对应返回星期一～星期五，否则，返回指定的默认值"周末"，如图11-25所示。

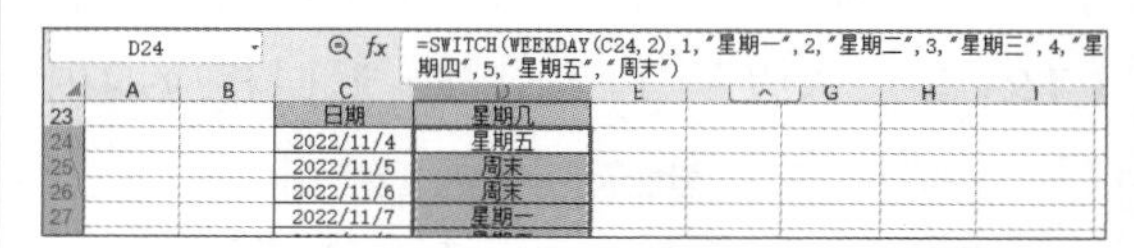

D24　=SWITCH(WEEKDAY(C24,2),1,"星期一",2,"星期二",3,"星期三",4,"星期四",5,"星期五","周末")

	A	B	C	D
23			日期	星期几
24			2022/11/4	星期五
25			2022/11/5	周末
26			2022/11/6	周末
27			2022/11/7	星期一

图 11-25　SWITCH 函数根据计算出的星期几返回匹配项外的默认值

11.2.3 纠错补过的IFERROR函数

IFERROR函数就像橡皮擦、涂改液，可以涂抹掉错误值；又像改正纸，将错误值改成想要的样子。语法为`IFERROR（值，错误值）`。公式错误时返回指定值；否则，返回公式的结果。

例11-8 请根据任务数和完成数计算完成率。如出错，不显示错误值。

E2=IFERROR(C2/B2,"")。完成率设置为“百分比”格式，如图11-26所示。

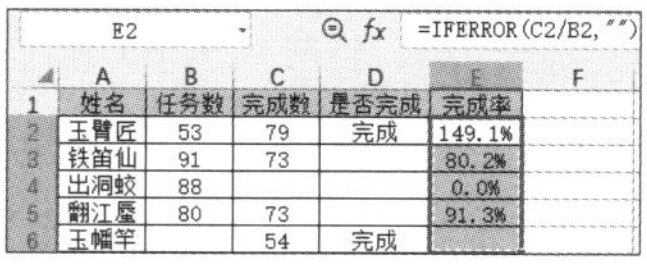

E2 fx =IFERROR(C2/B2,"")

	A	B	C	D	E	F
1	姓名	任务数	完成数	是否完成	完成率	
2	玉臂匠	53	79	完成	149.1%	
3	铁笛仙	91	73		80.2%	
4	出洞蛟	88			0.0%	
5	翻江蜃	80	73		91.3%	
6	玉幡竿		54	完成		

图 11-26 IFERROR 函数屏蔽错误值

在逻辑函数中，还有必须满足全部条件的AND函数和只需满足一个条件的OR函数，二者分别可以用连乘、连加形式代替，这里不再展开叙述。

11.3 文本处理函数

WPS表格文本函数专门用于处理文本字符串，下面介绍几个处理单字节字符的文本函数。

11.3.1 合并字符的TEXTJOIN等函数“三剑客”

在合并字符方面，PHONETIC、CONCAT、TEXTJOIN 3个函数的语法及功能如表11-4所示。

表11-4 3个合并字符函数的语法及功能

函数语法	函数功能	备注
PHONETIC(引用)	合并字符	唯一参数为单元格引用，忽略空白单元格，不支持数字、日期、时间以及任何公式生成的值的连接
CONCAT(字符串1,…)	将文本组合起来	参数不会漏掉数值、日期和公式结果
TEXTJOIN(分隔符,忽略空白单元格,字符串1,…)	用指定的分隔符将文本组合起来	如果第2个参数为TRUE，则忽略空白单元格

（续表）

例11-9 请将多列内容合并为一列，体会PHONETIC、CONCAT、TEXTJOIN 3个函数的异同。

D2=PHONETIC(A2:C2)。

E2=CONCAT(A2:C2)。

F2=TEXTJOIN("/",TRUE,A2:C2)，如图11-27所示。

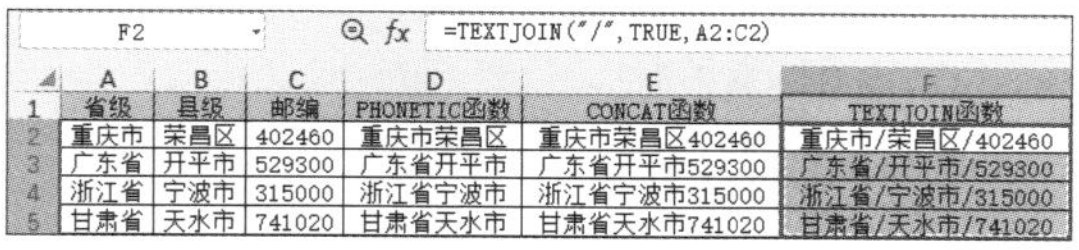

F2 fx =TEXTJOIN("/",TRUE,A2:C2)

	A	B	C	D	E	F
1	省级	县级	邮编	PHONETIC函数	CONCAT函数	TEXTJOIN函数
2	重庆市	荣昌区	402460	重庆市荣昌区	重庆市荣昌区402460	重庆市/荣昌区/402460
3	广东省	开平市	529300	广东省开平市	广东省开平市529300	广东省/开平市/529300
4	浙江省	宁波市	315000	浙江省宁波市	浙江省宁波市315000	浙江省/宁波市/315000
5	甘肃省	天水市	741020	甘肃省天水市	甘肃省天水市741020	甘肃省/天水市/741020

图 11-27 将多列内容合并为一列

例11-10 请按户主将家属名字合并在一起，并用顿号分隔。

E10=TEXTJOIN("、",TRUE,IF($A$10:$A$18=D10,$B$10:$B$18,""))。式中，IF函数首先判断A10:A18区域的户主姓名与D10单元格的姓名是否相符，如相符，则显示B10:B18区域的姓名，否则为空，得到一个数组“{"诸葛攀";"诸葛瞻";"";"";"";"";"";"";""}”。TEXTJOIN函数是一个较新版本的函数，将多个区域和/或字符串的文本组合起来，并在要组合的各文本值之间插入指定的分隔符，如图11-28所示。

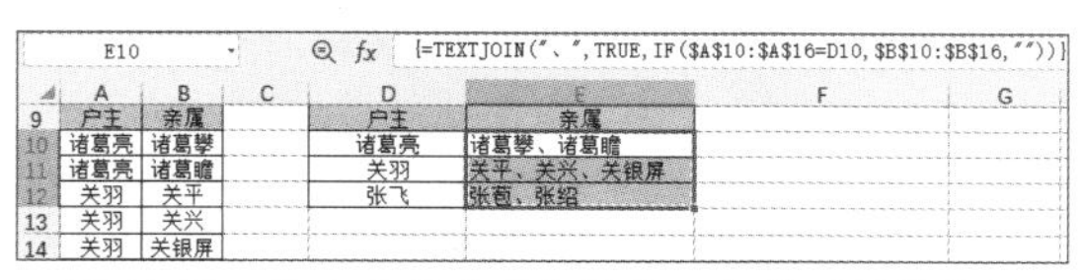

E10 fx {=TEXTJOIN("、",TRUE,IF($A$10:$A$16=D10,$B$10:$B$16,""))}

	A	B	C	D	E	F	G
9	户主	亲属		户主	亲属		
10	诸葛亮	诸葛攀		诸葛亮	诸葛攀、诸葛瞻		
11	诸葛亮	诸葛瞻		关羽	关平、关兴、关银屏		
12	关羽	关平		张飞	张苞、张绍		
13	关羽	关兴					
14	关羽	关银屏					

图 11-28 按户主将家属合并在一起并用顿号分隔

11.3.2 截取字符的LEFT等函数“三兄弟”

在截取字符方面，LEFT、RIGHT、MID

3个函数从不同方向进行截取。3个函数的语法及功能如表11-5所示。

表11-5　3个截取字符函数的语法及功能

函数语法	函数功能	备注
LEFT(字符串,[字符个数])	从文本字符串的第一个字符开始返回指定个数的字符	第2个参数默认为1
RIGHT(字符串,[字符个数])	根据所指定的字符数返回文本字符串中最后一个或多个字符	
MID(字符串,开始位置,字符个数)	返回文本字符串中从指定位置开始的特定数目的字符	

例11-11　学号由4位年级号、2位班级号和3位序号组成，请进行分解。

B2=LEFT(A2,4)。

C2=MID(A2,5,2)。

D2=RIGHT(A2,3)，如图11-29所示。

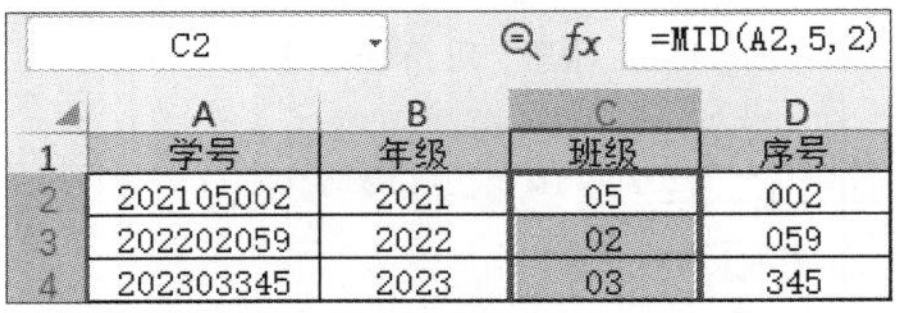

C2　　=MID(A2, 5, 2)

	A	B	C	D
1	学号	年级	班级	序号
2	202105002	2021	05	002
3	202202059	2022	02	059
4	202303345	2023	03	345

图 11-29　分解年级号、班级号和序号

11.3.3

11.3.4

11.3.3　替换字符的REPLACE等函数“双胞胎”

WPS表格中有一对“双胞胎”函数REPLACE和SUBSTITUTE，可以替换字符。2个函数的语法及功能如表11-6所示。

表11-6　2个替换字符函数的语法及功能

函数语法	函数功能	备注
REPLACE(原字符串,开始位置,字符个数,新字符串)	用于替换指定位置和字符个数的文本	第2个参数默认为1
SUBSTITUTE(字符串,原字符串,新字符串,[替换序号])	用来对指定字符串进行替换	

两个函数的参数容易理解错误，第1个参数都是指替换前的全部字符串，REPLACE函数第2、3个参数从位置和数量方面指定SUBSTITUTE函数的第2个参数，如图11-30所示。

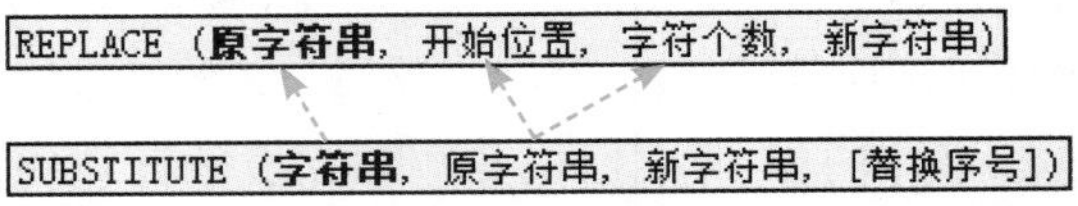

REPLACE（**原字符串**，开始位置，字符个数，新字符串）

SUBSTITUTE（**字符串**，原字符串，新字符串，［替换序号］）

图 11-30　REPLACE 和 SUBSTITUTE 函数参数的联系

替换函数有一项“独门秘技”，如果把替换为的新字符写成空值“""”，替换就变成了删除。这样，可以让不再需要的字符消失。

例11-12　请分别使用REPLACE和SUBSTITUTE函数，将身份证号码中的年份替换为4个星号。

B2=REPLACE(A2,7,4,"****")。

C2=SUBSTITUTE(A2,MID(A2,7,4),"****")。式中，使用MID函数截取身份证号码中的四位数年份作为SUBSTITUTE函数的第2个参数，如图11-31所示。

C2　　=SUBSTITUTE(A2, MID(A2, 7, 4), "****")

	A	B	C
1	身份证件号码	REPLACE函数	SUBSTITUTE函数
2	510231195706013574	510231****06013574	510231****06013574
3	510231195708203611	510231****08203611	510231****08203611

图 11-31　将身份证号码中的年份替换为 4 个星号

11.3.4　改头换面的TEXT函数

TEXT函数对规范数据最为拿手，可以通过格式代码为数字应用格式，进而更改数字的显示方式，甚至格式代码可以进行条件判断。其语法为TEXT（值，**数值格式**）。由于日期时间格式和数字格式的丰富多样性，因而TEXT函数能够指定的格式非常多。

例11-13　出生日期原本写成了8位纯数字，请转换为“2013-02-09”的格式。

D2=TEXT(C2,"0-00-00")，如图11-32所示。

	A	B	C	D
1	序号	姓名	出生日期	日期格式化
2	1	曾图南	19810925	1981-09-25
3	2	喀丝丽	19741209	1974-12-09

D2 =TEXT(C2,"0-00-00")

图 11-32　出生日期转换为有间隔符的格式

例11-14 请根据月销售额判断奖金的等级。大于或等于200万元为一等奖，大于或等于100万元且小于200万元为二等奖，不足100万元为三等奖。

D10=TEXT(C10,"[>=200]一等奖;[>=100]二等奖;三等奖")，如图11-33所示。

	A	B	C	D
9	序号	姓名	月销售额（万元）	奖金等级
10	1	沈德潜	247	一等奖
11	2	杨成协	123	二等奖

D10 =TEXT(C10,"[>=200]一等奖;[>=100]二等奖;三等奖")

图 11-33　TEXT 函数进行条件判断

TEXT函数的格式代码有正数、负数、零、文本等4个区块，区块间用半角分号分隔。当进行条件判断时，用于数值判断的为前3个区块。如果有3个区块，则第一区块代表条件1的数字格式，第二区块代表条件2的数字格式，不满足条件1、条件2的数字格式属于第三区块。

在文本处理函数中，还有计算字符数的LEN函数、清洗字符的CLEAN函数、重复字符的REPT函数、定位字符的FIND和SEARCH函数等，用法比较简单，这里不再展开叙述。

11.4　查找与引用函数

查找与引用函数导航定位，可以方便对多个工作表和大量单元格中的数据进行有效处理。

11.4.1　查找数据位置的MATCH函数

MATCH函数返回查找数据的相对位置，借助VLOOKUP、INDEX等函数，可以在工作中展现出强大威力。其语法为 MATCH（查找值，查找区域，**[匹配类型]**）。第3个参数的用法如表11-7所示。

表11-7　MATCH 函数第3个参数的用法

第3参数	功能	备注
1	查找小于或等于第1个参数的最大值	第2个参数中的值必须按升序排列
0	查找等于第1个参数的第一个值	第2个参数中的值可以按任何顺序排列
-1	查找大于或等于第1个参数的最小值	第2个参数中的值必须按降序排列

WPS表格最新版本增加了XMATCH函数，相对MATCH函数而言，它多了第4个参数，用于确定查找模式（向上或向下查找），在有多个匹配项时才有用。

1. MATCH 函数的精确查找

例11-15 有A、B两组数据，请找出一组数据在另一组数据中的位置。

C2=MATCH(A3,B:B,)。

D2=MATCH(B3,A:A,)，如图11-34所示。

	A	B	C	D
1	MATCH函数的精确查找			
2	A	B	A在B中的位置	B在A中的位置
3	屈智华	敖倩	#N/A	#N/A
4	陈莲方	陈凤	#N/A	5
5	陈凤	陈洪蕊	4	#N/A
6	范世华		#N/A	

D3 =MATCH(B3,A:A,)

图 11-34　一组数据在另一组数据中的位置

2. MATCH 函数的近似查找（区间判断）

例11-16 请根据分数确定等级区间，60分以下的等级为1，满60分、不满80分的等级为2，满80分的等级为3。

D13=MATCH(C13,{0;60;80},1)，如图11-35所示。

	B	C	D
11	MATCH函数的近似查找(区间判断)		
12	姓名	分数	等级区间
13	九尾龟	75	2
14	铁扇子	90	3

D13 =MATCH(C13,{0;60;80},1)

图 11-35　MATCH 函数的近似查找（区间判断）

3. MATCH 函数的近似查找（查找末项位置）

例11-17 请计算有数据的末项行号。

D23=MATCH(CHAR(1),B1:B30,-1)。式中，CHAR函数返回对应于数字代码的字符，得到“""”，如图11-36所示。

D23　=MATCH(CHAR(1),B1:B30,-1)

	A	B	C	D	E
21		MATCH函数的近似查找（查找末项位置）			
22		姓名		末项行号	
23		贝贝		26	
24		霍雨浩			
25		徐三石			
26		王冬			

图 11-36　MATCH 函数的近似查找（查找末项位置）

4. MATCH 函数按条件查找末项位置

例11-18 请计算销量大于800的末项行号。

D33{=MATCH(1,0/(B33:B36>800))}。公式为数组公式。式中，“B33:B36>800”得到条件数组，以之去除0，得到0和错误值构成的数组，由于MATCH函数第1个参数巧妙地设为1，第3个参数又被省略，MATCH函数就返回最后一个0所在的行号，如图11-37所示。

D33　{=MATCH(1,0/(B33:B36>800))}

	A	B	C	D	E
31	MATCH函数按条件查找末项位置				
32	姓名	销量		>800的末项行号	
33	乐和	860		3	
34	丁得孙	595			
35	穆春	854			
36	曹正	504			

图 11-37　MATCH 函数按条件查找末项位置

11.4.2

5. MATCH 函数的模糊查找

例11-19 请根据简称查找单位的全称。

J4=MATCH(CONCAT("*",LEFT(J3),"*",RIGHT(J3),"*"),G:G,)。式中，MATCH函数的第1个参数使用CONCAT函数，将3个通配符“*”与使用LEFT和RIGHT函数截取的字符“组装”起来，可以使得查询项的字符不局限于这两个紧邻的字符，如图11-38所示。

J4　=MATCH(CONCAT("*",LEFT(J3),"*",RIGHT(J3),"*"),G:G,)

	F	G	H	I	J	K	L
1		MATCH函数的模糊查找（关键字查找）					
2		全称					
3		长安汽车（集团）有限责任公司		查询项	永中		
4		重庆市荣昌永荣中学校		位置	4		
5		太极集团有限公司					

图 11-38　MATCH 函数的模糊查找

11.4.2　纵向查找经常报错的VLOOKUP函数

VLOOKUP函数是使用频率超高的查询函数之一，搜索某个单元格区域的第一列，然后返回指定列同一行的值，沿着先列后行的路线查找。其语法为VLOOKUP（查找值，数据表，列序数，[匹配条件]）。

使用VLOOKUP函数容易出错，通常有如下报错原因。

（1）查找值不在首列。

（2）查找区域不是绝对引用，在公式填充过程中移位了。

（3）数据类型不符（文本数字），有空格或不可见字符时，没有事先利用分列、快速填充、查找与替换、CLEAN函数等来规范数据。

（4）列数出错，如写好公式后又在数据区域插入或删除了列。

（5）匹配项不对。如果需要近似匹配，就指定TRUE（1）；如果需要精确匹配，则指定FALSE（0）。如果没有指定任何内容，默认值将始终为TRUE。

1. VLOOKUP 函数的精确匹配

例11-20 请根据客户代码填写客户名称。客户代码与客户名称是一一对应的关系。

C3=VLOOKUP(B3,$F$3:$G$7,2,)，如图11-39所示。

C3　=VLOOKUP(B3,$F$3:$G$7,2,)

	A	B	C	D	E	F	G
1	VLOOKUP函数的精确匹配						
2	日期	客户代码	客户名称	订量		客户代码	客户名称
3	2022/1/5	A0002	华丰集团	30		A0001	春秋集团
4	2022/1/6	A0001	春秋集团	50		A0002	华丰集团
5	2022/1/20	A0002	华丰集团	60		B0001	白凤实业
6	2022/2/1	B0002	星光实业	70		B0002	星光实业

图 11-39　VLOOKUP 函数的精确匹配

也可以使用“常用公式”来计算。选择C3单元格，执行“插入函数”|“常用公式”|“查找其他表格数据”命令，在“参数输入”各框中写好引用，单击“确定”按钮，如图11-40所示。

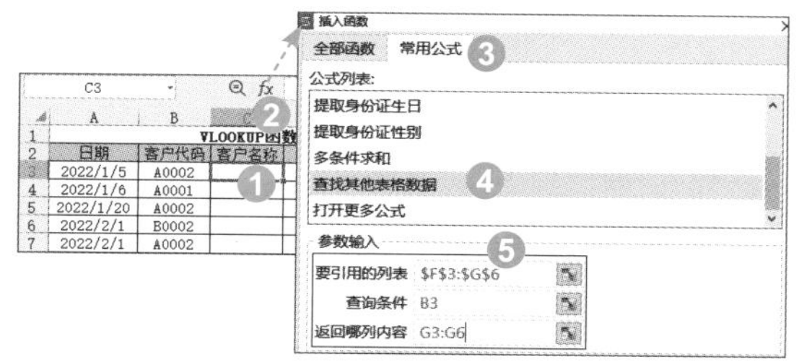

图 11-40　使用 WPS 表格“常用公式”功能来查找其他表格数据

2. VLOOKUP 函数的近似匹配（区间判断）

例11-21 请根据销售额判定奖金比例。销售额不到100000元的无奖金，销售额达到100000元而不足200000元的奖金比例为2%，销售额达到200000元而不足300000元的奖金比例为5%，销售额达到300000元的奖金比例为8%。

D15=VLOOKUP(C15,$F$15:$G$18,2,1)，如图11-41所示。

D15　fx　=VLOOKUP(C15, $F$15:$G$18, 2, 1)

	A	B	C	D	E	F	G
13	VLOOKUP函数的近似匹配（区间判断）						
14	序号	姓名	销售额	奖金比例		销售额	奖金比例
15	1	邓嘉俊	116000	2%		0	0%
16	2	杜伟	200000	5%		100000	2%
17	3	傅义铂	3577000	8%		200000	5%
18	4	胡德培	85000	0%		300000	8%

图 11-41　VLOOKUP 函数的近似匹配（区间判断）

3. VLOOKUP 函数的模糊查找

例11-22 请根据供货商的简称查找商品数量。

G26=VLOOKUP("*"&$F$26&"*",A25:D29,3,0)，如图11-42所示。

G26　fx　=VLOOKUP("*"&$F$26&"*", A25:D29, 3, 0)

	A	B	C	D	E	F	G	H
24	VLOOKUP函数的模糊查找							
25	供货商	商品	数量	单价		供货商	数量	
26	佳佳乐食品	牛奶	156	80		恒想	629	
27	童趣食品	小面包	219	60				
28	国力机械	打印机	56	800				
29	恒想科技	宣传册	629	100				

图 11-42　VLOOKUP 函数的模糊查找

4. VLOOKUP 函数的多项查找

例11-23 请根据指定部门汇总人员，人员名单按列排列。

A36=(C36=$F$36)+A35。辅助列的目的是累计各部门出现的次数，其中，指定部门的序数从1开始进行累增，而非指定部门的序数从0开始进行累增。这样，即便指定部门与非指定部门出现的次数相等，指定部门出现的次数总是在先，就会被VLOOKUP函数精准定位。

G35=IFERROR(VLOOKUP(ROW(A1),$A$35:$D$41,4,0),"")，如图11-43所示。

G35　fx　=IFERROR(VLOOKUP(ROW(A1), $A$35:$D$41, 4, 0), "")

	A	B	C	D	E	F	G	H	I
33		VLOOKUP函数的多项查找							
34		序号	部门	姓名		指定部门	姓名		
35	0	1	办公室	钟俊豪		德育处	邹蕊帆		
36	0	2	办公室	周素银			敖若菲		
37	1	3	德育处	邹蕊帆			邓欢		
38	1	4	办公室	陈燕					
39	2	5	德育处	敖若菲					
40	2	6	办公室	陈石					
41	3	7	德育处	邓欢					

图 11-43　VLOOKUP 函数的多项查找

如果汇集名单要横向排列，请将式中的ROW函数更换为COLUMN函数。

如果使用FILTER函数，则无须建立辅助列，且公式很简单，数组公式为“=FILTER(D35:D41,C35:C41=F35)”。

5. VLOOKUP 函数逐列（多列）查找制作工资条

例11-24 请使用VLOOKUP函数制作工资条。

Q3=VLOOKUP($P3,$J:$N,COLUMN(B1),)。式中，使用COLUMN函数自动获取列号作为VLOOKUP函数的第3个参数。

将Q3单元格的公式向右填充至T3单元格，再选择Q2:T3区域向下填充，如图11-44所示。也可以使用公式“=VLOOKUP($Q3,$K:$O,{2,3,4,5},)”，而不必向右填充公式。

Q3　fx　=VLOOKUP($P3, $J:$N, COLUMN(B1),)

	J	K	L	M	N	O	P	Q	R	S	T
1	VLOOKUP函数逐列（多列）查找制作工资条										
2	序号	姓名	基本工资	奖金	合计		序号	姓名	基本工资	奖金	合计
3	1	兰文康	5000	1500	6500		1	兰文康	5000	1500	6500
4	2	李梦涛	5500	2000	7500						
5	3	李悦	5200	1800	7000		序号	姓名	基本工资	奖金	合计
6	4	李兆军	4900	1700	6600		2	李梦涛	5500	2000	7500

图 11-44　VLOOKUP 函数自动变列查找（工资条）

11.4.3　在行或列中查找的LOOKUP函数

LOOKUP函数非常强大，有“引用函数之王”之称。LOOKUP有向量和数组两种使用方式。使用向量形式时，是在第一个单列

（行）区域（称之为“向量”）中查找值，然后返回第二个单列（行）区域中相同位置的值，其语法为LOOKUP(查找值,查找向量,[返回向量])。第2个参数区域必须按升序排列。如果在第2个参数中找不到第1个参数的值，则会与第2个参数中小于或等于第1个参数的最大值进行匹配。

使用数组形式时，是在数组的第一列（行）中查找指定的值，并返回数组最后一列（行）中同一位置的值，总是在数组行数或列数数量少的方向上进行查找。其语法为LOOKUP(查找值,二维数组)。一般使用VLOOKUP或HLOOKUP函数代替LOOKUP函数的数组形式。

1. LOOKUP 函数的精确匹配

例11-25 请根据姓名查找毕业学校。

H3=LOOKUP(G3,A3:A5,E3:E5)，如图11-45所示。

H3　=LOOKUP(G3, A3:A5, E3:E5)

	A	B	C	D	E	F	G	H
1	LOOKUP函数的精确匹配							
2	姓名	性别	出生地	学历	毕业学校		姓名	毕业学校
3	陈诗千	男	隆昌	研究生	云南大学		邓冰雨	四川大学
4	陈欣渝	男	安岳	本科	贵州大学			
5	邓冰雨	女	荣昌	研究生	四川大学			

图 11-45　LOOKUP 函数的精确匹配

这是LOOKUP函数向量形式的基本用法，其第2个参数必须按升序排列，否则可能会出现“牛头不对马嘴”“张冠李戴”的情况。这是LOOKUP函数最容易出错的地方，似乎比VLOOKUP函数略显不足。

2. LOOKUP 函数的近似匹配（区间判断）

当第2个参数为一组按升序排列的下限值时，LOOKUP函数就与MATCH、VLOOKUP、HLOOKUP函数旗鼓相当，具备了区间判断能力。

例11-26 根据学生的总评名次判定等级，第1名为一等奖，第2、3名为二等奖，第4、5名为三等奖。

H12=LOOKUP(G12,{0,2,4,6},{"一等奖","二等奖","三等奖",""})，如图11-46所示。

H12　=LOOKUP(G12, {0;2;4;6}, {"一等奖";"二等奖";"三等奖";""})

	A	B	C	D	E	F	G	H
10	LOOKUP函数的近似匹配（区间判断）							
11	姓名	语文	数学	英语	体育	合计	名次	等级
12	韦静	60	95	72	67	294	5	三等奖
13	肖绣文	66	87	67	83	303	4	三等奖
14	谢杜飞	77	93	81	81	332	2	二等奖

图 11-46　LOOKUP 函数的近似匹配（区间判断）

3. LOOKUP 函数的模糊查找

LOOKUP函数与文本函数配合时，可以进行模糊查找。

例11-27 请根据供货商的简称查找数量。

H23=LOOKUP(1,0/FIND(G23,A23:A25),D23:D25)，如图11-47所示。

H23　=LOOKUP(1, 0/FIND(G23, A23:A25), D23:D25)

	A	B	C	D	E	F	G	H
21	LOOKUP函数的模糊查找							
22	供货商	商品	单位	数量	单价		供货商	数量
23	佳佳乐食品	牛奶	箱	156	80		五福	624
24	童趣食品	小面包	箱	219	60			
25	五福同乐	果冻	箱	624	50			

图 11-47　LOOKUP 函数的模糊查找

为了实现这种模糊查找功能，VLOOKUP函数只用几个符号就能完成，公式简单易读，而LOOKUP函数却要“兴师动众”请FIND函数帮忙。

4. LOOKUP 函数的单条件查找

LOOKUP函数可以按条件查找，这时只需要对第1、2个参数进行特殊处理，第1个参数要大于第2个参数，第2个参数的数组无须按升序排列。

例11-28 请根据姓名查找学科成绩。

H32=LOOKUP(1,0/(G32=A32:A34),D32:D34)。式中，“G32=A32:A35”通过逻辑判断得到一组逻辑值，再用“0”除之，得到数组“{#DIV/0!;#DIV/0!;0;#DIV/0!}”，在该数组中找不到第1个参数的“1”，就只能与该数组中小于或等于“1”的最大值“0”进行匹配，如图11-48所示。

H32　=LOOKUP(1, 0/(G32=A32:A34), D32:D34)

	A	B	C	D	E	F	G	H
30	LOOKUP函数单条件查找（返回末值）							
31	姓名	语文	数学	英语	体育		姓名	英语
32	朱佳	74	83	85	73		张永杰	89
33	周溢	82	72	69	75			
34	张永杰	69	78	89	93			

图 11-48　LOOKUP 函数的单条件查找

这种单条件查找的基本格式为“=LOOKUP（1,0/(查找的范围=查找的值),返回值范围）”。可以扩展为多条件查找，格式为“=LOOKUP（1,0/(条件1*条件2*条件3*…),返回值范围）”。如果第2个参数与第1个参数有多个匹配值，这时会返回末值。LOOKUP函数的这种用法可以完美弥补其第2个参数区域必须按升序排序的致命弱项，能够进行多条件查找、反向查找、末值查找，具有更高的适应性。

由于本例返回数值，所以可以使用MAX函数“跨界”，巧妙地按条件查找，公式为“=MAX((A32:A34=G32)*D32:D34)”或“=MAXIFS(D32:D34,A32:A34,G32)”。

5. LOOKUP 函数查找某列末值

在查找某列末值时，LOOKUP函数非常便捷。

例11-29 请查找最后一个内容、最后一个文本、最后一个数值。

O2=LOOKUP(1,0/(L:L<>""),L:L)。

O3=LOOKUP("座",L:L)。这里巧妙借用了WPS表格的内部排序。

O4=LOOKUP(9E+307,L:L)。“9E+307”代表一个极其大的数。

结果如图11-49所示。

O4 　 =LOOKUP(9E+307,L:L)

	K	L	M	N	O	P
1		LOOKUP函数查找某列最后一个值				
2		人民		最后一个内容	12315	
3		#N/A		最后一个文本	何本忠	
4		何本忠		最后一个数值	12315	
5		12315				

图 11-49　LOOKUP 函数查找某列末值

11.4.4 纵横无敌终结者XLOOKUP函数

XLOOKUP函数是WPS表格新增加的函数，整合了VLOOKUP、HLOOKUP、LOOKUP 3大查找函数的功能，足以成为“查找函数之帝”。其语法为XLOOKUP（查找值，查找数组，返回数组，[未找到值]，[匹配模式]，[搜索模式]）。第5个、第6个参数的用法如表11-8所示。

表11-8　XLOOKUP函数第5个、第6个参数的用法

匹配方式	功能	搜索模式	功能
0	精确匹配	1	从第一个项目开始执行搜索
-1	精确匹配或返回下一个较小的项目	-1	从最后一个项目开始执行反向搜索
1	精确匹配或返回下一个较大的项目	2	在查找区域为升序的前提下搜索
2	通配符匹配	-2	在查询区域为降序的前提下搜索

由于第3个参数返回区域，因而XLOOKUP函数突破了VLOOKUP函数在列数上的约束，不再受查找区域列数增减的影响，反向查找也易如反掌。比起LOOKUP函数，XLOOKUP函数增加了第4～第6个参数，就不再像LOOKUP函数那样高深莫测，使用起来也更加便利。

11.4.4

这里仅介绍几个比其他查找函数更容易实现的用法。

1. XLOOKUP 函数交叉行、列查找

例11-30 请根据姓名和学科查找分数。

I4=XLOOKUP(I2,A3:A6,XLOOKUP(I3,B2:F2,B3:F6))。式中，内层XLOOKUP函数按行查找，得到指定学科的成绩数组“{92;93;82;84}”；外层XLOOKUP函数再按列查找，得到指定姓名的学科成绩，如图11-50所示。

I4 　 =XLOOKUP(I2,A3:A6,XLOOKUP(I3,B2:F2,B3:F6))

	A	B	C	D	E	F	G	H	I
1	XLOOKUP函数交叉行列查找								
2	姓名	语文	数学	英语	政治	历史		姓名	王金鹏
3	万幸	85	91	92	82	88		学科	英语
4	王福思琪	84	83	93	81	93		分数	82
5	王金鹏	87	93	82	86	87			

图 11-50　XLOOKUP 函数交叉行、列查找

INDEX+MATCH函数的传统用法则稍显麻烦，公式为“=INDEX(A2:F6,MATCH(I2,A2:A6,),MATCH(I3,A2:F2,))”。

2. XLOOKUP 函数多项匹配查找

例11-31 请根据水果名和产地查找销售额。

F13=XLOOKUP(F11&F12,B12:B14&A12:A14,C12:C14)，如图11-51所示。

F13 fx =XLOOKUP(F11&F12,B12:B14&A12:A14,C12:C14)

	A	B	C	D	E	F
10		XLOOKUP函数多项匹配查找				
11	产地	水果	销售额		水果	芒果
12	进口	芒果	5600		产地	进口
13	国内	芒果	5800		销售额	5600
14	进口	荔枝	6000			

图 11-51 XLOOKUP 函数多项匹配查找

本例同时进行了反向查找。

3. XLOOKUP 函数模糊查找

例11-32 请根据供货商简称查找数量。

F20=XLOOKUP("*"&E20&"*",A20:A23,C20:C23,,2)。式中，第5个参数“2”表示使用通配符查找，如图11-52所示。

F20 fx =XLOOKUP("*"&E20&"*",A20:A23,C20:C23,,2)

	A	B	C	D	E	F
18		XLOOKUP函数模糊查找				
19	供货商	商品	数量		供货商	数量
20	佳佳乐食品	牛奶	156		五福	219
21	五福同乐	小面包	219			

图 11-52 XLOOKUP 函数模糊查找

11.4.5

4. XLOOKUP 函数查找末项

例11-33 请根据产品名查找最近一次数量。

F29=XLOOKUP(E29,B29:B32,C29:C32,,,-1)。式中，第5个参数省略了0，表示精确查找，第6个参数为“-1”，表示从下往上逆序查找，如图11-53所示。

F29 fx =XLOOKUP(E29,B29:B32,C29:C32,,,-1)

	A	B	C	D	E	F
27		XLOOKUP函数倒序查找				
28	日期	产品	数量		产品	最近一次数量
29	2022/8/1	A	50		A	70
30	2022/8/2	B	60			
31	2022/8/3	A	70			

图 11-60 XLOOKUP 函数查找末项

5. XLOOKUP 函数屏蔽错误值

例11-34 请根据姓名查找电话号码，如果检索不到，标记为“未找到”。

F38=XLOOKUP(E38,B38:B41,C38:C41,"未找到")，如图11-54所示。这样，有了XLOOKUP函数，查找出错时就不必再嵌套IFERROR函数来屏蔽错误值了。

F38 fx =XLOOKUP(E38,B38:B40,C38:C40,"未找到")

	A	B	C	D	E	F
36		XLOOKUP函数屏蔽错误值				
37	镇街	姓名	电话号码		姓名	电话号码
38	吴家镇	敖若菲	12345678		张飞	未找到
39	观胜镇	陈石	12345679			
40	广顺街道	邓欢	12345680			

图 11-54 XLOOKUP 函数查找末项

11.4.5 动态偏移到新引用的OFFSET函数

OFFSET函数“移形换位，任我来去”，返回对单元格或单元格区域中指定行数和列数的区域的引用，是易失性函数，在动态计算、动态图表、下拉菜单等方面有着惊人的表现，被誉为“动态统计之王”。其语法为 OFFSET（参照区域，行数，列数，[高度]，[宽度]）。后面4个参数都可以为负数，正数表示向上或向左，负数表示向下或向右。

这里用一个例子来分析OFFSET函数的简单引用。例如，“=OFFSET(A1,4,2,4,3)”表示以A1单元格为基点，向下偏移4行，向右偏移2列，新引用的高度为4行，新引用的宽度为3列，得到的结果为“{1,2,3;4,5,6;7,8,9;10,11,12}”，如图11-55所示。

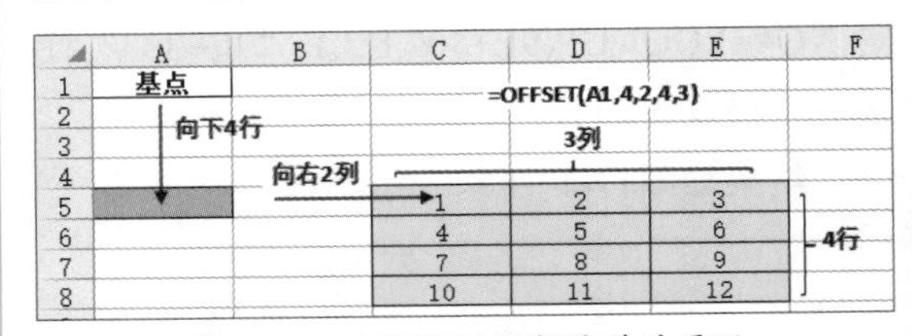

图 11-55 OFFSET 函数偏移的原理

如果在参数上使用二维数组，OFFSET函数就能生成三维或四维引用。在其他函数的配合下，可以实现很多重要应用。这里只介绍一个简单的应用。

例11-35 请统计近3日的销量。

D13=SUM(OFFSET(B12,COUNT(B:B),,-3))。式中，COUNT函数统计B列的数字单元格个数，OFFSET返回“{97;90;71}”，SUM函数再进行求和，如图11-56所示。

D13 =SUM(OFFSET(B12,COUNT(B:B),,-3))

	A	B	C	D
12	日期	销量		近三日销量
13	2022/3/1	92		261
14	2022/3/2	74		
15	2022/3/3	97		
16	2022/3/4	90		

图 11-56　OFFSET 函数统计近 3 日的销量

11.4.6　SORT等4个排序筛选去重函数

WPS表格最新版本新增了用于排序、筛选、去重的“四大新星”函数，从而一举让过去非常繁杂、艰涩的函数公式变得十分简单，而且这几个函数还可以相互嵌套，“联动”威力非常强悍。这4个函数的语法及功能如表11-9所示。

表11-9　4个排序筛选去重新函数的语法及功能

函数语法	函数功能	备注
SORT(数组,[排序依据],[排序顺序],[按行或列排序])	对某个区域或数组的内容排序	第2个参数指列数；第3个参数为1或省略表示升序，-1表示降序；第4个参数为TRUE（1）表示按行排序，FALSE（0）或省略表示按列排序
SORTBY(数组,排序依据数组1,[排序顺序1],[排序依据数组2,排序顺序2],…)	对区域或数组的内容按多组条件排序	参数中的“排序顺序”为1表示升序，-1表示降序
FILTER(数组,包括,[空值])	对区域或数组的内容进行筛选	第2个参数表示筛选条件，第3个参数表示无法满足条件时返回的值，可以为空值
UNIQUE(数组,[按列],[仅出现一次])	去除重复值保留唯一值	第2个参数为TRUE（1）表示返回唯一行，FALSE（0）或省略表示返回唯一列；第3个参数为TRUE（1）表示返回只出现1次的项，FALSE（0）或省略表示返回每个不同的项

例11-36 请按工龄长短降序排序。

E3:G7{=SORT(A3:C6,2,-1)}。公式为数组公式，如图11-57所示。

E3 {=SORT(A3:C6,2,-1)}

	A	B	C	D	E	F	G
1	SORT函数按工龄长短降序排序						
2	姓名	工龄	绩效分		姓名	工龄	绩效分
3	张豪	7	89		杨晴	12	123
4	杨晴	12	123		胡宏明	11	94
5	胡宏明	11	94		张豪	7	89
6	孙红平	5	95		孙红平	5	95

图 11-57　SORT 函数按工龄长短降序排序

例11-37 请按职称升序排序，按年龄降序排序。

E13:G17{=SORTBY(A13:C16,B13:B16,1,C13:C16,-1)}。公式为数组公式，如图11-58所示。

E13 {=SORTBY(A13:C16,B13:B16,1,C13:C16,-1)}

	A	B	C	D	E	F	G
11	SORTBY函数按职称升序和年龄降序排序						
12	姓名	职称	年龄		姓名	职称	年龄
13	冯阿三	一级	30		兰剑	高级	50
14	古笃诚	高级	45		古笃诚	高级	45
15	过彦之	一级	33		过彦之	一级	33
16	兰剑	高级	50		冯阿三	一级	30

图 11-58　SORT 函数按工龄长短降序排序

例11-38 请筛选工龄大于或等于10年，或绩效分大于或等于100分的记录。

E23:G25{=FILTER(A23:C26,((B23:B26>=10)+(C23:C26>=100)),"无记录")}。公式为数组公式，如图11-59所示。

11.4.6

E23 {=FILTER(A23:C26,((B23:B26>=10)+(C23:C26>=100)),"无记录")}

	A	B	C	D	E	F	G
21	FILTER函数筛选工龄大于或等于10年、绩效分大于或等于100分的记录						
22	姓名	工龄	绩效分		姓名	工龄	绩效分
23	张豪	7	89		杨晴	12	123
24	杨晴	12	123		胡宏明	11	94
25	胡宏明	11	94		#N/A	#N/A	#N/A
26	孙红平	5	95				

图 11-59　筛选工龄大于或等于 10 年或绩效分大于或等于 100 分的记录

例11-39 请提取客户名单。

C33:C35{=UNIQUE(A33:A36,,1)}。公式为数组公式。

D33:D35{=UNIQUE(A33:A36)}。公式为数组公式，如图11-60所示。

C33 {=UNIQUE(A33:A36,,1)}

	A	B	C	D
31	UNIQUE函数提取客户名单			
32	客户		只出现1次的项	每个不同的项
33	长安汽车		太极集团	长安汽车
34	太极集团		重庆钢铁	太极集团
35	长安汽车		#N/A	重庆钢铁
36	重庆钢铁			

图 11-60　UNIQUE 函数提取客户名单

在查找与引用函数中，还有在列表中选择数据的CHOOSE函数、横向查找数据的

HLOOKUP函数、定位行列交叉处的INDEX函数和返回到间接引用的INDIRECT函数等，这里不再展开叙述。

11.5 日期与时间函数

在WPS表格中，日期与时间是一系列序列值，日期用整数表示，时间用小数表示，日期与时间可以直接进行加减运算。DATE函数生成标准日期，语法为`DATE（年，月，日）`；TIME函数生成标准时间，语法为`TIME（小时，分，秒）`。这两个函数的每个参数YEAR（年）、MONTH（月）、DAY（日）、HOUR（小时）、MINUTE（分）、SECOND（秒）都是独立的函数。此外，TODAY、NOW两个函数分别获取系统当前日期和时间，是易失性函数。

11.5.1 预算截止日期的三位“预言家”

11.5.1

岁有长短，月有大小，还有单休、双休、节假日之分。幸运的是，有EDATE、WORKDAY、WORKDAY.INTL 3个函数相助，计算截止日期就方便多了。3个函数的语法及功能如表11-10所示。

表11-10 3个预算截止日期函数的语法及功能

函数语法	函数功能	备注
EDATE(开始日期,月数)	返回与指定日期相隔数月（之前或之后）的日期序列号	不扣除正常双休日和指定的假日（含法定节日）
WORKDAY(开始日期，天数,[假期])	返回与指定日期相隔数个工作日（之前或之后）的日期序列号	工作日不包括周末和专门指定的假日
WORKDAY.INTL(开始日期，天数，[周末],[假期])		同上，还可以自定义“周末”。第3个参数的值所指代的“周末”如表11-11所示

表11-11 WORKDAY.INTL函数第3个参数数值所指代的休息日

数字	每周休息日	数字	每周休息日
1或省略	星期六、星期日	11	仅星期日
2	星期日、星期一	12	仅星期一
3	星期一、星期二	13	仅星期二
4	星期二、星期三	14	仅星期三
5	星期三、星期四	15	仅星期四
6	星期四、星期五	16	仅星期五
7	星期五、星期六	17	仅星期六

可以用7个字符来表示一周的工作和休息状态，每个字符表示一周中的一天（从星期一开始）。1表示非工作日，0表示工作日。在字符串中仅允许使用字符1和0。例如，“"0100010"”表示周二和周六休息，其余为工作日。

需要注意的是，当法定节日与双休日或指定的休息日重合时，WORKDAY和WORKDAY.INTL函数管不了“调休”的事情，需要手动调整法定节日的日期，否则计算结果就可能有出入。

例11-40 请根据开工日期和工期月数，按日历日计算竣工日期和交付日期，竣工日期之后20个日历日为交付日期。

D3=EDATE(B3,C3)。

E3=D3+20。由于日期会被转换为序列号进行计算，因而天数可以直接相加，如图11-61所示。

D3 =EDATE(B3,C3)

	A	B	C	D	E
1	EDATE函数按日历日计算截止日期				
2	项目	开工日期	工期月数	竣工日期	交付日期
3	项目A	2022/8/8	6	2023/2/8	2023/2/28
4	项目B	2022/9/10	8	2023/5/10	2023/5/30

图 11-61 EDATE 函数按日历日计算截止日期

例11-41 请根据订单日期和产品生产的工作日天数，扣除法定节假日后，分别计算在正常双休和指定周日单休情况下的交货日期。

D12=WORKDAY(B12,C12,$G$12:$G$15)。

E12=WORKDAY.INTL(B12,C12,11,$G$12:$G$15)，如图11-62所示。

D12 =WORKDAY(B12,C12,$G$12:$G$15)

WORKDAY、WORKDAY.INTL函数分别按正常双休和指定周日单休计算交货日期					
产品	订单日期	工作日天数	正常双休下的交货日期	周日单休下的交货日期	节日
A	2021/12/2	30	2022/1/13	2022/1/6	2021/1/1
B	2021/12/2	40	2022/1/27	2022/1/18	2021/1/31

图 11-62　WORKDAY.INTL 函数计算交货日期

11.5.2　计算工作天数的“双雄”

有时可能有按工作天数付酬的需要，这就需要请出NETWORKDAYS和NETWORKDAYS.INTL这对“双雄”函数。2个计算工作天数函数的语法及功能如表11-12所示。

表11-12　2个计算工作天数函数的语法及功能

函数语法	函数功能	备注
NETWORKDAYS(开始日期,终止日期,[假期])	计算两个日期之间的工作日天数	工作日不包括周末和专门指定的假期
NETWORKDAYS.INTL(开始日期,终止日期,[周末],[假期])		同上，还可以自定义“周末”

WORKDAY和WORKDAY.INTL函数一样，NETWORKDAYS和NETWORKDAYS.INTL函数也有“先天缺陷”，即当法定节日与双休日或指定休息日重合时，需要改动法定节日，否则就可能“失算”。

例11-42 请分别按正常双休日和指定周日单休计算2021年每月的工作天数。

D3=NETWORKDAYS(B3,C3,$G$3:$G$15)。

E3=NETWORKDAYS.INTL(B3,C3,11,$G$3:$G$15)，如图11-63所示。

E3 =NETWORKDAYS.INTL(B3,C3,11,$G$3:$G$15)

NETWORKDAYS和NETWORKDAYS.INTL分别按正常双休和指定周日休息计算工作天数					
月份	起始日期	截止日期	正常双休的工作天数	指定周日单休的工作天数	法定节日
1月	2021/1/1	2021/1/31	20	25	2021/1/1
2月	2021/2/1	2021/2/28	17	21	2021/2/11
3月	2021/3/1	2021/3/31	23	27	2021/2/12
4月	2021/4/1	2021/4/30	22	26	2021/2/15
5月	2021/5/1	2021/5/31	18	23	2021/4/4
6月	2021/6/1	2021/6/30	21	25	2021/5/3
7月	2021/7/1	2021/7/31	22	27	2021/5/4
8月	2021/8/1	2021/8/31	22	26	2021/5/5
9月	2021/9/1	2021/9/30	21	25	2021/6/14
10月	2021/10/1	2021/10/31	18	23	2021/9/21
11月	2021/11/1	2021/11/30	22	26	2021/10/1
12月	2021/12/1	2021/12/31	23	27	2021/10/4
					2021/10/5

图 11-63　计算 2021 年每月的工作天数

例如，2021年1月有20个工作日，2月有17个工作日，如图11-64所示（矩形框标识）。

图 11-64　两个月的日历

11.5.3　计算日期差的DATEDIF函数

DATEDIF函数计算两个日期之间相隔的年数、月数或天数，所计年数和月数为足年足月。其语法为DATEDIF（开始日期，终止日期，**比较单位**）。第3个参数的类型如表11-13所示。

表11-13　DATEDIF函数第3个参数的类型

参数类型	返回结果
"Y"	计算两个日期间隔的年数
"M"	计算两个日期间隔的月份数
"D"	计算两个日期间隔的天数
"YD"	忽略年数差，计算两个日期间隔的天数
"MD"	忽略年数差和月份差，计算两个日期间隔的天数
"YM"	忽略相差年数，计算两个日期间隔的月份数

例11-43 已知员工的入职日期，请计算工龄有几年几月几日，共多少月、多少日。

C2=DATEDIF(B2,TODAY(),"y")。式中，TODAY返回当前日期序列号，为“44179”，即2020年12月14日。

D2=DATEDIF(B2,TODAY(),"ym")。

E2=DATEDIF(B2,TODAY(),"md")。

F2=DATEDIF(B2,TODAY(),"m")。

G2=DATEDIF(B2,TODAY(),"d")。

11.5.2

11.5.3

H2=TODAY()-B2。按天数计算工龄时可以直接相减，如图11-65所示。

C2 =DATEDIF(B2,TODAY(),"y")

	A	B	C	D	E	F	G	H
1	员工姓名	入职日期	工龄之几年	几月	几日	工龄之月	工龄之日	工龄之日
2	姜子牙	2010/5/10	11	10	16	142	4338	4338
3	鬼谷子	2012/9/1	9	6	25	114	3493	3493
4	张良	2012/10/12	9	5	14	113	3452	3452
5	诸葛亮	2016/9/1	5	6	25	66	2032	2032
6	袁天罡	2018/9/1	3	6	25	42	1302	1302
7	刘伯温	2020/9/1	1	6	25	18	571	571

图 11-65　DATEDIF 函数计算工龄

C2:G2区域可使用数组公式“=DATEDIF(B2:B7,TODAY(),{"y","ym","md","m","d"})”计算。

11.5.4　计算星期几的WEEKDAY函数

11.5.4

WEEKDAY函数返回对应某个日期的一周中的第几天。其语法为 WEEKDAY（日期序号，[返回值类型]）。第2个参数返回值类型及返回的数字如表11-14所示。

表11-14　WEEKDAY函数第2个参数类型及返回的数字

返回值类型	返回的数字	返回值类型	返回的数字
1或省略	数字1（星期日）到7（星期六）	11	数字1（星期一）到7（星期日）
2	数字1（星期一）到7（星期日）	12	数字1（星期二）到7（星期一）
3	数字0（星期一）到6（星期日）	13	数字1（星期三）到7（星期二）
		14	数字1（星期四）到7（星期三）
		15	数字1（星期五）到7（星期四）
		16	数字1（星期六）到7（星期五）
		17	数字1（星期日）到7（星期六）

例11-44 某校值班如遇周末，就只安排行政，否则安排行政和职员，请快速标识出周末。

B2=TEXT(WEEKDAY(A2,2),"[>5]周末;;")。式中，WEEKDAY函数第2个参数为“2”，数字从1～7代表每周的周一～周日；返回的值作为TEXT的第1个参数。TEXT的第2个参数的格式代码有两部分（用分号分隔），将“>5”的值标记为“周末”，否则不标记，如图11-66所示。

B2 =TEXT(WEEKDAY(A2,2),"[>5]周末;;")

	A	B	C	D	E
1	日期	星期	行政	职员	
2	2021/7/10	周末			
3	2021/7/11	周末			
4	2021/7/12				

图 11-66　标识周末

本例也可以使用IF函数进行条件判断，公式为“=IF(WEEKDAY(A2,2)>5,"周末","")”。

本例还可以使用简单的填充方法标识周末日期：在B2、B3单元格填写“周末”，选择B2:B8区域后再向下填充。

11.5.5　计算序列号的DATEVALUE函数

11.5.5

文本日期没有日期序列号的用途广泛，如果需要将存储为文本的日期转换为WPS表格能够识别的日期序列号，就要用到DATEVALUE函数。其语法为 DATEVALUE（日期字符串）。

例11-45 请从身份证号码中提取出生日期。

E2=DATEVALUE(TEXT(MID(D2,7,8),"0-00-00"))。式中，MID函数从身份证号码中截取8位数，得到“"19790107"”，TEXT函数将之塑造为“"1979-01-07"”，如图11-67所示。

E2 =DATEVALUE(TEXT(MID(D2,7,8),"0-00-00"))

	A	B	C	D	E	F	G
1	序号	姓名	性别	身份证号码	出生日期		
2	1	廖立	女	510231197901070020	1979/1/7		
3	2	樊建	男	510231197305295215	1973/5/29		
4	3	霍弋	男	510231197606275234	1976/6/27		

图 11-67　DATEVALUE 函数转换文本日期

在日期与时间函数中，还有将存储为文本的时间转换为数值的TIMEVALUE函数，以及计算月末日的EOMONTH函数、计算天数占比的YEARFRAC函数，这里不再展开叙述。

11.6 数学与三角函数

数学与三角函数多达70多个，这里介绍与高效办公数学计算有关的20多个函数。

11.6.1 RAND等3个随机函数

随机函数包括RAND、RANDBETWEEN、RANDARRAY，都是易失性函数，在每次计算时，都会在一定范围内再次产生随机数或数组，各有所长。3个随机函数的语法及功能如表11-15所示。

表11-15 3个随机函数的语法及功能

函数语法	函数功能	备注
RAND()	返回一个≥0且<1的平均分布的随机实数	生成a与b之间的随机实数的公式为“=RAND()*(b-a)+a”
RANDBETWEEN(最小整数,最大整数)	返回两个指定数之间的一个随机整数	
RANDARRAY([行数],[列数],[最小数],[最大数],[数字模式])	返回一组随机数字	省略第1、2个参数时，返回0～1的单个值。省略第3、4个参数时，分别用0和1默认表示。第5个参数为TRUE（1）时，返回整数；第5个参数为FALSE（0）或省略时，返回实数

RANDARRAY函数是新版本函数，是RAND、RANDBETWEEN函数的合体版，5个参数全部都是可选参数。

例11-46 对姓名列实现随机排序。

以“随机数”列为辅助列，然后进行升序或降序排序。

B3=RAND()，如图11-68所示。

B3 =RAND()

	A	B
1	RAND函数生成随机数	
2	姓名	随机数
3	汤世豪	0.127959978
4	田阳	0.237969387
5	万里鹏	0.356998848
6	汪兆娟	0.368832461

图11-68 RAND函数生成随机数

例11-47 随机点名。

G3=INDEX(E3:E6,RANDBETWEEN(1,4))，如图11-69所示。

G3 =INDEX(E3:E6,RANDBETWEEN(1,4))

	E	F	G
1	RANDBETWEEN函数随机点名		
2	姓名		随机点名
3	谢武		许兴悦
4	熊嘉明		
5	许兴悦		
6	颜冰冰		

图11-69 RANDBETWEEN函数随机点名

11.6.1

例11-48 编写两位数加法题。

在J3:J6、L3:L6区域输入数组公式“{=RANDARRAY(4,1,10,99,TRUE)}”，如图11-70所示。

11.6.2

L3 {=RANDARRAY(4,1,10,99,TRUE)}

	J	K	L	M	N
1	RANDARRAY函数制作加法题				
2	被加数		加数		和
3	64	+	45	=	
4	93	+	94	=	

图11-70 RANDARRAY函数编写两位数加法题

11.6.2 ROUND等10个舍入函数

10个舍入函数考虑了各种舍入情况，与小数位数有关的舍入函数，还能解决由于单元格格式原因导致的数据可能表里不一的问题。舍入函数虽然用法简单，但用途很广泛。10个舍入函数的语法及功能如表11-16所示。

表11-16　10个舍入函数的语法及功能

函数语法	函数功能	说明
EVEN(数值)	将数字向上舍入到最接近的偶数	不能控制位数
ODD(数值)	将数字向上舍入到最接近的奇数	
INT(数值)	将数字向下舍入到最接近的整数	
TRUNC(数值,[小数位数])	将数字按指定位数舍入	第2个参数小于0时，会在小数点左侧进行舍入计算
ROUND(数值,小数位数)	将数字按指定位数四舍五入	
ROUNDDOWN(数值,小数位数)	将数字朝着0的方向向下舍入	
ROUNDUP(数值,小数位数)	将数字朝着远离0的方向向上舍入	
CEILING(数值,舍入基数)	将数字向上舍入为最接近的指定基数的倍数	第2个参数其实就是倍数；FLOOR、MROUND函数两个参数的正负号要一致
FLOOR(数值,舍入基数)	将数字向下舍入为最接近的指定基数的倍数	
MROUND(数值,舍入基数)	将数字按指定基数舍入	

例11-49 请运用10个舍入函数对数据进舍入计算，涉及舍入位数或倍数的，按2位或2倍计算。如果为负数，FLOOR、MROUND函数则按“-2”倍计算。

B2=EVEN(A2)。

C2=ODD(A2)。

D2=INT(A2)。

E2=TRUNC(A2,2)。

F2=ROUND(A2,2)。

G2=ROUNDDOWN(A2,2)。

H2=ROUNDUP(A2,2)。

I2=CEILING(A2,2)。

J2=FLOOR(A2,IF(A2>0,2,-2))。

K2=MROUND(A2,IF(A2>0,2,-2))，如图11-71所示。

K2　=MROUND(A2,IF(A2>0,2,-2))

	A	B	C	D	E	F	G	H	I	J	K
1	数据	EVEN	ODD	INT	TRUNC	ROUND	ROUNDDOWN	ROUNDUP	CEILING	FLOOR	MROUND
2	797.887	798	799	797	797.88	797.89	797.88	797.89	798	796	798
3	6.039	8	7	6	6.03	6.04	6.03	6.04	8	6	6
4	-86.126	-88	-87	-87	-86.12	-86.13	-86.12	-86.13	-86	-86	-86
5	-3.542	-4	-5	-4	-3.54	-3.54	-3.54	-3.55	-2	-2	-4

图11-71　用10个舍入函数对数据进行舍入计算

例11-50 某书城开展“每满100减50”的售书活动，请计算某书的最高折扣率。

B12=A12*$F$12。

D12=C12/B12。

C12=B12-ROUNDDOWN(B12,-2)*0.5。式中，ROUNDDOWN函数巧妙利用第2个参数为-2，得到整百的金额，再乘以0.5，就实现了“每满100减50”的优惠，如图11-72所示。

C12　=B12-ROUNDDOWN(B12,-2)*0.5

	A	B	C	D	E	F	G
10	计算图书折扣率						
11	册数	满减前	满减后	折扣率		定价	
12	3	267	167	0.62547		89	
13	4	356	206	0.57865			
14	5	445	245	0.55056			
15	6	534	284	0.53184			
16	7	623	323	0.51846			
17	8	712	362	0.50843			
18	9	801	401	0.50062			

图11-72　ROUNDDOWN函数巧妙计算最高折扣率

例11-51 请根据件数计算奖金。奖金发放办法：当件数小于300件时无奖金；当件数大于或等于300件时，基础奖金为400元，每增加10件，奖金增加50元。

D36=IF(C36<300,0,FLOOR(C36-300,10)/10*50+400)，如图11-73所示。

D36　=IF(C36<300,0,FLOOR(C36-300,10)/10*50+400)

	A	B	C	D
34	FLOOR函数计算计件奖金			
35	序号	姓名	件数	奖金
36	1	纪一川	1526	6500
37	2	尉迟雪	1488	6300
38	3	纪明月	280	0
39	4	纪宁	1511	6450
40	5	余薇	1654	7150

图11-73　FLOOR函数计算计件奖金

式中，“C36-300”表示将件数减去“达标数”300后，得到剩余的数1226；FLOOR函数将1226向下舍入为10的倍数，得到1220，此时不满10件的件数已被舍去；1220除以10得到10件的个数122；122再乘以50就得到除达标数外的奖金数6100；6100加上基础奖金400，就得到最终奖金6500。最后，IF函数判断能否得到奖金。“FLOOR(C36-300,10)/10”公式段可以使用“QUOTIENT(C36-300,10)”代替，

QUOTIENT函数的语法为`QUOTIENT（被除数，除数）`。

11.6.3 SUM等3个汇总求和函数

可以使用SUM、SUMIF、SUMIFS函数分别进行简单求和、单条件和多条件求和。在日常办公中，SUM函数应用的频繁和广泛程度，其他函数无法企及，同时还能使用数组公式形式进行多条件计数或求和。3个求和函数的语法及功能如表11-17所示。

表11-17 3个求和函数的语法及功能

函数语法	函数功能	备注
SUM(数值1,…)	返回各参数之和	多条件计数格式：SUM(条件1*条件2…) 多条件求和格式：SUM(条件1*条件2…*求和区域)
SUMIF(区域,条件,[求和区域])	对符合指定条件的值求和	条件不区分大小写，可以使用数字、文本、单元格引用、表达式、数组、函数形式作为条件，还可以使用通配符、比较运算符
SUMIFS(求和区域,区域1,条件1,[区域2,条件2],…)	用于计算满足多个条件的值的和	

例11-52 请按合并单元格汇总。

C2:C11=SUM(B3:B$12)-SUM(C4:C$12)，使用Ctrl+Enter输入公式，如图11-74所示。

C3 =SUM(B3:B$12)-SUM(C4:C$12)

	A	B	C
1	SUM函数按合并单元格汇总		
2	姓名	数量	汇总
3	张三	300	1400
4		200	
5		500	
6		400	
7	李四	900	2700
8		800	
9		1000	

图 11-74 SUM 函数按合并单元格汇总

例11-53 请汇总各商品的金额。

G18=SUMIF(B:B,"*"&F18&"*",D:D)。

G20=SUM(G18:G19)，如图11-75所示。

G18 =SUMIF(B:B,"*"&F18&"*",D:D)

	A	B	C	D	E	F	G
16	SUMIF函数单条件求和						
17	供应商	项目	票号	金额		商品	金额
18	华维电子	购网线款	104960	30,000		网线	63,300
19	瑞高科技	购监视器款	104962	22,750		监视器	90,490
20	华维电子	购网线款	104966	33,300		合计	153,790
21	瑞高科技	购监视器款	104977	67,740			

图 11-75 汇总各商品的金额

例11-54 请汇总各项目各用途的金额。

G27=SUMIFS($D:$D,$B:$B,$F27,$C:C,G26)，如图11-76所示。

G27 =SUMIFS($D:$D,$B:$B,$F27,$C:C,G26)

	A	B	C	D	E	F	G	H
25	SUMIFS函数多条件求和							
26	付款单位	用途	项目	金额		用途	项目A	项目B
27	客户06	工程款	项目A	100,000		工程款	195,844	60,000
28	客户09	工程款	项目B	60,000		投标费	14,000	0
29	客户46	工程款	项目A	95,844		水电费	0	18,000
30	客户39	投标费	项目A	14,000				
31	客户49	水电费	项目B	18,000				

图 11-76 汇总各项目各用途的金额

SUMPRODUCT函数用于求和也很方便，公式为“=SUMPRODUCT(($B$27:$B$31=$J27)*($C$27:$C$31=K$26)*$D$27:$D$31)”。

也可以使用“常用公式”来计算。选择存放数据的单元格，在编辑栏单击“插入函数”按钮fx，在打开的“插入函数”对话框中选择“常用公式”标签，在“公式列表”中选择“多条件求和”选项，在“参数输入”各框中引用相应的单元格（注意引用类型），如图11-77所示。该公式使用OFFSET+SUM+COLUMN函数偏移到条件区域，较为复杂。

11.6.3

插入函数
全部函数 常用公式 1
公式列表：
提取身份证年龄
提取身份证生日
提取身份证性别
多条件求和 2
查找其他表格数据
参数输入 3
待求和区域 $D$27:$D$31
条件1 $B$27:$B$31 等于 $N27
(并且) 条件2 $C$27:$C$31 等于 O$26

图 11-77 使用 WPS 表格“常用公式”功能进行多条件求和

11.6.4 MMULT等2个求乘积和的函数

SUMPRODUCT、MMULT函数可以返回乘积之和。SUMPRODUCT函数可用普通公式形式进行多条件计数或求和。2个乘积函数的语法及功能如表11-18所示。

表11-18　2个乘积函数的语法及功能

函数语法	函数功能	备注
SUMPRODUCT(数组1,…)	返回对应数组或区域的乘积之和	多条件计数格式为：SUMPRODUCT(条件1*条件2…) 多条件求和格式为：SUMPRODUCT(条件1*条件2…*求和区域)
MMULT(数组1,数组2)	返回两个数组的矩阵乘积	结果矩阵的行数与数组1的行数相同，结果矩阵的列数与数组2的列数相同，数组1的列数与数组2的行数相同；为数组公式

11.6.4

在很多高级应用中都能见到MMULT函数的身影。两个数组参数相乘时，数组1的行数、数组2的列数正好构成一个正方形区域（横向和纵向的单元格个数相等）。例如数组1有4行3列，数组2有3行2列，使用MMULT函数计算这两个数组的乘积时，将得到一个4行2列的矩阵乘积，正方形区域为3行3列，如图11-78所示。

“正方形”	数组2
数组1	矩阵乘积

图 11-78　MMULT 函数计算原理图

例11-55 请根据工作能力、工作效果、满意度的权重计算每人的综合评分。

E4=SUMPRODUCT($B$3:$D$3,B4:D4)，如图11-79所示。

E4　fx　=SUMPRODUCT($B$3:$D$3,B4:D4)

SUMPRODUCT返回乘积之和				
姓名	工作能力	工作效果	满意度	综合评分
	20%	50%	30%	
王昭君	9	10	8	9.2
西施	9	9	9	9
貂蝉	9	10	9	9.5
杨贵妃	8	9	10	9.1

图 11-79　SUMPRODUC 函数计算综合评分

例11-56 请进行“中国式排名”，即并列排名不占用名次。

E13=SUMPRODUCT((D$13:D$16>=D13)/COUNTIF(D$13:D$16,D$13:D$16))。式中，“D$13:D$16>=D13”公式段通过个体与全部分数进行比较，返回逻辑数组“{TRUE;TRUE;FALSE;FALSE}”，该数组除以COUNTIF函数公式段返回的个数数组“{2;2;1;1}”。两个数组中的每个元素对应相除，得到新数组“{0.5;0.5;0;0}”。可以看出，在新数组中，并列名次的元素为小数。最后由SUMPRODUCT求和，得到“中国式排名”，如图11-80所示。

E13　fx　=SUMPRODUCT((D$13:D$16>=D13)/COUNTIF(D$13:D$16,D$13:D$16))

SUMPRODUCT函数进行“中国式”排名				
姓名	理论	操作	合计	名次
纪宁	98	99	197	1
菩提老祖	99	98	197	1
余薇	85	86	171	3
三寿道人	90	95	185	2

图 11-80　SUMPRODUCT 函数进行“中国式排名”

例11-57 请统计每人每类商品的销售次数及销量。

F22=SUMPRODUCT(($A$22:$A$28=$E22)*($B$22:$B$28=F$21))。

F27=SUMPRODUCT(($A$22:$A$28=$E27)*($B$22:$B$28=F$26)*$C$22:$C$28)，如图11-81所示。

F27　fx　=SUMPRODUCT(($A$22:$A$28=$E27)*($B$22:$B$28=F$26)*$C$22:$C$28)

产品销售表		
姓名	产品	销量
刘备	产品A	44
刘备	产品B	69
刘备	产品B	61
刘备	产品B	69
孙权	产品B	89
孙权	产品B	41
孙权	产品A	42

SUMPRODUCT统计销售次数		
姓名	产品A	产品B
刘备	1	3
孙权	1	2

SUMPRODUCT统计销售量		
姓名	产品A	产品B
刘备	44	199
孙权	42	130

图 11-81　SUMPRODUCT 统计每人每类商品的销售次数及销量

例11-58 赵、钱、孙、李4人卖白菜、土豆和黄瓜3种蔬菜给一店和二店，同一人卖给两个店的同一种蔬菜的斤数都相等，只是价格不等，请计算每人在每个店的收入。

O6:P9{=MMULT(L6:N9,O3:P5)}。公式为数组公式，如图11-82所示。

O6 {=MMULT(L6:N9,O3:P5)}

	K	L	M	N	O	P
1	MMULT返回矩阵乘积					
2					一店	二店
3				白菜	1	2
4				土豆	3	4
5		白菜	土豆	黄瓜	5	6
6	赵	10	20	30	220	280
7	钱	20	40	60	440	560
8	孙	30	60	90	660	840
9	李	40	80	120	880	1120

图 11-82　MMULT 函数返回矩阵乘积

计算可得，10*1+20*3+30*5=220。

例11-59 请使用数组公式计算现金收支余额，以得到流水账。

O15:O19{=MMULT(--(ROW(K15:K19)>=TRANSPOSE(ROW(K15:K19))),M15:M19-N15:N19)}。公式为数组公式。式中，TRANSPOSE数返回转置单元格区域。MMULT函数的第1个参数为构造的5*5数组相当于逐次累积，第2个参数“M15:M19-N15:N19”为“本期收入-本期支出”，得到5*1数组，最终结果为5*1内存数组，如图11-83所示。如果只对单列数据进行累积，可使用数组公式“{=MMULT (--(ROW(区域)>=TRANSPOSE(ROW(区域))),区域)}”。

O15 {=MMULT(--(ROW(K15:K19)>=TRANSPOSE(ROW(K15:K19))),M15:M19-N15:N19)}

	K	L	M	N	O
13	MMULT函数记流水账				
14	日期	项目	收入	支出	收支余额
15	2020/5/1	上期结余	6,500		6,500
16	2020/5/2	奖金	1,500		8,000
17	2020/5/3	买硬盘		1,200	6,800
18	2020/5/4	买电视		4,000	2,800
19	2020/5/5		6,000		8,800

图 11-83　MMULT 函数记流水账

11.6.5　统计分析“万能函数”SUBTOTAL

SUBTOTAL函数名义上是数学函数，但其可以发挥统计函数的功能，进行求和，求平均值、个数、极值、标准偏差、方差等诸多计算，还支持数组公式，能区分是否包含隐藏值（筛选结果），真正“以一当十”，其语法为`SUBTOTAL (函数序号, 引用1, ...)`，函数功能如表11-19所示。

表11-19　SUBTOTAL函数的函数功能

包含隐藏值时的代码	忽略隐藏值时的代码	函数功能	函数说明
1	101	AVERAGE	平均值
2	102	COUNT	数字计数
3	103	COUNTA	非空单元格计数
4	104	MAX	最大值
5	105	MIN	最小值
6	106	PRODUCT	乘积
7	107	STDEV	标准偏差
8	108	STDEVP	总体的标准偏差
9	109	SUM	求和
10	110	VAR	方差
11	111	VARP	总体的方差

例11-60 请计算各科总分，计算结果必须返回内存数组。

E3:E7{=SUBTOTAL(9,OFFSET($B$3,ROW($A$3:$A$7)-3,,1,3))}。公式为数组公式。式中，OFFSET函数的第2个参数“ROW($A$3:$A$7)-3”产生一维纵向数组“{0;1;2;3;4}”，OFFSET函数由此产生三维引用数组“{96;94;89;78;85}”，分别代表B3:D3、B4:D4、B5:D5、B6:D6、B7:D7区域。SUBTOTAL函数第1个参数为9，表示求和，得到一维纵向内存数组“{252;276;257;270;268}”，可供进一步计算，如图11-84所示。

E3 {=SUBTOTAL(9,OFFSET($B$3,ROW($A$3:$A$7)-3,,1,3))}

	A	B	C	D	E
1	SUBTOTAL函数计算总分（数组）				
2	姓名	语文	数学	英语	总分
3	何香	96	78	78	252
4	黄杰	94	93	89	276
5	黄苓	89	98	70	257
6	蒋光莉	78	98	94	270
7	赖恒新	85	96	87	268

图 11-84　SUBTOTAL 函数计算总分（内存数组）

例11-61 请自动生成序号，筛选后能够保持连续序号，例如筛选“男”。

A14=AGGREGATE(3,5,B$13:B14)，此外，AGGREGATE函数类似于SUBTOTAL函数，支持的功能更多，但不支持数组公式，有忽略隐藏行和错误值的选项，如图11-85所示。

A14　=AGGREGATE(3,5,B$13:B14)

11	AGGREGATE函数生成序号				
12	序号	姓名	性别	年龄	学历
14	1	吕浩玉	男	46	大专
16	2	邱超林	男	28	研究生
17	3	饶凯	男	31	本科

图 11-85　AGGREGATE 函数生成连续序号

11.6.6　返回数字序列的SEQUENCE函数

SEQUENCE函数是WPS表格的新增函数，可在数组中生成一系列连续数字，类似于填充数字序列的效果，其语法为 SEQUENCE（行数，[列数]，[开始数]，**[增量]**）。

例11-62 请以“2022-6-6”（周一）开始，生成4行7列的日期数组。

A2:G5{=SEQUENCE(4,7,"2022-6-6")}。公式为数组公式，如图11-86所示。

A2　{=SEQUENCE(4,7,"2022-6-6")}

1	星期一	星期二	星期三	星期四	星期五	星期六	星期日
2	2022/6/6	2022/6/7	2022/6/8	2022/6/9	2022/6/10	2022/6/11	2022/6/12
3	2022/6/13	2022/6/14	2022/6/15	2022/6/16	2022/6/17	2022/6/18	2022/6/19
4	2022/6/20	2022/6/21	2022/6/22	2022/6/23	2022/6/24	2022/6/25	2022/6/26
5	2022/6/27	2022/6/28	2022/6/29	2022/6/30	2022/7/1	2022/7/2	2022/7/3

图 11-86　SEQUENCE 函数生成 4 行 7 列的日期数组

11.6.6

在数学与三角函数中，还有对商取整和求余的QUOTIENT和MOD函数，这里不再展开叙述。

11.7.1

11.7　统计分析函数

统计函数是以统计理论为基础的函数，是WPS表格函数界最大的一类，多达100余个函数，主要用于计数、求均值、找极值、取方差、计算概率、抽样分布、假设检验等。本书主要介绍在日常办公中需要用到的20多个统计函数。

11.7.1　COUNT等6个计数函数

计数的目的是查看数据的频率分布情况。6个计数函数的语法及功能如表11-20所示。

表11-20　6个计数函数的语法及功能

函数语法	函数功能	说明
COUNT(值1,…)	计算包含数字的单元格个数	
COUNTA(值1,…)	计算不为空的单元格个数	
COUNTBLANK(区域)	计算空单元格个数	
COUNTIF(区域,条件)	统计满足某个条件的单元格个数	计数条件与以“IFS”结尾的多个函数相同
COUNTIFS(区域1,条件1,[区域2,条件2],…)	统计满足所有条件的单元格个数	
FREQUENCY(一组数值,一列间隔值)	以一列垂直数组返回某个区域中数据的频率分布	

例11-63 请汇总各商品的采购笔数。

G3=COUNTIF(B:B,"*"&F3&"*")，如图11-87所示。

G3　=COUNTIF(B:B,"*"&F3&"*")

1	COUNTIF函数单条件计数						
2	供应商	项目	票号	金额		商品	笔数
3	华维电子	购网线款	104960	30,000		网线	2
4	瑞高科技	购监视器款	104962	22,750		监视器	2
5	华维电子	购网线款	104966	33,300			
6	瑞高科技	购监视器款	104977	67,740			

图 11-87　COUNTIF 函数单条件计数

例11-64 请汇总各项目各用途的支付笔数。

G12=COUNTIFS($B:$B,$F12,$C:C,G11)，如图11-88所示。

G12　=COUNTIFS($B:$B,$F12,$C:C,G11)

10	COUNTIFS函数多条件计数							
11	付款单位	用途	项目	金额		用途	项目A	项目B
12	客户06	工程款	项目A	100,000		工程款	2	1
13	客户09	工程款	项目B	60,000		投标费	1	0
14	客户46	工程款	项目A	95,844		水电费	0	1
15	客户39	投标费	项目A	14,000				
16	客户49	水电费	项目B	18,000				

图 11-88　COUNTIFS 函数多条件计数

SUMPRODUCT函数也能用于计数，公式为“=SUMPRODUCT(($B:$B=$J11)*($C:$C=G$10))”。

例11-65 请汇总各分数段人数。

H22:H25{=FREQUENCY(D22:D26,G22:G25)}。公式为数组公式，如图11-89所示。

H22	fx {=FREQUENCY(D22:D26,G22:G25)}						
	A	B	C	D	E	F	G	H
20	FREQUENCY函数统计分数段人数							
21	序号	姓名	性别	成绩		分数段	分段点	人数
22	1	刘梦妮	女	58		0≤X<60	59.9	1
23	2	罗洁美	女	60		60≤X<70	69.9	1
24	3	罗庆丽	女	75		70≤X<80	79.9	2
25	4	吕浩王	女	77		80≤X≤100		1
26	5	邱超林	男	85				

图 11-89 FREQUENCY 函数统计各分数段人数

11.7.2 AVERAGE等8个均值函数

计算平均值的目的是查看数据的集中情况。WPS表格有8个计算平均值的函数，其语法及功能如表11-21所示。

表11-21 8个计数函数的语法及功能

函数语法	函数功能	说明
AVEDEV(数值1,…)	计算一组数据与其平均值的绝对偏差的平均值	用于测量数据集中数值的变化程度
AVERAGE(数值1,…)	返回所有参数的算术平均值	忽略逻辑值、字符串、空格
AVERAGEA(value1,…)		TRUE作为1计算；FALSE或字符串作为0计算
AVERAGEIF(区域,条件,[求平均值区域])	返回满足某个条件的所有单元格的算术平均值	求均值条件与以“IFS”结尾的多个函数相同
AVERAGEIFS(求平均值区域,区域1,条件1,…)	返回满足多个条件的所有单元格的算术平均值	
TRIMMEAN(数组,百分比)	返回一组数据的修剪平均值	修剪平均值是一组数据按比例“掐头去尾”后的平均值
GEOMEAN(数值1,…)	返回一组数据的几何平均值	几何平均数是对各变量值的连乘积，开项数次方根
HARMEAN(数值1,…)	返回一组数据的调和平均值	调和平均值是各变量值倒数的算术平均数的倒数

例11-66 请计算每人一周上班的平均时数，未上班按0计算。

I3=AVERAGEA(B3:H3)，如图11-90所示。

I3	fx =AVERAGEA(B3:H3)							
	A	B	C	D	E	F	G	H	I
1	AVERAGEA计算平均值								
2	姓名	周一	周二	周三	周四	周五	周六	周日	平均时数
3	刘旭	9	9	8	12	请假	9	8	7.86
4	龙佳怡	8	7	7	8	12	11	10	9.00
5	罗德林	8	11	12	8	9	休息	11	8.43

图 11-90 AVERAGEA 函数计算平均值

例11-67 请计算各班成绩的平均值。

F12=AVERAGEIF($B$12:$B$15,E12,$C$12:$C$15)，如图11-91所示。

F12	fx =AVERAGEIF($B$12:$B$15,E12,$C$12:$C$15)					
	A	B	C	D	E	F
10	AVERAGEIF按单条件计算平均值					
11	姓名	班级	成绩		班级	平均分
12	张秋兰	1班	60		1班	70
13	郑均浩	1班	80		2班	85
14	左世全	2班	80			
15	李思雨	2班	90			

图 11-91 AVERAGEIF 函数按单条件计算平均值

例11-68 请去掉一个最高分和一个最低分后，计算每位参赛选手的最后得分（平均分）。

I21=TRIMMEAN(B21:H21,2/7)，如图11-92所示。

I21	fx =TRIMMEAN(B21:H21,2/7)							
	A	B	C	D	E	F	G	H	I
19	TRIMMEAN计算修剪平均值								
20	选手	评委1	评委2	评委3	评委4	评委5	评委6	评委7	最后得分
21	选手1	97	84	94	81	93	98	85	90.6
22	选手2	90	88	87	86	90	91	96	89.2

图 11-92 TRIMMEAN 函数计算修剪平均值

11.7.2

11.7.3

11.7.3 MAX等8个极值函数

极值包括最大值、最小值、第k个最大值、第k个最小值，可以观察到数据集两端的情况。8个极值函数的语法及功能如表11-22所示。

表11-22 8个极值函数的语法及功能

函数语法	函数功能	说明
MAX(数值1,…)	返回一组值中的最大值	忽略逻辑值及字符串
MIN(数值1,…)	返回一组值中的最小值	
MAXA(数值1,…)	返回一组值中的最大值	TRUE作为1计算；FALSE或字符串作为0计算
MINA(数值1,…)	返回一组值中的最小值	

（续表）

函数语法	函数功能	说明
MAXIFS(最大值所在区域,区域1,条件1,…)	返回满足多个条件的区域的最大值	取极值条件与以“IFS”结尾的多个函数相同
MINIFS(最小值所在区域,区域1,条件1,…)	返回满足多个条件的区域的最小值	
LARGE(数组,k)	返回数据集中第k个最大值	
SMALL(数组,k)	返回数据集中第k个最小值	

例11-69 请按性别列出成绩最高分。

F3=MAXIFS($C$3:$C$7,$B$3:$B$7,E3)，如图11-93所示。

F3　=MAXIFS($C$3:$C$7,$B$3:$B$7,E3)

	A	B	C	D	E	F
1	MAXIFS函数按性别获取成绩最高分					
2	姓名	性别	成绩		性别	最高分
3	陈燕	女	95		男	96
4	敖若菲	女	76		女	95
5	郑毅	男	85			
6	钟俊豪	男	96			
7	周素银	男	89			

图 11-93　MAXIFS 函数按性别获取成绩最高分

也可以使用MAX函数实现，公式为“=MAX(($B$3:$B$7=F3)*$C$3:$C$7)”。

例11-70 请列出前三名的分数。

F13=LARGE($C$13:$C$17,E13)，如图11-94所示。或者使用数组公式：F13:F15{=LARGE($C$13:$C$17,E13:E15)}。

F13　=LARGE($C$13:$C$17,E13)

	A	B	C	D	E	F
11	LARGE函数取前三名的分数					
12	考号	姓名	成绩		名次	前三名分数
13	202101001	郭宽洋	92		1	99
14	202101002	韩磊	87		2	92
15	202101003	胡文瑞	87		3	87
16	202101004	赖伟	76			
17	202101005	蓝天润	99			

图 11-94　LARGE 函数取前三名的分数

例11-71 某公司规定，所有员工工作满1年可休年假，经理、主管、职员可分别休7、5、3天年假，工龄每增加1年可增加1天年假，请计算员工的年假天数。

D23=MIN(MAX((B23={"经理","主管","职员"})*{7,5,3})+(C23-1),15)。式中，MAX函数根据员工职位获得相应的年假天数，再加上因工龄而增加的年假天数，得到应该享有的年假天数，最后由MIN函数取最小值，得到实际年假天数，如图11-95所示。

D23　=MIN(MAX((B23={"经理","主管","职员"})*{7,5,3})+(C23-1),15)

	A	B	C	D	E	F	G	H
21	MIN+MAX函数计算年假天数							
22	姓名	职位	工龄	年假天数				
23	罗玉华	经理	20	15				
24	吕凤政	主管	4	8				
25	吕鸿杨	职员	7	9				
26	彭成佳	职员	5	7				
27	石烨	职员	13	15				

图 11-95　MIN+MAX 函数计算年假天数

例11-72 新个税实行7级超额累计进税，应纳税所得额分别为“0;36000;144000;300000;420000;660000;960000”，速算扣除数分别为“0;2520;16920;31920;52920;85920;181920”，请计算每人每年应缴纳的个税。

C33{=MAX(B33*$F$33:$F$39-$G$33:$G$39,0)}，如图11-96所示。

C33　{=MAX(B33*$F$33:$F$39-$G$33:$G$39,0)}

	A	B	C	D	E	F	G
31	MAX函数计算超额累计进税						
32	姓名	年应纳税额	应缴个税		应纳税所得额	税率	速算扣除数
33	朱元璋	600000	127080		0	0.03	0
34	徐达	350000	55580		36000	0.10	2520
35	常遇春	265000	36080		144000	0.20	16920
36	刘佰温	168000	16680		300000	0.25	31920
37	陈友谅	75000	4980		420000	0.30	52920
38	朱棣	860000	215080		660000	0.35	85920
39	于谦	36000	1080		960000	0.45	181920

图 11-96　MAX 函数计算超额累计进税

速算扣除数=本级应纳税所得额×(本级税率-上级税率）+上级速算扣除数。

G34=E34*(F34-F33)+G33。

使用LOOKUP函数计算超额累计进税也很方便，公式为“=B33*LOOKUP(B33,$E$33:$E$39,$F$33:$F$39)-LOOKUP(B33,$E$33:$E$39,$G$33:$G$39)”。式中，被减数是根据年应纳税额的最高税率计算出的金额，减数是该年应纳税额达到的速算扣除数。

SUM+TEXT函数计算超额累计进税则很巧妙，数组公式为“{=SUM(--TEXT((B33-$E$33:$E$39)*{0.03;0.07;0.1;0.05;0.05;0.05;0.1},"0.00;!0")),"0.00;!0"))}”。式中，“0.03;0.07;0.1;0.05;0.05;0.05;0.1”为7级税率级差。TEXT函数将负数强制转换为0。

也可以使用“常用公式”来计算。执行“插入函数”|“常用公式”|“个人所得税

（2019-01-01之后）”命令，在“本期应税额”框中引用C33单元格，在“前期累计应税额”和“前期累计扣税”框中都输入“0”，单击“确定”按钮，如图11-97所示。式中的“{0,210,1410,2660,4410,7160,15160}”是按月计算的速算扣除数。

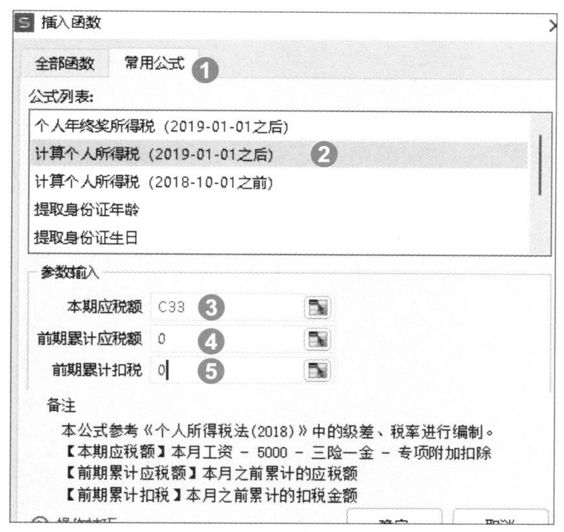

图 11-97　使用 WPS“表格常用公式”功能来计算个税

需要注意的是，该公式用LOOKUP函数来专门计算“年终奖”个税。“财务工具箱”中的“计算个税”命令是按月计算个税的，且其中的“应税工资”是指没有减去起征点5000元的数。

11.7.4　RANK.AVG等3个排位函数

数据的位次可以显示其重要程度。WPS表格有3个用于排位的函数，各有神通。3个排位函数的语法及功能如表11-23所示。

表11-23　3个排位函数的语法及功能

函数语法	函数功能	备注
RANK.AVG (数字,引用, [排位方式])	返回一列数字的数字排位，如果多个数值排位相同，则将返回平均排位	第3个参数为0或省略，则按降序排列；为1，则按升序排列
RANK.EQ (数字,引用, [排位方式])	返回一列数字的数字排位，如果多个数值排位相同，则返回最高排位	
PERCENTRANK (数组,数值, [小组位数])	返回某个数值在一个数据集里的百分比排位	第3个参数如果省略，则保留3位小数

例11-73 请计算每位学生100米成绩的名次。

C3=RANK.AVG(B3,$B$3:$B$7,1)，如图11-98所示。

C3　　fx　=RANK.AVG(B3,$B$3:$B$7,1)

	A	B	C
1	RANK.EQ函数排定名次		
2	姓名	100米成绩	名次
3	阮士忠	14.23	3
4	刘元鹤	14.38	4
5	杜希孟	13.61	1.5
6	周云阳	13.61	1.5
7	郑三娘	15.32	5

图 11-98　RANK.EQ 函数排定名次

11.7.4

例11-74 请计算每位学生实作成绩超越其他人的比率。

C13=PERCENTRANK($B$13:$B$17,B13,4)，如图11-99所示。

C13　　fx　=PERCENTRANK($B$13:$B$17,B13,4)

	A	B	C
11	PERCENTRANK函数计算胜出比率		
12	姓名	实作成绩	超越的比率
13	石双英	98	1
14	玉如意	95	0.75
15	平旺先	92	0.5
16	孙大善	89	0.25
17	龙骏	86	0

图 11-99　PERCENTRANK 函数计算超越其他人的比率

读书笔记

第12章 工作环境、窗口与打印

想要WPS表格得心应手，需要注意结合软件特点和自己的使用习惯优化工作环境，还要能灵活操作视图和窗口以查看数据。此外，要熟悉页面设置和打印的一些技巧。

12.1 界面、环境、组件与模式

12.1.1 设置WPS Office“皮肤”

外观风格可能在视觉上会不知不觉间影响工作心情。WPS Office工作界面的默认外观风格为“清爽”风格，这是可以重新设置的，而且外观风格会应用到WPS Office各组件中。执行“首页”|“稻壳皮肤”命令，在打开的“皮肤中心”对话框中，在“皮肤”标签下，选择自认为赏心悦目的一款皮肤风格（例如“舒适”），如图12-1所示。

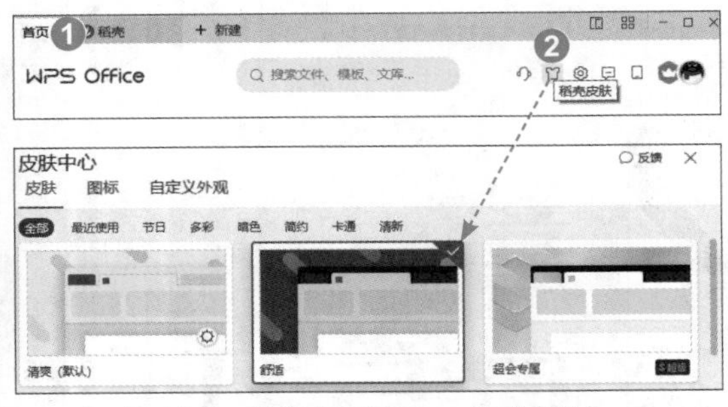

图 12-1　设置 WPS Office 的“皮肤”

12.1.1

12.1.2

12.1.3

在“皮肤中心”对话框中，在“图标”标签下，还可以设置WPS Office的桌面图标和文件图标。

12.1.2 设置工作界面字体字号

WPS Office工作界面的字体字号未必人人喜欢，例如有人希望字号更大一些。工作界面的字体字号是可以自行设置的。执行“首页”|“稻壳皮肤”命令，在打开的“皮肤中心”对话框中，在“自定义外观”标签下，可以设置合适的字体与字号，如图12-2所示。在整合模式下，会应用到WPS Office全部组件中；在多组件模式下，只会应用到WPS Office的各自组件中。

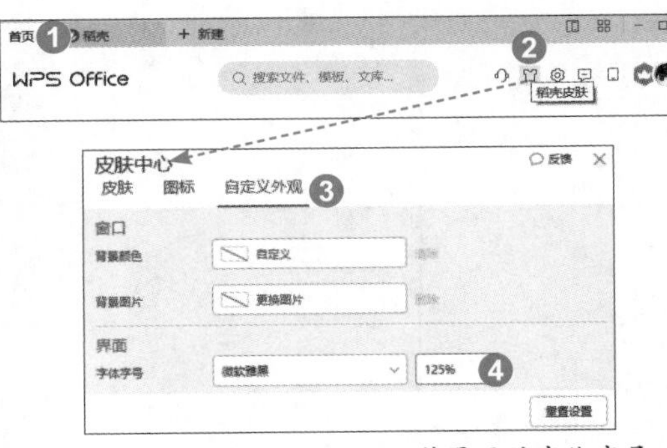

图 12-2　设置 WPS Office 工作界面的字体字号

在“自定义外观”标签下，还可以设置工作窗口的背景颜色和背景图片。如果自定义外观需要恢复默认设置，可以单击“重置设置”按钮。

12.1.3 设置云同步等工作环境

WPS Office可以优化多项工作环境。执行“首页”|“全局设置”|“设置”命令，在打开的“设置中心”界面中，在“工作环境”栏中，可以设置以下方面的工作环境，如图12-3所示。

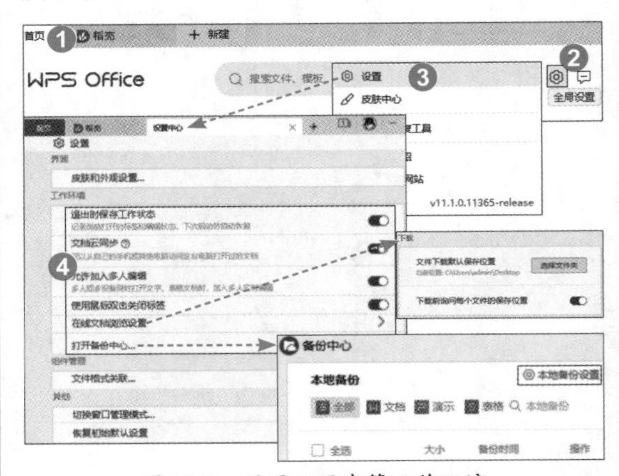

图 12-3　设置云同步等工作环境

一是退出时保存工作状态。选中此项，意味着WPS Office可以记录当前打开的文件标签和编辑状态，下次启动时自动恢复。例如，退出WPS Office时打开了3个文档，再次启动程序时，就会自动打开这3个文档。

二是文档云同步。选中此项，意味着可以

从自己的手机或其他计算机访问这台计算机打开过的文档，实现网上云办公。

三是允许加入多人编辑。选中此项，意味着多人或多设备同时打开文字、表格文档时，加入多人实时编辑，实现网上协同办公。

四是使用鼠标双击关闭标签。选中此项，在WPS Office工作窗口标题栏处双击，可以关闭文档。

五是在线文档浏览设置。单击此项，可以打开“下载”对话框，进而设置“文件下载默认保存位置”和是否“下载前询问每个文件的保存位置”。

六是打开备份中心。单击此项，可以打开“备份中心”对话框，找到备份的文档，单击“本地备份设置”按钮，设置备份方式和时间。

注意事项 在“设置中心”屏幕中，“其他”栏中的“恢复初始默认设置”命令只能对“界面”和“工作环境”两栏起作用。

12.1.4 设置文件格式关联

文件格式关联即文件兼容性，完全可以由用户自主设置。执行“首页”|“全局设置”|“设置”命令，展开“设置”界面。

单击“文件格式关联”按钮，在打开的“WPS Office配置工具”对话框中，已自动选择“兼容设置”标签。如果不需要兼容，就取消勾选“WPS Office兼容第三方系统和软件”复选框；如需要兼容，就继续勾选，并且可以进一步设置兼容的Microsoft Office版本。在WPS Office兼容第三方系统和软件的前提下，可以设置是否以WPS Office打开Microsoft Office文件，当然可以无条件地指定是否以WPS Office打开PDF文档、图片文件、电子书文件、OFD文档。还可以设置是否让WPS Office新建文档保存为Microsoft Office文件格式，如图12-4所示。

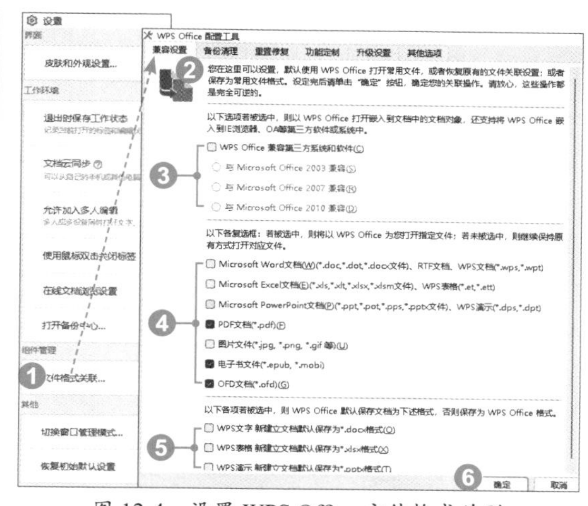

图 12-4 设置 WPS Office 文件格式关联

执行“首页”|“全局设置”|“配置和修复工具”|“高级”命令，或者执行“开始”(任务栏)|“所有应用”|“WPS Office”|“配置工具”|“高级”命令，都能打开“WPS Office配置工具”对话框。

执行“文件”|“选项”|“常规与保存”|“文档保存默认格式”命令，也能设置文件格式关联。

12.1.4

12.1.5 设置WPS Office运行模式

12.1.5

WPS Office默认为整合模式，即WPS文字、WPS表格、WPS演示等多个组件甚至所链接的官方网页都被整合在一个窗口，在桌面上的图标也被整合为一个图标。

可以这样更改为多组件的运行模式：单击Windows 10任务栏中的“开始”按钮，再单击“所有应用”下拉按钮，在下拉菜单中选择“WPS Office新建”选项，单击“配置工具新建”按钮，在打开的“WPS Office综合修复/配置工具”对话框中，单击“高级”按钮。在打开的“WPS Office配置工具”对话框中选择“其他选项”标签，单击“其他选项”标签，单击“切换到旧版的多组件模式”按钮。在打开的“切换窗口管理模式”对话框中，选中“多组件模式”单选按钮，单击“确定”按钮。在返回的“WPS Office配置工具”对话框中，单击“确定”按钮，返回“WPS Office综合修复/配置工具”对话框，单击“退出”按钮，如图12-5所示。

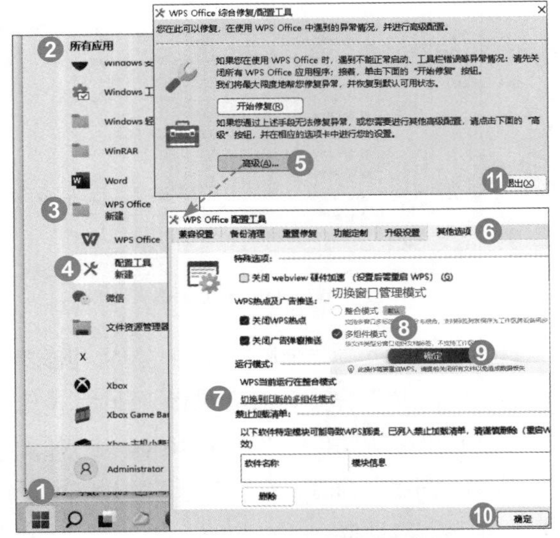

图 12-5　设置 WPS Office 的运行模式

12.2.1

12.2　设置功能区

12.2.1　添加或移除快速访问按钮

在“自定义快速访问工具栏”中可以添加或移除按钮。

1. 勾选或取消勾选内置功能

在“开始”选项卡中单击“自定义快速访问工具栏”下拉按钮，如要添加功能按钮，就在下拉菜单中单击没有勾选的选项（例如“打开”功能）；如要移除功能按钮，就在下拉菜单中单击勾选的选项（例如“保存”功能），如图12-6所示。

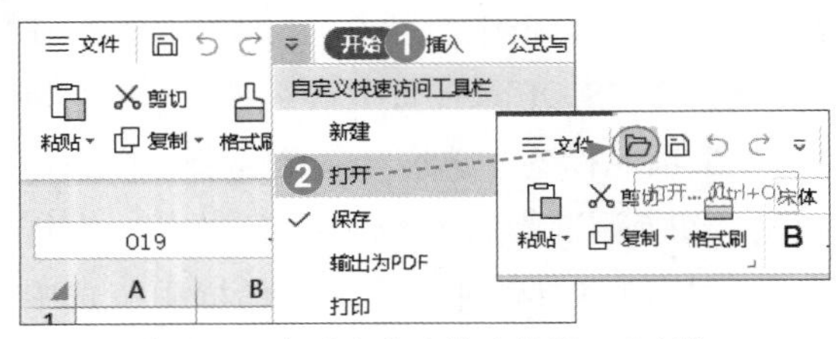

图 12-6　在“自定义快速访问工具栏”勾选内置的“打开”功能

2. 添加/删除其他命令

在“开始”选项卡中单击“自定义快速访问工具栏”下拉按钮，在下拉菜单中选择“其他命令”选项，在打开的“选项”对话框中，已自动在左框列表中选择“快速访问工具栏”选项。如要添加其他命令，就在“常用命令”列表中选择需要的功能（例如“照相机”），单击“添加”按钮。如要删除其他命令，就在“当前显示的选项”列表中选择不需要的功能，单击“删除”按钮。最后单击“确定”按钮，如图12-7所示。

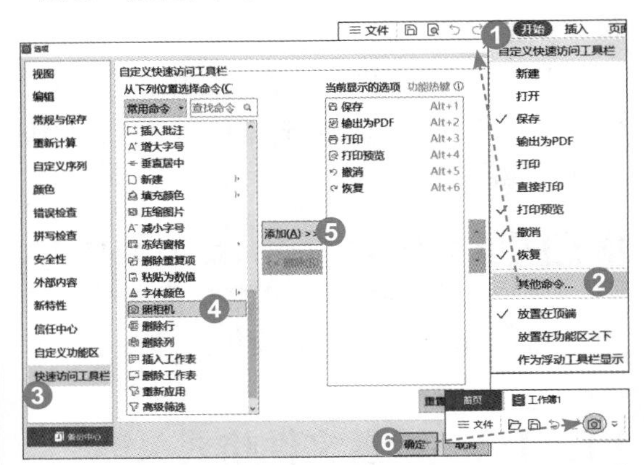

图 12-7　添加“照相机”到“自定义快速访问工具栏”

3. 利用右键快捷菜单移除按钮

需要移除某项功能按钮时，可在其右键快捷菜单中执行“从快速访问工具栏删除”命令，如图12-8所示。

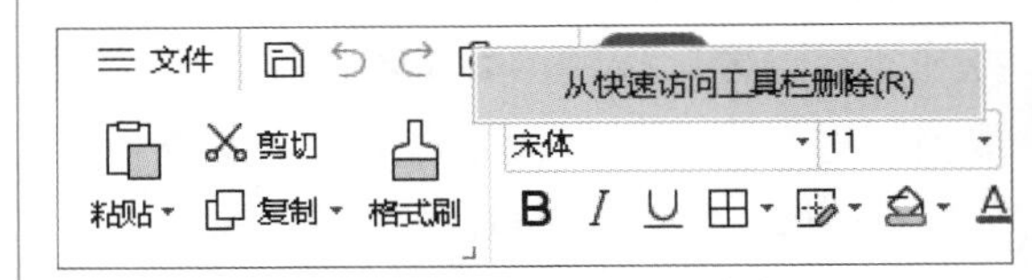

图 12-8　利用右键快捷菜单移除“自定义快速访问工具栏”中的按钮

“自定义快速访问工具栏”始终默认放置在顶端，可以在“自定义快速访问工具栏”下拉列表中选择“放置在功能区之下”或“作为浮动工具栏显示”选项。

12.2.2 新建或删除选项卡或组

执行“自定义快速访问工具栏”（下拉按钮）|“其他命令”命令，或者执行“文件”|“选项”命令，都可以进入“选项”对话框。

在“选项”对话框中，在左框列表中选择“自定义功能区”选项。选择要在其下面位置创建选项卡或组的某选项卡（例如“开始”选项卡）或组，单击“新建选项卡”或“新建组”按钮；如要删除某自定义选项卡（例如“新建选项卡”）或组，就选择该选项卡或组，单击“删除”按钮。最后单击“确定”按钮，如图12-9所示。选择某选项卡、组或命令，可以对其进行“重命名”。

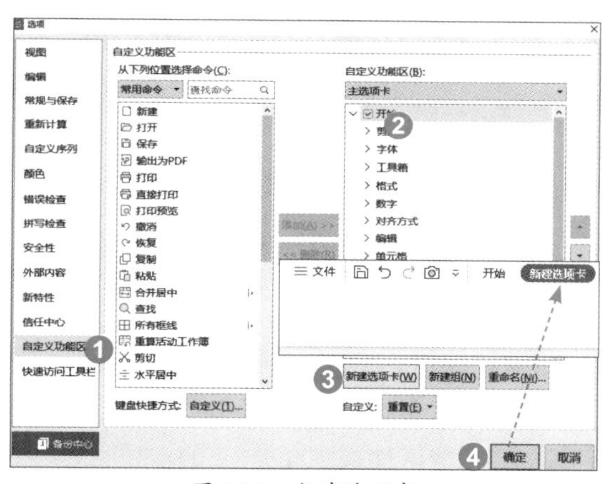

图 12-9 新建选项卡

在功能区添加或删除命令需要借助“选项”对话框，这一点与在“自定义快速访问工具栏”添加、删除命令类似。操作过程为：进入“选项”对话框后，在左框列表中选择“自定义功能区”选项。选择要对其添加命令的选项卡或组，在“从下列位置选择命令”框中的下拉列表中选择需要添加的命令（例如“插入”命令），单击“添加”命令；如要删除某选项卡某组中的某项命令，就选择该命令，单击“删除”按钮。最后单击“确定”按钮。

在“自定义功能区”列表中选择要调整次序的选项卡、组或命令，单击最右侧的上移按钮▲或下移按钮▼，即可调整选项卡、组或命令的次序。

12.2.3 自定义功能快捷键

用户可以为自己常用的功能设置快捷键，以提高工作效率。

例12-1 请为退出工作簿操作设置快捷键Ctrl+Q。

进入“选项”对话框后，在左框列表中选择“自定义功能区”选项，在中框下面单击“键盘快捷方式”的“自定义”按钮，在打开的“自定义键盘”对话框中，在“类别”框列表中选择“文件菜单”选项，在右侧“命令”框列表中选择“退出”选项，将光标放在“请按新快捷键”框中，按下Ctrl+Q组合键，单击“指定”按钮。如果已设置有快捷键，请在“当前快捷键”框列表中选择之，并单击“删除”按钮；如果要重置所有快捷键，需单击“全部重设”按钮。单击“关闭”按钮。在返回到的“选项”对话框中，单击“确定”按钮，如图12-10所示。

12.2.2

12.2.3

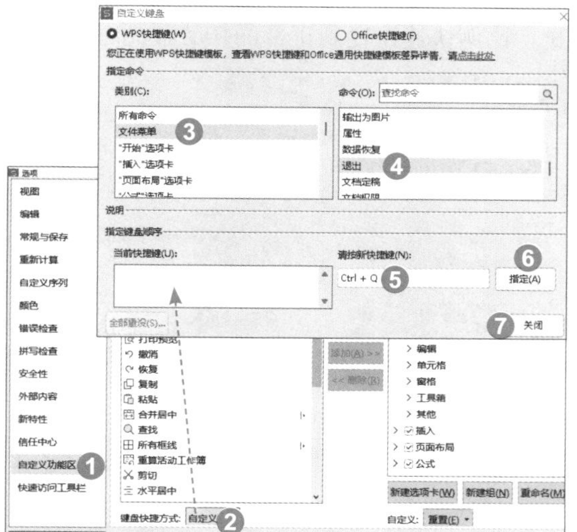

图 12-10 为“退出”工作簿设置快捷键

如果新建（添加）或移除了选项卡、组或命令，或者调整了次序，可以通过“重置”按钮一键恢复。

12.3 查看数据表内容

12.3.1 自由调节显示比例

有时数据表内容较多，字体较小，查看困难。有时表格较大，频繁拖动滚动条一览全局很麻烦。遇到这两种情况，如果不想通过格式设置（字体字号、行高列宽等）来解决问题，最好的办法就是调整显示比例。调整显示比例有3种方法。

一是在功能区设置。执行“视图”|“显示比例”命令，在“显示比例”对话框中，可以很方便地选择缩放比例或自定义比例（10%～400%）。

二是在状态栏设置。单击状态栏右侧的“100%”下拉按钮，弹出的“缩放”列表的选项与“显示比例”对话框中的选项完全相同。状态栏上的“缩小”按钮“－”和“放大”按钮“＋”能够进行缩小或放大的微调，“缩放”滑块 能够进行“无极缩放”。

12.3.1

12.3.2

这两种方法如图12-11所示。功能区中的“100%”按钮和状态栏中的短竖线，能让显示比例快速恢复到正常的100%大小。

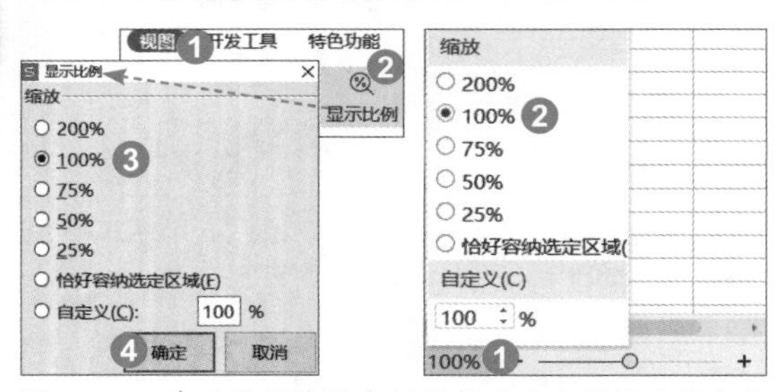

图 12-11 在功能区和状态栏调整显示比例的两种方法

选定区域后，依次单击“视图”“显示比例”“恰好容纳选定区域”“确定”，可以让指定区域全屏显示（最大化显示），呈现类似于放大镜的效果，如图12-12所示。

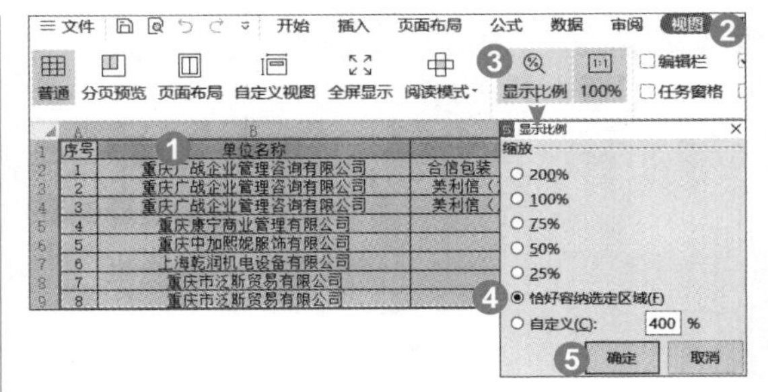

图 12-12 让指定区域全屏显示

三是利用快捷键设置。按住Ctrl键并滚动鼠标滚轮，可以快速缩放工作区，这样可以省去选择命令的操作。

在工作窗口标题栏的空白处双击，可以将最大化窗口快速还原，或者将小窗口快速最大化。

12.3.2 灵活控制功能区的显示

功能区面板上的大量命令按选项卡分类，直观便用，但也让用户的操作区域相对变小。为了扩大工作区，可以考虑临时隐藏功能区。临时隐藏功能区后，可以重新固定功能区。

1. 隐藏功能区

单击功能区面板右侧的“隐藏功能区”按钮 ，功能区面板（此处不包括选项卡）就会隐藏起来，如图12-13所示。

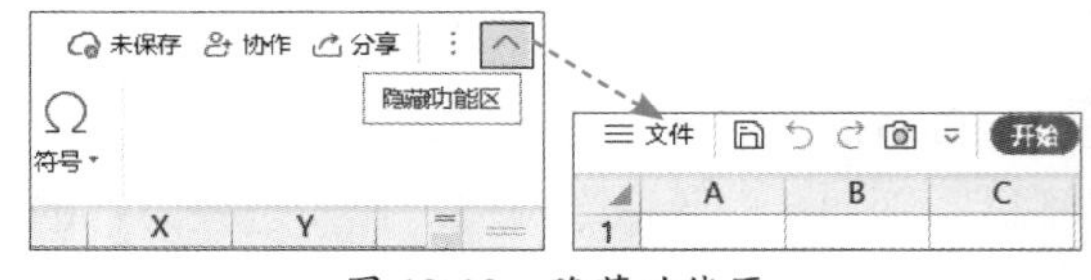

图 12-13 隐藏功能区

此时要执行功能区中的命令，只需要单击某一选项卡即可，此时功能区会临时显示，且会遮住工作区的前几行，如图12-14所示。

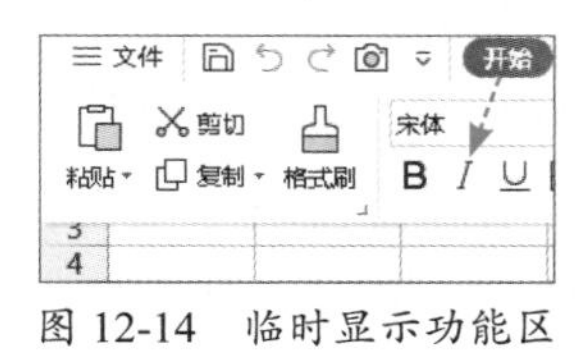

图 12-14 临时显示功能区

如果在功能区面板隐藏的情况下，不想通过单击某一选项卡以临时显示功能区面板，可以单击功能区右侧的“更多操作”按钮 ⋮，在下拉列表中选择“功能区收起时自动显示/隐藏”选项，如图12-15所示。此处还可以设置“功能区按钮居中排列”“显示经典菜单按钮”。

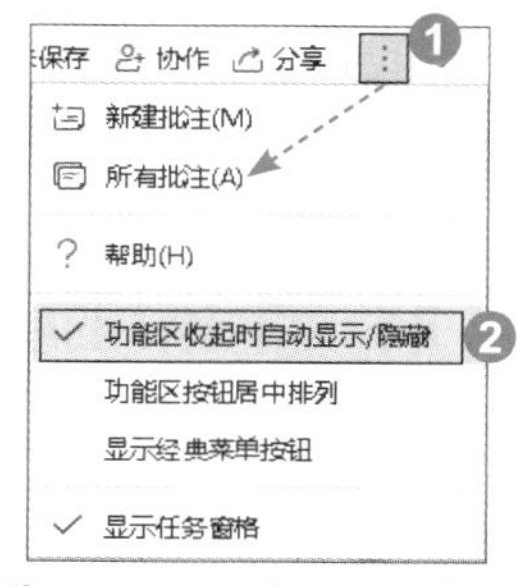

图 12-15　临时显示功能区

2. 重新固定功能区

重新固定功能区有3种方法：一是双击任一选项卡。二是在临时显示功能区的情况下，单击右侧的“固定功能区”按钮 。三是在未临时显示功能区的情况下，单击右侧的“显示功能区”按钮 ，如图12-16所示。

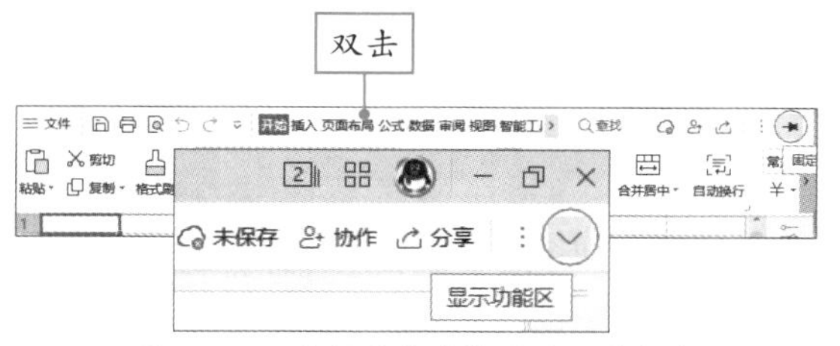

图 12-16　重新固定功能区的 3 种方法

12.3.3　快速切换到全屏视图

有时候需要将功能区、状态栏都隐藏起来，最大程度地显示工作区域。有两种方法，一种是在功能区设置，在“视图”选项卡中单击“全屏显示”按钮，就能以全屏方式查看工作表数据，如图12-17所示。另一种是在“视图”选项卡取消勾选“编辑栏”“任务窗格”“显示行号列标”复选框，还能进一步扩大显示工作区域，真正意义上实现工作区域的最大化。

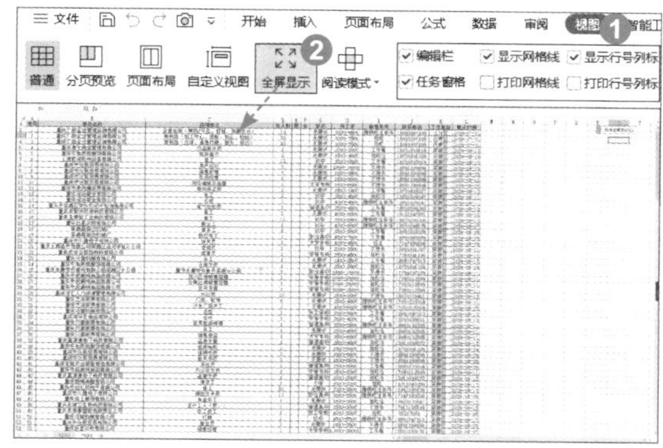

图 12-17　在功能区设置全屏显示

依次按Alt、V、U键，就能以全屏方式查看工作表数据。

按Esc键，或者在工作区右上角单击“关闭全屏显示”按钮 关闭全屏显示(C)，都可以退出全屏视图。

12.3.4　新建窗口且并排比较

如果需要同时查看一个行数较多的数据表的不同区域，或者同时查看一个工作簿中的不同工作表，就需要为当前工作簿创建新的窗口。执行“视图”|“新建窗口”命令，就会为当前工作簿创建一个新的窗口。在窗口标题栏中，每个窗口文件名后都会附加“：1”“：2”字样以示区分，如图12-18所示。

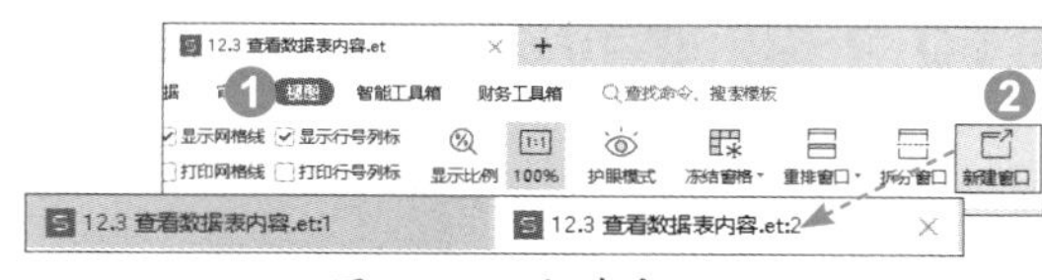

图 12-18　新建窗口

新建窗口后，可以使用“并排比较”功能比较位于两个窗口中的内容，每个窗口都可以选择工作表。

激活一个窗口，依次选择“视图”“并排比较”命令，将显示左右并排的两个窗口，如图12-19所示。

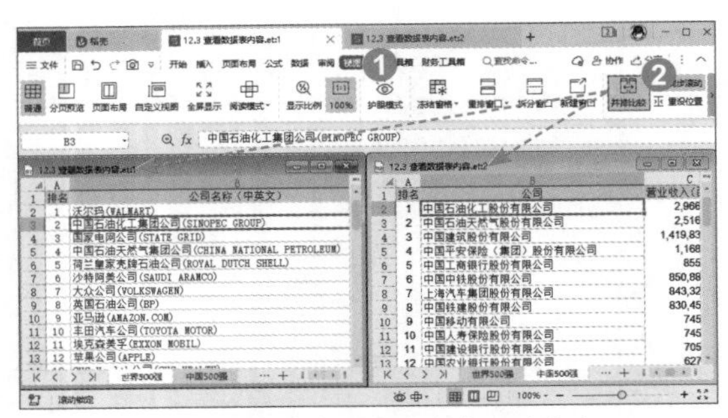

图 12-19　并排比较两个窗口的内容

“并排比较”前，如果打开了2个以上的窗口，单击“并排比较”按钮时，就会打开一个对话框，用于选择要比较的窗口。

使用“并排比较”功能时，在其中一个窗口中滚动浏览，会导致另外一个窗口中的内容同步滚动。如果不想使用同步滚动功能，需执行“视图”|“同步滚动”（可以用于切换）命令。要关闭并排浏览，则只需要再次执行“视图”|“并排比较”命令。

如果已经重新排列或移动了窗口，则需要执行“视图”|“重设位置”命令，以将各窗口还原为初始的左右并排方式。

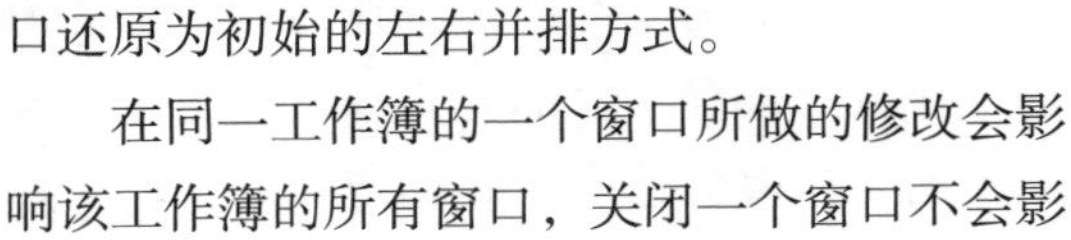

在同一工作簿的一个窗口所做的修改会影响该工作簿的所有窗口，关闭一个窗口不会影响另外一个窗口。

12.3.5

12.3.6

12.3.7

12.3.5　重排窗口的排列方式

当存在多个窗口（一个工作表的不同部分、一个工作簿的几个工作表、几个工作簿）时，可以将这些窗口以一定方式排列起来，以便查看。

执行“视图”|“重排窗口”命令，在下拉列表选择一种排列方式。当有三四个窗口时，窗口的3种排列方式如图12-20所示。当窗口数多于3个时，选择“水平平铺”选项时，屏幕会左右再分栏，选择“垂直平铺”选项时，屏幕会上下再分栏；窗口数为4或5个时，“水平平铺”选项与“垂直平铺”选项没有区别。

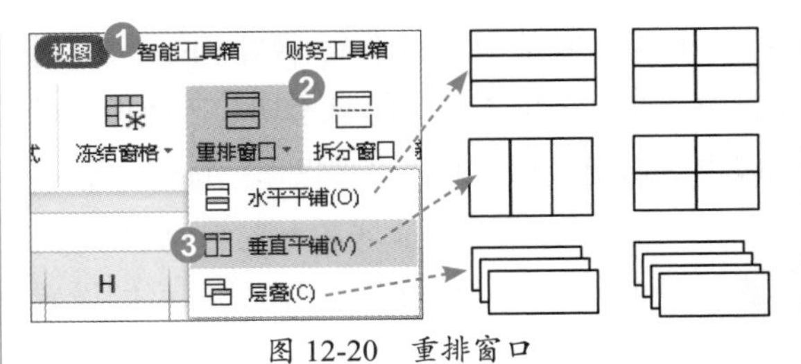

图 12-20　重排窗口

在任一窗口右上角单击“最大化”按钮，可以退出“重排窗口”界面。

12.3.6　将一个窗口拆分成窗格

当一个数据表又长又宽、又要远距离查看数据、还不希望打开多个窗口时，可以将一个窗口拆分为多个窗格。选中单元格（WPS表格将从活动单元格的左上角处进行拆分），执行“视图”|“拆分窗口”命令，可以将当前工作区拆分为2个或4个单独的窗格，以查看数据表的多个部分。如果光标位于第1行或A列，则可拆分为2个窗格；否则，将拆分为4个窗格，如图12-21所示。

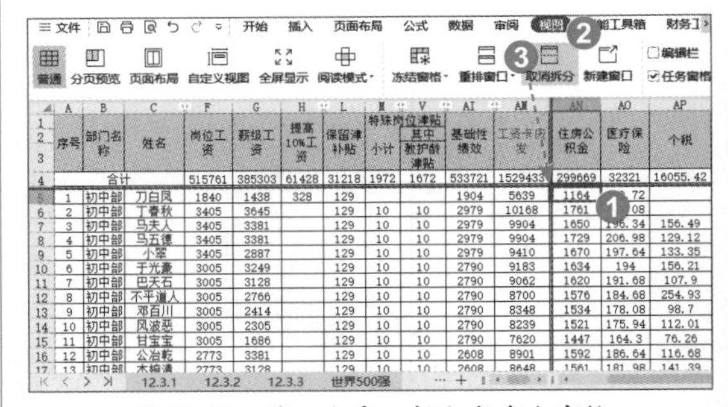

图 12-21　将一个窗口拆分成多个窗格

可以使用鼠标拖动分隔线来调整窗格的大小。通过拖动水平滚动条或垂直滚动条，可以在一个窗口中查看数据表中的上下或左右分隔很远的区域中的数据。

要撤销已拆分的窗格，执行“视图”|“取消拆分”命令即可。

12.3.7　冻结窗口以始终显示标题

当数据表又长又宽时，向下或向右滚动

内容，可能会“淹没”行标题或列标题。这样，所查看内容就会失去指示性，信息就会混乱。解决此问题的简单方法就是冻结窗格，将行标题或列标题固定下来，不让滚动条对其起作用。当然，“冻结窗格”功能也能实现远距离比较数据。

将光标定位到需要保持可见行的下一行与需要保持可见列的右一列的交叉处，执行“视图”|“冻结窗格”命令，并从下拉列表中选择“冻结至第×行×列”“冻结至第×行”或“冻结至第×列”选项，WPS表格将插入贯穿工作区的彩色线以指示冻结活动单元格左侧的列或上边的行，如图12-22所示。滚动时，被冻结的行和列保持可见。

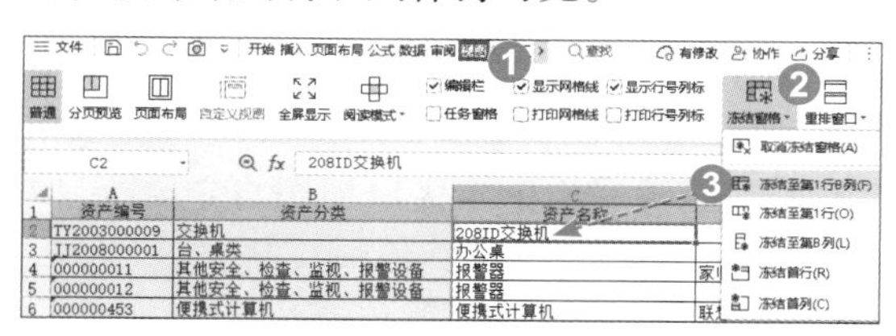

图 12-22　冻结窗口

在大多数情况下，需要冻结第一行或第一列，就选择“冻结首行”或“冻结首列”选项。使用这两个命令，不需要在冻结之前用光标定位。

要删除冻结窗格，只需要执行“视图”|“冻结窗格”命令，并从下拉列表中选择“取消冻结窗格”选项即可。

把数据表设置为智能“表格”，光标放置于“表格”中，当向下滚动时，WPS表格会始终在列标处显示“表格”列标题。

12.3.8　自由转换4类页面视图

WPS表格有4类视图可供查看数据表内容和显示打印输出效果，只需要在“视图”选项卡选择需要的命令即可。各类视图都可以随意缩放。

1.“普通”视图

执行“视图”|“普通”命令，进入“普通”视图，这是数据表的默认视图。打印预览，或以分页预览、页面布局两种视图方式查看过数据表后，都会显示虚线状的自动分页符。自动分页符会随着页面方向改变、行列增减和行列高宽度变化而自动调整，如图12-23所示。

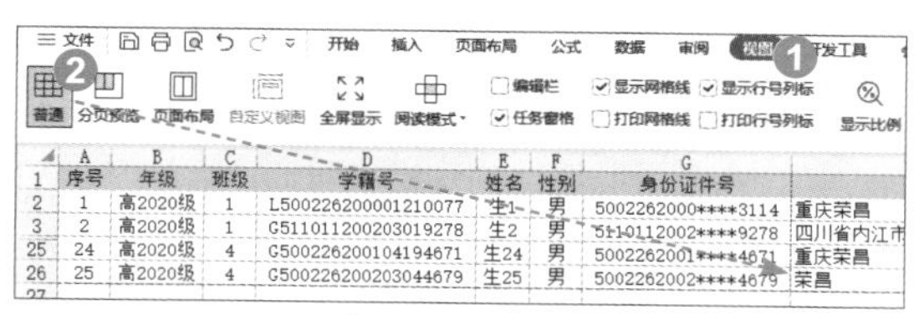

图 12-23　“普通”视图中的自动分页符

执行“页面布局”|“插入分页符”|“插入分页符”命令，可在活动单元格的左上角插入实线状的手动分页符。手动分页符不会随着页面方向改变、行列增减和行列高宽度变化而自动调整，如图12-24所示。

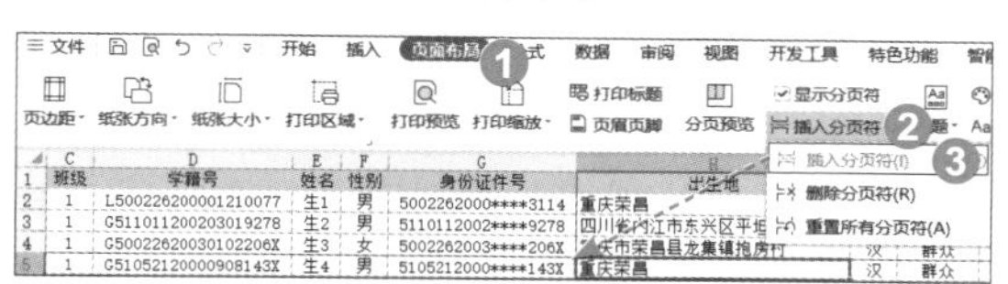

图 12-24　在“普通”视图中插入手动分页符

12.3.8

2.“分页预览”视图

执行“视图”|“分页预览”命令，进入“分页预览”视图，该视图有覆盖于页面上的页码，非打印区域会呈现为灰色背景。可以手动插入分页符。无论自动分页符还是手动分页符，都可以拖动分页线调整页面大小，调整后的分页符为蓝色粗实线，如图12-25所示。

图 12-25　“分页预览”视图

3.“页面布局”视图

执行“视图”|“页面布局”命令，进入“页面布局”视图，该视图是打印前的预览视图。在行号的页边距标志处，拖动垂直双向箭头↕可以调整页面上下边距；在列标的页边距标志处，拖动水平双向箭头↔可以调整页面左右边距。光标在页面上下端呈现时，单击可以隐藏上下页边距；光标在页面左右端呈现时，单击可以隐藏左右页边距，如图12-26所示。在“页面布局”视图中，单击“添加页眉”按钮，会自动打开“页面设置”对话框，且自动选中“页眉/页脚”标签。

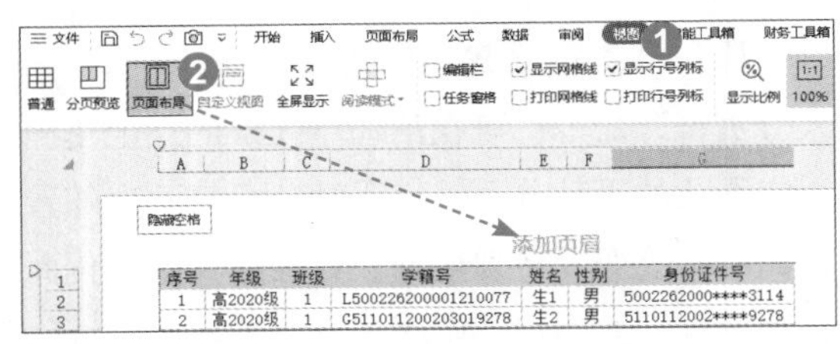

图 12-26 “页面布局”视图

4.“自定义视图”

当想要保留排序、筛选、页面方向等结果或展示特定区域时，可以自定义视图，以便之后返回该页面视图。

例12-2 如何在“有效分情况分析表”中，既展示全表，又分重本、本科、专科三个段次展示数据？

想要实现这种愿望的较好方法是自定义视图。

（1）创建全表视图。

创建全表视图的目的是在切换到自定义的区域视图之后，能够顺利切换回到默认的整个表的视图。

在当前工作表单击“视图”选项卡，再单击“自定义视图”按钮，在打开的“视图管理器”对话框中单击“添加”按钮，在打开的“添加视图”对话框的“名称”框中输入“0全表”（输入“0”，是为了在今后调用时，可以通过数字键盘方便地选择视图），单击“确定”按钮，如图12-27所示。

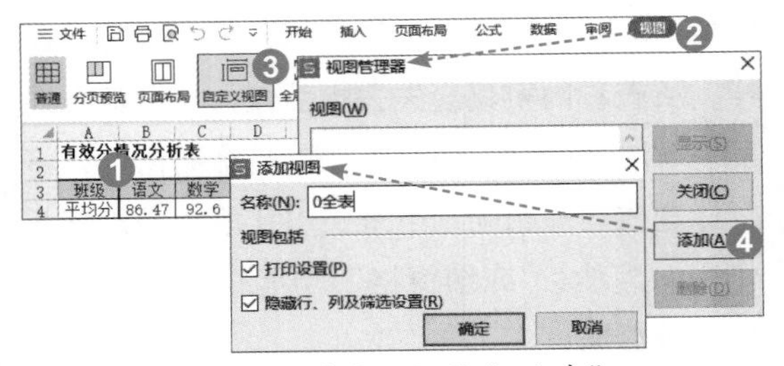

图 12-27 自定义视图“0 全表”

（2）创建区域视图。

创建各个区域视图的目的是在展示过程中顺利切换，分块展示。

在列标上选择无须显示的L:AE列，在右键快捷菜单中执行“隐藏”命令，选中整个“重本”区域，单击“视图”选项卡中的“显示比例”按钮，在打开的“显示比例”对话框中，选择“恰好容纳选定区域”选项。单击“重本”区域外的任意单元格，以取消选中“重本”区域。将重本区域视图自定义为“1重本”。

同理，将本科区域和专科区域视图分别自定义为“2本科”“3专科”。

（3）展示自定义视图。

在展示过程中，可以在“视图管理器”对话框中选择要显示的视图，再单击“显示”按钮。重复这样的操作，可以显示不同的视图。

使用键盘快捷键展示自定义视图，会更加高效。按键顺序为Alt、W、C、数字、Enter键。

按Alt键，将显示功能区选项卡的快捷键字母。其中，“视图”选项卡为W键。

按W键，将显示“视图”选项卡内部各按钮的快捷键字母。其中，“自定义视图”命令为C键。

按C键，会调出“视图管理器”对话框。在“视图管理器”对话框中，单击视图名称前的数字，选中要显示的视图。例如，按2键，以选中本科区域的自定义视图。

按Enter键，相当于单击“显示”按钮，就会显示相应视图，如图12-28所示。

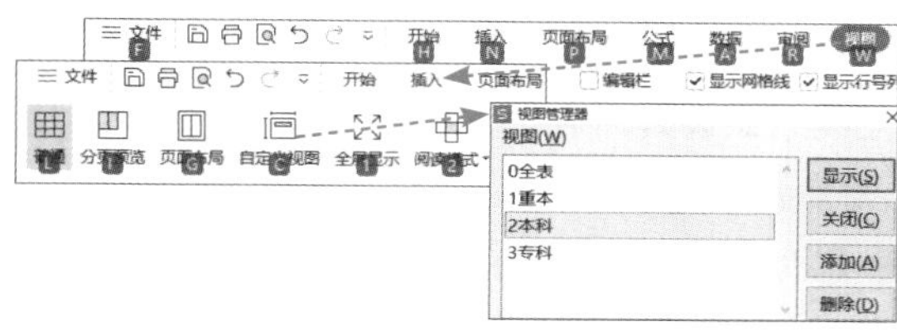

图 12-28　展示自定义视图

12.3.9　对数据表数据进行分组

当数据表太大，查看不方便时，可以进行分组。选中同一系列的数据（留一列），选择“数据”|“创建组”命令，如图12-29所示。

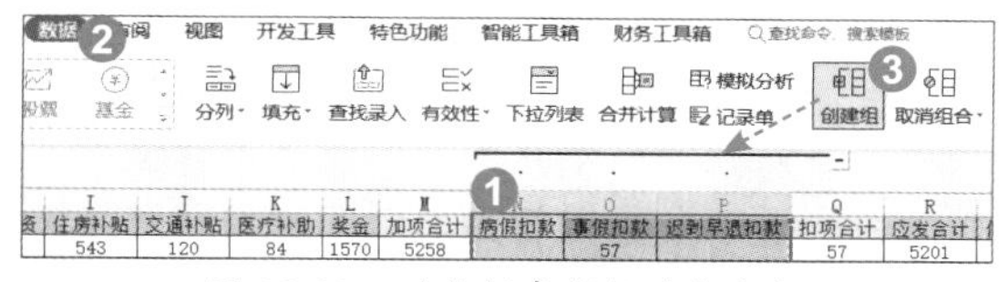

图 12-29　对数据表数据进行分组

之后，单击各组的“-”“+”符号，就可以隐藏或显示行列，以方便查看或编辑。

12.3.10　利用名称框查看内容

如果定义了区域名称，就可以在编辑栏的名称框的下拉列表中选择名称查看相应的内容，如图12-30所示。

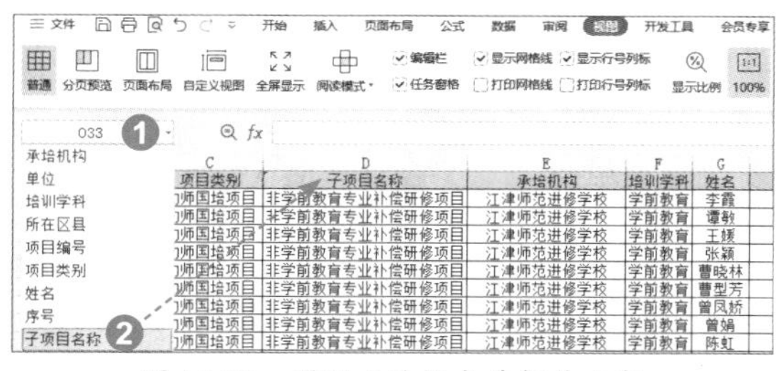

图 12-30　利用名称框查看相关内容

此外，查看数据表内容还有一些小技巧。例如，状态栏“阅读模式”可以从行和列两个方向定位活动单元格及区域，并可以选择一种颜色进行突出显示，有聚光灯效果，起到防止看错行或列数据的效果。又如，双击单元格边线可以快速移动光标到数据表的首尾。再如，按PageUp键向上翻页，按PageDown键向下翻页，使用Alt+PageUp组合键向左翻页，使用Alt+PageDown组合键向右翻页，但组合键可能会因键盘启用了夜光模式而“失灵”。

12.4　页面设置和打印

12.4.1　设置页边距

页边距既关系着页面的美观程度，又关系着每页显示和打印内容的多少，设置页边距的操作比较频繁，需要熟悉设置方法。页边距有4种设置方法。

1. 在功能区中设置

执行“页面布局”|“页边距”命令，在下拉列表中，“预设”有“常规”“窄”“宽”3项，“自定义设置”有“已保存的设置”1项，这4项可以直接使用。还可以选择“自定义页边距”选项，在打开的“页面设置”对话框中进行设置。

2. 在“页面设置”对话框中设置

在“页面布局”选项卡中，单击“页面布局”对话框启动器。在打开的“页面设置”对话框中单击“页边距”标签，修改“上”“下”“左”“右”文本框中的值。请注意“页眉”“页脚”值要分别小于或等于页面上下边距值，否则，“页眉”“页脚”可能占据数据表内容区域。单击“保存并替换自定义设置”（初次保存时为“保存自定义设置”）按钮，还可以在“居中方式”栏中设置页面的“水平”“垂直”的居中方式。前两种方法如图12-31所示。

12.3.9

12.3.10

12.4.1

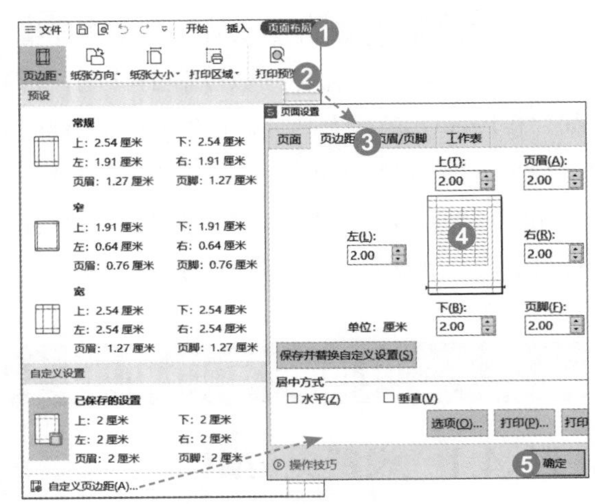

图 12-31　在功能区和“页面设置”对话框中设置页边距

3. 在“页面布局”视图中设置

进入“页面布局”视图后，在行号的页边距标志处，拖动垂直双向箭头，可以直观地调整页面上下边距；在列标的页边距标志处，拖动水平双向箭头，可以直观地调整页面左右边距，如图12-32所示。

12.4.2

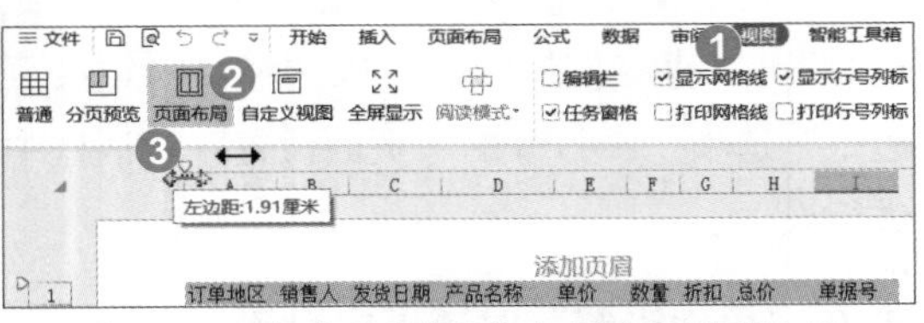

图 12-32　在“页面布局”视图中设置页边距

4. 在“打印预览”界面中设置

在“页面布局”选项卡中单击“打印预览”按钮，在打开的“打印预览”界面中单击“页边距”标签，会显示页边距线和页眉页脚线。拖动页边距线和页眉页脚线，就可以进行直观地调整，还能直观地调整各列的宽度，如图12-33所示。

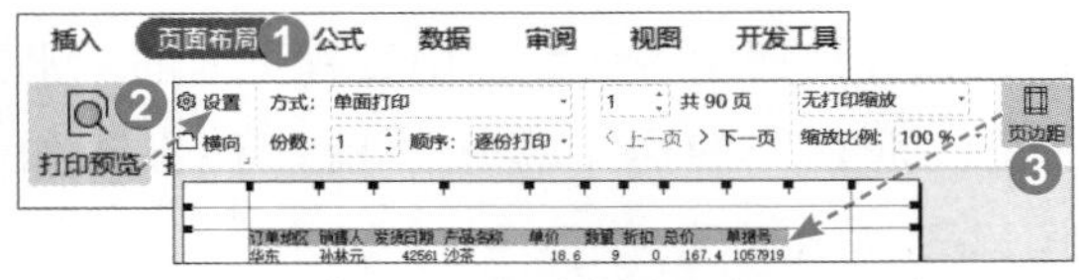

图 12-33　在“打印预览”界面中设置页边距

选中已进行页面设置和拟进行页面设置的工作表，打开“页面布局”对话框后，直接关闭“页面布局”对话框，就可以在工作表之间复制页面设置内容。

12.4.2　设置页眉页脚

页眉、页脚是分别出现在每个打印页面顶部、底部的内容，是数据表的辅助信息。在默认情况下，新工作簿不包含页眉或页脚内容。WPS表格中的页眉页脚设置都是在“页面设置”对话框中进行的。有4种方式可以直达“页面设置”对话框中的“页眉/页脚”标签。

一是执行“页面布局”|“页眉页脚”命令。

二是执行“插入”|“页眉页脚”命令。

三是执行“页面布局”|“打印预览”|“页眉页脚”命令。

四是在“页面布局”视图中单击“添加页眉”命令。

在“页面设置”对话框中的“页眉/页脚”标签下，单击“页眉”或“页脚”下拉按钮，可以在下拉列表中选择一种预定义的样式进行设置，同时可以进行“奇偶页不同”“首页不同”等设置。还可以单击“自定义页眉”或“自定义页脚”按钮，然后在打开的“页眉”或“页脚”对话框中自定义页眉、页脚；设置框有左、中、右3个框，要先选择页眉、页脚位置，然后再插入需要的页码、日期等信息；对于文本或图片，可以设置格式，如图12-34所示。

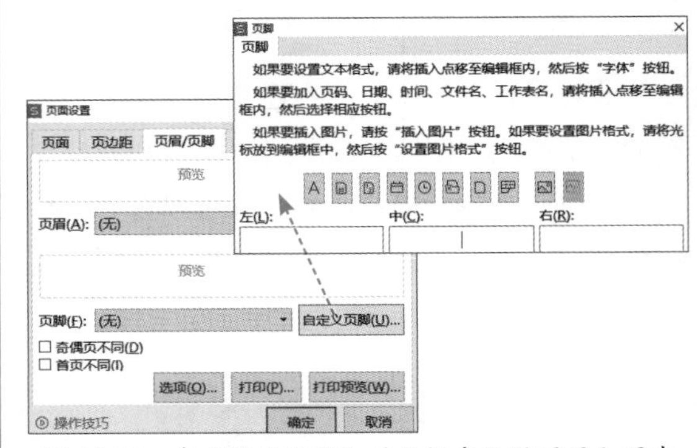

图 12-34　在“页面设置”对话框中设置页眉和页脚

12.4.3 设置每页都打印标题

为了让长表便于阅读，最好每个页面都留有标题。这需要设置每页打印标题，否则只会在首页打印标题。标题包括顶端标题和左侧标题。纵向表一般打印顶端标题行，横向表可能还要打印左侧标题列。

执行“页面布局”|“打印标题”命令，在“页面设置”对话框中，在“顶端标题行”和“左侧标题行”框中引用要始终打印的标题行和标题列，行、列都是整行整列，如图12-35所示。在“页面布局”对话框中，还可以设置是否打印“网格线”“行号列标”，或是否“单色打印”。

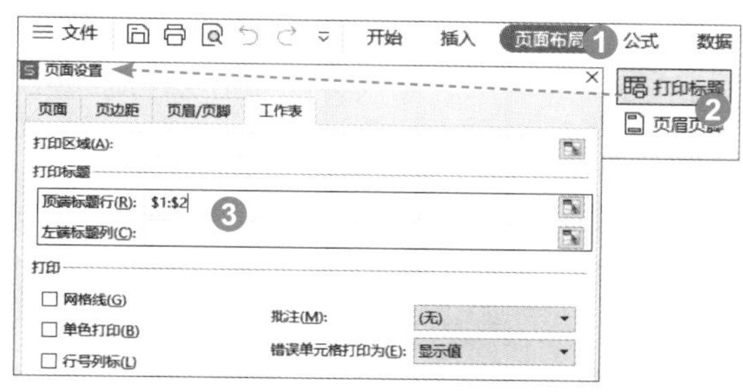

图 12-35 设置每页打印标题

12.4.4 设置只打印部分区域

有时只需要打印数据表的部分区域，这时就要设置只打印部分区域。有3种设置方法。

1. 在功能区中设置

选中要打印的区域，执行“页面布局”|“打印区域”|“设置打印区域”命令，如图12-36所示。要取消打印区域，执行“页面布局”|“打印区域”|“取消打印区域”命令即可。

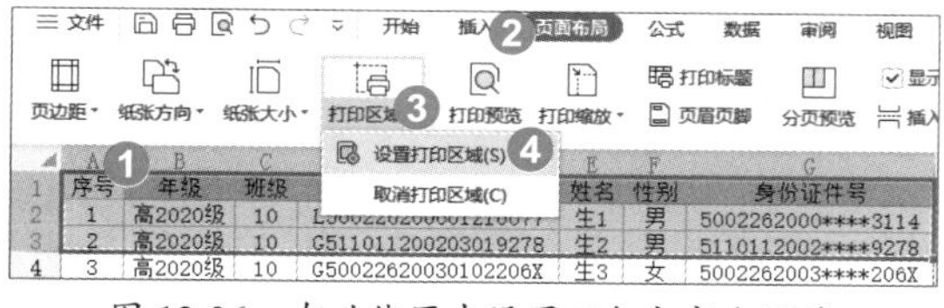

图 12-36 在功能区中设置只打印部分区域

2. 在“页面布局”对话框中设置

执行“页面布局”|“打印标题”命令，在打开的“页面设置”对话框中，在“打印区域”框中引用要打印的区域，如图12-37所示。要取消打印区域，删除该引用即可。

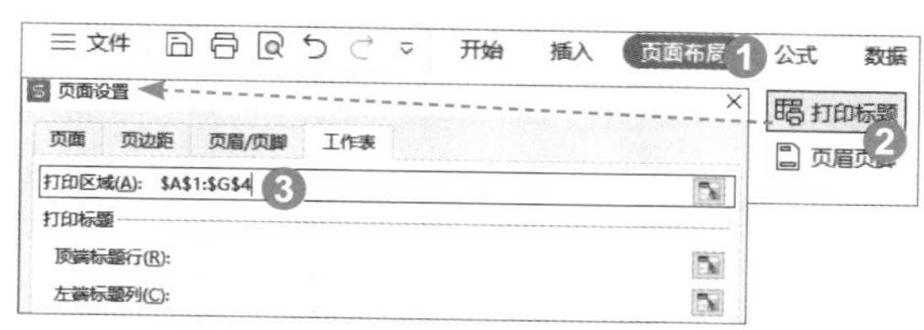

图 12-37 在“页面布局”对话框中设置只打印部分区域

通过前两种方法设置后，打印预览时，只会显示要打印的区域。

3. 在“打印”对话框中设置

选中要打印的区域，在“自定义快速访问工具栏”中单击“打印”按钮。在打开的“打印”对话框中的“打印内容”栏中选中“选定区域”单选按钮，如图12-38所示。执行“文件”|“打印”命令，或者执行“页面布局”|“打印预览”|“打印”命令，都能打开“打印”对话框。

12.4.3

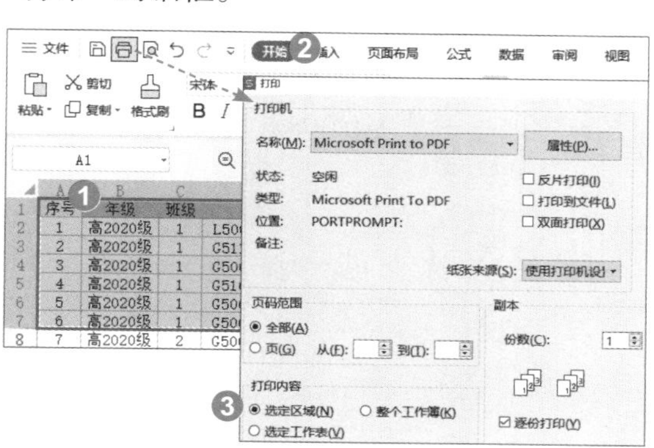

图 12-38 在“打印”对话框中设置只打印部分区域

在“打印”对话框中设置只打印部分区域，属于现选现用，可以避免忘记设置了只打印部分区域的后顾之忧。

12.4.5 设置页面方向和缩放

有时需要兼顾纸张大小、内容排列方式和阅读需要，而对数据表设置页面方向或进行缩放打印。有3种设置方法。

1. 在“页面设置”对话框中设置

打开“页面设置”对话框，选择“页面”标签，在“方向”栏中，可以设置页面为“纵向”或“横向”。如果此设置不能满足要求，则继续在“页面”标签下，在“缩放”栏中进行打印缩放设置。其中，选择“将整个工作表打印在一页”选项是同时从行和列两个方向进行页面压缩，选择“将所有列打印在一页”选项是从列方向进行页面压缩，选择“将所有行打印在一页”选项是从行方向进行页面压缩，如图12-39所示。

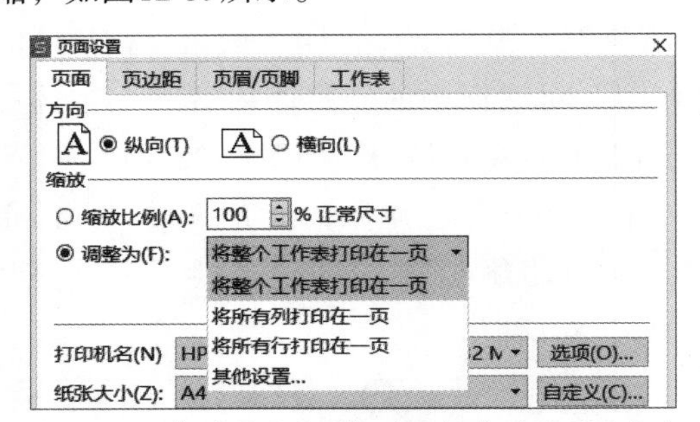

图 12-39　在“页面设置”对话框中设置页面方向和打印缩放

2. 在“打印预览”界面中设置

进入“打印预览”界面，可以直观地进行页面方向和打印缩放的设置，如图12-40所示。

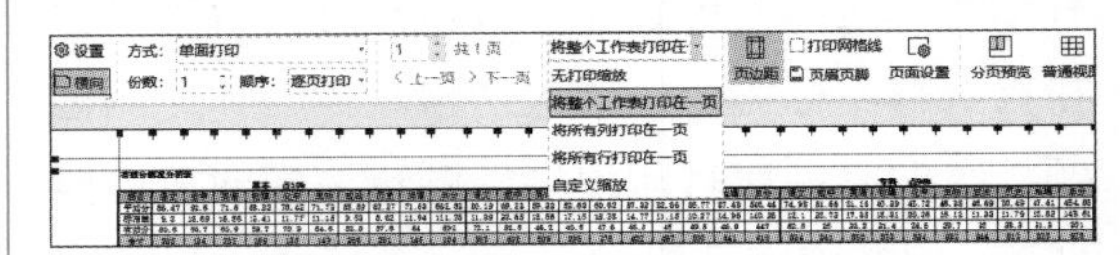

图 12-40　在“打印预览”界面中设置页面方向和打印缩放

3. 在功能区中设置

执行“页面布局”|“打印缩放”命令，可以在下拉菜单中勾选一项，或者进行缩放比例的设置，但不能直接设置页面方向。选择“自定义缩放”选项，可以打开“页面设置”对话框，如图12-41所示。

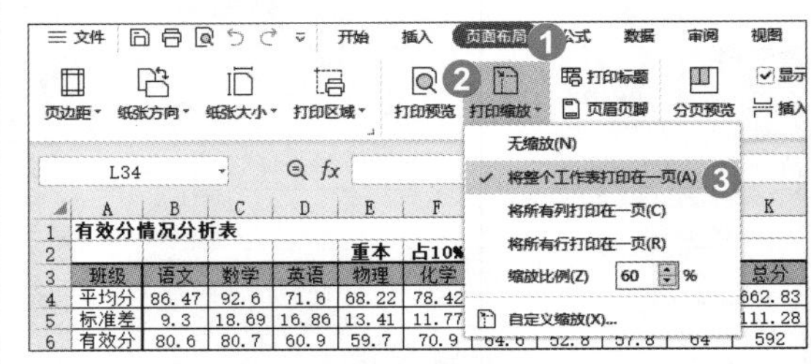

图 12-41　在功能区中设置打印缩放

第13章 在手机上玩转WPS表格

计算机屏幕宽大，有鼠标、键盘协同工作，操作方便。而手机移动性好，更适合移动办公的需要。用手机办公，必须适应在触摸屏幕上点击、短按、滑动的使用特点。在计算机端操作表格的经验，有一些是可以迁移到手机端的，例如撤销和恢复的操作。

在手机上适宜进行一些比较简单的操作，例如填报在线文档，要注意找到入口或按钮。智能手机品牌型号不同，导航方式和操作界面可能不同。本章将以使用华为Mate 20屏幕内三键导航方式为例，简要介绍如何使用智能手机操作WPS表格，提升手机操作表格的效率。

13.1 文件、工作表和表格管理

13.1.1 手机文件管理界面

在手机上下载、安装WPS Office后，需要以手机号、微信号等方式登录。只要能够上网，无论是在手机、平板电脑或计算机上登录，都会同步使用自己的账号在其他设备上打开过的WPS Office、Microsoft Office、PDF等文件。云文档功能是非常方便实用的，完全可以让我们“抛弃”U盘之类的移动介质。

在手机上找到WPS Office图标，点击就可以打开。启动后，在文件导航区，点击“首页”按钮，图标颜色会变红，将呈现“最近”“共享”“星标”“标签”等几个选项标签，在各选项标签下面会展现相应的文件。

13.1.1

13.1.2

对“首页”里的文件，点击“筛选”按钮，可以按格式、设备来源、应用来源进行筛选。如果不再需要筛选，可以点击“重置”按钮恢复到原来状态。点击“排列”按钮，图标变成，文件排列方式由“平铺”切换为“列表”；点击按钮，图标变成，文件排列方式由“列表”切换为“平铺”。“首页”界面如图13-1所示。

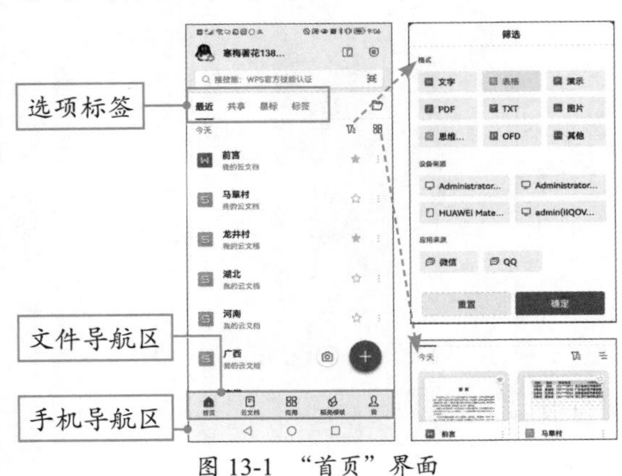

图 13-1 “首页”界面

在文件导航区，点击“云文档”按钮，图标颜色会变红，将展现存储在网格空间专用文件夹里的文件夹或文件。在此界面，点击“新建文件夹”按钮，可以新建文件夹；点击“排序”按钮，可以重新按时间、名称、大小对云文档进行排序；点击“上传”按钮，可以从不同渠道上传文件到“云文档”。“云文档”界面如图13-2所示。

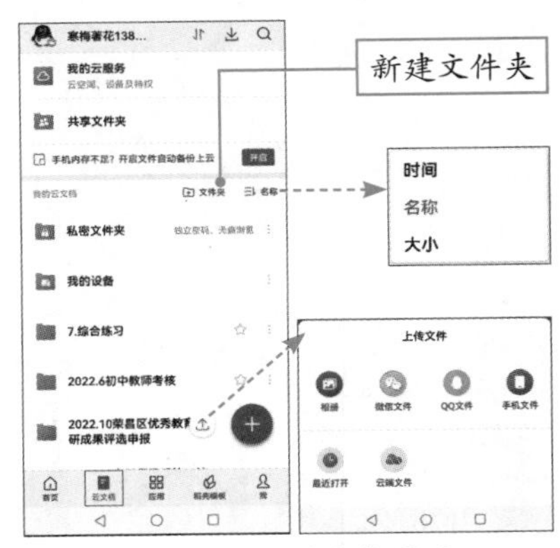

图 13-2 “云文档”界面

在文件列表，长按某一文件，可以进入批量操作界面。在文件名后面勾选多个文件，在文件列表底部，可以进行分享、移动、清除、离线查看等多项批量操作。在文件列表右侧，点击☆按钮，可以设置或取消设置星标。点击⋮扩展按钮，可以查询历史版本，还能进行“分享给好友”“多人编辑”“重命名”“移动或复制”“设为离线可查看”“移除记录”等多项操作，如图13-3所示。

图 13-3 多文件和单文件的操作界面

13.1.2 打开、新建和保存文件

在“首页”和“云文档”界面，点击“新

建”按钮●，可以选择新建对象。如果点击“新建表格”按钮，就会进入“新建表格”界面。进而可以点击“新建空白”按钮，以新建一个空白工作簿；也可以搜索或选择一个模板，在模板的基础上创建一个表格文件。

凡是在“首页”或“云文档”界面里的文件，都可以通过直接点击来打开。在“首页”界面选项标签的右侧，点击“打开”文件按钮，会出现按文件类型、存储位置、常用来源等方式来选择打开已有文件。

新建和打开文件如图13-4所示。

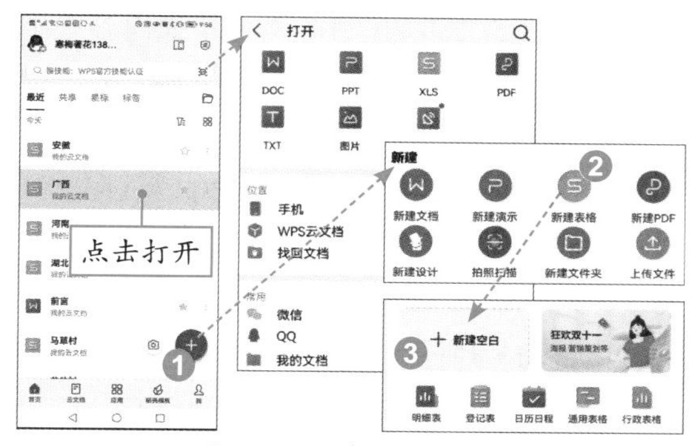

图 13-4 新建和打开文件

工作簿保存后就是文件。点击“保存”按钮（在编辑模式下），进入“保存”窗口。文档保存时，会默认保存在“云文档”。在功能区点击“工具”按钮，点击“文件”选项卡，点击“另存为”选项，也会进入“保存”窗口。在“保存”窗口，按照保存文件“三要素”（位置、类型、文件名）进行保存，同时可以对文件进行“加密”处理。文档保存后，“保存”图标变为“云”图标，如图13-5所示。

图 13-5 保存和另存为文件

13.1.3 工作表及工作簿管理

在工作表标签区域，直接点击工作表标签，可使之成为活动工作表。在工作表标签区域的右侧，点击…按钮，弹出扩展菜单。

（1）添加。在工作表标签区域的右侧，可以按照Sheet1、Sheet2……的顺序添加工作表。

（2）提取工作表。可以将一或多个工作表提取到一个新的工作簿中。

（3）合并工作簿。可以将多个工作簿中的若干工作表合并到一个工作簿中。

（4）工作表表名。在下拉菜单列出了本工作簿中的工作表表名。点击就能选择活动工作表；长按会在表名前出现调整上下位置的箭头↕。

例13-1 请将工作簿中“1日”“2日”两个工作表提取到新工作簿中。

在工作表标签区域右侧点击…按钮，在扩展菜单中选择“提取工作表”选项，在“提取”窗口勾选要提取的工作表，点击“提取”按钮，在“保存”窗口修改新工作簿的文件名（文件类型暂时只能为.xls），点击“提取”按钮，经过提取过程完成提取，最后提示是否“输出为长图片”，如图13-6所示。

13.1.3

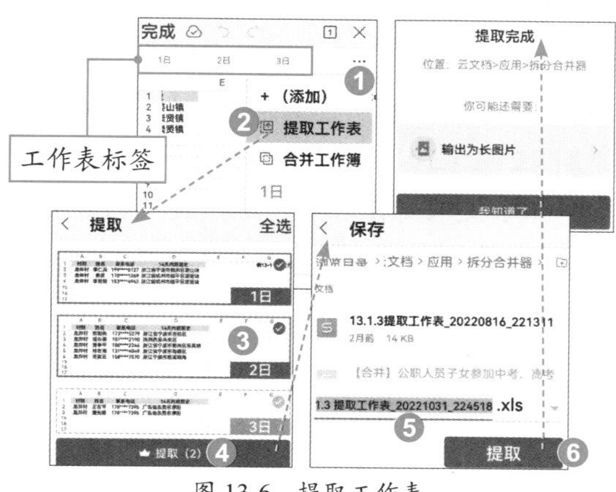

图 13-6 提取工作表

例13-2 请将4个工作簿中的工作表合并到一个新工作簿中。

在工作表标签区域右侧点击…按钮，在扩展菜单中选择“合并工作簿”选项，在“合并”窗口勾选要合并的工作簿，点击“开始合并”按钮，在“保存”窗口修改新工作簿的文件名（文件类型暂时只能为.xlsx），点击“合并”按钮，经过合并过程完成合并，最后提示是否“输出为长图片”，如图13-7所示。

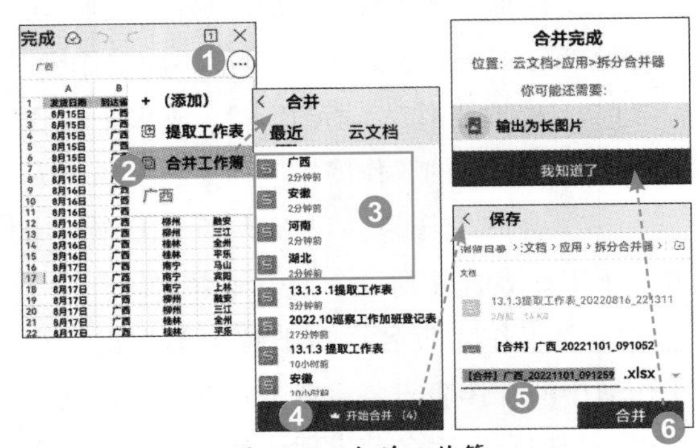

图 13-7 合并工作簿

在工作表标签区域长按某工作表标签，弹出“工作表属性”半幅窗口，向上滑动该窗口，可以显示更多功能。点击折叠按钮，或者点击工作表区域任意位置，都可以隐藏该窗口。

（1）工作表。在下画线上，可以更改所选工作表表名。

（2）标签颜色。可以设置所选工作表标签颜色，也可以点击图标以取消工作表标签颜色。

（3）复制工作表。可以在所选工作表标签的右侧位置复制所选工作表，表名后面默认添加（2）、（3）字样以示区分。

（4）提取工作表。与工作表标签区域下拉菜单中的“提取工作表”选项的功能相同。

（5）合并工作表。可以将多个工作簿的多个工作表的内容合并到一个工作表中。

（6）删除。将所选工作表删除。如果表中有数据，会提示是否要永久删除。一个工作簿至少要保留一个工作表。

（7）隐藏。将所选工作表隐藏。在其他工作表的“工作表属性”半幅窗口，可以选择“取消隐藏工作表”选项，以显示被隐藏的工作表。

例13-3 请将4个工作簿中工作表的内容合并到一个新工作表中。

长按工作表标签，弹出“工作表属性”半幅窗口，点击“合并工作表”按钮（如果文档内容有修改，会提示保存文档）；在进入的“选择合并的工作表”窗口，点击“添加工作表”按钮；在“选择文档”窗口，选择需要合并的工作簿，点击“下一步”按钮；文件提取后，在返回的“选择合并的工作表”窗口，可以进一步选择每一个工作簿中的工作表，点击“下一步”按钮；在“合并工作表”窗口，选择“过滤标题行数”（目的是让新表内容中不夹杂着列标题行）选项，点击“开始合并”按钮；在弹出的窗口中，修改合并工作表后新工作簿的文件名（文件类型目前只能为.xlsx），点击“合并”按钮，经过合并过程，完成合并，此时可以进一步将合并内容“输出为长图片”，如图13-8所示。

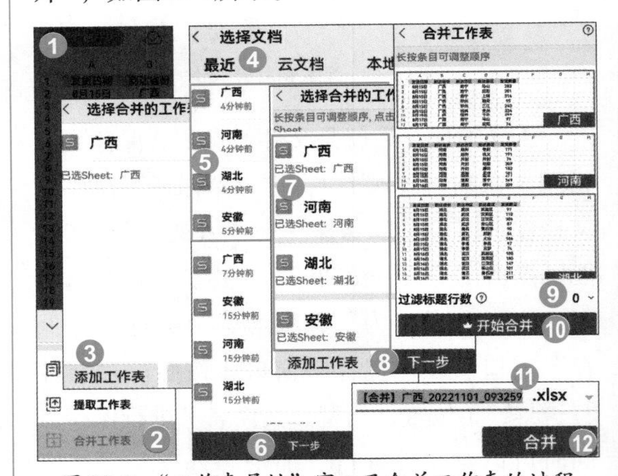

图 13-8 “工作表属性”窗口及合并工作表的过程

与“合并工作表”“合并工作簿”相逆反的功能是“数据分组”，可以按一定维度将一个工作表拆分为几个工作表或几个工作簿。

例13-4 请将工作表中的内容按到达市区快速拆分为几个工作表。

在功能区点击“工具”按钮。在选项卡窗口点击“文件”选项卡，选择“数据分组”选项。在弹出的窗口中选择“分组依据”选项（默认为A列）。在返回的“分组依据”

窗口中，选择“到达市区”选项，点击“返回”按钮<。在“数据分组”窗口中设置“前几条作为表头”（默认为1行），点击“拆分表格”按钮（会显示组数）。在“选择拆分表格的方式”窗口中选择“保存到不同的新工作表”选项。拆分完成后点击“查看”按钮，可以看到工作表内容已按“到达市区”被拆分为几个工作表了，如图13-9所示。

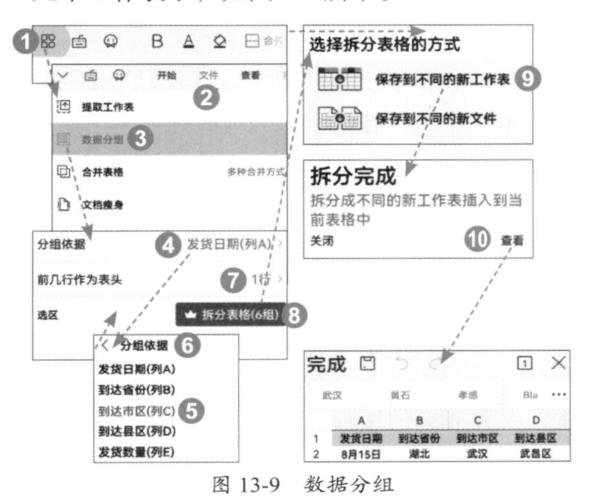

图 13-9　数据分组

13.1.4　手机端的两种操作模式

手机端有编辑模式和阅读模式两种操作模式。新建工作簿时，默认为编辑模式；打开已有文件时，默认为关闭该文件时的模式。如果在操作过程中没有出现需要的浮动工具，或者选项卡及其功能命令，一定要查看是否切换了操作模式。注意，此后本章介绍的内容，是按编辑模式介绍的。

可以快速切换操作模式。在工作表窗口点击“编辑”按钮，工作窗口左上角显示“完成”按钮，实为“编辑模式”。点击“完成”按钮，工作窗口左上角显示“编辑”按钮，实为“阅读模式”，如图13-10所示。

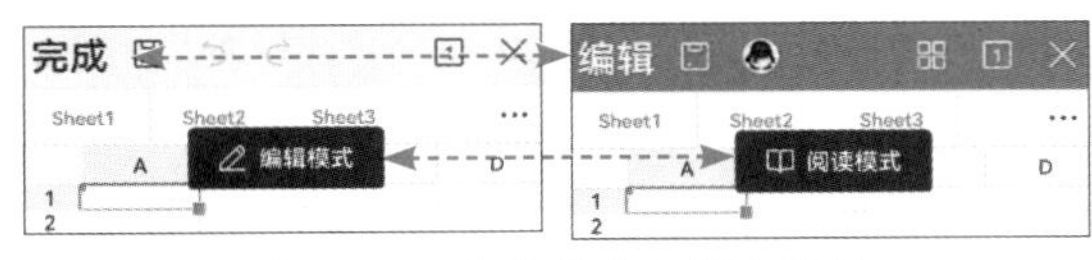

图 13-10　编辑模式和阅读模式

对工作表内容、格式及数据的处理，多半在“编辑模式”下进行，这时有更多的选项卡和功能，如图13-11所示。

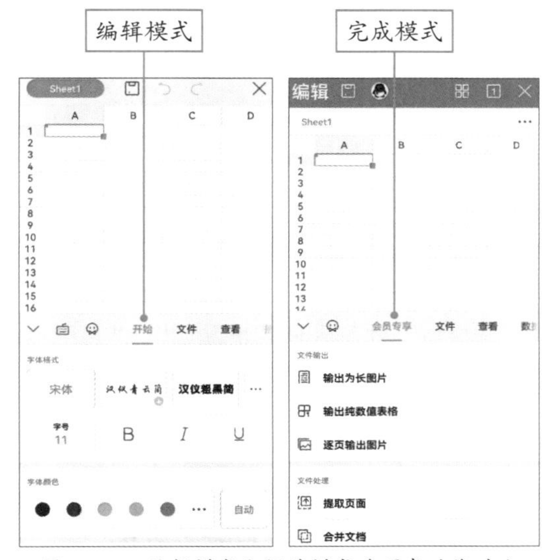

图 13-11　编辑模式和阅读模式选项卡功能对比

文档保存后，点击“操作模式”按钮右侧的“云”按钮，可以查看历史版本。在文件“关闭”按钮×左侧的方框内，标识了当前打开的文件个数；点击会出现“已打开的文档”列表，可以选择其他文件进行操作，如图13-12所示。

图 13-12　选择要处理的文件

13.1.4

13.1.5

13.1.5　单元格和行列的操作

1. 选择行、列及区域

（1）选择行。点击行号，可以选择一行；此时拖动纵向调节点（按住时会出现圆圈）可以选择多行。无论选择一行还是多行，都会出现浮动工具栏。

（2）选择列。点击列标，可以选择一列；此时拖动横向调节点（按住时会出现圆圈）可以选择多列。无论选择一列还是多列，都会出现浮动工具栏。

（3）选择全表。点击行号与列标起始交叉处方块，可以选择全表，出现浮动工具栏。

（4）选择单元格。点击单元格，可以选择一个单元格，不出现浮动工具栏；再次点击，可出现浮动工具栏。

（5）选择单元格区域。拖动填充柄，可以选择一个单元格区域，出现浮动工具栏。点击起始单元格，再短按结束单元格，可以选择一个单元格区域，不出现浮动工具栏；再次点击，可出现浮动工具栏。

选择行、列及区域的情况如图13-13所示。

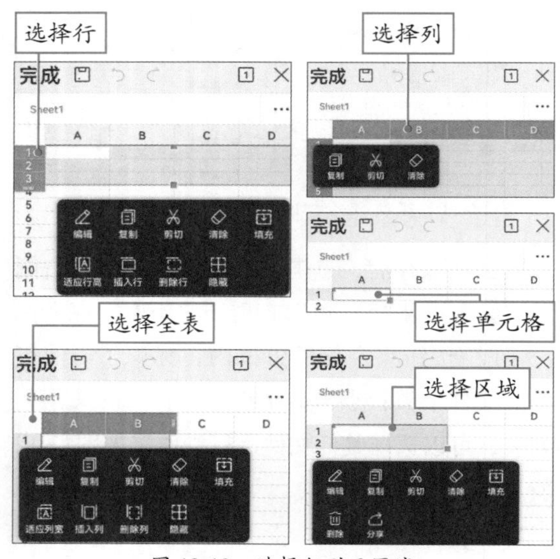

图 13-13　选择行列及区域

总的来说，只有点击单元格或通过点击起止单元格的方法来选择区域这两种情况，才不会出现浮动工具栏；如果需要出现浮动工具栏，需要再次点击该单元格或单元格区域。

要隐藏浮动工具栏，在一般情况下，点击所选择对象之外的任一单元格即可（全选工作表时，也只需点击任一单元格）；点击功能导航区“工具”按钮后，也会隐藏浮动工具栏。

2. 行、列及单元格区域的操作

当选择一行或多行时，可以利用浮动工具栏对行进行“适应行高”“插入行”“删除行”“隐藏”的操作。在所选行末行行号上，拖动双横线▬，可以批量调整行高。

当选择1列或多列时，可以利用浮动工具栏对列进行“适应列宽”“插入列”“删除列”“隐藏”的操作。在所选列末列列标上，拖动双竖线▌，可以批量调整列宽。

当选择一个单元格区域时，可以利用浮动工具栏进行“删除”操作，右侧单元格自动左移。

在功能导航区，“合并单元格”按钮可以进行合并或合并单元格的操作。

如果要实现更多功能，就需要利用“文件”和“插入”选项卡中的选项对行、列及单元格进行操作。

在编辑模式下，在功能导航区，点击“工具”按钮，在弹出的半幅窗口中会自动选择“开始”选项卡，在可上下滑动的选项中，可以选择“适应行高”“适应列宽”“合并单元格”“删除单元格”“删除空白行”“调整大小”等选项，视情况进行操作。其中“删除单元格”功能可以删除单元格、行、列。

使用“插入”选项卡中的插入“单元格”功能，可以插入单元格、行、列。

在对行、列及单元格进行操作时，无须退出操作界面的半幅窗口。可以在上半幅窗口选择操作对象，在下半幅窗口按需操作。

利用“文件”和“插入”选项卡中的选项对行、列及单元格的操作如图13-14所示。

图 13-14　利用“文件”和“插入”选项卡中的选项对行、列及单元格进行操作

13.2 数据输入整理及格式设置

13.2.1 高效输入数据

连续两次点击单元格，或者在“浮动工具栏”点击“编辑”按钮，或者在功能导航区点击“输入”按钮，都会弹出“输入”窗口。

点击编辑区域的编辑框，光标会闪动，同时“工具”按钮切换为“取消输入”按钮，二维码“扫描”按钮切换为“强制换行”按钮。此外，还有“确认输入”按钮，使用此按钮的好处是活动单元格原地不动，可以方便地进行后续的填充或智能填充等操作。

在输入区域，左上角有输入“功能”设置按钮，右上角有“折叠”按钮。折叠输入区域后，将编辑栏向上滑动即可恢复输入区域窗口。

点击Tab键，活动单元格向右移动。如果在输入数据前选定了多行多列的单元格区域，不断点击Tab键，活动单元格就会按照向右、向下的顺序移动，用户就可以在区域内快速输入数字。如果在输入数据前，选定了单列区域，不断点击Tab键，活动单元格就会一直向下移动。

对英文输入和符号输入，一般手机都有虚拟键盘；对数字输入，则为虚拟数字键盘。要熟悉中英文转换、大小写转换、数字、符号、更多、返回等键的用法，以提高输入速度。

在中文半角状态时，输入区域的大片空白区域可设置为手写输入。在输入区域底部，长按空格键，可实现语音输入；点击“换行”按钮，活动单元格会向下移动。语音键、Tab键、换行键三键配合，可以提高输入文本、长数字的速度。

进入“输入”窗口的三种方式及输入窗口示意图如图13-15所示。“输入”窗口及其按钮会因手机品牌型号、输入法而有所不同。

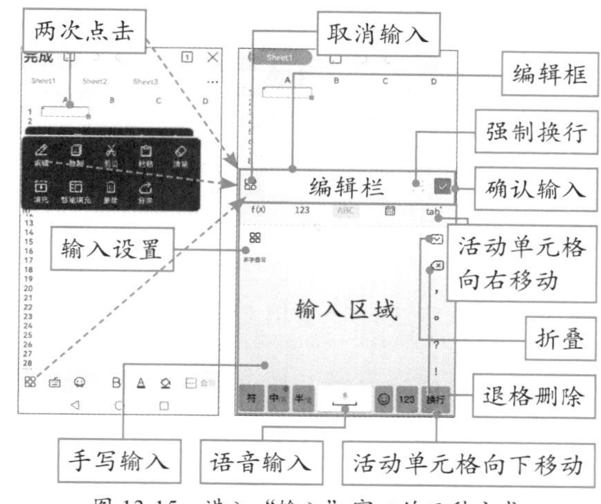

图 13-15 进入“输入”窗口的三种方式及输入窗口示意图

13.2.2 高效填充数据

填充功能一直是电子表格让人津津乐道的功能，手机版WPS表格也能向相邻单元格高效填充重复性数据和内置序列，只是不能填充自定义序列。

在“编辑”模式下介绍4种填充方法。

一是通过长按激活填充箭头来拖动填充。点击示例数据单元格，长短按此单元格，拖动四向填充箭头之一到目标单元格，如图13-16所示。

13.2.1

13.2.2

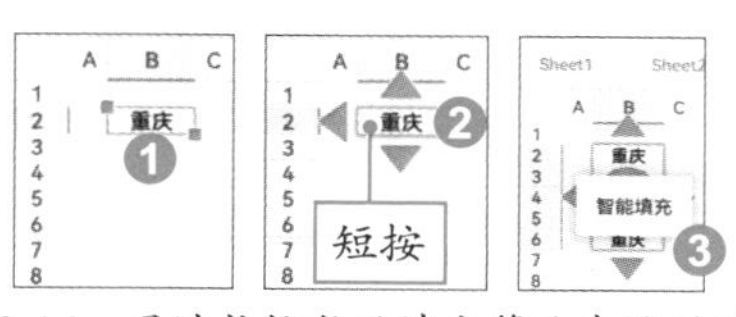

图 13-16 通过长按激活填充箭头来拖动填充

二是使用浮动工具栏命令激活填充箭头来拖动填充。点击示例数据单元格，再点击使其出现浮动工具栏，点击“填充”命令，拖动四向填充箭头之一到目标单元格，如图13-17所示。

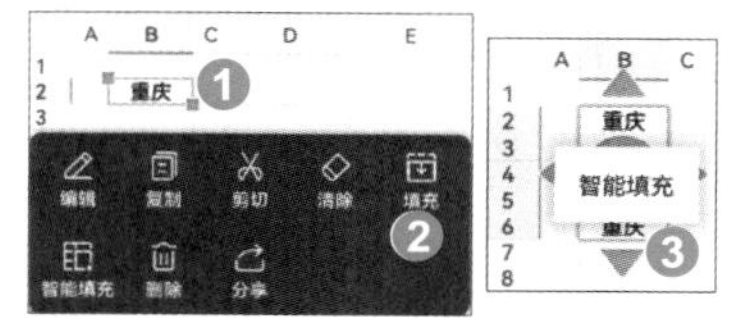

图 13-17 使用浮动工具栏命令激活填充箭头来拖动填充

三是使用浮动工具栏命令填充已选区域。选定示例数据单元格及目标区域，在浮动工具栏中（如未激活，则需要先激活）点击“填充”命令，点击“填充到当前区域”按钮。

四是使用选项卡命令填充已选区域。选定数据单元格及目标区域，在功能区点击“工具”按钮，点击“开始”选项卡中的“填充”选项，再从中选择一个填充命令（例如选择“向下填充”）。

后两种填充方法如图13-18所示。

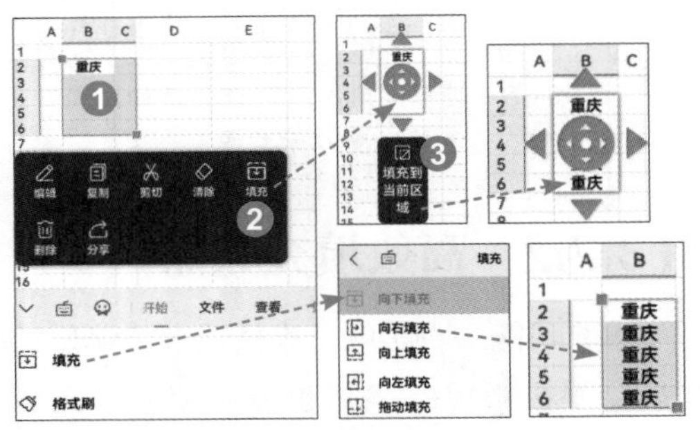

图 13-18　填充已选区域的两种方法

13.2.3

对带阿拉伯数字的数据默认按序列填充，也可以选择是否进行重复填充。

数据源处于填充状态时，按住圆圈，可以拖动数据到目标位置，如图13-19所示。

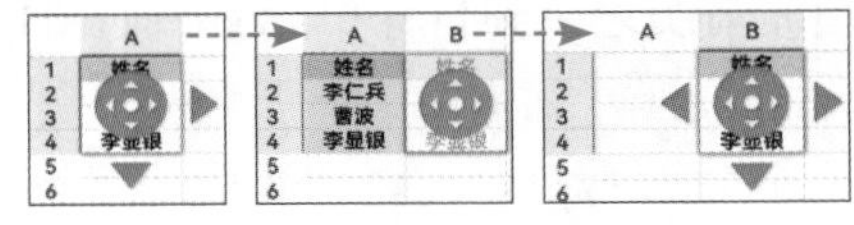

图 13-19　拖动数据

在手机版WPS表格中，还能进行智能填充，但只能进行添加、提取和组合字符的操作，而且要求数据整齐划一，示例也只能有一个，还只能在最前面。操作方法同普通填充的前三种方法。

例13-5 请将手机号码改写成“123-4567-8901”的样子。

本例可以进行智能填充。填写好示例数据单元格，短按使其出现四向填充箭头，拖动向下填充箭头到目标单元格，点击“智能填充”选项。点击填充区域外的任一单元格，就能看到智能填充的完整效果了，如图13-20所示。

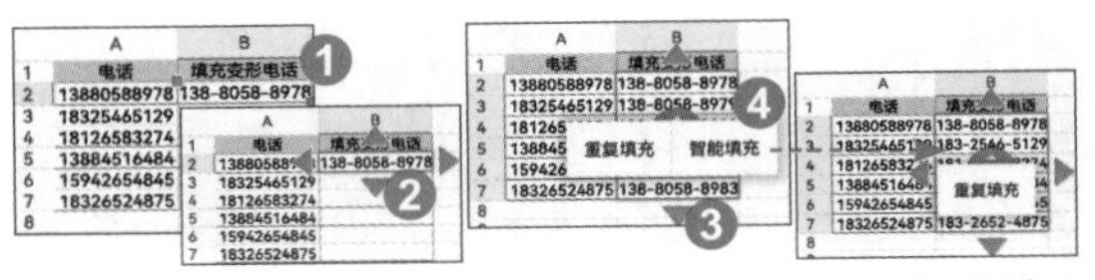

图 13-20　将手机号码改写成“123-4567-8901”的样子

例13-6 请从身份证号码中提取出生年月日，并写成“2023/12/02”的样子。

本例可以进行智能填充。填写好示例数据单元格，再点击使其出现浮动工具栏，点击“填充”命令，拖动四向填充箭头之一到目标单元格，如图13-21所示。

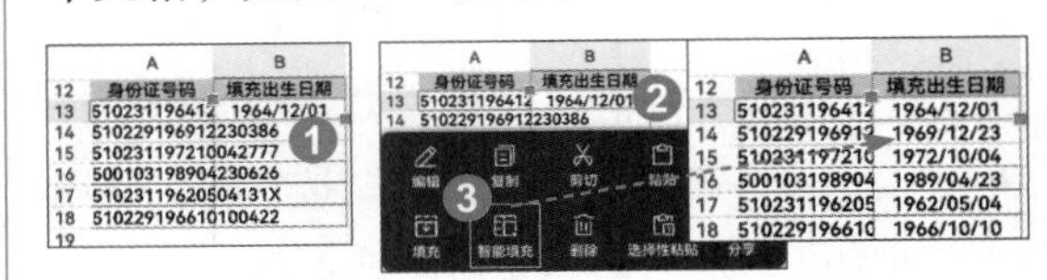

图 13-21　将从身份证号码中提取的出生年月日写成“2023/12/02”的样子

例13-7 请使用填充的方法将省市两级行政组织合并起来。

本例可以进行智能填充。填写好示例数据单元格，选定示例数据单元格及目标区域，在浮动工具栏中（如未激活，则需要先激活）点击“智能填充”命令，如图13-22所示。

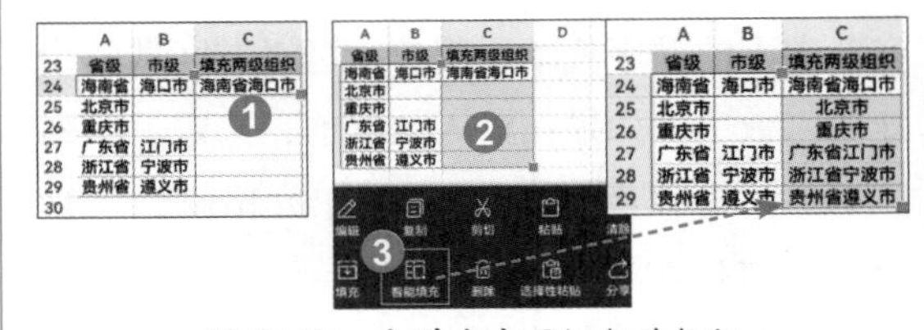

图 13-22　合并省市两级行政组织

13.2.3　对数据分列

手机版WPS表格的分列功能比较弱，只能对几类简单符号或整齐划一的文本进行分列。

例13-8 请将红楼梦人物排列在各单元格中。

选择B2:B8区域，在功能导航区，点击“工具”按钮 。在选项卡窗口，点击“数据”选项卡，在弹出的列表中点击“分列”选项。在“分列”窗口中点击“逗号”选项，如图13-23所示。

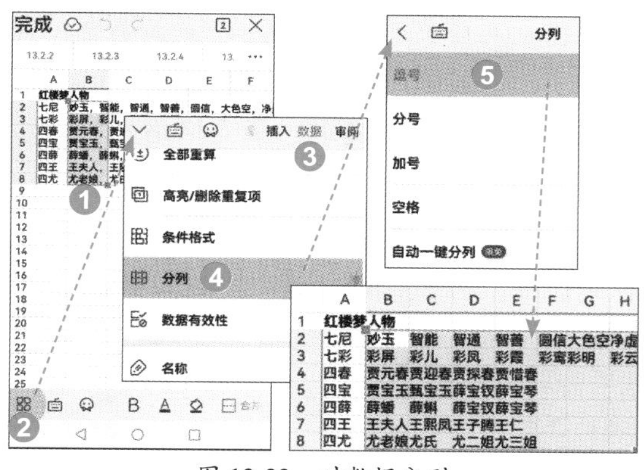

图 13-23 对数据分列

13.2.4 设置数据有效性

数据有效性是确保输入数据规范、统一的重要手段。手机版WPS表格的数据有效性功能不支持函数公式和自定义，对整数、小数、文本长度、日期、时间等数据可以设置数据范围，还可以设置文本序列形成下拉菜单供选择。数据范围设置如图13-24所示。

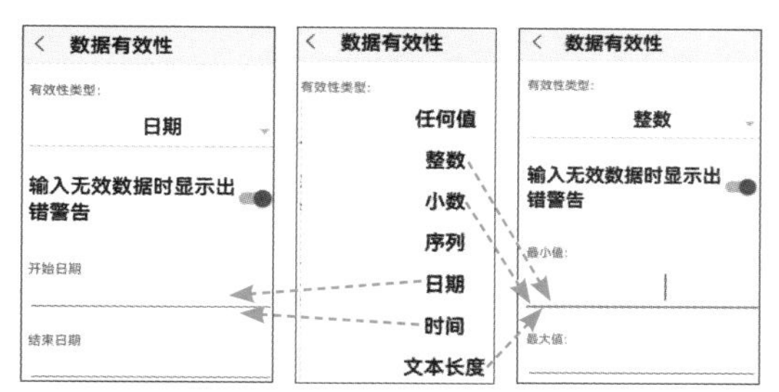

图 13-24 数据有效性范围

例13-9 请为C列设置数据有效性，人员类别有管理人员、专技人员、工勤人员。

选择想要设置数据有效性的区域，在功能导航区，点击“工具”按钮。在选项卡窗口中点击“数据”选项卡，在弹出的列表中点击“数据有效性”选项。在“有效性类型”下拉列表中选择“序列”选项，打开“输入无效数据时显示出错警告”开关，将“选项1”“选项2”“选项3”分别修改为“管理人员”“专技人员”“工勤人员”，点击“确定”按钮。返回到数据表，就可以通过下拉菜单选择人员类别了，如图13-25所示。在“序列”窗口中点击“添加”按钮可增加选项，点击“垃圾桶”按钮可删除选项。

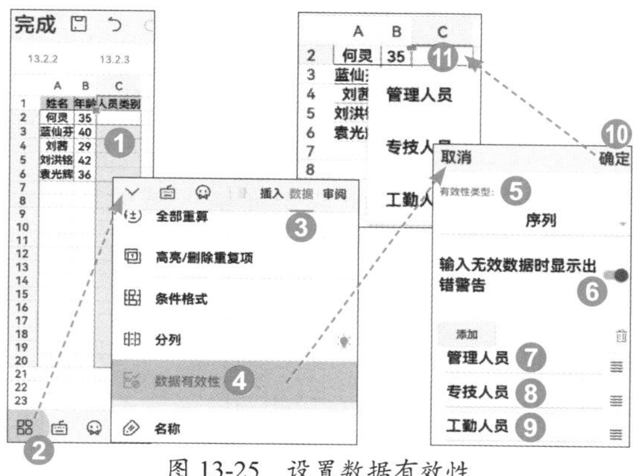

图 13-25 设置数据有效性

13.2.5 高亮/删除重复项

手机版WPS表格不好标识通过“查找”功能找出来的重复性数据，可以高亮或者删除重复项。

例13-10 请先高亮显示有重复的姓名和手机号码，再删除有重复的手机号码。

选择数据区域，在功能导航区点击“工具”按钮。在选项卡窗口中点击“数据”选项卡，然后点击“高亮/删除重复项”选项。在“高亮/删除重复项”窗口的“高亮重复项”栏中点击一种填充颜色。选择B列，点击“删除重复项”按钮。在“删除重复项”对话框中勾选“扩展删除重复项所在行”复选框（目的是删除整条记录），点击“删除”按钮，如图13-26所示。

13.2.4

13.2.5

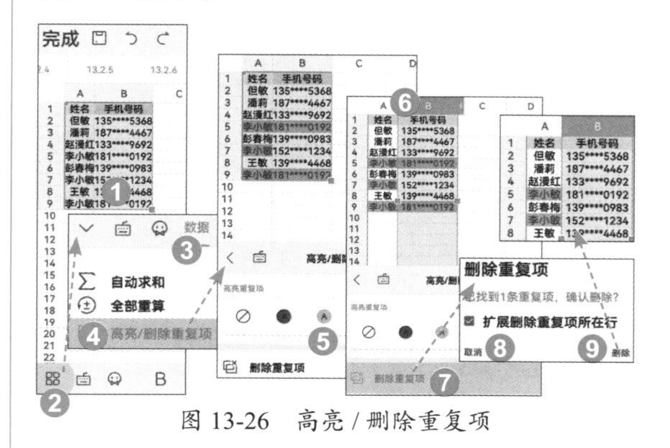

图 13-26 高亮/删除重复项

从姓名来看，“李小敏”是重复的，但手机号码是不同的，所以是两条不同的记录。

13.2.6 查找替换与定位

手机版WPS表格不能进行格式、手动换行符的查找和替换，不能在“查找”窗口修改内容、设置格式，但是支持通配符。“定位”功能局限于以单元格或单元格区域地址来定位，局限性比较大，提供了一个下拉菜单，可以随时返回定位过的单元格。

例13-11 请将0分成绩替换为“缺考”。

选择分数区域，在功能导航区点击“工具”按钮。在选项卡窗口中点击“查看”选项卡，在弹出的列表中点击“查找和替换”选项。在“查找和替换”窗口中点击“设置”按钮。在“查找选项”窗口中打开“单元格匹配”开关，点击手机导航“返回”键，返回“查找和替换”窗口。点击“替换”标签，在“查找内容”框中输入“0”，在“替换内容”框中输入“缺考”，点击“全部替换”按钮。在提示框中点击“确定”按钮，如图13-27所示。

13.2.6

13.2.7

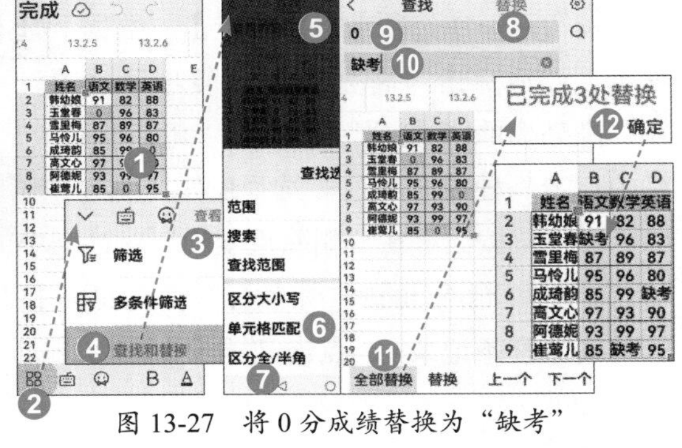

图 13-27　将 0 分成绩替换为“缺考”

13.2.7 设置数据格式

手机版WPS表格在功能导航区有常用的、可用于格式设置的三个按钮：“加粗”按钮B、“字体颜色”按钮A、“填充色”按钮（背景色或单元格颜色），如图13-28所示。

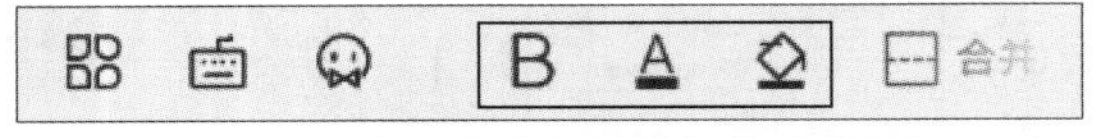

图 13-28　在功能导航区的格式设置按钮

更多的格式设置功能集中在“开始”选项卡功能区，包括字体格式、字体颜色、填充颜色、对齐文本、边框、数字、填充（含格式）、格式刷、清除（含格式）、单元格格式、表格样式。其中，单元格格式包括数字、对齐、字体、边框、填充、保护等选项，可以进一步设置，功能比较齐全，用法也比较简单，这里不再赘述，如图13-29所示。

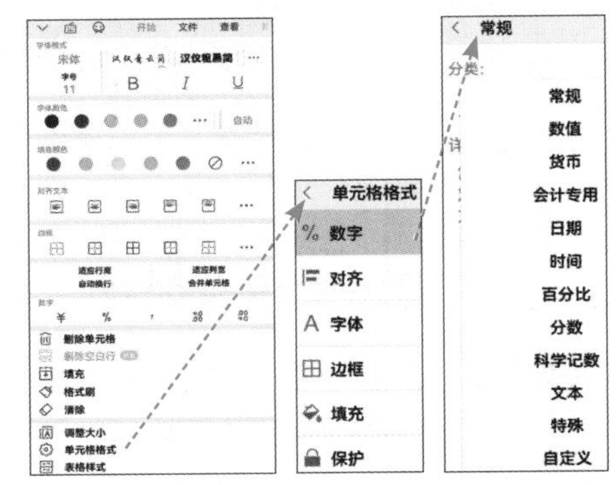

图 13-29　手机版 WPS 表格格式设置功能介绍

在“数据”选项卡中可以设置条件格式。手机版WPS表格的条件格式没有色阶、图标集、数据条，也不能设置函数公式，但能引用单元格。条件格式清晰明了地分成了按数值范围、按文本内容、按发生日期、按排名或平均值4类，能够满足基本需要。4类条件格式的条件如图13-30所示。

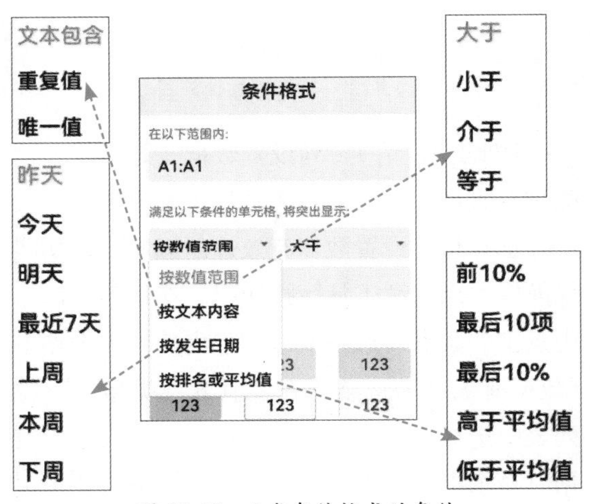

图 13-30　4 类条件格式的条件

例13-12 请标识高于一个额度的工资，额度在E2单元格。

选择工资区域，在功能导航区点击“工具”按钮。在选项卡窗口中的“数据”选项卡中点击“条件格式”选项。在“条件格式”窗口中，“在以下范围内”框中自动填写的单元格区域可以修改，在“满足以下条件的单元格中将突出显示”左框下拉列表中选择“按数值范围”选项，在右框下拉列表中选择“大于”选项，在“请输入数值”框中输入“e2”（字母不区分大小写），在“显示样式”中选择一种样式，点击“创建规则”按钮。点击手机导航“返回”键◁，如图13-31所示。

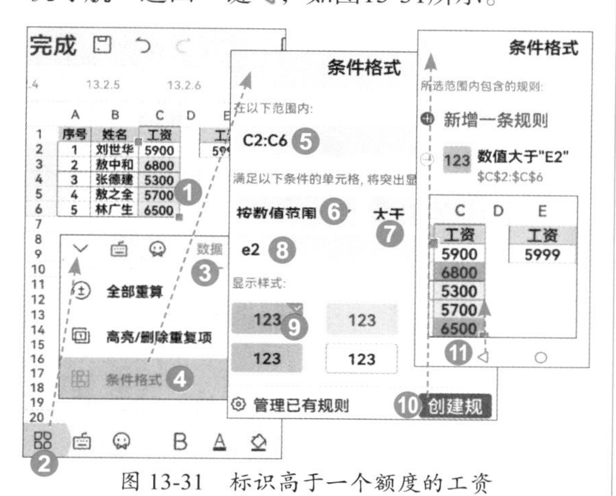

图 13-31　标识高于一个额度的工资

13.3　数据分析与计算

13.3.1　排序与筛选

手机版WPS表格只能进行简单的升序、降序排序，没有高级筛选功能，自动筛选功能整合了排序功能，可以按内容和颜色进行筛选，可以进行多条件筛选，不能按日期、图标筛选。

例13-13 请筛选D列包含“四川”或“长江”字样的记录。

这需要在一列进行多条件筛选。点击数据区域任一单元格（例如B2单元格），在功能导航区点击“工具”按钮器。在选项卡窗口中的“数据”选项卡中点击“筛选”选项。点击“毕业时间院校”筛选箭头，点击“自定义”选项。保持选择“按内容筛选”选项，在第一组条件下拉列表中选择“包含”选项，在右侧条件值横线上填写“四川”（可利用下拉列表选项进行修改），点击“或”开关，在第二组条件下拉列表中选择“包含”选项，在右侧条件值横线上填写“长江”，点击“确定”按钮，如图13-32所示。

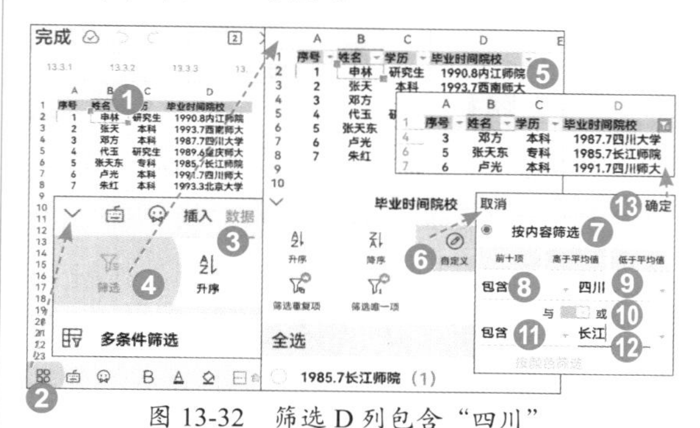

图 13-32　筛选 D 列包含“四川”或“长江”字样的记录

例13-14 请将重庆的正高级人员筛选出来。

这需要在两列进行多条件筛选。点击数据区域任一单元格，在功能导航区点击“工具”按钮器。在“数据”选项卡中点击“筛选”选项（退出上例筛选），点击“多条件筛选”选项。在“多条件筛选”窗口点击“省市”选项，在唯一值列表中点击“重庆”选项，点击“返回”按钮◁。点击“职称”选项，在唯一值列表中点击“正高级”选项，点击“返回”按钮◁，返回“多条件筛选”窗口，点击“完成”按钮，如图13-33所示。

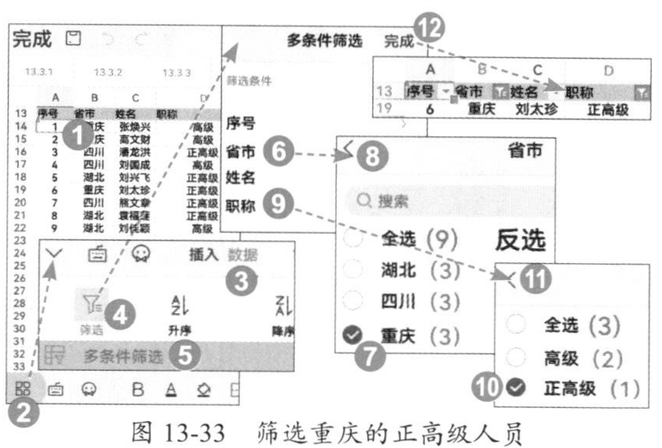

图 13-33　筛选重庆的正高级人员

如果是WPS会员，可以在点击“完成”按钮之前，对筛选结果直接设置“字体颜色”和“背景色”，还可以“导出”筛选结果。

13.3.2 插入图表

手机版WPS表格可以插入柱形图、条形图、折线图、饼图、面积图、散点图、雷达图，不能设置次坐标轴、不能单独设置线条及填充色，只能满足最基本的应用。

例13-15 请绘制图表直观地反映每个店每个季度的销售数据。

为了介绍手机图表的制作过程，这里插入柱形图。点击数据区域任一单元格（例如B2单元格），在功能导航区点击“工具”按钮。在选项卡窗口中点击“插入”选项卡，在“图表”选项右侧点击“柱形图”图标。在弹出的“图表”选项卡窗口中的“图表样式”中选择一种样式（例如第一种），点击“快速布局”选项。在“快速布局”窗口中点击一种布局样式（例如第二种），点击“返回”按钮，返回“图表”选项卡窗口，点击“选择数据源”选项，拖动虚线框填充柄，只选择A1:E4区域（不包括“合计”区域），在“系列产生在”组中，点击“列”单选按钮，点击“完成”按钮，如图13-34所示。在“编辑模式”下，功能导航区也可以使用插入“图表”命令。

13.3.2

13.3.3

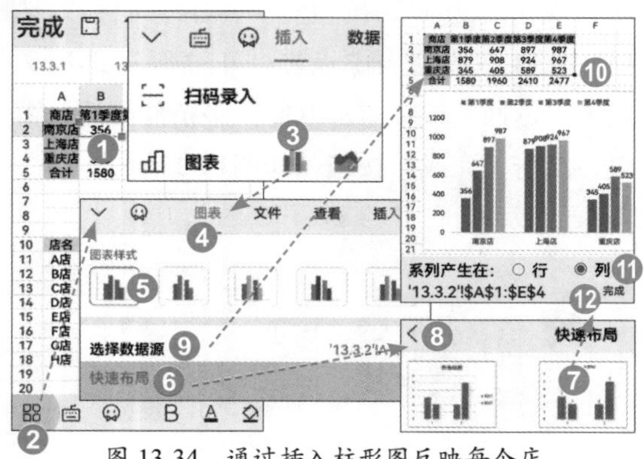

图 13-34 通过插入柱形图反映每个店每个季度的销售数据

例13-16 现有某公司8个店的订单数，请绘制一个子母图表恰当地显示各店的占比情况。

点击订单数区域任一单元格，在功能导航区，点击“工具”按钮。点击“数据”选项卡中的“降序”选项（让最小的几个数据成为子图）。切换到“插入”选项卡，然后点击“图表”扩展按钮…。点击“饼图”选项卡，然后点击“复合条饼图”标签下的“复合条饼图”选项。点击图表以弹出浮动工具栏，点击“图表选项”按钮。点击“数据选项”选项。打开“显示数据标签”开关，只勾选“百分比”复选框（有预览），点击“确定”按钮2次，如图13-35所示。可以在“图表选项”窗口设置“图表标题”，以及“图例”的有关选项。

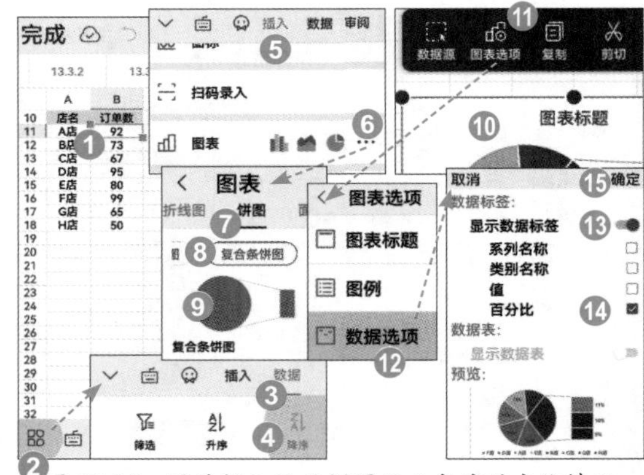

图 13-35 通过插入子母饼图显示各店的占比情况

13.3.3 数据透视表

在手机版WPS表格中，数据透视表行字段、列字段、数据字段（值字段）都只能有一个字段，没有刷新功能，不能选择字段的多种汇总依据。

例13-17 请使用数据透视表按地区统计各销售人员的平均订购量。

点击订单数区域任一单元格（例如A1单元格），在功能导航区点击“工具”按钮。点击“插入”选项卡中的“数据透视表”选项。可以拖动虚线框填充柄重新选择数据区域，点击“完成”按钮。点击“点击增加列字段”选项，在字段列表中选择“销售人员”选项；同理，“点击增加行字段”选择“订购日期”字段，“点击增加数据字段”选择“订购量”字段。点击值区域任一单元格，点击“汇总方式：求和”按钮，在汇总方式列表选择“平均值”选项，点击“导出”按钮，如图13-36所示。

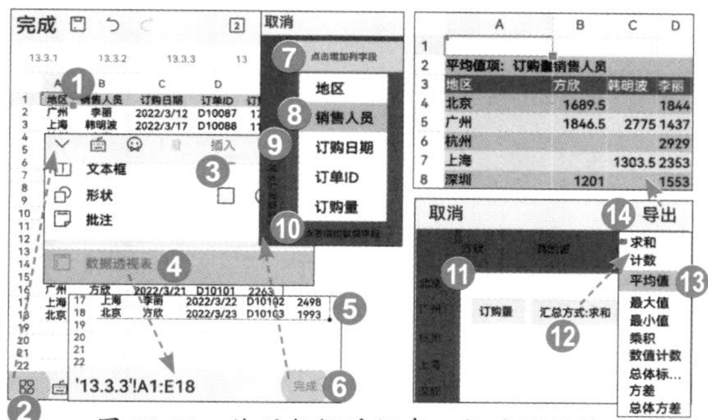

图 13-36　使用数据透视表，按地区统计各销售人员的平均订购量

13.3.4　自动求和

在手机版WPS表格中，“自动求和”功能方便实用。

例13-18 请显示表中“入库数量”的多种汇总数据，并进行求和。

选择D2:D10区域并激活浮动工具栏，点击“显示求和”按钮，如图13-37所示。

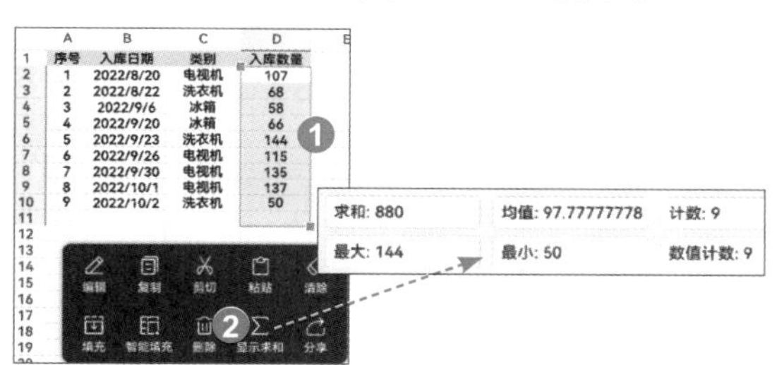

图 13-37　显示求和

还可以执行“工具”|“数据”|“自动求和”|“求和”命令。

13.3.5　使用函数公式

函数公式是电子表格实现计算的重要手段。手机版WPS表格的函数没有与计算机版同步更新，一些重要的新版本函数还没有加入。输入公式必须以等号开头。手动输入函数时，可以借助函数名开头几个字母弹出的列表来选择函数。

例13-19 请按商品类别统计入库数量。

本例可以使用SUMIF函数进行单条件求和，以插入函数的方式依次输入3个参数。SUMIF函数的语法为：=SUMIF（区域，条件，求和区域）。本例公式为“=SUMIF($B$2:$B$10,E2,$C$2:$C$10)”。

双击F2单元格，使其进入编辑状态，点击“函数公式工具”按钮f(x)，点击“插入函数”按钮fx。在函数列表窗口，点击“搜索”按钮，在搜索框中输入SUM，点击SUMIF选项。点击B2单元格，点击冒号“:”按钮（工具可以左右滑动），点击B10单元格，在编辑栏中双击公式中的“B2:B10”，利用弹出框将其修改为绝对引用“$B$2:$B$10”，在后括号前激活光标，点击逗号“,”；点击E2单元格，点击逗号“,”；同理输入第3个参数，并改为“$C$2:$C$10”。点击“确认”按钮。将F2单元格的函数公式填充至F4单元格，如图13-38所示。

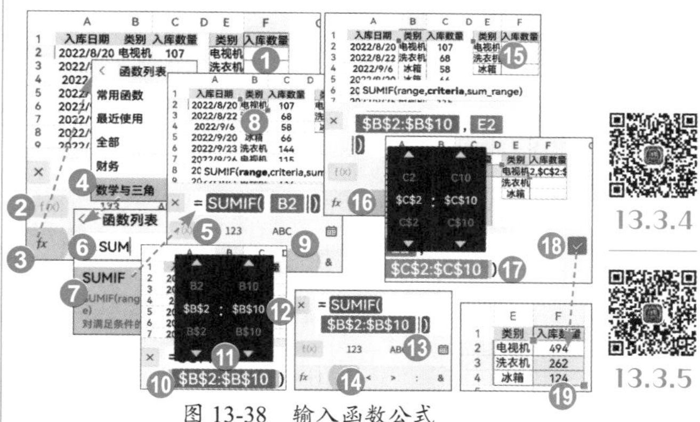

图 13-38　输入函数公式

13.3.5

手机版WPS表格可以定义区域名称。执行“工具”|“数据”|“名称”|“定义名称”命令，然后确定“名称”“引用位置”“范围”，点击“确定”按钮，如图13-39所示。

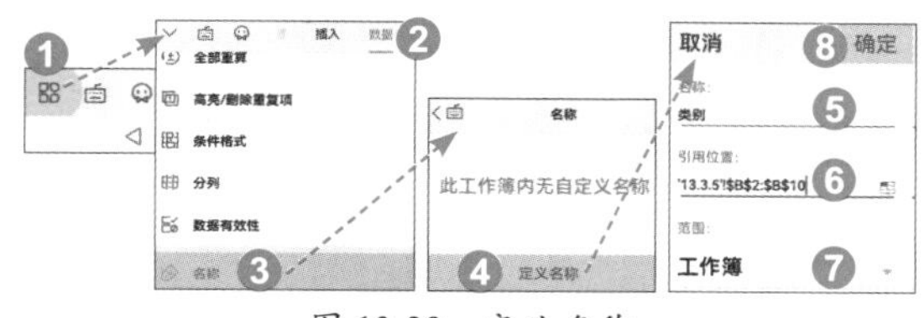

图 13-39　定义名称

发送文件给其他人时，为了防止数据错乱，或者不让人看到表中的函数公式，可以执行“工具”|“文件”|“输出纯数值表格”命令。

读书笔记